高等学校电子信息类系列教材

自动控制原理

(第 2 版第 2 次修订本)

苗 宇　蒋大明　主编

清华大学出版社
北京交通大学出版社
·北京·

内 容 简 介

本书是针对工科院校的教学特点，集多年的教学经验和科研工作的实际而编写的。全书共分七章，包括控制系统的一般概念、控制系统的数学模型、时域分析法、根轨迹法、频率分析法、系统校正、采样系统分析等内容，各章均加入了应用 MATLAB 进行控制理论设计与仿真的内容，另外为了便于读者自学，在每章后面都备有小结、习题及部分习题参考答案。全书涵盖了经典控制理论和现代控制理论的基本内容，淡化烦锁的理论推导，加强理论与实际的结合，注重工业特色的生产实践背景。

本书适合于自动化专业及其他相近专业控制理论课程的教学，也可作为研究生或其他科技人员自学参考。

本书封面贴有清华大学出版社防伪标签，无标签者不得销售。
版权所有，侵权必究。侵权举报电话：010—62782989　13501256678　13801310933

图书在版编目(CIP)数据

自动控制原理/苗宇，蒋大明主编．—2 版．—北京：清华大学出版社；北京交通大学出版社，
2012.12(2023.9重印)
（高等学校电子信息类系列教材）
ISBN 978-7-5121-1294-0

Ⅰ．①自⋯　Ⅱ．①苗⋯　②蒋⋯　Ⅲ．①自动控制理论-高等学校-教材　Ⅳ．①TP13
中国版本图书馆 CIP 数据核字（2012）第 287720 号

责任编辑：黎　丹

出版发行：	清华大学出版社　邮编：100084　电话：010-62776969　http://www.tup.com.cn
	北京交通大学出版社　邮编：100044　电话：010-51686414　http://press.bjtu.edu.cn
印 刷 者：	北京时代华都印刷有限公司
经　　销：	全国新华书店
开　　本：	185×260　印张：21.25　字数：531千字
版　　次：	2013年1月第2版　2021年3月第2次修订　2023年9月第8次印刷
书　　号：	ISBN 978-7-5121-1294-0/TP·717
印　　数：	12 001～13 000册　定价：54.00元

本书如有质量问题，请向北京交通大学出版社质监组反映。对您的意见和批评，我们表示欢迎和感谢。
投诉电话：010-51686043，51686008；传真：010-62225406；E-mail：press@bjtu.edu.cn。

前　　言

自动控制理论自从 20 世纪 40 年代建立以来，像一棵根深叶茂的大树，从 40 年代的经典控制理论，60 年代的现代控制理论，80 年代的大系统，智能控制，一直到今天仍然不断的繁衍出新枝，许多致力于控制理论研究的人们在这个领域内勤奋耕耘，使控制理论这棵大树不断地开花结果。

随着自动控制理论的发展，其在国民经济的各个方面得到了越来越广泛的应用。无论是在工业、农业、军事、交通，还是在商业，经济管理等方面都不乏自动控制理论的典型应用实例，自动控制已经渗透到了生产生活的各个角落。近年来，随着科学技术的发展，自动控制理论从理论到实践都有了长足的发展，特别是计算机、微电子技术的日新月异，为自动控制理论的应用提供了充足的技术手段，也为自动控制理论这一经典学科注入了新的活力。

经典控制理论是整个控制理论的基础，是进一步学习研究其他控制理论的"先导课程"；现代控制理论是在经典控制理论的基础上发展起来，相当完善成熟且具有更广泛应用前景的控制理论；可以说经典控制理论和现代控制理论组成了控制理论的最基础最主要的部分。本书结合自动化专业和其他相近专业的教学需要，对经典控制理论的基本内容进行了介绍，作为一本比较完整的控制理论教材或参考书，既可以作为相应课程的教材，也可供其他科技开发工程技术人员自学和参考。

我们在 20 年教学实践的基础上，针对工科院校的特点，编写了这本教材。为了适应自动化专业及其他相近专业扩大学生知识面，更新知识结构，培养宽口径专业人才的需要，本书着重加强理论与实际的结合，尽量淡化了烦琐的理论推导，注重了基本概念和基本方法的讲解，力求做到由浅入深，融会贯通。在全书的编写过程中，力求将枯燥的理论与生动的实例结合起来，用自动控制理论在日常生活和生产中的实际应用，使读者在提高学习兴趣的同时，加深对理论的理解。为了便于读者自学，在每章后面都备有小结、习题及部分习题参考答案。

本书第一版于 2002 年出版至今已有 10 年，10 年间一直应用于本科教学，取得了很多经验，也发现了很多问题。在此基础上，再版对原书进行了全面修订，并增加了许多新的内容。

本书第一版由蒋大明、戴胜华共同主编，张凤鬵教授主审，全书由蒋大明、戴胜华、张三同、黄赞武、苗宇共同编写，再版由苗宇进行全面修订并补充了一些新的内容，同时按照教学及出版的需要删除了一些内容。在全书的编写过程中，得到了褚敏芬、蒋智勇、李萍、李永康的大力协助，在此一并表示感谢。

本书配有教学课件和相关的教学资源，有需要的读者可以从网站 http：//press.bjtu.edu.cn 下载或与 cbsld@jg.bjtu.edu.cn 联系。

由于作者水平有限，书中不妥之处恳请读者指正。

编　者
2012 年 12 月

目 录

第1章 自动控制的一般概念 (1)
1.1 开环控制与闭环控制 (2)
1.1.1 自动控制系统 (2)
1.1.2 开环控制 (3)
1.1.3 闭环（反馈）控制 (4)
1.2 控制系统举例 (5)
1.2.1 随动系统 (5)
1.2.2 恒值控制系统 (6)
1.2.3 数字控制系统 (7)
1.2.4 计算机控制系统 (8)
1.3 控制系统的组成与对控制系统的基本要求 (9)
1.3.1 控制系统的组成 (9)
1.3.2 对控制系统的基本要求 (10)
1.4 控制系统设计概述 (10)
本章小结 (12)
习题 (12)

第2章 模型 (14)
2.1 模型的定义和分类 (14)
2.2 控制系统的数学模型 (16)
2.3 建立系统微分方程的一般方法 (17)
2.4 用拉氏变换解线性微分方程 (21)
2.4.1 拉普拉斯变换的定义 (21)
2.4.2 几种典型函数的拉氏变换 (22)
2.4.3 拉氏变换的积分下限问题 (23)
2.4.4 拉氏变换的几个基本法则 (24)
2.4.5 拉普拉斯反变换 (26)
2.4.6 用拉氏变换求解微分方程 (29)
2.5 传递函数 (30)
2.5.1 传递函数的概念及定义 (31)
2.5.2 关于传递函数的几点说明 (32)
2.5.3 典型环节的传递函数 (33)
2.6 动态结构图 (37)
2.6.1 动态结构图的概念 (37)
2.6.2 系统动态结构图的建立 (38)

  2.6.3 结构图的基本形式 …………………………………………………… (40)
  2.6.4 结构图的等效变换法则 ………………………………………………… (40)
  2.6.5 结构图变换举例 ………………………………………………………… (45)
 2.7 自动控制系统的传递函数 ……………………………………………………… (48)
 2.8 信号流图及梅逊增益公式 ……………………………………………………… (50)
  2.8.1 信号流图的组成 ………………………………………………………… (50)
  2.8.2 信号流图的绘制 ………………………………………………………… (51)
  2.8.3 梅逊增益公式 …………………………………………………………… (53)
 2.9 控制系统分析仿真工具 MATLAB 简介 ……………………………………… (55)
  2.9.1 常量及变量的说明 ……………………………………………………… (55)
  2.9.2 基本运算 ………………………………………………………………… (56)
  2.9.3 基本绘图操作 …………………………………………………………… (58)
  2.9.4 SIMULINK 与控制系统仿真 …………………………………………… (59)
 2.10 应用 MATLAB 进行分析及运算 …………………………………………… (63)
  2.10.1 多项式描述及解代数方程 …………………………………………… (63)
  2.10.2 应用 MATLAB 进行拉普拉斯逆变换 ……………………………… (64)
  2.10.3 控制系统数学模型的 MATLAB 实现 ……………………………… (66)
 本章小结 ……………………………………………………………………………… (73)
 习题 …………………………………………………………………………………… (74)

第 3 章 自动控制系统的时域分析 ………………………………………………… (78)
 3.1 典型控制过程及性能指标 ……………………………………………………… (78)
  3.1.1 典型控制过程 …………………………………………………………… (78)
  3.1.2 阶跃响应的性能指标 …………………………………………………… (81)
 3.2 一阶系统分析 …………………………………………………………………… (82)
  3.2.1 一阶系统的数学模型 …………………………………………………… (83)
  3.2.2 一阶系统的单位阶跃响应 ……………………………………………… (83)
  3.2.3 一阶系统的单位脉冲响应 ……………………………………………… (85)
  3.2.4 一阶系统的单位斜坡响应 ……………………………………………… (86)
  3.2.5 三种响应之间的关系 …………………………………………………… (87)
 3.3 二阶系统分析 …………………………………………………………………… (87)
  3.3.1 二阶系统的数学模型 …………………………………………………… (87)
  3.3.2 二阶系统的单位阶跃响应 ……………………………………………… (88)
  3.3.3 二阶系统的单位脉冲响应 ……………………………………………… (97)
  3.3.4 二阶系统的单位斜坡响应 ……………………………………………… (98)
  3.3.5 改善二阶系统响应特性的措施 ………………………………………… (99)
 3.4 高阶系统分析 …………………………………………………………………… (101)
  3.4.1 三阶系统的单位阶跃响应 ……………………………………………… (101)
  3.4.2 高阶系统的单位阶跃响应 ……………………………………………… (102)
  3.4.3 闭环主导极点 …………………………………………………………… (104)

3.4.4　高阶系统的动态性能估算 ·· (105)
3.5　稳定性与代数判据 ··· (106)
　　3.5.1　稳定的概念和定义 ·· (107)
　　3.5.2　稳定性的代数判据 ·· (111)
　　3.5.3　结构不稳定及其改进措施 ·· (115)
3.6　稳态误差分析 ··· (116)
　　3.6.1　误差及稳态误差的定义 ·· (117)
　　3.6.2　稳态误差的计算 ·· (117)
　　3.6.3　系统结构、外作用与稳态误差的关系 ···································· (119)
　　3.6.4　系统的型别和静态误差系数 ·· (120)
　　3.6.5　改善系统稳态精度的方法 ·· (123)
3.7　应用 MATLAB 分析系统的性能 ·· (124)
　　3.7.1　时域响应曲线的绘制 ·· (124)
　　3.7.2　求系统的时域性能指标 ·· (129)
　　3.7.3　判断系统的稳定性 ·· (130)
本章小结 ·· (130)
习题 ··· (131)

第4章　根轨迹法 ··· (138)

4.1　根轨迹的基本概念 ··· (138)
4.2　绘制根轨迹的基本条件和基本规则 ··· (139)
　　4.2.1　绘制根轨迹的基本条件 ·· (139)
　　4.2.2　绘制根轨迹的基本规则 ·· (140)
4.3　特殊根轨迹 ··· (150)
　　4.3.1　参数根轨迹 ·· (150)
　　4.3.2　正反馈回路的根轨迹 ·· (151)
　　4.3.3　滞后系统的根轨迹 ·· (153)
4.4　系统闭环零极点分布与阶跃响应的关系 ····································· (158)
　　4.4.1　用闭环零极点表示的阶跃响应解析式 ···································· (158)
　　4.4.2　闭环零极点分布与阶跃响应的定性关系 ·································· (159)
　　4.4.3　主导极点与偶极子 ·· (159)
　　4.4.4　利用主导极点估算系统的性能指标 ······································ (159)
4.5　开环零极点的变化对根轨迹的影响 ··· (161)
　　4.5.1　开环零点的变化对根轨迹的影响 ·· (161)
　　4.5.2　开环极点的变化对根轨迹的影响 ·· (164)
4.6　用 MATLAB 作根轨迹图 ·· (166)
　　4.6.1　画根轨迹图 ·· (166)
　　4.6.2　求根轨迹上任意点的增益值 ·· (168)
　　4.6.3　对根轨迹指定区域进行放大 ·· (168)
本章小结 ·· (170)

习题 ··· (171)

第5章 频率法 ··· (177)

5.1 频率特性 ··· (177)
5.1.1 幅相频率特性 ··· (180)
5.1.2 对数频率特性 ··· (180)

5.2 基本环节的频率特性 ·· (181)
5.2.1 比例环节 ·· (181)
5.2.2 惯性环节 ·· (182)
5.2.3 积分环节 ·· (184)
5.2.4 振荡环节 ·· (185)
5.2.5 微分环节 ·· (186)
5.2.6 一阶不稳定环节 ··· (188)
5.2.7 时滞环节 ·· (189)

5.3 系统开环频率特性的绘制 ·· (190)

5.4 用频率法分析控制系统的稳定性 ·· (193)
5.4.1 开环频率特性与闭环特征方程的关系 ··································· (193)
5.4.2 奈奎斯特稳定判据 ··· (194)
5.4.3 虚轴上有开环特征根时的奈奎斯特判据 ······························· (197)
5.4.4 用对数频率特性判断系统的稳定性 ······································· (198)
5.4.5 控制系统的相对稳定性 ··· (199)

5.5 开环频率特性与系统动态性能的关系 ··· (204)
5.5.1 低频段 ·· (204)
5.5.2 中频段 ·· (205)
5.5.3 高频段 ·· (206)

5.6 系统的闭环频率特性 ··· (206)
5.6.1 等M圆图 ·· (207)
5.6.2 等N圆图 ·· (208)
5.6.3 根据闭环频率特性分析系统的时域响应 ······························· (209)

5.7 用MATLAB进行频域分析 ·· (212)
5.7.1 绘制系统的Bode图 ··· (212)
5.7.2 绘制系统的Nyquist图 ··· (215)
5.7.3 绘制包含有数值为零的极点的系统的Nyquist图 ··················· (218)
5.7.4 求幅值裕量、相角裕量、剪切频率和增益交界频率 ············· (220)

本章小结 ··· (221)
习题 ·· (222)

第6章 控制系统的校正 ··· (229)

6.1 控制系统校正的概念 ··· (229)
6.2 串联校正 ··· (230)
6.2.1 超前校正 ·· (231)

	6.2.2 滞后校正	(239)
	6.2.3 滞后-超前校正	(247)
6.3	反馈校正	(251)
	6.3.1 利用反馈校正改变局部结构和参数	(251)
	6.3.2 利用反馈校正取代局部结构	(252)
6.4	前置校正	(253)
	6.4.1 稳定与精度	(254)
	6.4.2 抗扰与跟踪	(256)
6.5	根轨迹法在系统校正中的应用	(256)
	6.5.1 串联超前校正	(257)
	6.5.2 串联滞后校正	(260)
本章小结		(263)
习题		(264)

第7章 采样系统分析 (269)

- 7.1 采样系统 (269)
- 7.2 采样过程与采样定理 (271)
  - 7.2.1 采样过程 (271)
  - 7.2.2 采样定理 (275)
- 7.3 信号保持 (275)
- 7.4 Z变换理论 (278)
  - 7.4.1 Z变换定义 (278)
  - 7.4.2 Z变换方法 (278)
  - 7.4.3 Z变换性质 (281)
  - 7.4.4 Z反变换 (282)
  - 7.4.5 用Z变换法求解差分方程 (285)
- 7.5 脉冲传递函数 (286)
  - 7.5.1 脉冲传递函数的定义 (286)
  - 7.5.2 脉冲传递函数的物理意义 (287)
  - 7.5.3 脉冲传递函数的求法 (289)
  - 7.5.4 开环系统脉冲传递函数 (290)
  - 7.5.5 闭环系统冲传递函数 (292)
- 7.6 采样系统性能分析 (295)
  - 7.6.1 稳定性分析 (295)
  - 7.6.2 稳态误差分析 (300)
  - 7.6.3 动态性能分析 (303)
  - 7.6.4 根轨迹法在采样系统中的应用 (307)
  - 7.6.5 频率法在采样系统中的应用 (309)
- 7.7 用MATLAB分析采样控制系统 (311)
  - 7.7.1 模型的转换 (311)

  7.7.2 时域分析 ··(312)
  7.7.3 根轨迹分析 ··(314)
  7.7.4 频域分析 ··(315)
 本章小结 ··(316)
 习题 ··(317)
部分习题参考答案··(320)
参考文献··(327)

第 1 章 自动控制的一般概念

在现代的工业、农业、国防和科学技术领域中，自动控制技术得到了广泛的应用，自动控制理论起着极为重要的作用。

所谓自动控制，就是不需要人的直接参与，而能控制某些物理量按照指定的规律变化。

按照上述定义，自动控制在生产和生活中的例子举不胜举。

在空间技术方面，导弹能够正确地命中目标，人造卫星能按预定的轨道运行并返回地面的控制，都是不用人的直接参与（不用人来驾驶），而能控制其运行的方向和速度这些物理量，按照事先指定的规律变化。

在城市交通方面，随着计算机的应用，采用按时间控制的交通管制系统在我国各大城市中已很普遍。但是由于近几年来城市运输车辆的增加，势必要求提高对交通的管制，对等待通行信号的汽车数量进行不断的测量，并将这种信号传递到发出运行信号的控制中心计算机，由中心计算机根据所有道路的综合情况，发出最佳的控制信息，则这种系统就变成了更高阶段的智能交通自动控制系统。

在铁路运输方面，要求有更多的控制系统为它服务，才能保证运输安全并发挥其运输效能。目前世界各国普遍采用较完善的列车控制系统称为列车自动控制系统（Automatic Train Control，ATC）。它由行车指挥自动化和列车运行自动化两大部分所组成。行车指挥系统以控制中心计算机为主体，实现集中管理分散控制的集散控制方式；列车运行自动化包括列车自动防护（Automatic Train Protection，ATP）及列车自动驾驶（Automatic Train Operation，ATO）两个子系统，结构框图如图 1-1 所示。世界各国均有各自不同的列车运行控制系统，比较典型的有德国的 LZB 系统、法国的 V-T 系统和日本的数字 ATC 系统。

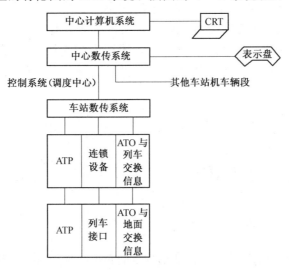

图 1-1 列车自动控制系统框图

在日常生活中，厨房中的电冰箱是一个典型的自动控制系统，它不需要人的直接参与（不用人去频繁地开关电源），能控制温度这个物理量按照指定的温度变化（通过通断电源来保持恒定的温度）。厕所中的水箱也是一个自动控制系统，不用人开关阀门，而控制水箱内的水位按照指定的规律变化（通过开关进水阀门来保持水位的恒定）。

自动控制技术在各个领域中的广泛应用，不仅保证了安全，提高劳动生产率和产品质量，改善了劳动条件，而且在人类征服自然、探索新能源、发展空间技术和改善人民物质生活等方面都起着极为重要的作用。

自动控制理论就是研究自动控制共同规律的技术科学，它的发展初期是以反馈理论为基础的自动调节原理，随着工业生产和科学技术的发展，现已发展成为一门独立的学科——控制论。控制论包括工程控制论、生物控制论和经济控制论。工程控制论主要研究自动控制系统中的信息变换和传送的一般理论及其在工程设计中的应用；而自动控制原理则仅仅是工程控制论的一个分支，它只研究控制系统分析和设计的一般理论。

第二次世界大战以后，由于生产和军事的需要，自动控制技术开始迅速地发展起来。到20世纪50年代末期，自动控制理论已经形成比较完善的理论体系，并在工程实践中得到成功的应用。一般把这个时期以前应用的自动控制理论称为经典（古典）控制理论。这一时期，由于宇航技术的发展，要求组成高性能、高精度的复杂控制系统，这样经典控制理论已不能完全满足要求；而另一方面，电子计算机的高度发展，又在客观上提供了必要的技术手段，使得自动控制理论又发展到一个新的阶段——现代控制理论。

"经典控制理论"的内容主要以传递函数为基础，研究单输入、单输出一类自动控制系统的分析和设计问题。这些理论由于其发展较早，现已成熟。在工程上，也比较成功地解决了自动控制系统的实践问题。

"现代控制理论"是20世纪60年代在经典控制理论的基础上，随着科学技术的进步和工程实践的需要而迅速发展起来的。它无论在数学工具、理论基础还是在研究方法上，都不是经典理论的简单延伸和推广，而是认识上的一次飞跃。现代控制理论主要以状态空间法为基础，研究多输入、多输出、变参数、非线性、高精度、高效能等控制系统的分析和设计问题，最优控制、最佳滤波、系统识别、自适应控制等理论都是这一领域研究的主要课题。特别是近年来由于电子计算机技术和现代应用数学研究的迅速发展，使现代控制理论又在研究庞大的系统工程的大系统理论和模仿人类智能活动的智能控制等方面有了重大发展。目前，现代控制理论正随着现代科学技术的发展而日新月异地向前发展。

"现代控制理论"是建立在"经典控制理论"的基础之上，因此学习经典控制理论是学习控制理论（包括现代控制理论）的基础。

1.1 开环控制与闭环控制

1.1.1 自动控制系统

能够对被控制对象的工作状态进行自动控制的系统，称为自动控制系统。它一般由控制装置和被控制对象组成。被控制对象（简称被控对象）是指要求实现自动控制的机器、设备或生产过程，如飞机、火车、机床及铁路行车指挥过程或工业生产的某种过程等。控制装置则是指对被控制对象起控制作用的设备总体。

由于控制装置可以取代人的一部分工作，因此剖析在完成一项有目的的工作任务中所经历的主要过程和所需要具备的基本职能，对寻求自动控制的原则、方法无疑是有所裨益的。

为了有效地进行某项工作，人们总是要经常了解工作的动态，观察实际的结果，观察干扰工作正常进行的各种因素和条件。这个步骤被称为观察或调查。

然后将所获得的各方面情况进行分析、对比，看看实际的结果和预期的目标相差多少，并统观全局，进而作出新的工作安排。这个关键步骤被称为分析比较或决策。

接下去应该是根据新的安排去执行决策。执行的效果如何，需要再观察、再分析，循环往复直至工作结束。

在工作中，各种职能的作用及其相互联系可用方框图 1-2 表示。图中职能机构和工作对象均以方框表示，箭头方向指示了各部分的联系。

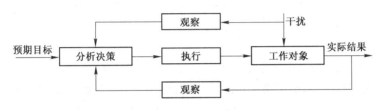

图 1-2　人工职能图

如果用技术装置和工程语言代换图 1-2，即工作对象——受控对象，实际结果——被控量，预期目标——给定值或参考输入，观察机构——测量元件或传感器，分析、决策——计算机或控制器，则由此得出自动控制的原理方框图，如图 1-3 所示。

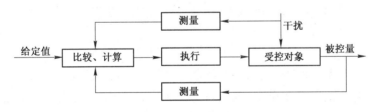

图 1-3　自动控制方框图

从图 1-3 中可看出，控制装置应具备三种基本功能，即测量、计算和执行。这需要相应的元部件来承担。

参与控制的信号来自两条通道，干扰和被控量。这是控制的主要依据。

基于这些分析，可以获得三种自动控制的基本方式，即按给定值操纵的开环控制、按干扰补偿的开环控制，以及按偏差调节的闭环（反馈）控制。

1.1.2　开环控制

开环控制又分为按给定值操纵和按干扰补偿两种。

1. 按给定值操纵

这种控制方式的原理是：需要控制的是受控对象的被控量，而测量的只是给定值。控制装置和受控对象的结构联系方框图如图1-4所示，信号由给定值至被控量单向传递，故常称为开环控制。

图1-4 按给定值操纵的系统原理方框图

这种控制较简单，但有较大的缺陷。当受控对象或控制装置受到干扰，或工作过程中特性参数发生变化，会直接波及被控量，而无法自动补偿。因此，系统的控制精度难于保证。但是如果系统结构参数稳定、干扰很弱，还是可用的。这从另一种意义理解，意味着对受控对象和其他控制元件技术要求较高。

一些自动化生产流水线，如包装机等，多为这类控制。一般家中常用的洗衣机也是开环控制。它是根据事先设定好的程序，循环地重复进水、漂洗、甩干等过程，不管衣物是否洗干净，到时自动停机。

2. 按干扰补偿

按干扰补偿的原理方框图如图1-5所示。这种控制方式的原理是：需要控制的是受控对象的被控量，而测量的是破坏系统正常运行的干扰。利用干扰信号产生控制作用，以补偿干扰对被控量的影响，故称干扰补偿。而信号和干扰经测量、计算、执行等诸元件至受控对象的被控量，也是单向传递的，故亦称开环控制。

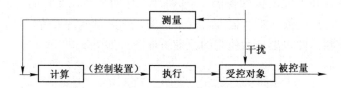

图1-5 按干扰补偿的系统原理方框图

由于测量的是干扰，故只能对可测干扰进行补偿。不可测干扰及受控对象、各功能部件内部参数变化对被控量造成的影响，系统自身无法控制。因此，控制精度仍然受到原理上的限制。

工作机械的恒速控制（如稳定刀具转速）及电源系统的稳压、稳频控制，常用这种补偿方式。

1.1.3 闭环（反馈）控制

闭环（反馈）控制是按偏差调节，其原理方框图如图1-6所示。这种控制方式的原理

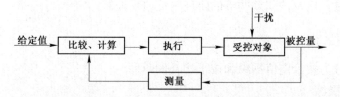

图1-6 按偏差调节的系统原理方框图

是：需要控制的是受控对象的被控量，而测量的是被控量对给定值的偏差，无论是由干扰造成的，还是由结构参数的变化引起的，只要被控量出现偏差，系统就自行纠编。故称这种控制方式为按偏差调节。显然，这种系统原理上提供了实现高精度控制的可能性。

系统中控制信号往复循环，沿前向通道和反馈通道闭路传递，故按偏差调节又称闭环控制或反馈控制。反馈控制是自动控制系统中最基本的控制方式，在工程中获得了广泛的应用。

由于反馈控制只有在偏差出现后才产生控制作用，因此系统在强干扰作用下，控制过程中被控制量可能有较大的波动。对于这种工作环境，同时采用偏差调节和干扰补偿的开、闭复合控制更为合适。

图1-4～图1-6中，除受控对象外，其他统称为控制装置或调节器。故自动控制系统是由受控对象和控制装置组成的，其任务是使受控对象的被控量自动跟随给定值变化；实现的方式是开环控制和闭环控制；控制装置的功能是测量、比较、计算和执行。把握这些基本特点，对分析或组合一个控制系统是很有帮助的。

一些新型的控制系统，也是在这几种基本控制方式的基础上发展起来的。如怎样使测量结果更准确；怎样对控制对象的内部变化了解得更清楚；又怎样实现对某些技术指标来说是最好的控制方案，即所谓最优滤波、最优识别和最优控制，就是在图1-4～图1-6的基础上通过复杂的控制器结构（计算机算法）来实现的。

1.2 控制系统举例

1.2.1 随动系统

对反馈控制系统来说，如果其控制信号 $r(t)$ 为一任意的时间函数，其变化规律无法预先予以确定，且当控制信号作用于系统之后，要求系统准确复现上述控制信号，将承受这类控制信号的反馈控制系统叫做随动系统。随动系统在工业生产中有着极为广泛的应用，如函数记录仪、雷达导引系统等都是典型的随动系统。下面以函数记录仪为例加以说明。

函数记录仪是一种通用的自动记录仪，可以在直角坐标上自动描绘两个电量的函数关系；同时，它还带有走纸机构，用以描绘一个电量对时间的函数关系。铁路行车自动控制系统中的运行图记录仪就是函数记录仪的一种应用。

函数记录仪一般采用负反馈原理，其结构通常由衰减器、测量电路、放大装置、伺服电动机、测速机组、齿轮系及绳轮组成，其原理示意图如图1-7所示。系统的输入信号是待记录的电压。这个电压也可以是待记录的其他物理量，如列车运行图记录仪所记录的是列车运行的地理位置。记录仪器的被控对象为记录笔，其位移即为被控制量，函数记录仪控制系统的任务是控制记录笔位移，使其在记录纸上描绘出待记录的电压曲线。

测量电路是由电位器 R_Q 和 R_M 组成的桥式线路。记录笔就固定在电位器 R_M 的电刷上，因此测量电路的输出电压 u_p 与记录笔位移成正比。当存在输入信号 u_i 时，在放大装置输入口得到偏差电压 $\Delta u = u_i - u_o$。经放大后，驱动伺服电动机，并通过齿轮系及绳轮而带动记录笔移动，使偏差电压减小。当偏差电压 $\Delta u = u_i - u_o = 0$ 时，电动机停止转动，记录笔也静

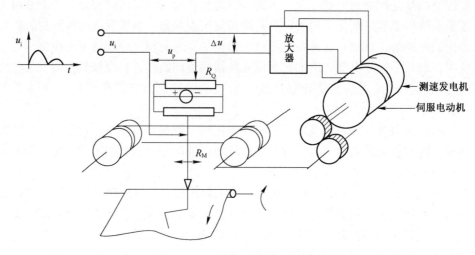

图 1-7 函数记录仪原理方框图

止不动,此时 $u_o=u_i$,即记录笔位移与输入信号相对应。如果输入信号随时间连续变化,记录笔便描绘出随时间连续变化的相应曲线。

函数记录仪控制系统方框图如图 1-8 所示。图中,测速发电机反馈一个与电动机转速成正比的电压信号,以增大系统阻尼而达到改善性能的目的。

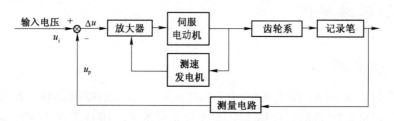

图 1-8 函数记录仪控制系统方框图

由于函数记录仪输入信号(待记录电压)的变化规律一般事先是不知道的,它可以是时间的任意函数,而系统的输出(记录笔的位置)又是随着输入信号的变化而变化,故该控制系统属于随动系统。

1.2.2 恒值控制系统

如果反馈控制系统的控制信号 $r(t)$ 为恒定的常数,(特殊情况下 $r(t)=0$),而要求被控制信号也保持在相应的常量上,则将这类反馈控制系统叫做恒值控制系统,也称为恒值调整系统或恒值系统。这类系统在工业生产中的应用非常广泛,如压力控制系统、电压控制系统、速度控制系统等。下面介绍一些简单的具体例子。

图 1-9 表示一个压力控制系统。炉内的压力由挡板的位置控制,并由压力测量元件进行测量,测出的压力值作为控制信号传递到控制器中,与希望值进行比较,比较后若有差值即误差存在,控制器便将输出量送往执行机构,后者根据差值而相应地转动挡板,达到使误差减至最小,实现恒定炉内压力的目的。

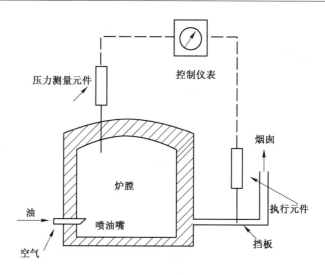

图 1-9　压力控制系统

1.2.3　数字控制系统

数字控制是一种用数字来控制设备运行的方法。所谓数字，是与上面所举控制实例中的模拟量相对应的。前面所分析的控制过程，在系统中通过传递连续变化量（模拟量）对系统进行自动控制，如系统的压力控制、速度控制、电压控制等。在数字系统中，对象的控制是通过二进制信息来实现的。

在这种控制系统中，利用电的（或其他形式的）信号，可以将数字符号转化为物理量（大小或数量），这样就把电码译成直线运动或圆周运动。因此，在整个系统中所采用的控制信号或者是数字的（脉冲），或者是模拟的（时变电压）。下面以机床的数字控制为例加以说明。

图 1-10 是机床数字控制的原理图。系统的输入端按照对加工工件 P 的要求，用纸带穿孔机对纸带进行二进制编码。当设备启动后，将纸带上的信息通过读出器送进系统，输出调频脉冲信号与反馈脉冲信号进行比较，随后数/模转换器将脉冲信号转变为模拟信号，即转变为具有一定数值的电压值，从而使伺服马达转动起来。刀架的位置由伺服马达的输入信号控制。与刀盘连接在一起的转换器，将刀具的运动转变为电信号，然后通过模/数转换器，又将它转变为脉冲信号。这一脉冲信号与输入脉冲信号进行比较，控制器根据脉冲信号的差值进行数学运算。如果在两个脉冲信号之间存在某一差值，便有信号电压输入到伺服马达，以减小这一差值。

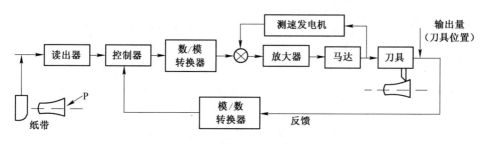

图 1-10　机床的数字控制

机床用数字控制可以实现以最大的速度加工复杂的零件，使产品的公差保持不变。

1.2.4　计算机控制系统

近年来，除了大幅度地发展通用计算机之外，用来直接控制生产过程的专门计算机也得到了发展。这种计算机牺牲了通用性，简化了设计，增强了操作的可靠性，加快了在控制过程中出现问题的解决速度，使得反应速度提高。

生产过程控制机与通用计算机相比，主要差别在于它们是直接通过输入测量仪表和输出执行元件与外界相联系的。这就不需要人参与该系统的工作了，整个计算机控制系统就是：被控对象＋控制计算机。

图 1-11 是一个地下铁道行车自动控制系统的实例。在这个系统中，中央控制计算机是整个指挥系统的控制中心。计算机的输入是根据运输需要预先安排的列车运行图、列车自动运行的数据，以及列车自动防护设备所提供的数据。计算机根据这些给定数据进行运算，然后作出指挥列车运行的决策，产生命令通过有线或无线通道发往机车。在机车上所接收到的速度命令信号是由不同频率产生的脉冲组合，速度命令接收器将速度命令信号变换为相应的电压送至速度自动调整系统。这是一个连续量的自动控制系统，用来实现列车运行速度的自动控制。

图 1-11 所示的计算机控制系统是铁路信号自动控制系统的典型实例。目前这种系统在我国的地下铁道自动控制及世界各国的铁路自动控制中被广泛地应用着。不过这里只给出它的原理框图，而各国所采用的实际系统是有着千差万别的。

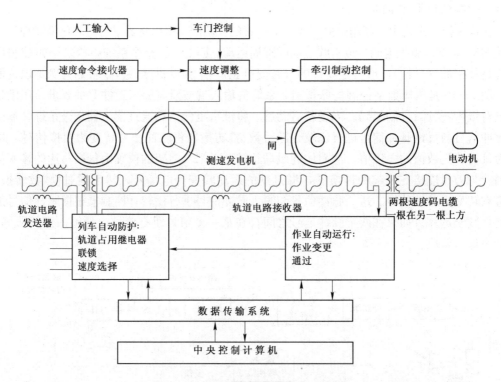

图 1-11　地下铁道行车自动控制系统

这个原理框图给读者描绘了一个行车指挥自动控制的概貌，同时利用这个实例也可以说明自动控制理论所要研究的基本内容。

首先，在机车上必须装备一套速度自动调整设备，为了记录运行情况，在控制中心要装有运行图记录仪，前者是恒值控制系统，后者则是随动系统。

为了实现列车运行的安全，在铁路现场还装有信号、联锁、闭塞等设备（即图中的列车自动防护）。这些设备属于控制论中离散自动机理论，也常称为继电电路理论，它对于分析和综合复杂的继电电路是非常重要的。

从框图中可以看到，在控制计算机与离散自动机之间有一套数据传输系统。这是一套多路通信设备，它是以传递离散信息为主的通信系统。

关于计算机控制理论的研究，还有专设的计算机控制课程，并不是本课程的任务。

1.3 控制系统的组成与对控制系统的基本要求

1.3.1 控制系统的组成

从上述各种控制系统的示例中可以看到，尽管控制系统由不同的元件组成，系统的功能也不一样，但相同的工作原理决定了它们必然具有类似的结构。例如，它们都含有测量装置、比较装置、放大装置和执行机构。同时还能够看到，在不同系统中，可以采用不同的元件去实现某一种功能。例如，函数记录仪是用桥式电位器线路作为测量装置，测量记录笔的位移；电动机的速度是用测速发电机作为测量装置，测量电动机的速度。

一般来说，一个闭环控制系统均由以下基本元件（或装置）组成。

① 测量元件对系统输出量进行测量，也称为敏感元件。

② 比较元件对系统输出量与输入量进行代数运算，给出偏差（误差）信号，起信号的综合作用。这个作用往往是由综合电路或由测量元件兼而完成的，这时统称误差检测器。

③ 放大元件对微弱的偏差信号进行放大和变换，输出有足够功率和要求的物理量。

④ 执行机构根据放大后的偏差信号，对被控对象执行控制任务，使被控制量与希望值趋于一致。

⑤ 被控对象。自动控制系统根据需要进行控制的机器、设备或生产过程称为被控对象，而被控对象内要求实现自动控制的物理量称为被控制量或系统输出量。

⑥ 校正装置对系统的参数或结构进行调整，用于改善系统性能。

一个典型的自动控制系统的基本组成可用图1-12表示。图中，系统的基本元件和被控对象都用方框表示；信号传输方向用箭头表示，该传输方向是单向不可逆的，这是由元件的物理特征所决定的；"-"号表示输入信号与反馈信号相减，即负反馈，"+"号则表示正反馈。

信号从输入端沿箭头方向到达输出的传输通路称为前向通路，系统输出量经由测量装置反馈到输入端的通路称为主反馈通路。前向通路与主反馈通路一起，构成主回路。

此外，还有局部反馈通路及由它组成的内回路。只有一个反馈通路的系统称为单回路系统，有两个以上反馈通路的系统称为多回路系统。

一般地说，控制系统受两种外作用，即有用信号和扰动，它们都可以作为系统的输入信

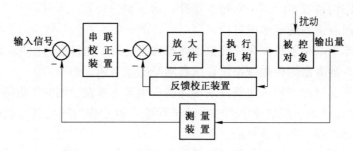

图 1-12　自动控制系统基本组成

号。系统的有用输入信号决定系统被控制量的变化规律；而扰动是系统不希望的外作用，它破坏有用信号对系统输出量的控制。在实际系统中，扰动总是不可避免的，它可以作用于系统中的任何部位。电源电压的波动，环境温度、压力的变化，运行中负载的变化等，都是现实中存在的扰动。通常所说的系统输入信号，一般是指有用信号。

1.3.2　对控制系统的基本要求

为了实现自动控制的基本任务，必须对系统在控制过程中表现出的性能提出要求。

一般来说，在没有外作用时，系统处于平衡状态，系统的输出保持原本状态。当系统受到外作用时，其输出量必将发生相应变化。

系统最理想的控制性能应该是使输出时时刻刻跟随输入变化，虽然输出输入可能是不同的物理量，但它们的变化规律应该是时刻一致的。但由于系统中总是包含具有惯性或储能特性的元件，因此当输入变化时，输出量的变化不可能立即发生，而是有一个过渡过程。通常把输出量的变化过程分为两部分：瞬态响应和稳态响应。瞬态响应是指系统从初始状态到最终状态的响应过程；稳态响应是指当时间 t 趋于无穷大时系统的输出状态。系统的控制性能主要反映在以下几个方面。

① 稳定性。一个稳定的系统，当受到外界作用时，其输出量的过渡过程随时间而衰减，输出量最终能与希望值一致；不稳定的系统，其输出量的过渡过程随时间而增长或表现为持续振荡。要求系统稳定是保证系统能正常工作的必要条件。控制系统在设计和调试时，元件参数选择不当或主反馈极性误接为正，都会导致系统不稳定。

② 瞬态性能。包含快速性和平稳性两个方面。快速性是指系统的过渡过程其持续时间应尽可能短，即瞬态过程尽快结束，输出尽量快地跟踪输入的变化。平稳性是指系统输出如果有振荡，振荡幅度尽可能小，输出的波形要平稳。

③ 稳态性能。当自动控制系统到达稳态时，系统输出的实际值与希望值之间的差值，即为稳态误差。系统的稳态误差是衡量系统稳态性能的重要指标，也是衡量系统控制准确度的标志。

按照给定的控制任务，设计一个既满足稳定性要求，而同时又能满足快速性和准确性要求的控制系统，是控制系统工程人员必须解决的课题，也是控制理论这门学科的基本任务。

1.4　控制系统设计概述

控制系统设计是工程设计的一种，控制系统设计的目的是逐步确定预期系统的结构配置,设计规范和关键参数,以满足实际的需求。

设计过程的第一步是确定系统目标;第二步是确定要控制的系统变量,即被控量;第三步是拟定设计规范,以明确系统变量应该达到的性能指标,如过渡过程时间的要求、稳态误差的要求等。这些性能指标将指导设计者选择相应的执行装置和测量装置。

对系统设计者而言,首要的任务应是设计能达到预期控制性能的系统结构配置。系统通常的结构配置包括传感器、受控对象、执行机构和控制器。其次选定执行机构,这当然与受控对象有关,应选择能有效调节对象工作性能的装置作为执行机构。再次,应选择合适的传感器,以对系统的输出值进行精确的测量,这样便可得到控制系统各个组成部分的模型。接下来就是选择控制器,它通常包含一个求和放大器,通过它将预期响应与实际响应进行比较,然后将偏差信号送入另一个放大器。

设计过程的最后步骤是调节系统参数以获得所期望的系统性能。如果通过参数调节达到了期望的系统性能,设计工作就告结束,可着手形成设计文档。否则,就需要改进系统结构配置,甚至可能需要选择功能更强的执行机构和传感器。此后就是重复上述设计步骤,直到满足了设计指标的要求,或者确认设计指标的要求过于苛刻,必须放宽指标要求。图 1-13 总结了控制系统的设计过程。

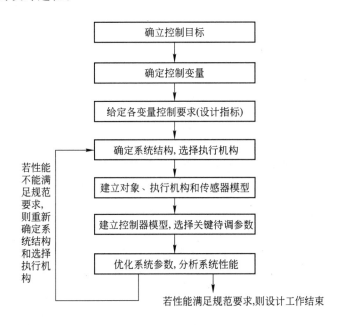

图 1-13 控制系统设计过程

功能强大且价格适中的计算机及高效控制系统设计与分析软件的出现,使得上述设计过程发生了巨大的变化。在高度真实的计算机仿真实验中验证最后设计方案成了设计工作的重要组成部分。在许多实际工程中,都需要花费大量的时间和资金,在逼真的仿真环境中反复验证控制系统设计方案。

总之,控制系统设计问题的基本流程是:确定设计目标,建立控制系统(包括传感器和执行机构)模型,设计合适的控制器及控制系统。

本章小结

1. 自动控制理论是近年来发展很快的一门学科。在 20 世纪 40 年代中期到 50 年代末形成的是经典控制理论，它比较成功地解决了简单控制系统的分析和设计问题。

2. 随着科学技术的发展，从 20 世纪 50 年代末开始，多输入和多输出的控制系统得到了广泛的应用，为此现代控制理论也相应地获得了迅速发展。

3. 自动控制系统基本组成原理是本章的重点，要求能通过举例来说明自动控制系统各组成部分所完成的功能。

4. 自动控制系统的性能指标是衡量控制性能的标准，不同的生产过程对控制性能的要求也不同。为了学习下面的章节，应该掌握控制系统的基本性能指标。

5. 自动控制系统从原理上讲就是负反馈控制系统，要求能理解自动控制系统是如何实现反馈控制的。

习　　题

基本题

1-1　什么是开环控制系统？什么是闭环控制系统？

1-2　试述开环控制的主要优缺点？

1-3　试列举几个日常生活中所遇到的开环控制和闭环控制系统，并说明它们的工作原理。

1-4　什么是负反馈控制原理？怎样实现负反馈？

1-5　控制系统的性能主要反映在哪几个方面？

1-6　图 1-14 为一温度控制系统。试分析这个系统的自动调温过程，并说明这个系统的输出量和干扰量是什么。

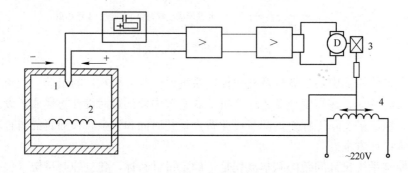

1—测温用的热电偶　2—加热电阻丝　3—减速器　4—调压器

图 1-14　温度控制系统

提高题

1-7 图 1-15 是两个液位控制系统。试分别对两个系统的工作原理进行分析并画出系统方框图。

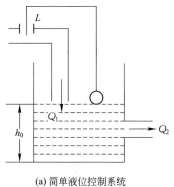

(a) 简单液位控制系统

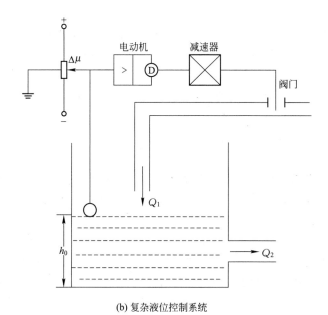

(b) 复杂液位控制系统

图 1-15 液位控制系统

1-8 查阅资料完成控制理论某个分支（如智能控制、最优控制、自适应控制、鲁棒控制等）的相关介绍，包括原理及应用举例等。

第 2 章 模　　型

2.1 模型的定义和分类

任何理论的分析与研究都不是与某一类物质的真实对象直接联系的，而是借助于它的模型来阐明真实对象的客观规律性。但是，建立模型的概念，在任何科学领域中都没有像在控制理论中那样明确。在控制理论领域中，模型是以最一般的形式表现出来的。从研究控制系统行为特征来看，模型的概念是一个有决定性的基本概念。模型是对于对象和过程的某一方面本质属性的一种表述。所谓某一方面，即根据系统的目的，从系统的全部特性中选择出适当的属性，从而表述系统的行为。因此，模型只具有原系统的一部分属性，也可以说模型是将原系统简化的系统。

关于某一个具体模型应具有什么特性的问题，这主要取决于模型的种类和用途。例如，地图就是一种模型，它是某个空间地区的模型，其中应保存的地理特性取决于地图的用途。一般常用的地图都尽量保持它所表示地区的某些几何特性，通用地图则极为详细地保持距离和形状，航海地图则保持直线。但另外一些地图，如地下铁道图、通信系统图等，则不保持几何特性，仅保持线路的连接或分支，这是一种拓扑式的图。

要建立一个模型，需要进行预先的分析，确定什么是最重要的特性，并能定量地确定下来。当确定系统的主要特性能以数量来描述时，就有了作出系统模型的前提。一个理想模型应能反映系统所代表的全部重要特性，同时在数学上或物理上易于分析处理，特别是用计算机来处理。

从上面的解释，我们对系统的模型已经有了简单的概念。为了分析的方便，总是使模型的动作和系统的动作近似，但两者结构一般却完全不同。模型分为抽象及具体模型两大类。抽象模型一般称为数学模型，而具体模型则是物理模型。

在数学模型方面，还可分为数学方程式的模型、图形模型、计算机程序等；在物理模型方面，可分为模拟模型（模似器）、缩尺模型等。其大体分类如下。

$$
\text{模型}\begin{cases}\text{数学模型}\begin{cases}\text{数式模型：方程式、函数关系、逻辑式等}\\ \text{图形模型：流程图、方向图、信号流图、方框图、状态转移图等}\\ \text{计算机程序：数学、模拟、混合}\end{cases}\\ \text{物理模型}\begin{cases}\text{模拟：模拟器}\\ \text{缩尺模型、飞机模型与风洞、船舶模型与水槽、铁路编组场模型等}\end{cases}\end{cases}
$$

具体模型中的模拟器是用一些物理元件构成的系统，与原系统的动作相似，而缩尺模型只是原系统大小的缩尺，模拟器可以用来显示与被模拟系统的数学模型相似的动作。用模拟器模拟系统时，原系统的元件和变量与模拟器元件和变量之间一般并不存在一一对应关系，这称为间接相似。通常是用数字、模拟和混合计算机作为模拟器。例如，在利用数字计算机对数学模型进行数值计算时,数字计算机就是作为模拟器使用的。利用计算机时,首先要编程序,而计算机程序本身又是抽象的,所以属于抽象模型。而这时所谓模拟器,也包括了用它解决问题的计算程序或有关的程序语言,如图2-1所示。

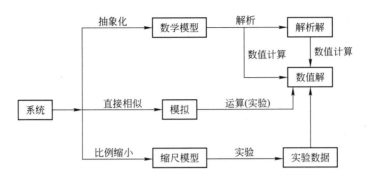

图2-1 抽象与具体模型及问题的解

在模型化过程中,也有直接相似的例子。例如,可以通过研究一个与机械系统相似的电模拟系统来代替对机械系统的研究,这方面有力—电压相似性和力—电流相似性。通常是把力、质量、速度、位移等量与电压、电流、电感、电容等物理量互相对应起来。

除了上述模型分类法外,还可将模型分为确定模型和不确定模型(概率模型),概率模型又可分为统计模型和对策模拟模型。

构造系统模型时,抽象出尽可能多的特征会提高模型的忠实程度,但这往往并不实用,因为要构造这种模型及求解时,需要大量的精力和时间,有时还需要高速、大容量的计算机进行计算。因此,在构造模型时,应在保证必要精度的情况下,构造尽可能简单的模型。

按模型的构造方法又可分为以下两种。

$$\begin{cases} 理论模型:基于理论考虑而构成的模型 \\ 经验模型:基于在实际系统中或其缩尺模型中的实验结果而构成的模型 \end{cases}$$

经验模型的制定程序如图2-2所示。

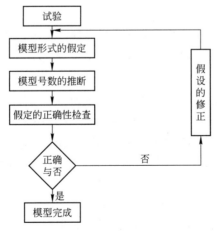

图2-2 经验模型制定程序

很多系统用现在的理论并不能处理，这时只有根据实验结果构造模型。

更多的情况是根据实验结果来确定理论模型中的参数，形成具有理论模型和实验模型中间特性的模型。

2.2 控制系统的数学模型

研究一个自动控制系统，单是分析系统的作用原理及其大致的运动过程是不够的，必须同时进行数量上的分析，才能做到深入掌握自动控制系统运动规律的实质，这样才能将理论有效地应用到实际工程中去。

控制系统的数学模型是描述系统输入、输出物理量（或变量），以及内部各物理量（或变量）之间关系的数学表达式。在静态条件下（即变量的各阶导数为零），描述各变量之间关系的数学方程，称为静态模型；而各变量在动态过程中的关系用微分方程描述，称为动态模型。微分方程中各变量的导数表示了它们随时间变化的特性，如一阶导数表示速度、二阶导数表示加速度等。因此，微分方程可以完整地描绘系统的动态特性。

系统的数学模型可以用分析法和实验法建立。分析法从元件或系统所依据的物理或化学规律出发，建立数学模型并经实验验证；实验法是对实际系统加入一定形式的输入信号，用求取系统输出响应的方法建立数学模型。

合理的数学模型，是指它应以最简化的形式，正确地代表被控对象或系统的动态特性。通常，忽略了对特性影响较小的一些物理因素后，可以得到一个简化的数学模型。例如，系统中存在的分布参数、时变参数及非线性特性，当它们的影响很小时，则忽略它们之后所得的系统简化数学模型便有一定的准确性；反之，当它们的影响较大时，用简化数学模型分析的结果往往与实际系统的实验研究结果相差很大，简化数学模型便不能正确代表控制系统的特性。

对于一个自动控制系统，简化的数学模型通常是一个线性微分方程式。具有线性微分方程式的控制系统称为线性系统。当微分方程式的系数是常数时，相应的控制系统称为线性定常（或线性时不变）系统；当微分方程式的系数是时间的函数时，相应的控制系统称为线性时变系统。

如果控制系统含有分布参数，那么描述系统的数学模型应为偏微分方程。如果系统中存在非线性特性，则需要用非线性微分方程来描述。这种系统称为非线性系统。

绝大多数控制系统，在一定的限制条件下，都可以用线性微分方程描述。线性微分方程的求解，一般都有标准的方法。因此，线性系统的研究有重要的实用价值。

线性系统的主要特点是可以运用叠加原理。叠加原理说明，几个外作用加于系统所产生的总响应，等于各个外作用单独作用时产生的响应之和。这表明各个外作用在线性系统内产生的响应互不影响，所以同时作用于线性系统的外作用可以分别处理，然后把它们的响应叠加。

实际的控制系统元件都含有非线性特性，例如放大器进入饱和区段的特性等都属于非线性。虽然含有非线性特性的系统可以用非线性微分方程描述，但它的求解是困难的，因此还可以在一定工作范围内用线性系统模型近似，这称为非线性模型的线性化。

在工程上，常常把非线性特性在工作点附近用泰勒级数展开的方法进行线性化。凡是可以线性化的系统，都可以用线性控制理论进行分析。

2.3 建立系统微分方程的一般方法

系统数学模型的建立，一般采用解析法。用解析法列写系统或元件微分方程的一般步骤是：

① 根据实际工作情况，确定系统和各元件的输入、输出变量；

② 从输入端开始，按照信号的传递顺序，依据各变量所遵循的物理（或化学）定律列写出在变化（运动）过程中的动态方程，一般为微分方程组；

③ 消去中间变量，写出输入、输出变量的微分方程；

④ 标准化。即将与输入有关的各项放在等号右侧，与输出有关的各项放在等号左侧，并按降幂排列。最后将系数归一化为具有一定物理意义的形式。

在列写某元件的微分方程时，还必须注意与其他元件的相互影响，即所谓的负载效应问题。

下面举例说明建立微分方程的步骤和方法。

[**例 2-1**] 试列写图 2-3 所示 RC 无源网络的动态方程。给定 u_i 为输入量，u_o 为输出量。

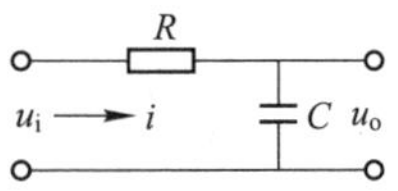

解：根据电路理论中的基尔霍夫定律，可写出

$$u_i = R \cdot i + u_o \qquad (2-1)$$

图 2-3 RC 无源网络

$$i = C \frac{du_o}{dt} \qquad (2-2)$$

式中，i 为流经电阻 R 及电容 C 的电流，是中间变量。从上面两式中消去中间变量 i，即可得到

$$RC \frac{du_o}{dt} + u_o = u_i \qquad (2-3)$$

在上式中，令 $RC = T$，则又可写成如下形式

$$T \frac{du_o}{dt} + u_o = u_i \qquad (2-4)$$

式中，T 为网络的时间常数。

可见，RC 无源网络的动态数学模型是一个一阶常系数线性微分方程。

[**例 2-2**] 设有由两级形式相同的 RC 电路串联组成的滤波网络如图 2-4 所示。试列写以 u_i 为输入、u_o 为输出的网络的动态方程。

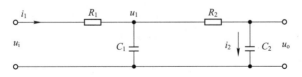

图 2-4 两级 RC 滤波网络

在这个电路中，后一级电路中的电流 i_2 影响着前一级电路的输出电压，即影响着 C_1 的端电压，这就是负载效应。因此，两级不能孤立地分开，而必须作为一个整体来列写动态

方程。

解：根据基尔霍夫定律，可写出下列方程组

$$u_i = R_1 i_1 + u_1 \tag{2-5}$$

$$u_1 = R_2 i_2 + u_o \tag{2-6}$$

$$i_1 = i_2 + C_1 \frac{du_1}{dt} \tag{2-7}$$

$$i_2 = C_2 \frac{du_o}{dt} \tag{2-8}$$

消去中间变量 i_1，u_1 和 i_2 后得到

$$R_1 C_1 R_2 C_2 \frac{d^2 u_o}{dt^2} + (R_1 C_1 + R_2 C_2 + R_1 C_2) \frac{du_o}{dt} + u_o = u_i \tag{2-9}$$

令 $R_1 C_1 = T_1$，$R_2 C_2 = T_2$，$R_3 C_3 = T_3$，则得到

$$T_1 T_2 \frac{d^2 u_o}{dt^2} + (T_1 + T_2 + T_3) \frac{du_o}{dt} + u_o = u_i$$

可见，该滤波网络的动态数学模型是一个二阶常系数线性微分方程。

读者可以按两级分开的方法来列写，并将结果与式（2-9）比较。

[**例 2-3**] 设有一弹簧-质量-阻尼器动力系统如图 2-5 所示。当外力 $F(t)$ 作用于系统时，系统将产生运动。试写出外力 $F(t)$ 与质量块的位移 $y(t)$ 之间的动态方程。

解：在外力 $F(t)$ 作用下，如果弹簧恢复力和阻尼器阻力与 $F(t)$ 不能平衡，则质量 m 将有加速度，并进而使速度和位移发生变化。根据牛顿第二定律应有

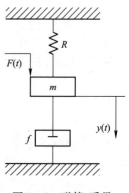

图 2-5 弹簧-质量-阻尼器动力系统

$$F(t) + F_1(t) + F_2(t) = m \frac{d^2 y(t)}{dt^2} \tag{2-10}$$

式中，$F_1(t)$ 为阻尼器阻力，$F_2(t)$ 为弹簧恢复力。由弹簧、阻尼器的特性，可写出

$$F_1(t) = -f \frac{dy(t)}{dt} \tag{2-11}$$

$$F_2(t) = -k y(t) \tag{2-12}$$

式中，f 为阻尼系数，k 为弹簧系数。将式（2-11）、式（2-12）代入式（2-10）中，则得到

$$F(t) - f \frac{dy(t)}{dt} - k y(t) = m \frac{d^2 y(t)}{dt^2} \tag{2-13}$$

将式（2-13）标准化，得

$$\frac{m}{k} \cdot \frac{d^2 y(t)}{dt^2} + \frac{f}{k} \cdot \frac{dy(t)}{dt} + y(t) = \frac{1}{k} F(t) \tag{2-14}$$

式（2-14）即是描述弹簧-质量-阻尼器动力系统的标准微分方程，将它的诸系数归一化为更具有一般意义的形式，即令

$$T=\sqrt{m/k} \tag{2-15}$$

$$\xi=\frac{f}{2\sqrt{mk}} \tag{2-16}$$

$$K=\frac{1}{k} \tag{2-17}$$

式中，T 为时间常数；ξ 为阻尼比；K 为放大系数（或称增益）。则可得到以下形式的数学模型，即

$$T^2\frac{d^2y(t)}{dt^2}+2\xi T\frac{dy(t)}{dt}+y(t)=kF(t) \tag{2-18}$$

[**例 2-4**] 试列写电枢控制的它激直流电动机的微分方程，以电枢电压为输入量，以电动机的转角为输出量。图 2-6 是电动机原理示意图。R_a 表示电枢电阻，L_a 表示电枢电感，i_a 为电枢电流，u_a 为电枢输入电压，i_f 为固定激磁电流，E_b 为电枢反电势，θ_m 为电机转角，f 为电机轴上的粘性摩擦系数，M_L 为负载力矩。并设电枢的重量 G 及电枢直径 D 均为已知。

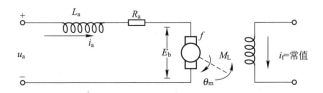

图 2-6 电枢控制的它激直流电动机示意图

当电枢两端加上电压 u_a 后，产生电枢电流 i_a，随即获得电磁转矩 M_m，驱动电枢克服阻力矩，带动负载旋转，同时在电枢两端产生反电势 E_b，削弱外电压的作用，减小电枢电流，保持电机作恒速转动。

解：根据基本物理定律可写出下列方程

$$u_a=R_ai_a+L_a\frac{di_a}{dt}+E_b \tag{2-19}$$

其中，反电势

$$E_b=K_b\frac{d\theta_m}{dt} \tag{2-20}$$

电动机的电磁转矩方程

$$M_m=C_mi_a \tag{2-21}$$

电动机轴上的转矩平衡方程

$$M_m=\frac{GD^2}{4g}\frac{d^2\theta_m}{dt^2}+f\frac{d\theta_m}{dt}+M_L \tag{2-22}$$

式中，K_b 为电动机反电势系数；C_m 为电动机力矩系数；$GD^2/4g$ 为电枢转动惯量。消去中间变量 i_a、E_b、M_m，即可得到表示 u_a、θ_m 及 M_L 之间的关系的微分方程，即

$$\frac{GD^2}{4g}L_a\frac{d^3\theta_m}{dt^3}+\left(\frac{GD^2}{4g}R_a+fL_a\right)\frac{d^2\theta_m}{dt^2}+(fR_a+C_mK_b)\frac{d\theta_m}{dt}=C_mu_a-R_aM_L-L_a\frac{dM_L}{dt} \tag{2-23}$$

令 ω 代表电机转速，则有

$$\omega = \frac{d\theta_m}{dt} \tag{2-24}$$

式（2-23）则可写成

$$\frac{GD^2}{4g}L_a\frac{d^2\theta_m}{dt^2} + \left(\frac{GD^2}{4g}R_a + fL_a\right)\frac{d\omega}{dt} + (fR_a + C_mK_b)\omega = C_m u_a - R_a M_L - L_a\frac{dM_L}{dt} \tag{2-25}$$

式（2-24）和式（2-25）分别是以转角和转速为输出量的电动机动态方程。考虑到电机中的电枢电路电感 L_a 一般较小，可以忽略不计，则式（2-24）和式（2-25）分别简化为

$$\frac{GD^2}{4g}R_a\frac{d^2\theta_m}{dt^2} + (fR_a + C_mK_b)\frac{d\theta_m}{dt} = C_m u_a - R_a M_L \tag{2-26}$$

$$\frac{GD^2}{4g}R_a\frac{d\omega}{dt} + (fR_a + C_mK_b)\omega = C_m u_a - R_a M_L \tag{2-27}$$

再设 $M_L = 0$，且令 $J = \frac{GD^2}{4g}$，将式（2-26）和式（2-27）表示为

$$T_m\frac{d^2\theta_m}{dt^2} + \frac{d\theta_m}{dt} = K_m u_a \tag{2-28}$$

$$T_m\frac{d\omega}{dt} + \omega = K_m u_a \tag{2-29}$$

式中：$T_m = JR_a/(fR_a + C_mK_b)$——时间常数；

$K_m = C_m/(R_a f + C_mK_b)$——电动机电压转速传递函数。

在实际使用中，电动机转速 n 常以 r/min 来计算。这时经换算，式（2-29）亦可表示成为

$$T'_m\frac{dn}{dt} + n = k'_m u_a$$

[例 2-5] 用测速发电机来测量某设备的转速。设备的实际转速相当于发电机的输入量，发电机的电枢端电压是输出量，试写出测速机的微分方程。图 2-7 为测速发电机的示意图。

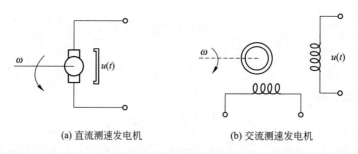

(a) 直流测速发电机　　　　(b) 交流测速发电机

图 2-7　测速发电机示意图

解：测速发电机的转子与待测设备的转轴相连，无论是直流或交流测速机，其输出电压均正比于转子的角速度，故其微分方程可写为

$$u = K_t\frac{d\theta}{dt} = K_t\omega \tag{2-30}$$

式中，θ 为转子的转角（rad）；ω 为转速（rad/s）；u 为输出电压（V）；K_t 为测速机输出电压的斜率 [V/(rad/s)]。

当转子改变旋转方向时，直流测速机改变输出电压的极性，交流测速机发生载波反相。

[例 2-6] 试列写直流调速系统的微分方程，系统原理如图 2-8 所示。

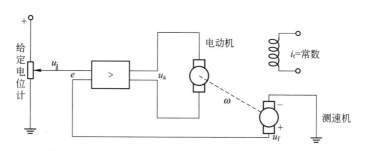

图 2-8 直流调整控制系统

解：该系统的参考输入为电位计滑臂给定的电压 u_i，输出为电动机的转速 ω。

为使列写微分方程的步骤更为清楚，首先画出系统的原理框图（见图 2-9）。

根据原理框图所表明的系统中各变量之间的关系，可从输入端开始，逐步写出微分方程组

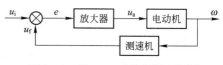

图 2-9 图 2-8 系统的原理框图

$$e = u_i - u \tag{2-31}$$

$$u_a = K_a e \tag{2-32}$$

$$T_m \frac{d\omega}{dt} + \omega = K_m u_a \tag{2-33}$$

$$u_f = K_t \omega \tag{2-34}$$

这里，电动机与测速发电机的微分方程是直接应用前面推得的结果。消去中间变量 e、u_a、u 之后，即得到 u_i 和 ω 之间的微分方程

$$T_m \frac{d\omega}{dt} + (1+K)\omega = K_a K_m u_i \tag{2-35}$$

式中，$K = K_a K_m K_t$。

系统的微分方程建立以后，为了进一步分析研究系统的控制过程，直接的办法就是求微分方程的解，并依时间轴变化绘出系统输出量的响应曲线。

2.4 用拉氏变换解线性微分方程

用拉氏变换解线性常微分方程，可将数学中的微积分运算转化为代数运算，并能单独地表明初始条件的影响，因而是一种较为简单的工程数学方法。

2.4.1 拉普拉斯变换的定义

函数 $f(t)$，t 为实变量，如果线性积分

$$\int_0^\infty f(t) e^{-st} dt \quad (s = \sigma + j\omega \text{ 为复变量}) \tag{2-36}$$

存在，则称其为函数 $f(t)$ 的拉普拉斯变换（简称拉氏变换）。变换后的函数是复变量 s 的函数，记作 $F(s)$ 或 $L[f(t)]$，即

$$L[f(t)] = F(s) = \int_0^\infty f(t)e^{-st} dt \tag{2-37}$$

常称 $F(s)$ 为 $f(t)$ 的变换函数或象函数，而 $f(t)$ 为 $F(s)$ 的原函数。另外，有逆运算

$$L^{-1}[F(s)] = f(t) = \frac{1}{2\pi j}\int_{\sigma-j\infty}^{\sigma+j\infty} F(s)e^{st} ds \tag{2-38}$$

上式为 $F(s)$ 的拉氏反变换。

2.4.2 几种典型函数的拉氏变换

加于控制系统的外作用（指定值或干扰），一般事先是不完全知道的，而且常常随着时间任意变化。为了便于对系统进行理论分析，工程实验中允许采用以下几种简单的时间函数作为系统的典型输入，即单位阶跃函数、单位斜坡函数、等加速函数、指数函数、正弦函数及单位脉冲函数等。下面推导其拉氏变换。

1. 单位阶跃函数 $I(t)$

单位阶跃函数 $I(t)$ 的时间曲线如图 2-10 所示。其数学表达式为

$$f(t) = I(t) = \begin{cases} 1, & t \geq 0 \\ 0, & t < 0 \end{cases} \tag{2-39}$$

则拉氏变换为

$$L[I(t)] = F(s) = \int_0^\infty 1 \cdot e^{-st} dt = -\frac{1}{s}e^{-st}\Big|_0^\infty = \frac{1}{s} \tag{2-40}$$

2. 单位斜坡函数

单位斜坡函数的时间曲线如图 2-11 所示。其数学表达式为

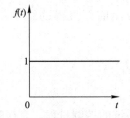
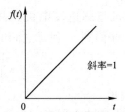

图 2-10 单位阶跃函数的时间曲线 图 2-11 单位斜坡函数的时间曲线

$$f(t) = t \cdot I(t) = \begin{cases} t, & t \geq 0 \\ 0, & t < 0 \end{cases} \tag{2-41}$$

其拉氏变换为

$$F(s) = L[t \cdot I(t)] = \int_0^\infty te^{-st} dt = -\frac{t}{s}e^{-st}\Big|_0^\infty + \int_0^\infty e^{-st} dt = \frac{1}{s^2} \tag{2-42}$$

3. 等加速函数

等加速函数的数学表达式为

$$f(t) = \begin{cases} \frac{1}{2}t^2, & t \geq 0 \\ 0, & t < 0 \end{cases} \tag{2-43}$$

其拉氏变换为

$$F(s) = L\left[\frac{1}{2}t^2\right] = \int_0^\infty \frac{1}{2}t^2 e^{-st} dt = \frac{1}{s^3} \qquad (2-44)$$

4. 指数函数

指数函数的数学表达式为

$$f(t) = \begin{cases} e^{at} & t \geqslant 0 \\ 0, & t < 0 \end{cases} \qquad (2-45)$$

其拉氏变换为

$$F(s) = L[e^{at}] = \int_0^\infty e^{-(s-a)t} dt = \frac{1}{s-a} \qquad (2-46)$$

5. 正弦函数

正弦函数的数学表达式为

$$f(t) = \begin{cases} \sin \omega t, & t \geqslant 0 \\ 0, & t < 0 \end{cases} \qquad (2-47)$$

其拉氏变换为

$$F(s) = L[\sin \omega t] = \int_0^\infty (\sin \omega t) e^{-st} dt = \int_0^\infty \frac{1}{2j}(e^{j\omega t} - e^{-j\omega t}) e^{-st} dt = \frac{1}{2j}\left(\frac{1}{s-j\omega} - \frac{1}{s+j\omega}\right)$$

$$= \frac{\omega}{s^2 + \omega^2} \qquad (2-48)$$

类似地可求得余弦函数的拉氏变换为：

$$L[\cos \omega t] = \frac{s}{s^2 + \omega^2} \qquad (2-49)$$

另外一些函数的变换表，可查阅有关资料。

2.4.3 拉氏变换的积分下限问题

拉氏变换根据定义式，其积分下限为零。但严格地说，应该有 0^+（即 0 的右极限）和 0^-（即 0 的左极限）之分。对于在 $t=0$ 处连续或只有第一类间断点的函数，0^+ 型和 0^- 型的拉氏变换是相同的。但是对于在 $t=0$ 处有无穷跳跃的函数，两种拉氏变换的结果不一致。下面以脉冲函数为例说明之。

单位脉冲函数又称 δ 函数，其数学表达式为

$$f(t) = \delta(t) = \begin{cases} 0, & t \neq 0 \\ \infty, & t = 0 \end{cases} \qquad (2-50)$$

$$\int_{-\infty}^{+\infty} \delta(t) dt = 1 \qquad (2-51)$$

这是一个脉冲面积为 1，在 $t=0$ 瞬时出现无穷跳跃的特殊函数，其时间曲线如图 2-12 所示。

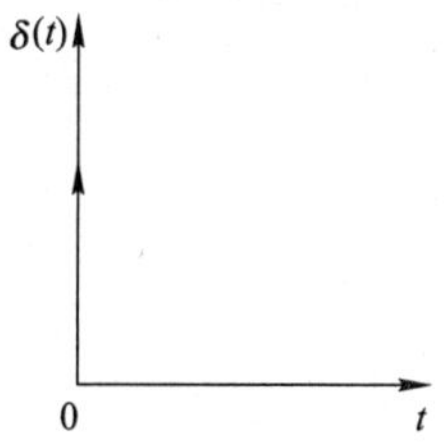

$\delta(t) 0^+$ 型拉氏变换为

$$\int_{0^+}^\infty \delta(t) e^{-st} dt = 0 \qquad (2-52)$$

$\delta(t) 0^-$ 型拉氏变换为

图 2-12 脉冲函数的时间曲线

$$\int_{0^-}^{\infty}\delta(t)\mathrm{e}^{-st}\mathrm{d}t = \int_{0^-}^{0^+}\delta(t)\mathrm{e}^{-st}\mathrm{d}t + \int_{0^+}^{\infty}\delta(t)\mathrm{e}^{-st}\mathrm{d}t = \int_{0^-}^{0^+}\delta(t)\mathrm{e}^{-s\cdot 0}\mathrm{d}t = 1 \quad (2-53)$$

可见，由于 δ 函数在 $t=0$ 处有无穷跳跃，0^+ 型与 0^- 型拉氏变换不等。实质上，取 0^+ 型变换没有反映出 δ 函数在 $[0^-，0^+]$ 区间内的表现，而 0^- 型拉氏变换则包括这一区间，因而 0^- 型变换更为恰当。后面不加声明均认为是 0^- 型变换。

采用 0^- 型拉氏变换另一个方便之处是，在 0^- 以前，意味着外作用尚未加于系统，这时系统所处的状态是易于知道的，因此初始条件也比较容易确定。若采用 0^+ 型拉氏变换，则相当于外作用已加于系统，要确定 0^+ 时系统的状态是很烦琐的，因而 0^+ 时的初始条件也不易确定。

2.4.4 拉氏变换的几个基本法则

1. 线性性质

设 $F_1(s)=L[f_1(t)]$，$F_2(s)=L[f_2(t)]$，a 和 b 为常数，则有

$$L[af_1(t)+bf_2(t)]=aL[f_1(t)]+bL(f_2(t))=aF_1(s)+bF_2(s) \quad (2-54)$$

2. 微分法则

设 $F(s)=L[f(t)]$，则有

$$L\left[\frac{\mathrm{d}f(t)}{\mathrm{d}t}\right]=sF(s)-f(0) \quad (2-55)$$

$$L\left[\frac{\mathrm{d}^2 f(t)}{\mathrm{d}t^2}\right]=s^2 F(s)-sf(0)-f'(0) \quad (2-56)$$

$$\vdots$$

$$L\left[\frac{\mathrm{d}^n f(t)}{\mathrm{d}t^n}\right]=s^n F(s)-s^{n-1}f(0)-\cdots-f^{(n-1)}(0) \quad (2-57)$$

$$\vdots$$

式中，$f(0)$、$f'(0)$、$f''(0)$、$\cdots$、$f^{(n-1)}(0)$ 为函数 $f(t)$ 及其各阶导数在 $t=0$ 时的值。当 $f(0)=f'(0)=\cdots=f^{(n-1)}(0)=0$ 时，则有

$$L\left[\frac{\mathrm{d}f(t)}{\mathrm{d}t}\right]=sF(s) \quad (2-58)$$

$$\vdots$$

$$L\left[\frac{\mathrm{d}^n f(t)}{\mathrm{d}t^n}\right]=s^n F(s) \quad (2-59)$$

3. 积分法则

设 $F(s)=L[f(t)]$，则有

$$L\left[\int f(t)\mathrm{d}t\right]=\frac{1}{s}F(s)+\frac{1}{s}f^{(-1)}(0) \quad (2-60)$$

$$L\left[\iint f(t)\mathrm{d}t^2\right]=\frac{1}{s^2}F(s)+\frac{1}{s^2}f^{(-1)}(0)+\frac{1}{s}f^{(-2)}(0) \quad (2-61)$$

$$\vdots$$

$$L\left[\int\cdots\int f(t)\mathrm{d}t^n\right]=\frac{1}{s^n}F(s)+\frac{1}{s^n}f^{(-1)}(0)+\cdots+\frac{1}{s}f^{(-n)}(0) \quad (2-62)$$

式中：$f^{(-1)}(0)$、$f^{(-2)}(0)$、$\cdots$、$f^{(-n)}(0)$ 为 $f(t)$ 的各重积分在 $t=0$ 时的值，如果 $f^{(-1)}(0)=f^{(-2)}(0)=\cdots=f^{(-n)}(0)=0$。则式 (2-81)、式 (2-82)、式 (2-83) 化简为

$$L\left[\int f(t)\mathrm{d}t\right]=\frac{1}{s}F(s) \tag{2-63}$$

$$L\left[\iint f(t)\mathrm{d}t^2\right]=\frac{1}{s^2}F(s) \tag{2-64}$$

$$\vdots$$

$$L\left[\int\cdots\int f(t)\mathrm{d}t^n\right]=\frac{1}{s^n}F(s) \tag{2-65}$$

4. 终值定理

若函数 $f(t)$ 的拉氏变换为 $F(s)$，且 $F(s)$ 在 s 平面的右半面及除原点外的虚轴上解析，则有终值

$$\lim_{t\to\infty}f(t)=\lim_{s\to 0}F(s) \tag{2-66}$$

5. 位移定理

设 $F(s)=L[f(t)]$，则有

$$L[f(t-\tau_0)]=\mathrm{e}^{-\tau_0 s}F(s) \tag{2-67}$$

及

$$L[\mathrm{e}^{at}f(t)]=F(s-a) \tag{2-68}$$

分别称为实域中的位移定理和复域中的位移定理。

运用上述基本性质，可以简化一些复杂函数的拉氏变换运算。

[**例 2-7**] 求阶跃函数 $f(t)=AI(t)$ 的象函数。A 为常数。

解：应用线性性质，得

$$F(s)=L[AI(t)]=AL[I(t)]=\frac{A}{s} \tag{2-69}$$

[**例 2-8**] 求 $\delta(t)$ 的拉氏变换。

解：可以将 $\delta(t)$ 看作函数 $I(t)$ 的一阶导数，即

$$\frac{\mathrm{d}I(t)}{\mathrm{d}t}=\delta(t) \tag{2-70}$$

应用微分法则，得

$$F(s)=L(\delta(t))=\int_{0^-}^{\infty}\frac{\mathrm{d}I(t)}{\mathrm{d}t}\mathrm{e}^{-st}\mathrm{d}t=s\frac{1}{s}-0=1 \tag{2-71}$$

[**例 2-9**] 求 $f(t)=(t-\tau)\cdot I(t-\tau)$ 的拉氏变换。$f(t)$ 曲线示于图 2-13，相当于 $t\cdot I(t)$ 曲线在时间 t 上延迟了一个 τ 值。

解：应用实域中位移定理（亦称迟后定理）

$$F(s)=L[(t-\tau)\cdot I(t-\tau)]=\frac{1}{s^2}\mathrm{e}^{-\tau s} \tag{2-72}$$

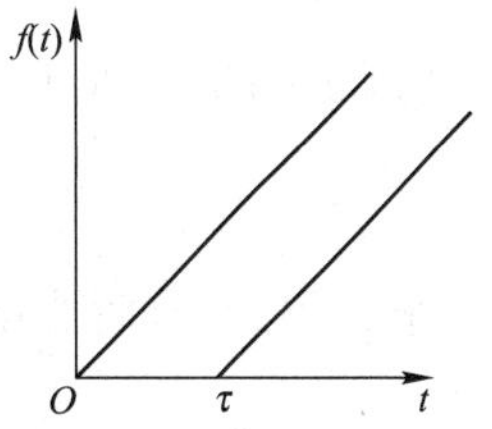

图 2-13 $f(t)=(t-\tau)\cdot I(t-\tau)$ 曲线

2.4.5 拉普拉斯反变换

拉氏反变换的定义已由式（2-38）给出，即

$$L^{-1}[F(s)] = f(t) = \frac{1}{2\pi j}\int_0^{\sigma+j\infty} F(s)e^{st}ds \tag{2-73}$$

这是复变函数的积分，一般很难直接计算，故由 $F(s)$ 求 $f(t)$ 常用部分分式法。该法计算反变换的思路是：将 $F(s)$ 分解成一些简单的有理分式函数之和，然后由拉氏变换表一一查出对应的反变换函数，即得所求的原函数 $f(t)$。

$F(s)$ 通常是复变量 s 的有理分式函数，即分母多项式的阶次高于分子多项式的阶次，$F(s)$ 的一般式为

$$F(s) = \frac{B(s)}{A(s)} = \frac{b_0 s^m + b_1 s^{m-1} + \cdots + b_{m-1}s + b_m}{s^n + a_1 s^{n-1} + \cdots + a_{n-1}s + a_n} \tag{2-74}$$

式中，$a_1, a_2, \cdots, a_n$ 及 $b_0, b_1, \cdots, b_m$ 均为实数，m、n 为正数，且 $m < n$。

首先将 $F(s)$ 的分母多项式 $A(s)$ 进行因式分解，即写为

$$A(s) = (s-s_1)(s-s_2)\cdots(s-s_n) \tag{2-75}$$

式中，$s_1, s_2, \cdots, s_n$ 为 $A(s) = 0$ 的根。

下面分两种情况讨论。

1. $A(s) = 0$ 无重根

这时可将 $F(s)$ 换写为 n 个部分分式之和，每个分式的分母都是 $A(s)$ 的一个因式，即

$$F(s) = \frac{C_1}{s-s_1} + \frac{C_2}{s-s_2} + \cdots + \frac{C_i}{s-s_i} + \cdots + \frac{C_n}{s-s_n} \tag{2-76}$$

或

$$F(s) = \sum_{i=1}^{n} \frac{C_i}{s-s_i} \tag{2-77}$$

如果确定了每个部分分式中的待定常数 C_i，则由拉氏变换表即可查得 $F(s)$ 的反变换

$$L^{-1}[F(s)] = f(t) = L^{-1}\left[\sum_{i=1}^{n} \frac{C_i}{s-s_i}\right] = \sum_{i=1}^{n} C_i e^{s_i t} \tag{2-78}$$

其中，C_i 可按下式求得

$$C_i = \lim_{s \to s_i}(s-s_i)F(s) \tag{2-79}$$

或

$$C_i = \frac{B(s)}{A'(s)}\bigg|_{s=s_i} \tag{2-80}$$

[例 2-10] 求 $F(s)$ 的反变换。

$$F(s) = \frac{s+2}{s^2+4s+3}$$

解： $F(s)$ 分解为部分分式，则

$$F(s) = \frac{s+2}{(s+1)(s+3)} = \frac{C_1}{s+1} + \frac{C_2}{s+3}$$

由式（2-79）得

$$C_1 = \lim_{s \to -1}(s+1)\frac{s+2}{(s+1)(s+3)} = \frac{1}{2}$$

$$C_2 = \lim_{s \to -3}(s+3)\frac{s+2}{(s+1)(s+3)} = \frac{1}{2}$$

所以

$$F(s) = \frac{1/2}{s+1} + \frac{1/2}{s+3}$$

进行反变换，求得原函数

$$f(t) = \frac{1}{2}e^{-t} + \frac{1}{2}e^{-3t}$$

[例 2-11] 求 $F(s)$ 的反变换。

$$F(s) = \frac{s^2+5s+5}{s^2+4s+3}$$

解：所给 $F(s)$ 的分子分母同阶，不能直接展成式（2-79）的形式，故必须先分解为

$$F(s) = 1 + \frac{s+2}{s^2+4s+3}$$

后一项即例 2-10 所示，故原函数

$$f(t) = L^{-1}[F(s)] = L^{-1}[1] + L^{-1}\left[\frac{s+2}{s^2+4s+3}\right]$$

$$= \delta(t) + \frac{1}{2}e^{-t} + \frac{1}{2}e^{-3t}$$

[例 2-12] 求 $F(s)$ 的原函数。

$$F(s) = \frac{s+3}{s^2+2s+2}$$

解：求得分母多项式方程的根为

$$s_1 = -1+j, \quad s_2 = -1-j$$

于是 $F(s)$ 可表示为

$$F(s) = \frac{s+3}{(s+1-j)(s+1+j)} = \frac{C_1}{s+1-j} + \frac{C_2}{s+1+j}$$

应用式（2-79）求得

$$C_1 = \lim_{s \to -1+j}(s+1-j)\frac{s+3}{(s+1-j)(s+1+j)} = \frac{2+j}{2j}$$

同理求得

$$C_2 = \lim_{s \to -1-j}(s+1+j)\frac{s+3}{(s+1-j)(s+1+j)} = -\frac{2-j}{2j}$$

原函数

$$f(t) = \frac{2+j}{2j}e^{(-1+j)t} - \frac{2-j}{2j}e^{(-1-j)t}$$

$$= \frac{1}{2j}e^{-t}[(2+j)e^{jt} - (2-j)e^{-jt}]$$

$$=\frac{1}{2\mathrm{j}}\mathrm{e}^{-t}(2\cos t+4\sin t)\mathrm{j}=\mathrm{e}^{-t}(\cos t+2\sin t)$$

本题也可应用复域中的位移定理求 $f(t)$。将 $F(s)$ 稍加变换，

$$F(s)=\frac{s+3}{s^2+2s+2}=\frac{s+3}{(s+1)^2+1}=\frac{s+1}{(s+1)^2+1}+2\frac{1}{(s+1)^2+1}$$

则

$$f(t)=L^{-1}[F(s)]=\mathrm{e}^{-t}\cos t+2\mathrm{e}^{-t}\sin t=\mathrm{e}^{-t}(\cos t+2\sin t)$$

2. $A(s)=0$ 有重根

设 s_1 为 m 阶重根，s_{m+1}，s_{m+2}，$\cdots$，s_n 为单根，则 $F(s)$ 可展成如下部分分式之和

$$F(s)=\frac{C_m}{(s-s_1)^m}+\frac{C_{m-1}}{(s-s_1)^{m-1}}+\cdots+\frac{C_1}{s-s_1}+\frac{C_{m+1}}{s-s_{m+1}}+\cdots+\frac{C_n}{s-s_n} \quad (2-81)$$

上式中 C_{m+1}，$\cdots$，C_n 为单根项部分分式的特定常数，可按照式（2-79）或式（2-80）计算。而重根项待定常数 C_1，$\cdots$，C_m 的计算公式如下。

$$C_m=\lim_{s\to s_1}(s-s_1)^m F(s)$$

$$C_{m-1}=\lim_{s\to s_1}\frac{\mathrm{d}}{\mathrm{d}s}[(s-s_1)^m F(s)]$$

$$\vdots \quad (2-82)$$

$$C_{m-j}=\frac{1}{j!}\lim_{s\to s_i}\frac{\mathrm{d}^j}{\mathrm{d}s^j}[(s-s_1)^m F(s)]$$

$$C_1=\frac{1}{(m-1)!}\lim_{s\to s_1}\frac{\mathrm{d}^{m-1}}{\mathrm{d}s^{m-1}}[(s-s_1)^m F(s)]$$

将诸待定常数求出后代入 $F(s)$ 式，取反变换求得

$$f(t)=L^{-1}[F(s)]$$
$$=L^{-1}\left[\frac{C_m}{(s-s_1)^m}+\frac{C_{m-1}}{(s-s_1)^{m-1}}+\cdots+\frac{C_1}{s-s_1}+\frac{C_{m+1}}{s-s_{m+1}}+\cdots+\frac{C_n}{s-s_m}\right]$$
$$=\left[\frac{C_m}{(m-1)!}t^{m-1}+\frac{C_{m-1}}{(m-2)!}t^{m-2}+\cdots+C_2 t+C_1\right]\mathrm{e}^{s_1 t}+\sum_{i=m}^{n}C_i \mathrm{e}^{s_i t} \quad (2-83)$$

此处注意，$f(t)=\frac{1}{(n-1)!}t^{n-1}\mathrm{e}^{at}$ 对应的象函数为

$$F(s)=\frac{1}{(s-a)^n}$$

[例 2-13] 求 $F(s)$ 的原函数 $f(t)$。

$$F(s)=\frac{s+2}{s(s+1)^2(s+3)}$$

解：将 $F(s)$ 表示为

$$F(s)=\frac{C_2}{(s+1)^2}+\frac{C_1}{s+1}+\frac{C_3}{s}+\frac{C_4}{s+3}$$

根据式（2-82）可求得

$$C_2 = \lim_{s \to -1}(s+1)^2 \frac{s+2}{s(s+1)^2(s+3)} = -\frac{1}{2}$$

$$C_1 = \lim_{s \to -1}\frac{d}{ds}\left[(s+1)^2 \frac{s+2}{s(s+1)^2(s+3)}\right] = -\frac{3}{4}$$

根据式（2-79）可求得

$$C_3 = \lim_{s \to -1} s \frac{s+2}{s(s+1)^2(s+3)} = -\frac{2}{3}$$

$$C_4 = \lim_{s \to -1}(s+3)\frac{s+2}{s(s+1)^2(s+3)} = -\frac{1}{12}$$

诸常数代入部分分式中，有

$$F(s) = -\frac{1}{2} \cdot \frac{1}{(s+1)^2} - \frac{3}{4} \cdot \frac{1}{(s+1)} + \frac{2}{3} \cdot \frac{1}{s} + \frac{1}{12} \cdot \frac{1}{s+3}$$

对照拉氏变换表，可求得

$$f(t) = -\frac{1}{2}t e^{-t} - \frac{3}{4}e^{-t} + \frac{2}{3} + \frac{1}{12}e^{-3t}$$

$$= \frac{2}{3} + \frac{1}{12}e^{-3t} - \frac{1}{2}\left(t + \frac{3}{2}\right)e^{-t}$$

2.4.6 用拉氏变换求解微分方程

拉氏变换求解微分方程的步骤如下。

① 将系统微分式方程进行（积分下限为 0^- 的）拉氏变换，得到以 s 为变量的代数方程。方程中的初始值应取系统 $t=0^-$ 时的对应值。

② 解上述代数方程，求出系统输出变量的象函数表达式。

③ 将输出的象函数表达式展成部分分式。

④ 对部分分式进行拉氏反变换，即得微分方程的全解。

下面举例说明。

[例 2-14]　设 RC 网络如图 2-14 所示。在开关 S 闭合之前，电容 C 上有初始电压 $u_c(0)$。试求将开关瞬时闭合后，电容的端电压 u_c。

解：开关 S 瞬时闭合，相当于网络有阶跃电压 $u_0 \cdot I(t)$ 输入。故网络的微分方程为

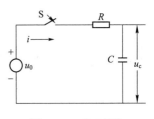

图 2-14　RC 网络

$$RC\frac{du_c}{dt} + u_c = u_0 \cdot I(t)$$

对其两端进行拉氏变换，得变换方程

$$RCsU_c(s) - RCu_c(0) + U_c(s) = \frac{1}{s}u_0$$

由上式，解代数方程，求出输出量的象函数表达式

$$U_c(s) = \frac{u_0}{s(RCs+1)} + \frac{RC}{RCs+1}u_c(0)$$

再将此象函数表达式展成部分分式

$$U_c(s) = \frac{1}{s}u_0 - \frac{RC}{RCs+1}u_0 + \frac{RC}{RCs+1}u_c(0) = \frac{1}{s}u_0 - \frac{1}{s+1/(RC)}u_0 + \frac{1}{s+1/(RC)}u_c(0)$$

(2-84)

对上式两端进行拉氏反变换，得

$$u_c(t) = u_0 - u_0 e^{-\frac{1}{RC}t} + u_c(0) e^{-\frac{1}{RC}t}$$

(2-85)

此即开关闭合后 $u_c(t)$ 的变化过程。

从式（2-84）、式（2-85）的左端来看，第一项的基本特点取决于外加的输入作用 $u_0 \cdot I(t)$，对应于 $u_c(t)$ 的稳态分量，也称强迫解；第二项的基本规律取决于网络的结构参数，$-\frac{1}{RC}$ 是该网络微分方程的特征根（特征方程为 $RCs + 1 = 0$），$-u_0 e^{-\frac{1}{RC}t}$ 常称为 $u_c(t)$ 的伴随过渡分量，其衰减快慢完全由 RC 决定；第三项除与 RC 有关外，还与初始条件 $u_c(0)$ 密切相关，初始值为零，该项即不存在，故称为起始过渡分量。$u_c(t)$ 及其各组成部分的曲线如图 2-15 所示。

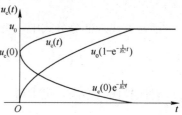

图 2-15 RC 网络的阶跃响应曲线

[例 2-15] 已知系统微分方程

$$\frac{d^2 x_o(t)}{dt^2} + 2\frac{dx_o(t)}{dt} + 2x_o(t) = x_i(t)$$

式中，x_o 为系统输出变量；x_i 为系统输入变量。设 $x_i = \delta(t)$；$x_o(0) = 0$，$\dot{x}_o(0) = 0$。求系统的输出 $x_o(t)$。

解：对微分方程进行拉氏变换得

$$s^2 X_o(s) + 2s X_o(s) + 2X_o(s) = 1$$

则输出的拉氏变换式

$$X_o(s) = \frac{1}{s^2 + 2s + 2}$$

将上式展成部分分式

$$X_o(s) = \frac{1}{s^2 + 2s + 2} = \frac{C_1}{s+1-j} + \frac{C_2}{s+1+j}$$

并求得

$$C_1 = \frac{1}{2j}, \quad C_2 = -\frac{1}{2j}$$

所以

$$X_o(s) = \frac{1}{2j} \cdot \frac{1}{s+1-j} - \frac{1}{2j} \cdot \frac{1}{s+1+j}$$

进行拉氏反变换得

$$x_o(t) = \frac{1}{2j} e^{(-1+j)t} - \frac{1}{2j} e^{(-1-j)t}$$

$$x_o(t) = e^{-t} \sin t$$

2.5 传递函数

经典控制论的主要研究方法——频率法和根轨迹法，都不是直接求解微分方程的办法而是采用与微分方程有关的另一种数学模型——传递函数。传递函数是经典控制理论中最重要的数学模型。在以后的分析中可以看到，利用传递函数不必求解微分方程就可研究初始条件为零的系统在输入信号作用下的动态性能。利用传递函数还可研究系统参数变化或结构变化对动态过程的影响，因而使系统分析大为简化。另外，还可以把对系统性能的要求转化为对系统传递函数的要求，使综合设计问题易于实现。由于传递函数的重要性，我们将对它进行深入研究。

2.5.1 传递函数的概念及定义

在例 2-14 中，曾建立了 RC 网络的微分方程，并用拉氏变换法对微分方程进行了求解。如以 $u_i(t)$ 表示网络输入电压的一般式，以 $u_o(t)$ 表示网络输出电压的一般式，则微分方程可表示为

$$RC\frac{du_o}{dt}+u_o=u_i \quad (2-86)$$

设初始值 $u_c(0)=0$，对微分方程进行拉氏变换，得

$$RCU_o(s)+U_o(s)=U_i(s) \quad (2-87)$$

亦可写成

$$(RCs+1)U_o(s)=U_i(s) \quad (2-88)$$

则输出的拉氏变换式

$$U_o(s)=\frac{1}{RCs+1}U_i(s) \quad (2-89)$$

这是一个以 s 为变量的代数方程。右端是两部分的乘积：一部分是 $U_i(s)$，这是外作用（输入量）的拉氏变换式，随 $u_i(t)$ 的形式而变；另一部分是 $1/(RCs+1)$，完全由网络的结构及参数确定。将上式换写成如下形式：

$$\frac{U_o(s)}{U_i(s)}=\frac{1}{RCs+1} \quad (2-90)$$

令 $G(s)=\frac{1}{RCs+1}$，则输出的拉氏变换式

$$U_o(s)=G(s)U_i(s) \quad (2-91)$$

如果 $U_i(s)$ 不变，则输出 $U_o(s)$ 的特性完全由 $G(s)$ 的形式与数值决定。可见，$G(s)$ 反映了系统自身的动态本质。因为 $G(s)$ 是由微分方程经拉氏变换得到的，而拉氏变换是一种线性变换，只是将变量从实数 t 域映射到复数 s 域，所得结果不应改变原方程所反映的事物的本质，称 $G(s)$ 为传递函数，$G(s)$ 是一种数学模型，也是一个复变量函数。在 RC 网络中，传递函数为

$$G(s)=\frac{U_o(s)}{U_i(s)}=\frac{1}{RCs+1} \quad (2-92)$$

输入输出与传递函数三者之间的关系，还可以用图 2-16 形象地表示，输入经 $G(s)$ 方框传递到输出。对具体系统，将传递函数的表达式写入方框，即为该系统的传递函数方框图，又称结构图。

根据上面的说明，可以对传递函数作如下定义。传递函数，即线性定常系统在零初始条件下，输出量的拉氏变换与输入量的拉氏变换之比。设线性定常系统的微分方程一般式为

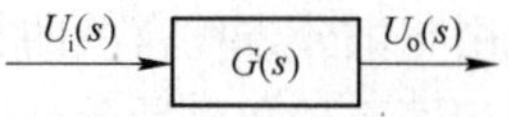

图 2-16 传递函数方框图表示

$$a_0 \frac{d^n c(t)}{dt^n} + a_1 \frac{d^{n-1} c(t)}{dt^{n-1}} + \cdots + a_{n-1} \frac{dc(t)}{dt} + a_n c(t)$$
$$= b_0 \frac{d^m r(t)}{dt^m} + b_1 \frac{d^{m-1} r(t)}{dt^{m-1}} + \cdots + b_m r(t) \tag{2-93}$$

式中，$c(t)$ 为系统输出量；$r(t)$ 为系统输入量；$a_0, a_1, \cdots, a_n$ 及 $b_0, b_1, \cdots, b_m$ 均为由系统结构、参数决定的常数。

设初始值均为零，对式（2-93）两端进行拉氏变换，得

$$[a_0 s^n + a_1 s^{n-1} + \cdots + a_{n-1} s + a_n] C(s) = [b_0 s^m + \cdots + b_m] R(s) \tag{2-94}$$

按传递函数的定义，有

$$G(s) = \frac{C(s)}{R(s)} = \frac{b_0 s^m + \cdots + b_m}{a_0 s^n + \cdots + a_n} \tag{2-95}$$

令 $M(s) = b_0(s)^m + \cdots + b_m$，$N(s) = a_0 s^n + \cdots + a_n$

则式（2-95）可表示为

$$G(s) = \frac{C(s)}{R(s)} = \frac{M(s)}{N(s)} \tag{2-96}$$

传递函数是复变量 s 的函数，又表示输出与输入之比，故从其个意义上称其为复放大系数。

2.5.2 关于传递函数的几点说明

① 传递函数是经拉氏变换导出的，而拉氏变换是一种线性积分运算，因此传递函数的概念只适用于线性定常系统。

② 传递函数只取决于系统的结构和参数，与输入量的大小和形式无关。

③ 传递函数中各项系数值和微分方程中各项系数对应相等，这表明传递函数可以作为系统的动态数学模型。

④ 对象的传递函数虽然结构参数一样，但输入输出的物理量不同，则代表的物理意义不同。从另一个方面说，两个完全不同的系统（例如一个是机械系统，一个是电子系统），只要它们的控制性能是一样的，就可以有完全相同的传递函数。这就是我们在实验室做模拟实验的理论基础。

⑤ 传递函数是在零初始条件下定义的，即在零时刻之前，系统对所给定的平衡工作点是处于相对静止状态的。因此，传递函数原则上不能反映系统在非零初始条件下的全部运动规律。严格地说，零初始条件包含两个方面的含义，即输入零初始条件和输出零初始条件。输入零初始条件是指：在 $t=0$ 时刻，输入及其各阶导数均为零，这可以理解为输入是在 $t=0$ 以后作用于系统的。输出零初始条件是指：在 $t=0$ 时刻，输出及其各阶导数均为零，这可以理解为系统在输入作用以前是相对静止的。

⑥ 传递函数分子多项式的阶次总是低于至多等于分母多项式的阶次，即 $m \leqslant n$。这是由于系统中总是含有较多的惯性元件及受到能源的限制所造成的。

⑦ 一个传递函数只能表示一个输入对一个输出的关系，至于信号传递通道中的中间变量，用一个传递函数无法全面反映。如果是多输入多输出系统，也不可能用一个传递函数来表征该系统各变量间的关系，而要用传递函数阵表示。

⑧ 将式（2-95）写出成如下形式

$$G(s) = \frac{C(s)}{R(s)} = k\frac{(s-z_1)(s-z_2)\cdots(s-z_m)}{(s-p_1)(s-p_2)\cdots(s-p_n)} \qquad (2-97)$$

式中，k 为常数；$z_1, \cdots, z_m$ 为传递函数分子多项式方程的 m 个根，称为传递函数的零点；$p_1, \cdots, p_n$ 为分母多项式方程的根，称为传递函数的极点。显然，零、极点的数值完全取决于诸系数 $b_0, \cdots, b_m$ 及 $a_0, \cdots, a_n$，亦即取决于系统的结构参数。一般 z_i、p_i 可为实数，也可为复数，且若为复数，必共轭成对出现。将零、极点标在复平面上，则得传递函数的零极点分布图，如图 2-17 所示。图中零点用"○"表示，极点用"×"表示。

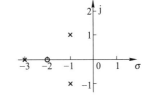

图 2-17 $G(s)=\dfrac{s+2}{(s+3)(s+2s+2)}$ 的零极点分布图

最后要说明的是，若加于系统的输入信号是单位脉冲函数，则其输出量的时间响应函数等于该系统传递函数的拉氏反变换。从式（2-96）知

$$C(s) = G(s)R(s) \qquad (2-98)$$

令 $r(t)=\delta(t)$，则 $R(s)=L[\delta(t)]=1$，代入式（2-98）得

$$C(s) = G(s) \qquad (2-99)$$

故

$$k(t) = c(t) = L^{-1}[C(s)] = L^{-1}[G(s)] \qquad (2-100)$$

式中，$k(t)$ 表示系统的脉冲响应函数。这是一个很有用的特性。

2.5.3 典型环节的传递函数

一个实际的控制系统是由各种元部件组成的，如放大元件、执行机构、测量装置等。按照各个元部件的微分方程或传递函数，可以将其分为以下几种类型。

1. 放大（比例）环节

放大环节的微分方程为

$$c(t) = Kr(t)$$

式中，K 为常数，称为放大系数或增益。

放大环节的传递函数为

$$G(s) = K \qquad (2-101)$$

放大环节的方框图如图 2-18 所示，即输入量与输出量之间是成比例的线性关系。电子放大器、齿轮减速器、杠杆机构等均属这种类型。

例 2-5 中测速发电机如果以设备的实际转速（角速度）为发电机的输入量，发电机的电枢端电压为输出量，则测速发电机也属于比例环节，如图 2-19 所示。

图 2-18 放大环节

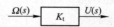
图 2-19 测速发电机传递函数方框图

2. 积分环节

积分环节的微分方程为

$$\frac{dc(t)}{dt}=r(t)$$

其传递函数为

$$G(s)=\frac{1}{s} \qquad (2-102)$$

积分环节的方框图如图 2-20 所示，即输出量是输入量的积分。

积分电路是一个最典型的积分环节，其电路如图 2-21 所示。

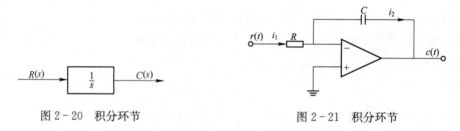

图 2-20 积分环节　　　　图 2-21 积分环节

按照放大器的工作原理，流经电阻 R 的电流等于流经电容 C 的电流，即

$$i_1=i_2,\quad \frac{r(t)}{R}=-C\frac{dc(t)}{dt}$$

所以传递函数为 $G(s)=-\dfrac{1}{RCs}$，属于积分环节。

另外该放大器的传递函数，还可通过复阻抗的概念求得。设 $Z_1=R$，$Z_2=1/Cs$，则根据电路理论可写出

$$\frac{C(s)}{R(s)}=-\frac{Z_2}{Z_1}=-\frac{1}{RCs}$$

3. 理想微分环节

理想微分环节的微分方程为

$$c(t)=\frac{dr(t)}{dt}$$

其传递函数为

$$G(s)=s \qquad (2-103)$$

其方框图如图 2-22 所示，即输出量是输入量的微分，该环节由此得名。

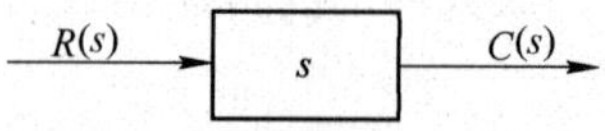

图 2-22 理想微分环节

4. 惯性环节

惯性环节的微分方程为

$$T\frac{dc(t)}{dt}+c(t)=r(t)$$

式中，T 为时间常数。

惯性环节的传递函数为

$$G(s)=\frac{1}{Ts+1} \qquad (2-104)$$

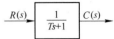

图 2-23 惯性环节

例 2-1 中的 RC 无源网络 RC 网络，例 2-4 中 $L_a=0$ 时的电动机转速动态模型都是惯性环节的例子。惯性环节方框图如图 2-23 所示。

5. 一阶微分环节

一阶微分环节的微分方程为

$$c(t)=\tau\frac{dr(t)}{dt}+r(t)$$

式中，τ 为时间常数。

微分环节的传递函数为

$$G(s)=\tau s+1 \qquad (2-105)$$

微分环节方框图如图 2-24 所示。

图 2-25 所示的比例微分放大器（PI 调节器）即属于一阶微分环节。

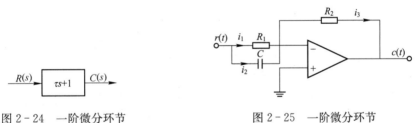

图 2-24 一阶微分环节　　　　图 2-25 一阶微分环节

按照放大器的工作原理，$i_1+i_2=i_3$，即

$$\frac{r(t)}{R_1}+C\frac{dr(t)}{dt}=-\frac{c(t)}{R_2}$$

所以传递函数为 $G(s)=-R_2Cs-\dfrac{R_2}{R_1}$，为一阶微分环节。

6. 二阶振荡环节

二阶振荡环节的微分方程为

$$T^2\frac{d^2c(t)}{dt^2}+2\xi T\frac{dc(t)}{dt}+c(t)=r(t)$$

其传递函数为

$$G(s)=\frac{1}{T^2s^2+2\xi Ts+1} \qquad (2-106)$$

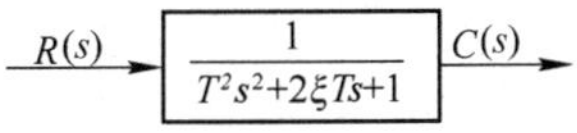

图 2-26 二阶振荡环节

例 2-2 中的二阶 RC 网络、例 2-3 中的弹簧-质量-阻尼器动力系统、RLC 无源网络均为这种环节的实例。其方框图如图 2-26 所示。

7. 二阶微分环节

二阶微分环节的微分方程为

$$c(t) = \tau^2 \frac{d^2 r(t)}{dt^2} + 2\xi\tau \frac{dr(t)}{dt} + r(t)$$

其传递函数为

$$G(s) = \tau^2 s^2 + 2\xi\tau s + 1 \tag{2-107}$$

其方框图如图 2-27 所示。

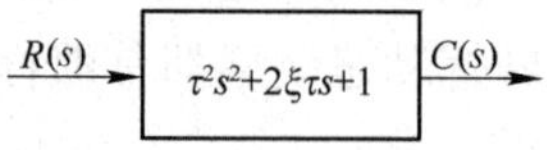

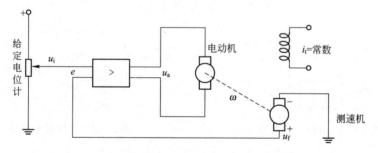

图 2-27 二阶微分环节

一个控制元件的传递函数，不一定只含有一个典型环节，而可能是几个环节的组合。另外，一个典型环节也可能代表几个实际元部件的组合。例如，放大环节可以是几级放大器串联的总增益。因此典型环节与元部件之间并不一定存在对应关系，而是为了便于理论分析所做的典型化的处理结果。掌握了这几种简单环节的动态特性，将有助于对系统的研究。

组成控制系统的功能单元可以是多种多样的，但从控制理论的角度，感兴趣的不是其功能，而是其动态数学模型，其模型都是由几种典型环节的传递函数组成，因此了解元部件的传递函数，对于建立系统的传递函数是很必要的。

8. 系统的传递函数

以图 2-28 所示直流调速系统为例，列写系统的传递函数。

图 2-28 直流调整控制系统

该系统的参考输入为电位计滑臂给定的电压 u_i，输出为电动机的转速 ω。根据系统中各变量之间的关系，可从输入端开始，逐步写出微分方程组

$$e = u_i - u_f$$

$$u_a = K_a e$$

$$T_m \frac{d\omega}{dt} + \omega = K_m u_a$$

$$u_f = K_t \omega$$

取拉氏变换后得到各个环节的传递函数为

$$E(s) = U_i(s) - U_f(s)$$

$$U_a(s) = K_a E(s)$$

$$\Omega(s) = \frac{K_m}{T_m s + 1} U_a(s)$$

$$U_f(s) = K_t \Omega(s)$$

消去其他中间变量，可得系统的传递函数表达式为

$$\phi(s) = \frac{\Omega(s)}{U_i(s)} = \frac{K_m K_a}{T_m s + 1 + K}$$

式中，$K = K_a K_m K_t$。以后常用 $\phi(s)$ 表示闭环系统的传递函数。

从微分方程与其拉氏变换后的变换方程在形式上的相似性可看出，利用变换方程组进行消元求系统总方程，较之利用微分方程组消元要简便得多，前者为代数运算；而后者为微积分运算。

2.6 动态结构图

传递函数是由代数方程组通过消去系统中间变量而得到的。如果系统结构复杂，方程组的数目较多，消去中间变量就比较麻烦，并且其中间变量的传递过程在系统输入与输出关系中得不到反映。采用动态结构图，将更便于求传递函数，同时能形象直观地表明输入信号在系统或元件中的传递过程。因此，动态结构图也作为一种数学模型，在控制理论中得到了广泛的应用。

2.6.1 动态结构图的概念

首先以图 2-28 所示直流调速系统为例说明动态结构图的一般特点。直流调速系统的拉氏变换式为

$$E(s) = U_i(s) - U_f(s) \tag{2-108}$$

$$U_a(s) = K_a E(s) \tag{2-109}$$

$$\Omega(s) = \frac{K_m}{T_m s + 1} U_a(s) \tag{2-110}$$

$$U_f(s) = K_t \Omega(s) \tag{2-111}$$

将式（2-108）代入式（2-109）并表示成

$$K_a[U_i(s) - U_f(s)] = U_a(s) \tag{2-112}$$

以图形来形象地描绘这一数学关系则如图 2-29 所示。

图中，符号 $\otimes$ 表示信号的代数和，箭头表示信号的传递方向，因为是 $U_i(s) - U_f(s)$，故在代表 $U_f(s)$ 信号的箭头附近标以负号。由 $\otimes$ 输出的信号为 $E(s) = U_i(s) - U_f(s)$，故符号 $\otimes$ 常称作"相加点"或"综合点"。$E(s)$ 经 K_a 又转换为 $U_a(s)$，方框中表明了这种关系。

方程（2-110）可用图 2-30 表示。

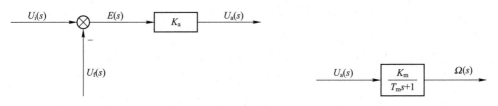

图 2-29 式（2-112）的动态结构图　　图 2-30 直流电动机的动态结构图

方程（2-111）可用图 2-31 表示。

将图 2-29 和图 2-30、图 2-31 合并，网络的输入量置于图的左端、输出量置于最右端，并将同一变量的信号通路连在一起，如图 2-32 所示，即得直流调速系统的动态结构图。

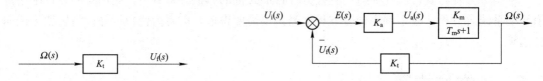

图 2-31　测速发电机的动态结构图　　图 2-32　直流调速系统的动态结构图

由此可见，动态结构图是由四种符号组成的。

1. 信号线

信号线是由表示信号输入和输出的通路及箭头组成，与一般电路图中连线的不同之处在于它具有方向性（用箭头表示）。

2. 分支点

信号在传递过程中由一路分成了两路，这个点就叫分支点。分支点的特点是分支点前后各点的信号都相等。

3. 相加点

表示信号在此进行加减的点叫相加点。相加点的输入信号有"＋"，"－"之分，"＋"表示加，"－"表示减。

4. 方框

方框两侧为该方框的输入量和输出量，方框内写入输入/输出之间的传递函数。

根据由微分方程组得到的拉氏变换方程组，对每个子方程都用上述符号表示，并将各个框图正确地连接起来，即为动态结构图，简称结构图（也称方框图或方块图）。

对图 2-32 采用一些结构变换的法则，将可迅速地合并简化为一个方框，方框的输入端为信号 $U_i(s)$，输出端为信号 $\Omega(s)$，方框内即为系统的总传递函数，如图 2-33 所示。关于结构变换的法则，将在下一节专门讨论。

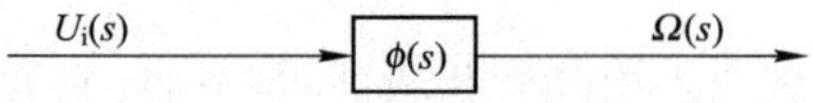

图 2-33　化简后的结构图

动态结构图实际上是数学模型的图解化，在分析系统的动态性能时，这将有助于了解信号传递过程中各个局部的本质联系，也将有助于了解元件参数对系统动态性能的影响。

2.6.2　系统动态结构图的建立

建立系统的结构图，其步骤如下。

① 建立控制系统各元部件的微分方程。在建立微分方程时，应分清输入量、输出量，同时应考虑相邻元件之间是否有负载效应。

② 对各元件的微分方程进行拉氏变换，并作出各元件的结构图。

③ 按照系统中各变量的传递顺序，依次将各元件的结构图连接起来，置系统的输入变量于左端，输出变量（即被控量）于右端，便得到系统的结构图，也常称作方框图。

[**例 2-16**]　试绘制图 2-34 所示的无源网络的结构图。

解：对于较简单的多极无源网络及一些运算电路，往往可以用电压、电流、电阻和复阻抗之间所遵循的定律，不经过列写微分方程及拉氏变换而直接建立结构图。

本例中，u_i 为网络输入，u_o 为网络输出。$(u_i - u_o)$ 为 R_1 与 C 并联支路的端电压，流经 R_1 与 C 的电流 i_1 与 i_2 相加为 i，而 $iR_2 = u_o$。根据这些关系，可立即绘出如图 2-35 的网络结构图。

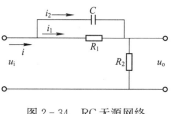

图 2-34　RC 无源网络

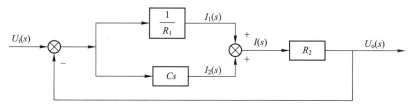

图 2-35　例 2-16 中 RC 无源网络结构图

值得指出的是，一个系统或者一个元件、一个网络，其结构图不是唯一的，可以绘出不同的形式，然而它们表示的总的动态规律是唯一的，经过变换求得的总传递函数都应该是完全相同的。

[**例 2-17**]　绘制图 2-34 所示网络的另一种结构图表示形式。

解：其另一种结构图表示形式如图 2-36 所示。

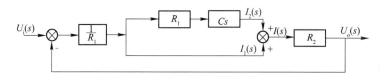

图 2-36　例 2-16 网络结构图的另一形式

[**例 2-18**]　绘制例 2-2 中的两级 RC 网络结构图。

解：该网络见图 2-4 所示。这是两个简单 RC 网络的串联。利用复阻抗概念，可直接绘出其结构图如图 2-37 所示。

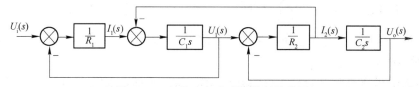

图 2-37　两级 RC 串联网络的结构图

从图中明显地看到，后一级网络作为前一级网络的负载，对前级网络的输出电压 u_1 产生影响，此即所谓负载效应。这表明，不能简单地用两个单独网络结构图的串联表示组合网络的结构图。如果在两级网络之间接入一个输入阻抗很大而输出阻抗很小的隔离放大器，如图 2-38 所示（设隔离放大器的放大倍数为 K），则该电路的结构图就可由两个简单的 RC 网络结构图及隔离放大器的结构图

图 2-38　带隔离放大器的两级 RC 网络

组成,如图 2-39 所示。这时网络之间的负载效应已被消除。

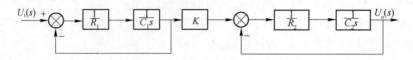

图 2-39 图 2-37 的结构图

2.6.3 结构图的基本形式

从上面结构图建立过程中可以得出结构图的基本组成形式有以下三种。

① 串联连接。方框与方框首尾相连,前一方框的输出作为后一个方框的输入,这种结构形式称为串联连接。这是在许多系统的结构图中经常见到的典型结构。

② 并联连接。两个或多个方框,具有同一个输入,而以各方框输出的代数和作为总输出,这种结构形式称为并联连接。图 2-35 中 $1/R_1$ 与 Cs 两个方框即为这种形式的连接。

③ 反馈连接。一个方框的输出,又输入到另一个方框,得到的输出再返回作用于前一个方框的输入端,这种结构称为反馈连接,如图 2-40 所示。

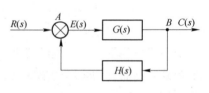

图 2-40 反馈连接

图 2-40 中 A 处为相加点,两个信号代数相加后得 $E(s)$,作为 $G(s)$ 方框的输入。而 $G(s)$ 方框的输出 $C(s)$,一方面作为结构图的总输出,同时由 B 点将 $C(s)$ 引出,作为 $H(s)$ 方框的输入,并经 $H(s)$ 又返回作用于 $G(s)$ 方框的输入端,从而构成了由前向通道和反向通道组成的反馈连接形式。返回至 A 处的信号取"+",称为正反馈;取"-",称为负反馈。负反馈连接是自动控制系统的基本结构形式。

图 2-40 中由 B 点引出的信号均为 $C(s)$,而不能理解为只是 $C(s)$ 的一部分,这是应该注意的。

任何复杂系统的结构图都不外乎是由串联、并联和反馈三种基本结构交织组成的。

2.6.4 结构图的等效变换法则

下面依据等效原理推导结构图变换的一般法则。

1. 串联方框的等效变换

两个传递函数分别为 $G_1(s)$ 与 $G_2(s)$,以串联方式连接,如图 2-41 (a) 所示。现欲将二者合并,用一个传递函数 $G(s)$ 代替,并保持 $R(s)$ 与 $C(s)$ 的关系不变,则

$$G(s)=G_1(s)G_2(s) \qquad (2-113)$$

可以证明等效结构如图 2-41 (b) 所示。

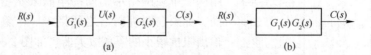

图 2-41 串联结构的等效变换

证明： 由图 2-41（a）可写出

$$U(s)=G_1(s)R(s)$$
$$C(s)=G_2(s)U(s)$$

消去 $U(s)$，则有

$$C(s)=G_1(s)G_2(s)R(s)=G(s)R(s)$$

故式（2-113）成立。

式（2-113）表明，两个传递函数串联的等效传递函数，等于该两个传递函数的乘积。

上述结论可以推广到任意传递函数的串联。如图 2-42 所示，n 个传递函数依次串联的等效传递函数，等于 n 个传递函数的乘积。

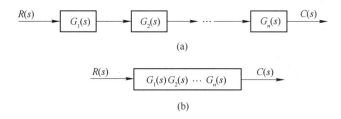

图 2-42　n 个方框串联的等效变换

2. 并联连接的等效变换

传递函数分别为 $G_1(s)$ 与 $G_2(s)$ 的并联连接，如图 2-43（a）所示。其等效传递函数等于该两个传递函数的代数和，即

$$G(s)=G_1(s)\pm G_2(s) \tag{2-114}$$

等效结构见图 2-43（b）。

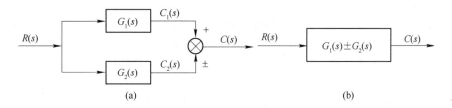

图 2-43　两个方框并联的等效变换

由图 2-43（a）可写出

$$C_1(s)=G_1(s)R(s)$$
$$C_2(s)=G_2(s)R(s)$$
$$C(s)=C_1(s)\pm C_2(s)$$

$$C(s)=G_1(s)R(s)\pm G_2(s)R(s)=[G_1(s)\pm G_2(s)]R(s)=G(s)R(s)$$

于是式（2-114）成立。

式（2-114）说明，两个传递函数并联的等效传递函数，等于各传递函数的代数和。

同样，可将上述结论推广到 n 个传递函数的并联。图 2-44（a）为 n 个方框并联，其等效传递函数应等于该 n 个传递函数的代数和，如图 2-44（b）所示。

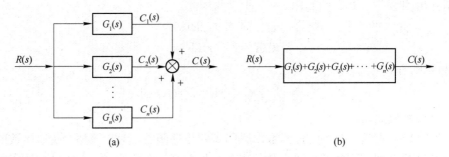

图 2-44 n 个方框并联的等效变换

3. 反馈连接的等效变换

图 2-45 (a) 为反馈连接的一般形式，其等效变换的结构如图 2-45 (b) 所示。

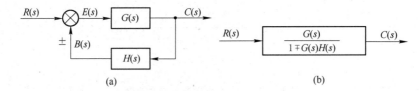

图 2-45 反馈连接的等效变换

由图 2-45 (a)，按照信号传递的关系可写出

$$C(s)=G(s)E(s)$$
$$B(s)=H(s)C(s)$$
$$E(s)=R(s)\pm B(s)$$

消去 $E(s)$、$B(s)$ 得

$$C(s)=G(s)[R(s)\pm H(s)C(s)]$$
$$[1\mp G(s)H(s)]C(s)=G(s)R(s)$$

因此

$$\frac{C(s)}{R(s)}=\frac{G(s)}{1\mp G(s)H(s)}$$

将反馈结构图等效简化为一个方框，方框中的传递函数应为上式。令

$$\phi(s)=\frac{G(s)}{1\mp G(s)H(s)} \tag{2-115}$$

称为闭环传递函数。式中分母上的加号对应于负反馈；减号对应于正反馈。

若反馈通道的传递函数 $H(s)=1$，常称作单位反馈，此时

$$\phi(s)=\frac{G(s)}{1\mp G(s)} \tag{2-116}$$

式 (2-113)～式 (2-116) 为结构变换中最常用的基本公式，也称基本变换法则。

4. 相加点与分支点的移动

在图 2-37 两级 RC 的串联网络的结构图中，三个反馈回路都不是相互分开的，而是通过相加点或分支点相互交叉在一起，因此无法直接应用反馈法则对式 (2-115) 进行等效化简，而必须设法将相加点或分支点的位置，在保证总的传递函数不变的条件下作适当的挪

动，消除回路间的交叉联系，之后才能进一步变换。

(1) 相加点前移

图 2-46 表示了相加点前移的等效结构。

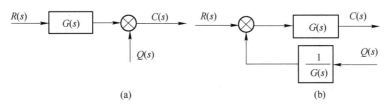

图 2-46 相加点前移的变换

将图 2-46（a）中 $G(s)$ 方框后的相加点，前移到 $G(s)$ 的输入端，而且仍要保持信号 $R(s)$、$Q(s)$、$C(s)$ 的关系不变，则在被挪动的 Q—C 通路上必须串以 $G(s)$ 的倒函数方框，如图 2-46（b）所示。挪动前的结构图中，信号关系为

$$C(s)=G(s)R(s)\pm Q(s)$$

挪动后，信号关系为

$$C(s)=G(s)[R(s)\pm G(s)^{-1}Q(s)]=G(s)R(s)\pm Q(s)$$

二者是完全等效的。

(2) 相加点后移

图 2-47 表示了相加点后移的等效结构。

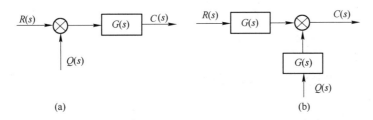

图 2-47 相加点后移的变换

将图 2-47（a）中 $G(s)$ 方框前的相加点前移到 $G(s)$ 的输出端，而且仍要保持信号 $R(s)$、$Q(s)$、$C(s)$ 的关系不变，则在被挪动的 Q—C 通路上必须串以 $G(s)$ 的方框，如图 2-47（b）所示。挪动前的结构图中，信号关系为

$$C(s)=(R(s)+Q(s))G(s)$$

挪动后信号关系为

$$C(s)=R(s)G(s)+Q(s)G(s)=[R(s)+Q(s)]G(s)$$

二者是完全等效的。

(3) 相加点之间的移动

图 2-48 为相邻两个相加点前后移动的等效变换。因为总输出 $C(s)$ 是 $R(s)$、$X(s)$、$Y(s)$ 三个信号的代数和，故更换相加点的位置，不会影响总的输出、输入关系。

挪动前，总输出信号

$$C(s)=\pm Y(s)\pm X(s)\pm R(s)=R(s)\pm X(s)\pm Y(s)$$

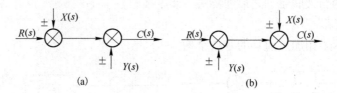

图 2-48 相邻相加点的移动

挪动后，总输出信号

$$C(s)=\pm X(s)\pm Y(s)+R(s)=R(s)\pm X(s)\pm Y(s)$$

二者完全相同。因此，相邻相加点之间可以随意调换位置。这对多个相邻综合点也是对的。

（4）分支点前移

在图 2-49 中给出了分支点前移的等效变换。

图 2-49 分支点前移的变换

将 $G(s)$ 方框输出端的分支点移到 $G(s)$ 的输入端，仍要保持总的信号关系不变，则在被挪动的通路上应该串入 $G(s)$ 的方框，如图 2-49（b）所示。如此，则挪动后的 $C(s)$ 输出为

$$C(s)=C'(s)=R(s)G(s)$$

和图 2-49（a）中完全一致。

（5）分支点后移

在图 2-50 中给出分支点后移的等效变换。

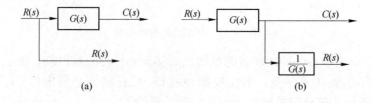

图 2-50 分支点后移的等效变换

将 $G(s)$ 方框输入端的分支点移到 $G(s)$ 的输出端，仍要保持总的信号关系不变，则在被挪动的通路上应该串入 $G(s)$ 的倒函数方框，如图 2-50（b）所示。如此，则挪动后的 $R(s)$ 输出为

$$R(s)=\frac{1}{G(s)}G(s)R(s)=R(s)$$

和图 2-50（a）中完全一致。

（6）相邻分支点之间的移动

若干个分支点相邻，这表明是同一个信号输送到许多地方去。因此，分支点之间相互交

换位置,完全不会改变分支信号的性质,亦即这种移动不需做任何传递函数的变换,如图 2-51 所示。

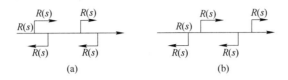

图 2-51 相邻分支点的移动

关于结构图的等效变换,一条最基本的法则就是:变换前后必须保持所有前向通道(输入至输出的通道)传递函数的乘积不变。

再看一下上面的 4 条规则,其实真正具有简化作用的只是第 1、2、3 条,第 4 条只是相加点或分支点与方框之间位置的移动,并不是真正意义上的简化。应用第 4 条规则的意义只是为进一步地应用第 1、2、3 条规则创造条件。那么对于复杂的结构图,如何应用第 4 条规则(或者说是哪个相加点分支点与方框相互移动)为进一步地应用第 1、2、3 条规则创造条件呢?一般的经验是:尽量将相加点(或分支点)移到一起,使两相加点(或分支点)之间没有方框,而能直接应用相加点(或分支点)之间的移动规则,将复杂的、相互交织在一起的结构图分解成为简单的串联、并联或反馈的形式,以利于进一步的简化。

2.6.5 结构图变换举例

[例 2-19] 对图 2-32 的结构图进行化简,求出直流调速系统的传递函数。

解: 利用串联法则式(2-113),求得前向通路的等效传递函数 $G(s) = \dfrac{K_a K_m}{T_m s + 1}$,图 2-32 简化为图 2-52(a)。再运用反馈法则式(2-115),变换得图 2-52(b),方框中即为系统的传递函数。

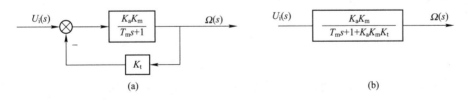

图 2-52 图 2-32 的等效变换

[例 2-20] 将图 2-35 的结构进行简化,求传递函数 $U_o(s)/U_i(s)$。

解: 首先用并联法则将图 2-35 变换为图 2-53(a)所示,再用串联法则简化为图 2-53(b),最后用反馈法则将结构图简化为一个方框,如图 2-53(c)所示,即求得总传递函数。

令 $K = \dfrac{R_2}{R_1 + R_2}$,$T = R_1 C$,则传递函数为

$$\frac{U_c(s)}{U_i(s)} = \frac{K(Ts+1)}{KTs+1}$$

[例 2-21] 简化图 2-54 所示系统的结构,并求系统的传递函数 $\phi(s)$ [即 $C(s)/R(s)$]。

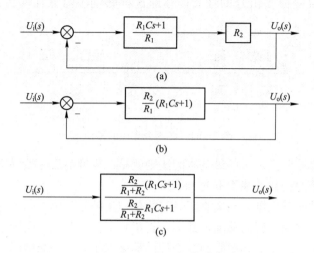

图 2-53 图 2-34 的结构变换

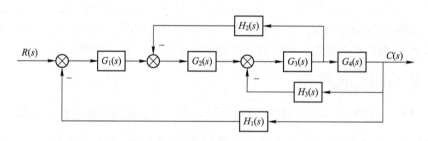

图 2-54 多回路系统结构图

解： 这是一个多回路系统结构图，且有分支点、相加点的交叉。为了从内回路到外回路逐步化简，首先要消除交叉连接。方法之一是将相加点后移，然后交换相加点的位置，将图 2-54 化为图 2-55（a）。

第二步对图 2-55（a）中由 G_2、G_3、H_2 组成的小回路实行串联及反馈变换，进而简化为图 2-55（b）。

第三步对图 2-55（b）中的内回路再实行串联及反馈变换，则只剩下一个主反馈回路，如图 2-55（c）所示。

最后，再变换为一个方框，如图 2-55（d）所示，得系统总传递函数为

$$\phi(s) = \frac{C(s)}{R(s)} = \frac{G_1(s)G_2(s)G_3(s)G_4(s)}{1 + G_1(s)G_2(s)G_3(s)G_4(s)H_1(s) + G_2(s)G_3(s)H_2(s) + G_3(s)G_4(s)H_3(s)}$$

第一步的变换也可采用其他移动的办法，如将两个分支点移到一起，读者可自行试作。

[例 2-22] 将图 2-37 所示两级 RC 网络串联的结构图化简，并求出此网络的传递函数 $G(s)$ [即 $U_o(s)/U_i(s)$]。

解： 图 2-37 结构图中，有两处分支点与相加点交连。为将反馈单独分离出来，必须移动相加点与分支点。这里应该注意，$I_1(s)$ 与 $I_2(s)$ 相减处的相加点不宜向后移动，而应前移。否则将会出现一个相加点与一个分支点相邻，而且仍是交叉结构，还需交换位置，一般

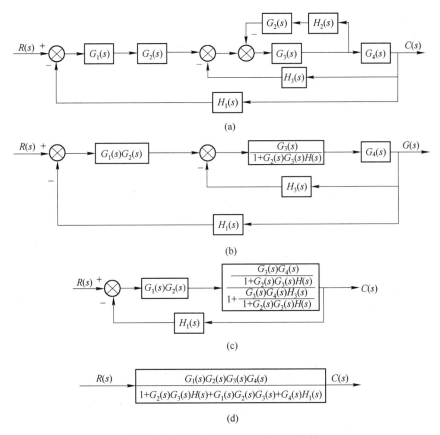

图 2-55　图 2-54 系统结构图的变换

是力求避免的。同样理由，$I_2(s)$ 的分支点宜向后移动，而不宜向前移动。

将上述相加点与分支点合理移动后，消除了交叉关系，如图 2-56（a）所示。然后化简两个内回路，得到图 2-56（b），最后实行反馈变换，即得网络传递函数，如图 2-56（c）所示。

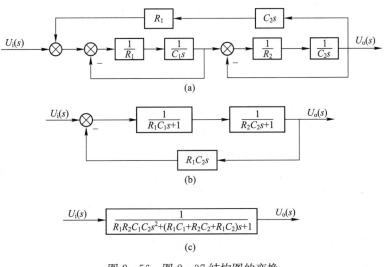

图 2-56　图 2-37 结构图的变换

以上几个例子，可以归纳出简化结构图及求总传递函数的一般步骤如下。

① 确定输入量与输出量，如果作用在系统上的输入量有多个（可以分别作用在系统的不同部位），则必须分别对每个输入量逐个进行结构图化简，求得各自的传递函数。对于有多个输出量的情况，也应分别化简。

② 若结构图中有交叉联系，应运用移动规则，首先将交叉消除，化为无交叉的多回路结构。

③ 对多回路结构，可由里向外进行变换，直至变换为一个等效的方框，即得到所求的传递函数。

2.7 自动控制系统的传递函数

自动控制系统在工作过程中会受到外加信号的作用。其中一种是控制信号或称输入信号，即给定值及参考输入 $r(t)$；另一种是干扰或称扰动 $n(t)$。输入信号加在系统的输入端而干扰多作用于受控对象。一个闭环自动控制系统的典型结构如图 2-57 所示。

图 2-57 闭环控制系统的典型结构

研究系统输出量 $c(t)$ 的运动规律，只考虑输入量的作用是不够的，还需考虑干扰的影响。下面分析几种常用的系统传递函数的概念。

1. 系统开环传递函数

在图 2-57 中，将 $H(s)$ 的输出通路断开，亦即断开系统的主反馈通路，这时前向通路传递函数与反馈通路传递函数的乘积 $G_1(s)G_2(s)H(s)$，称为该系统的开环传递函数，它等于此时 $B(s)$ 与 $R(s)$ 的比值。开环传递函数不是第 1 章所述的开环系统的传递函数，而是指闭环系统的开环。

2. $r(t)$ 作用下系统的闭环传递函数

令 $n(t)=0$，这时图 2-57 简化为图 2-58。输出 $c(t)$ 对输入 $r(t)$ 之间的传递函数

$$\phi(s)=\frac{C(s)}{R(s)}=\frac{G_1(s)G_2(s)}{1+G_1(s)G_2(s)H(s)} \tag{2-117}$$

称 $\phi(s)$ 为在输入信号 $r(t)$ 作用下系统的闭环传递函数。而输出的拉氏变换式为

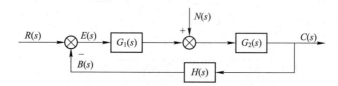

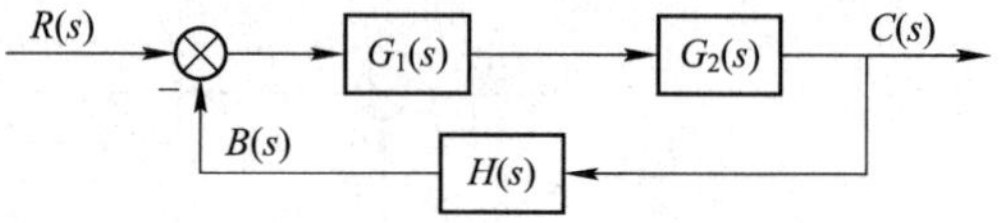

图 2-58 $r(t)$ 作用下的系统结构图

$$C(s)=\phi(s)R(s)=\frac{G_1(s)G_2(s)}{1+G_1(s)G_2(s)H(s)}R(s) \tag{2-118}$$

可见，当系统中只有 $r(t)$ 信号作用时，系统的输出完全取决于 $c(t)$ 对 $r(t)$ 的闭环传递函数及 $r(t)$ 的形式。

3. $n(t)$ 作用下系统的闭环传递函数

为研究干扰对系统的影响，需要求出 $c(t)$ 对 $n(t)$ 之间的传递函数。这时，令 $r(t)=0$，则图 2-57 简化为图 2-59。由图可得

$$\frac{C(s)}{N(s)}=\phi_n(s)=\frac{G_2(s)}{1+G_1(s)G_2(s)H(s)} \tag{2-119}$$

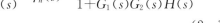

图 2-59 $n(t)$ 作用下的系统结构图

称 $\phi(s)$ 为在干扰 $n(t)$ 作用下系统的闭环传递函数。而输出的拉氏变换式为

$$C(s)=\phi_n(s)N(s)=\frac{G_2(s)}{1+G_1(s)G_2(s)H(s)}N(s) \tag{2-120}$$

由于干扰 $n(t)$ 在系统中的作用位置与输入信号 $r(t)$ 的作用点不一定是同一地方，故两个闭环传递函数一般是不相同的，这也表明引入干扰作用下系统闭环传递函数的必要性。

4. 系统的总输出

根据线性系统的叠加原理，系统的总输出应为各外作用引起的输出的总和，因而将式 (2-118) 与式 (2-120) 相加即得总输出的变换式

$$C(s)=\frac{G_1(s)G_2(s)R(s)}{1+G_1(s)G_2(s)H(s)}+\frac{G_2(s)N(s)}{1+G_1(s)G_2(s)H(s)} \tag{2-121}$$

5. 闭环系统的误差传递函数

在系统分析时，除了要了解输出量的变化规律之外，还经常关心控制过程中误差的变化规律。因为控制误差的大小直接反映了系统工作的精度，故寻求误差和系统的控制信号 $r(t)$ 及干扰作用 $n(t)$ 之间的数学模型，就是很必要的了。在图 2-57 中，暂且规定测量装置的输出 $b(t)$ 和给定指令 $r(t)$ 之差为系统的误差 $e(t)$，即

$$e(t)=r(t)-b(t) \tag{2-122}$$

则

$$E(s)=R(s)-B(s) \tag{2-123}$$

$E(s)$ 即为图 2-57 中相加点的输出量的变换式。

① $r(t)$ 作用下系统的误差传递函数。令 $n(t)=0$ 时的 $E(s)/R(s)$，则可通过图 2-60 求得为

$$\phi_e(s)=\frac{E(s)}{R(s)}=\frac{1}{1+G_1(s)G_2(s)H(s)} \tag{2-124}$$

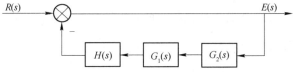

图 2-60 $r(t)$ 作用下的误差输出的结构图

② $n(t)$ 作用下系统的误差传递函数。令 $r(t)=0$ 时的 $E(s)/N(s)$，则可通过图 2-61 求得为

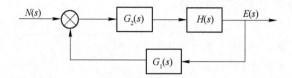

图 2-61 $n(t)$ 作用下的误差输出的结构图

$$\phi_{en}(s) = \frac{E(s)}{N(s)} = \frac{-G_2(s)H(s)}{1+G_1(s)G_2(s)H(s)} \quad (2-125)$$

③ 系统的总误差，根据叠加原理可得

$$E(s) = \phi_e(s)R(s) + \phi_{en}(s)N(s)$$

将上面导出的四个传递函数表达式 (2-117)、式 (2-119)、式 (2-124) 及式 (2-125) 相对比可以看出，它们虽然各不相同，但分母却是一样的，均为 $[1+G_1(s)G_2(s)H(s)]$，这是闭环控制系统各种传递函数的规律性。

另外，如果系统中控制装置的参数设置能满足

$$|G_1(s)G_2(s)H(s)| \gg 1 \quad (2-126)$$

及

$$G_1(s)H(s) \gg 1 \quad (2-127)$$

则系统的总输出表达式 (2-121) 可近似为

$$C(s) = \frac{1}{H(s)}R(s) + 0 \cdot N(s) \approx \frac{1}{H(s)}R(s) \quad (2-128)$$

也可写成

$$E(s) = R(s) - H(s)G(s) \approx R(s) - H(s) \cdot \frac{1}{H(s)}R(s) = 0 \quad (2-129)$$

式 (2-128) 说明：采用负反馈控制的系统，适当地匹配元部件的结构参数，就有可能获得很强的抑止干扰的能力和对输入指令的跟踪能力，即输出 $C(s)$ 只取决于输入 $R(s)$ 和测量环节的传递函数 $H(s)$，而与干扰甚至前向通路的传递函数都无关。

式 (2-129) 说明：系统的误差为零，即具有很高的控制精度。

2.8 信号流图及梅逊增益公式

采用图解的方法表示控制系统的动态特性，动态结构图是很有用的，并且已在控制系统的分析与设计中得到广泛应用。信号流图，是图解表示控制系统动态特性的另一种方法，是 S. J. Mason（梅逊）在 1956 年首先提出的。两种方法提供了同样的信息，各有优缺点。

2.8.1 信号流图的组成

信号流图的起源是梅逊（Mason）利用图解法表示一个或一组线性方程组并图解求解的方法。例如欧姆定律 $U=IR$ 表示成信号流图如图 2-62 所示。

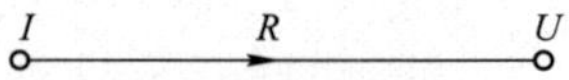

又如由 5 个变量构成的一组代数方程式

图 2-62 欧姆定律的信号流图

$$\begin{cases} x_1 = x_1 \\ x_2 = x_1 + ex_3 \\ x_3 = ax_2 + fx_4 \\ x_4 = bx_3 \\ x_5 = dx_2 + gx_5 + cx_4 \end{cases} \quad (2-130)$$

用信号流程图表示如图 2-63 所示。

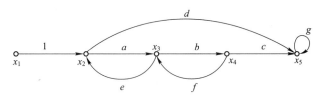

图 2-63 式 (2-130) 的信号流图

由图 2-63 定义术语如下。

① 节点：标志系统的变量。节点从左向右顺序设置，每个节点标志的变量是所有流向该节点的信号之代数和，而从同一节点流向各支路的信号均用该节点的变量表示。

② 支路：相当于乘法器，信号流经支路时，被乘以支路增益而变换为另一信号。信号在支路上只能沿箭头单向传递。

③ 源节点或输入节点：如 x_1，只有输出而无输入。

④ 阱节点或输出节点：如 x_5，只有输入而无输出。

⑤ 混合节点：如 x_2，x_3，x_4，既有输入又有输出。

⑥ 前向通路：信号从输入节点到输出节点传递时，每个节点只通过一次的通路，如 $x_1 \to x_2 \to x_3 \to x_4 \to x_5$ 及 $x_1 \to x_2 \to x_5$。

⑦ 前向通路增益：前向通路中各支路增益的乘积，如 $x_1 \to x_2 \to x_3 \to x_4 \to x_5$，其前向通路增益为 $p_1 = abc$，$x_1 \to x_2 \to x_5$，其前向通路增益为 $p_2 = d$。

⑧ 回路：起点和终点在同一节点，而且信号通过每一个节点不多于一次的闭合通路，称为单独回路，简称回路。

⑨ 回路增益：回路中所有支路增益之乘积。如 $x_2 \to x_3 \to x_2$ 构成的回路，其回路增益为 $L_1 = ae$；$x_3 \to x_4 \to x_3$ 构成的回路，其回路增益为 $L_2 = bf$；$x_5 \to x_5$ 构成的回路，其回路增益为 $L_3 = g$。

⑩ 不接触回路：回路之间没有公共节点时，这种回路叫不接触回路。如 $x_2 \to x_3 \to x_2$ 和 $x_5 \to x_5$，还有 $x_3 \to x_4 \to x_3$ 和 $x_5 \to x_5$ 都是互不接触回路。

2.8.2 信号流图的绘制

用于表示控制系统动态特性的信号流图既可以根据微分方程绘制，也可以从系统结构图按照对应关系绘制。

1. 由系统微分方程绘制信号流图

任何线性数学方程都可以用信号流图表示，但含有微分或积分的线性方程，一般应通过拉氏变换，将微分方程或积分方程变换为 s 的代数方程后再画信号流图。绘制信号流图时，首先要对系统的每个变量指定一个节点，并按照系统中变量的因果关系，从左向右顺序排列；然后用标明支路增益的支路，根据数学方程式将各节点变量正确连接，便可得到系统的信号流图。

[例 2-23] 绘制图 2-4 所示的两级 RC 网络的信号流图，设电容初始电压为 0。

解： 由基尔霍夫定律，得到如式（2-5）~式（2-8）所示的微分方程组，对以上微分方程组进行拉氏变换，并分别设置 $U_i(s)$，$I_1(s)$，$U_1(s)$，$I_2(s)$，$U_o(s)$ 5 个节点从左到右顺序排列；然后按照各变量的关系，用相应增益的支路将各节点连接起来，便得到两级 RC 网络的信号流图，如图 2-64 所示。

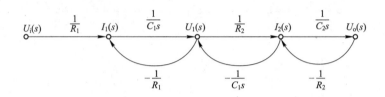

图 2-64 两级 RC 网络的信号流图

2. 由系统动态结构图绘制

在结构图中，由于传递的信号标记在信号线上，方框则是对变量进行变换或运算的算子。因此，从系统结构图绘制信号流图时，只需在结构图的信号线上用小圆圈标志出传递的信号，便得到节点；用标有传递函数的线段代替结构图中的框图，便得到支路，于是结构图也就变换为相应的信号流图了。

[例 2-24] 试绘制图 2-65 所示的系统结构图对应的信号流图。

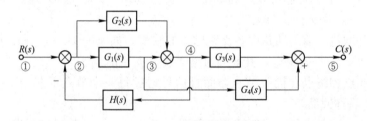

图 2-65 某系统结构图

解： 用小圆圈标志出传递的信号，用标有传递函数的线段代替结构图中的框图，可得系统的信号流图如图 2-66 所示。

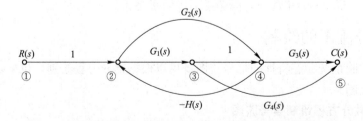

图 2-66 图 2-65 所示系统所对应的信号流图

2.8.3 梅逊增益公式

从一个复杂的系统信号流图上，经过简化可以求出系统的传递函数，而且结构图的等效变换规则亦适用于信号流图的简化，但这个过程毕竟是很麻烦的。控制工程中常用梅逊增益公式直接求取从源节点到阱节点的传递函数，而不需简化信号流图，这就为信号流图的广泛应用提供了方便。

梅逊增益公式的来源是按克莱姆（Gramer）法则求解线性联立方程式组时，将解的分子多项式及分母多项式与信号流图巧妙联系的结果。

求取从任意源节点到任意阱节点之间传递函数的梅森增益公式记为

$$G(s) = \frac{\sum_{k=1}^{n} P_k \Delta_k}{\Delta} \tag{2-131}$$

其中，Δ 称为主特征式，且 $\Delta = 1 - \sum L_a + \sum L_b L_c - \sum L_d L_e L_f + \cdots$ (2-132)

$\sum L_a$——各回路的回路传递函数之和；

$\sum L_b L_c$——两两互不接触的回路，其回路传递函数乘积之和；

$\sum L_d L_e L_f$——所有三个互不接触的回路，其回路传递函数乘积之和；

P_k——第 k 个前向通路的传递函数；

Δ_k——将 Δ 中与第 k 条前向通路相接触的回路所在项去掉之后的余子式。

[例 2-25] 用梅森公式求图 2-64 所示的两级 RC 网络的传递函数 $\dfrac{U_o(s)}{U_i(s)}$。

解： 在系统结构图中使用梅森公式时，应特别注意区分不接触回路。由图 2-64 可见，从源节点 $U_i(s)$ 到 $U_o(s)$ 有一条前向通路，其总增益为

$$P_1 = \frac{1}{R_1} \cdot \frac{1}{sC_1} \cdot \frac{1}{R_2} \cdot \frac{1}{sC_2} = \frac{1}{R_1 R_2 C_1 C_2 s^2}$$

有三个单独回路，回路增益分别是

$$L_1 = -\frac{1}{R_1 C_1 s}, \quad L_2 = -\frac{1}{R_2 C_1 s}, \quad L_3 = -\frac{1}{R_2 C_2 s}$$

两两不接触回路有一个，其回路传递函数乘积为

$$L_1 L_3 = \frac{1}{R_1 R_2 C_1 C_2 s^2}$$

没有三个互不接触回路，且前向通路与所有回路均接触，故余子式 $\Delta_1 = 1$。因此，由梅逊增益公式求得系统传递函数为

$$\frac{U_o(s)}{U_i(s)} = \frac{\dfrac{1}{R_1 R_2 C_1 C_2 s^2}}{1 + \dfrac{1}{R_1 C_1 s} + \dfrac{1}{R_2 C_1 s} + \dfrac{1}{R_2 C_2 s} + \dfrac{1}{R_1 R_2 C_1 C_2 s^2}}$$

$$= \frac{1}{1 + R_1 C_1 s + R_1 C_2 s + R_2 C_2 s + R_1 R_2 C_1 C_2 s^2}$$

[**例 2-26**] 由图 2-66 所示的信号流图，求系统的传递函数 $\dfrac{C(s)}{R(s)}$。

解： 本题中，单独回路有两个，即 $\sum L_a = -G_1 H - G_2 H$，无互不接触回路，前向通路有三条，分别是：

$$P_1 = G_1 G_3, \quad \Delta_1 = 1$$
$$P_2 = G_2 G_3, \quad \Delta_2 = 1$$
$$P_3 = G_1 G_4, \quad \Delta_3 = 1$$

由梅逊公式，可得系统的传递函数为

$$\frac{C(s)}{R(s)} = \frac{G_1 G_3 + G_2 G_3 + G_1 G_4}{1 + G_1 H + G_2 H}$$

[**例 2-27**] 绘制图 2-67 所示的系统结构图所对应的信号流图，并求系统的传递函数 $\dfrac{C(s)}{R(s)}$。

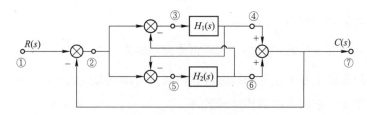

图 2-67 系统结构图

解： 在结构图上选择信号线作为节点，并绘制信号流图如图 2-68 所示。

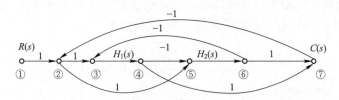

图 2-68 系统的信号流图

由信号流图可以确定，单独回路共有五个，分别是

$$3 \to 4 \to 5 \to 6 \to 3, \quad L_1 = H_1 H_2$$
$$2 \to 3 \to 4 \to 5 \to 6 \to 7 \to 2, \quad L_2 = H_1 H_2$$
$$2 \to 3 \to 4 \to 7 \to 2, \quad L_3 = -H_1$$
$$2 \to 5 \to 6 \to 7 \to 2, \quad L_4 = -H_2$$
$$2 \to 5 \to 6 \to 3 \to 4 \to 7 \to 2, \quad L_5 = H_1 H_2$$

即

$$\sum L_a = 3 H_1 H_2 - H_1 - H_2$$

没有两两互不接触回路，前向通路共有四条，分别是

$$1\to2\to3\to4\to5\to6\to7, \quad P_1=-H_1H_2, \quad \Delta_1=1$$

$$1\to2\to5\to6\to7, \quad P_2=H_2, \quad \Delta_2=1$$

$$1\to2\to3\to4\to7, \quad P_3=H_1, \quad \Delta_3=1$$

$$1\to2\to5\to6\to3\to4\to7, \quad P_4=-H_1H_2, \quad \Delta_4=1$$

$$G(s)=\frac{H_1+H_2-2H_1H_2}{1+H_1+H_2-3H_1H_2}$$

由此题可以看出，应用梅逊公式求取系统的传递函数时，最大的问题是有的回路前向通路不容易看出。如本题中的独立回路 5 和前向通路 4。但无论如何，通过信号流图应用梅逊公式为求取系统的传递函数提供了一种简单易算、行之有效的方法。

2.9 控制系统分析仿真工具 MATLAB 简介

MATLAB 程序设计语言是美国 MathWorks 公司于 20 世纪 80 年代中期推出的高性能数值计算软件，经过 MathWorks 公司几十年的开发、扩充与不断完善，MATLAB 已经发展成为适合多学科，功能强大、齐全的大型软件系统。

MATLAB 具有语言简单、界面友好等优点，自从问世以来，得到了各个学科研究人员广泛的关注。虽然 MATLAB 并不是为控制系统设计的，但它强大的矩阵处理和绘图功能，简单易学的复杂运算功能，非常适合控制理论的计算机辅助设计，因此成为控制系统计算和仿真最常用的工具软件。

下面对 MATLAB 中常用的一些基本概念和使用方法进行说明。

2.9.1 常量及变量的说明

1. 常量

常量的定义与其他语言基本相同，如整数 3，$1.5e3=1.5*10^3=1500$，-10，$-1.5e3=-1500$；

小数 $1.5e-3=1.5*10^{-3}=0.0015$；复数 $3+4*i=3+4i$，$3+1.5e2*i=3+150i$。具体如下。

```
>>3.5
ans=
    3.5000


>>1.5e3
ans=
       1500


>>3+4*i
ans=
    3.0000+ 4.0000i
```

还有一些特定的变量，它们已经被预定义了某个特定的值，因此这些变量也被称为常量。如 pi＝π（圆周率），inf＝∞，i、j 在没有重新赋值前，表示虚数单位；ans 表示上次计算的结果。

```
>>pi
ans=
    3.1416
```

2. 变量

变量是 MATLAB 的基本元素之一。MATLAB 语言不要求对使用的变量进行事先说明，而且也不需要指定变量的类型，系统会根据该变量被赋予的值或对该变量所进行的操作自动确定变量的类型。

需要注意的是，用户如果在对某个变量赋值时，该变量已存在，系统则会自动使用新值代替旧值，如下例所示。

```
>>a=1;
>>a=2
a=
    2
```

2.9.2 基本运算

1. 算术运算

算术运算包括：＋，－，＊，/，^（乘方），例如：

```
>>3+4
ans=
    7


>>3-4
ans=
    -1


>>3*4
ans=
    12

>>3/4
ans=
    0.7500

>>3^4
ans=
    81
```

2. 三角函数运算

三角函数运算包括：sin，cos，tan，asin，acos，atan，例如：

```
>>sin(pi/4)
ans=
    0.7071
>>acos(ans)
ans=
    0.7854

>>pi/4
ans=
    0.7854
```

注意：三角函数的自变量、计算结果都以弧度表示，函数的自变量放在小括弧内。

3. 其他常用的函数

常用的函数包括：求平方根 sqrt( )、求以 10 为底的对数 log10( )、求以 e 为底对数 log( )、求指数函数 exp( ) 等，例如：

```
>>sqrt(2)
ans=
    1.4142

>>log10(100)
ans=
    2

>>exp(1)
ans=
    2.7183

>>log(exp(1))
ans=
    1
```

4. 复数的模与幅角运算

具体包括：求复数的幅值 abs( )，求复数的幅角 angle( )，例如：

```
a=
    3.0000+4.0000i

>>abs(a)
ans=
    5
```

```
>>angle(a)
ans=
    0.9273

>>atan(4/3)
ans=
    0.9273
```

2.9.3 基本绘图操作

MATLAB 语言提供了一系列函数将向量数据以线性图形的方式打印出来，还有一些注释和打印图形的函数，如绘图函数 plot( )，标题 title( )，坐标轴标注 ylabel( )，xlabel( )，网格化处理 grid 等，其使用举例如下。

1. 数据准备

```
>>t=0:0.01:1;         在 0-1 秒时间段内,每隔 0.01 秒取一个点
>>y=sin(2*pi*t);
```

2. 画图

```
>>plot(t,y);
```

3. 图样的说明

```
>>title('正弦函数图');
>>xlabel('时间:秒');
>>ylabel('幅值');
>>grid;
```

执行结果如图 2-69 所示。

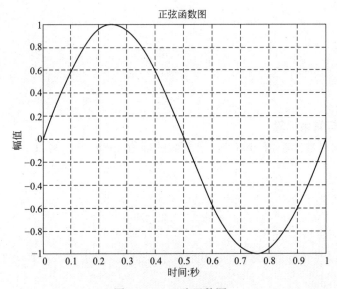

图 2-69　正弦函数图

2.9.4 SIMULINK 与控制系统仿真

SIMULINK 自 1992 年问世以来,很快在控制界得到了广泛的应用。它的前身是 1990 年 MathWorks 公司为 MATLAB 提供的控制系统模型图形输入和仿真工具 SIMULAB。

概括地说,SIMULINK 是一个可视化动态系统仿真环境。一方面,它是 MATLAB 的扩展,保留了所有 MATLAB 的函数和特性;另一方面,它又有可视化仿真和编程的特点。借助其可视化的特点,使用 SIMULINK 可以分析非常复杂的控制系统。一般来说,SIMULINK 的功能有两部分:其一是系统建模,其二是系统分析。SIMULINK 环境特别适合于方框图模型,可以直接建立方框图模型然后进行仿真,并且 SIMULINK 的命令基本上都是鼠标驱动的,仿真的结果可以在 SIMULINK 下观察,也可以在 workspace 中观看。

下面首先从一个具体的例子入手,简单介绍 SIMULINK 的使用方法,如需更详尽的 SIMULINK 使用说明,请查阅相关文献。本书中的 MATLAB 示例均是目前使用较为广泛的 MATLABR2011a7.12 版本。

[例 2-28] 某单位负反馈控制系统的开环传递函数为 $G(s) = \dfrac{s+3}{s^2+4s+8}$,试在 SIMULINK 工作环境下构建系统的方框图并对系统的阶跃响应进行仿真。

解:本例的求解分为以下几步。

① 进入 SIMULINK 环境。在 MATLAB 命令窗口中直接输入 SIMULINK 命令或在 MATLAB 工具栏上单击 SIMULINK 按钮,如图 2-70 所示。这样就打开了 SIMULINK 的 Simulink Library Browser(库模块浏览器),如图 2-71 所示。

图 2-70 MATLAB 工具栏及 SIMULINK 按钮

图 2-71 库模块浏览器

在菜单栏中执行 File|New|Model 命令,就建立了一个名为 Untitled 的模型窗口,如图 2-72 所示,在建立了空的模型窗口后,用户就可以在此窗口中创建自己需要的 Simulink 模型。

图 2-72 名为 Untitled 的模型窗口

② 构建控制系统模型。在库模块浏览器中单击 Simulink 前面的"+"号,就能够看到 Simulink 模块图,如图 2-73 所示。

选择 Continuous 中的"Transfer Fcn"模块,单击鼠标左键并拖动该模块至 Untitled 模型窗口中,然后在 Untitled 模型窗口中双击该模块设置传递函数的系数,其表达式和 MATLAB 环境下相同。"Numerator coefficients"选项是传递函数分子多项式系数的降幂排列,"Denominator coefficients"选项是分母多项式系数的降幂排列,将原系统开环传递函数的两个分式的系数分别填入这两个传递函数块。

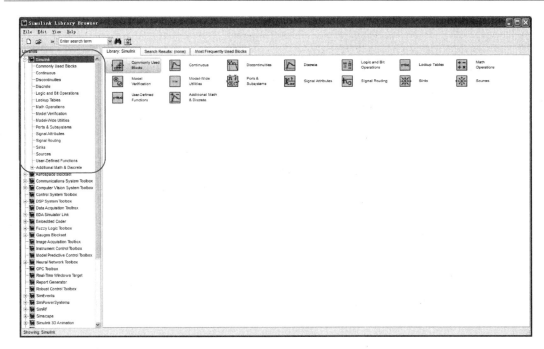

图 2-73 Simulink 模块图

③ 进入"source"信号源模块库，选取阶跃函数。用鼠标双击 Simulink 模块图中标有"Source"的图标，进入信号源模块库，如图 2-74 所示。

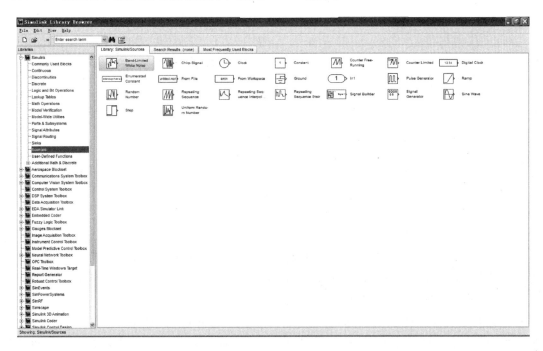

图 2-74 信号源模块库

该信号源模块包括控制系统设计和仿真领域常用的各种信号源和函数发生器，如阶跃函数发生器、正弦函数发生器及随机数发生器等。

在图 2-74 所示界面下选择标有 "Step" 的图标 ⬚ Step 用鼠标拖到图 2-72 所示名为 Untitled 的模型窗口中,形成一个阶跃函数输入块。需要注意的是,Step 块默认的起始时间是第 1 秒而非第 0 秒。双击该模块即可对仿真起始时间和阶跃值的大小进行设置,不过此处对我们的仿真影响不大,就不再设置了。

④ 进入 "Sinks" 信号输出模块库。用鼠标双击 Simulink 模块图中标有 "Sinks" 的图标,进入信号输出模块图,如图 2-75 所示。

图 2-75 信号输出模块库

该模块库中包括示波器模块、显示模块及输出到文件和输出到工作空间等多种输出方式。这里只选择标有 "Scope" 的示波器图标 ⬚,将其拖动到图 2-72 所示名为 Untitled 模块窗口中,双击该模块可设置示波器的参数,此处选用默认参数。

⑤ 构建闭环模型。为了形成闭环负反馈,需要双击 Simulink 模块库中的 Mathoperations 图标 Math Operations,在其中包括多个数学运算模块,用鼠标拖住其中标有 "Sum" 的图标 ⊕,拖动到图 2-72 所示名为 Untitled 模型窗口中,并用鼠标双击将其设置为负反馈形式 "+-"。

设置完毕的 Sum 模块变为 ⊕ 形式,这样一端接收输入的阶跃信号,一端接收输出的反馈信号,就形成负反馈了。拖动鼠标并画线将阶跃信号的输出与 ⊕ 的 "+" 端相连,将 ⊕ 的输出与传递函数模块相连,将传递函数模块的输出与示波器相连,同时将其输出与 ⊕ 中的 "-" 端相连,则一个完整的闭环系统模型就构建出来了。

⑥ 仿真。用鼠标单击 Untitled 模型窗口中的菜单 simulation/start,或工具栏中的 start simulation 按钮 "▶"。SIMULINK 便自动运行仿真环境下的系统方框图模型。不过运行完之后还不能直接看结果,必须用鼠标双击 "Scope" ⬚ 元件,才可以看到其仿真后的单位阶跃响应曲线。系统模型及其单位阶跃响应曲线如图 2-76 所示。

单击 Scope 中的 🔍 可将曲线进行放大,如图 2-77 所示。由此图就可以分析系统的性能并计算其性能指标。

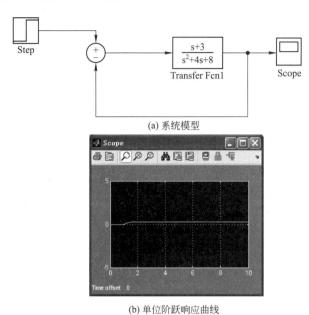
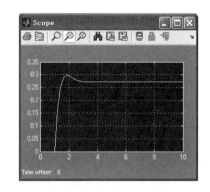

图 2-76　系统模型及其单位阶跃响应曲线　　　图 2-77　放大后的单位阶跃响应曲线

⑦ 存储系统模型。搭建系统方框图完成之后就可以存储起来以备下次使用。在 Untitled 模型窗口中选择 File|Save 选项，设置文件名和路径，此时存储的文件后缀为".mdl"。存储之后下次使用时直接单击该文件就自动打开 MATLAB 窗口，并弹出模型窗口，此时可直接仿真其结果。

本例的系统非常简单，手工编制 MATLAB 程序求解也不是很困难，因此还不能完全体现 SIMULINK 在系统建模方面的优势，对于那些环节众多的控制系统，这种可视化的建模方法比单纯文字界面输入要方便许多。因此，SIMULINK 以其方便快捷及可视化的优点吸引了众多科研工作者，在科学研究和生产实践中得到了广泛的应用。

2.10　应用 MATLAB 进行分析及运算

2.10.1　多项式描述及解代数方程

在 MATLAB 中，多项式由按降幂顺序排列的系数行向量表示。例如，多项式 $P(s) = s^3 + 3s^2 + 4$，输入如下：

P=[1 3 0 4];

值得注意的是，尽管一次项 s 的系数为零，在 $P(s)$ 的输入向量中仍然需要将系数"0"包含在内。

1. 求多项式的根

如果 P 是一个以降幂形式组成的 $P(s)$ 的系数行向量，则函数 roots(P) 是由一个多项式根组成的列向量，反之，若 r 是由多项式的根组成的列向量，则函数 poly(r) 是由根重建多项式，例如：

```
>>P=[1 3 0 4];
>>r=roots(P)

r =

 -3.3553
  0.1777+1.0773i
  0.1777-1.0773i

>>P=poly(r)

P =

  1.0000   3.0000   -0.0000   4.0000
```

2. 多项式的乘积

多项式的乘积是由函数 conv 实现的。例如，要展开多项式 $n(s)=(3s^3+2s+1)(s+4)$ 可使用函数 conv 的 MATLAB 语句得到其展开后的多项式的系数，注意使用 conv 命令式参数个数只能为 2 个，例如：

```
>>p=[3 2 1];q=[1 4];
>>n=conv(p,q)

n =

  3   14   9   4
```

3. 求多项式的值

函数 polyval( ) 用来计算多项式在某点的值，如计算多项式 s^2+3s+2 在 $s=4$ 点处的值，可用下列命令完成。

```
>>p=[1 3 2];
>>x=4;
>>polyval(p,x)

ans=

  30
```

2.10.2 应用 MATLAB 进行拉普拉斯逆变换

拉普拉斯逆变换的常用方法是部分分式法，其中最关键的一步是求各个分式对应极点的留数。

计算极点的留数可使用 MATLAB 命令 residue( )。

[例 2 - 29] 使用 MATLAB 命令将 $G(s)=\dfrac{s+3}{(s+1)(s+2)}=\dfrac{s+3}{s^2+3s+2}$ 展开成部分分式。

解: MATLAB 命令如下。

```
%num 为传递函数分子的系数
num=[1 3];
%den 为传递函数分母的系数
den=[1 3 2];
%求留数
[r,p,k]=residue(num,den);
%r 为对应极点的留数,p 为极点,k 为余项
r=
    -1
     2
p=
    -2
    -1
k=
    []
```

即

$$G(s)=\frac{s+3}{s^2+3s+2}=k+\frac{r_1}{s-p_1}+\frac{r_2}{s-p_2}=\frac{-1}{s+2}+\frac{2}{s+1}$$

[例 2 - 30] 使用 MATLAB 命令将 $G(s)=\dfrac{s^3+5s^2+9s+7}{(s+1)(s+2)}$ 展开成部分分式。

解: MATLAB 命令如下。

```
num=[1  5  9  7];
den=[1  3  2];
[r,p,k]=residue(num,den)
r=
    -1
     2
p=
    -2
    -1
k=
     1    2
```

即

$$G(s)=k+\frac{r_1}{s-p_1}+\frac{r_2}{s-p_2}=s+2+\frac{-1}{s+2}+\frac{2}{s+1}$$

[例 2 - 31] 使用 MATLAB 命令求 $G(s)=\dfrac{s^2+2s+3}{(s+1)^3}=\dfrac{s^2+2s+3}{s^3+3s^2+3s+1}$ 的部分分式展开。

解：MATLAB 命令如下。

```
num=[1 2 3];
den=[1 3 3 1];
[r,p,k]=residue(num,den);
r=
    1.0000
    0.0000
    2.0000
p=
   -1.0000
   -1.0000
   -1.0000
k=
    []
```

即

$$G(s)=k+\frac{r_1}{s-p}+\frac{r_2}{(s-p)^2}+\frac{r_3}{(s-p)^3}=\frac{1}{s+1}+\frac{0}{(s+1)^2}+\frac{2}{(s+1)^3}$$

[例 2-32] 使用 MATLAB 命令求 $G(s)=\dfrac{2s+12}{s^2+2s+5}$ 的部分分式展开。

解：MATLAB 命令如下。

```
num=[2 12];
den=[1 2 5];
[r,p,k]=residue(num,den)
r=
    1.0000-2.5000i
    1.0000+2.5000i
p=
   -1.0000+2.0000i
   -1.0000-2.0000i
k=
    []
```

即

$$G(s)=k+\frac{r_1}{s-p_1}+\frac{r_2}{s-p_2}=\frac{1-2.5\mathrm{j}}{s+1-2\mathrm{j}}+\frac{1+2.5\mathrm{j}}{s+1+2\mathrm{j}}$$

2.10.3　控制系统数学模型的 MATLAB 实现

控制系统的分析和设计绝大多数是基于模型的，MATLAB 中与控制系统数学模型相关的命令包括以下两个方面：系统数学模型的表示及转换；结构图的描述及化简。

1. 系统数学模型的表示及转换

在控制系统的分析中，系统的数学模型一般可分为以下四种：微分方程、传递函数、动态结构图及状态空间表达式,在本章中主要介绍了前三种。其中传递函数模型是 MATLAB 中对模型最主要的描述方式。在传递函数模型中又有两种描述方式。

(1) 传递函数的分式形式

传递函数的分式形式如式(2-133)所示。

$$G(s) = \frac{\text{num}(s)}{\text{den}(s)} = \frac{b_m s^m + b_{m-1} s^{m-1} + \cdots + b_1 s + b_0}{a_n s^n + a_{n-1} s^{n-1} + \cdots + a_1 s + a_0} \qquad (2-133)$$

在 MATLAB 中,可直接利用传递函数分子,分母多项式的系数向量对其加以描述,其中 num 对应传递函数分子多项式的系数,den 对应分母多项式的系数。

[例 2-33] 使用 MATLAB 命令描述传递函数 $G(s) = \frac{2s^3 + 5s^2 + 3s + 6}{s^3 + 6s^2 + 11s + 6}$。

解:MATLAB 命令如下。

```
num=[2 5 3 6];
den=[1 6 11 6];
sys= tf[num,den];
```

系数之间可用空格分隔,也可用逗号分隔,一行之后不加分号则显示结果,加分号则不显示结果。

(2) 传递函数的零极点增益形式

传递函数也可以用零极点形式表示,如式(2-134)所示。

$$G(s) = \frac{k(s+z_1)(s+z_2)\cdots(s+z_m)}{(s+p_1)(s+p_2)\cdots(s+p_n)} \qquad (2-134)$$

其中,$z_1, z_2, \cdots, z_m$ 是系统零点;$p_1, p_2, \cdots, p_n$ 是系统极点;k 为系统增益。在 MATLAB 中用向量 z,p,k 构成向量组 $[z,p,k]$ 表示系统,用函数命令 zpk( ) 来建立零极点增益模型。

[例 2-34] 使用 MATLAB 命令描述传递函数 $G(s) = \frac{2(s+1)(s+2)}{(s+3)(s^2+2s+2)}$。

解:用 MATLAB 语言描述为

```
z=[-1  -2];
p=[-1+i  -1-i  -3];
k=2;
sys=zpk(z,p,k);
```

(3) 从传递函数分式形式到零极点增益形式的转换

MATLAB 中用函数命令 tf2zp( ) 来完成从传递函数分式形式到零极点增益形式的转换。

[例 2-35] 使用 MATLAB 命令将传递函数 $G(s) = \frac{2s^3 + 5s^2 + 3s + 6}{s^3 + 6s^2 + 11s + 6}$ 由分式形式转换为零极点增益形式。

解:MATLAB 命令及显示结果如下。

```
num=[2,5,3,6];
den=[1,6,11,6];
```

```
[z,p,k]= tf2zp (num,den)
printsyssys= zpk(z,p,k)
z=
   -2.3965
   -0.0518+1.1177i
   -0.0518-1.1177i
p=
   -3.0000
   -2.0000
   -1.0000
k=
    2
```

即

$$G(s)=\frac{2s^3+5s^2+3s+6}{s^3+6s^2+11s+6}=\frac{2(s+2.3965)(s+0.0518+1.1177j)(s+0.0518-1.1177j)}{(s+3)(s+2)(s+1)}$$

(4) 从零极点增益模型到传递函数模型的转换

MATLAB中用函数命令 zp2tf( ) 来完成由传递函数零极点增益模型到分式模型的转换。

[例 2 - 36] 使用 MATLAB 命令将例 2-34 中系统的传递函数由零极点增益形式转换为分式形式。

解：MATLAB命令及显示结果如下。

```
z=[-1;-2];
p=[-1+i;-1-i;-3];
k=2;
[num,den]=zp2tf(z,p,k);
printsys(num,den);
num/den=
       2s^2+6s+4
     ------------------
       s^3+5s^2+8s+6
```

(5) 将传递函数进行部分分式展开

若系统的传递函数模型用分式表示，则可使用 residue( ) 命令将其进行部分分式展开。

[例 2 - 37] 使用 MATLAB 命令将 $G(s)=\dfrac{2s^3+5s^2+3s+6}{s^3+6s^2+11s+6}$ 进行部分分式展开。

解：MATLAB命令及显示结果如下。

```
num=[2 5 3 6];
den=[1 6 11 6];
[r,p,k]=residue(num,den)

r=
```

```
    -6.0000
    -4.0000
     3.0000
p=
    -3.0000
    -2.0000
    -1.0000
k=
     2
```

其中，p 是分母的极点，r 是各极点对应的留数，k 为余项，即 residue( ) 可实现下列等式的转换。

$$\frac{2s^3+5s^2+3s+6}{s^3+6s^2+11s+6}=2+\frac{-6}{s+3}+\frac{-4}{s+2}+\frac{3}{s+1}$$

(6) 由部分分式展开表达式转换为传递函数模型

将系统的数学模型由部分分式展开表达式转换为传递函数分式模型仍然使用 residue( ) 命令。

[例 2-38] 使用 MATLAB 命令将例 2-37 中的系统由部分分式展开表达式转换为传递函数分式模型。

解：MATLAB 命令及显示结果如下。

```
r=[-6,-4,3];
p=[-3,-2,-1];
k=2;
[num,den]=residue(r,p,k)
num=
     2    5    3    6
den=
     1    6    11   6
```

2. 结构图模型的描述及化简

控制系统结构图模型中各个环节的连接方式包含串联、并联、反馈三种最基本的形式。

(1) 串联连接及化简

MATLAB 中用 series( ) 表示串联连接，用该命令时须注意，串联的环节必须是偶数个，否则会提示出错，举例如下。

[例 2-39] 使用 MATLAB 命令求图 2-78 所示系统的传递函数 $\frac{C(s)}{R(s)}$，其中

$$G_1(s)=\frac{s+2}{s^2+2s+3}, \quad G_2(s)=\frac{2s+3}{s^2+3s+4}, \quad G_3(s)=\frac{s+4}{4s^2+5s+6}$$

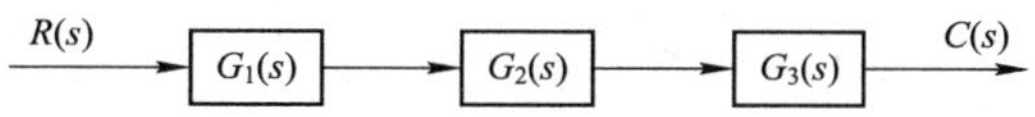

图 2-78 串联连接

解：MATLAB 命令及显示结果如下。

```
num1=[1,2];
den1=[1,2,3];
num2=[2,3];
den2=[1,3,4];
num3=[1,4];
den3=[4,5,6];
sys1=tf(num1,den1);
sys2=tf(num2,den2);
sys3=tf(num3,den3);
sys=series(sys1,sys2,sys3)
```

由于是 3 个环节，直接用 series 命令，系统提示如下：

```
?? Error using==>lti/series
Wrong number of arguments(must be 2 or 4)
```

改变命令为

```
sys4=series(sys1,sys2);
sys=series(sys3,sys4)
```

则显示结果如下。

```
Transfer function:
           2s^3+15s^2+34s+24
------------------------------------------------
4s^6+25s^5+83s^4+163s^3+211s^2+162s+72
```

n 个环节的串联也可以直接用 sys=sys1 * sys2 * … * sysn 求得，如例 2 - 39 也可写为

```
sys=sys1*sys2*sys3
```

即 n 个环节传递函数相乘，显示结果是相同的。

(2) 并联连接及化简

多个环节并联连接时，等效模型为多个环节模型的代数和，根据实际情况，有加有减。MATLAB 中用 parallel 函数表示并联连接的等效，即

$$sys=parallel(sys1,sys2)$$

[例 2 - 40] 使用 MATLAB 命令求图 2 - 79 所示系统的传递函数 $\dfrac{C(s)}{R(s)}$，其中

$$G_1(s)=\frac{5}{s+1}, \quad G_2(s)=\frac{7s+8}{s^2+2s+9}$$

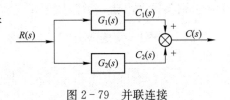

图 2 - 79 并联连接

解：MATLAB 命令及显示结果如下。

```
num1=[5];
den1=[1,1];
```

```
sys1=tf(num1,den1);
num2=[7,8];
den2=[1,2,9];
sys2=tf(num2,den2);
sys=parallel(sys1,sys2)
```

结果显示为：

```
Transfer function:
  12s^2+25s+53
---------------------
s^3+3s^2+11s+9
```

使用 parallel 时注意并联的环节数应是 2 或 6，其他个数的环节并联必须进行相应的转换才能使用。

n 个环节的并联也可以直接使用 sys＝sys1±sys2±…±sysn 求得，如例 2-40 也可写成 sys＝sys1+sys2，可得到相同的结果。

(3) 反馈连接及化简

MATLAB 中用 feedback(sys1，sys2，sign) 函数命令实现两个环节反馈连接的化简，sys1 为前向通道的传递函数模型，sys2 为反馈通道的传递函数模型，sign 表示反馈极性，负反馈时可缺省，正反馈时为＋1，不能省略。

单位反馈连接可用函数 [num，den] = cloop (num1，den1，sign) 化简，sign 含义同上。

[**例 2-41**] 使用 MATLAB 命令求图 2-80 所示系统的传递函数 $\dfrac{C(s)}{R(s)}$，其中

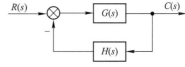

图 2-80 反馈连接

$$G_1(s)=\frac{s+2}{s^2+2s+3}, \quad G_2(s)=\frac{2s+3}{s^2+3s+4}$$

解：MATLAB 命令及显示结果如下。

```
num1=[1,2];
den1=[1,2,3];
num2=[2,3];
den2=[1,3,4];
sys1=tf(num1,den1);
sys2=tf(num2,den2);
sys=feedback(sys1,sys2)
```

显示结果为：

```
Transfer function:
    s^3+5s^2+10s+8
------------------------------
 s^4+5s^3+15s^2+24s+18
```

[例 2-42] 控制系统结构图如图 2-81 所示，试使用 MATLAB 命令求系统的闭环传递函数 $\dfrac{C(s)}{R(s)}$，其中

$$G_1(s)=\frac{1}{s+10}, \quad G_2(s)=\frac{1}{s+1}, \quad G_3(s)=\frac{s^2+1}{s^2+4s+4}, \quad G_4(s)=\frac{s+1}{s+6},$$

$$H_1(s)=\frac{s+1}{s+2}, \quad H_2(s)=2, \quad H_3(s)=1$$

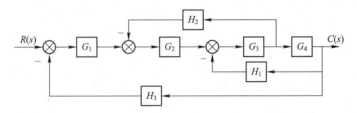

图 2-81 某系统结构图

解： MATLAB 命令及显示结果如下。

```
numg1=[1];deng1=[1 10];
numg2=[1];deng2=[1 1];
numg3=[1 0 1];deng3=[1 4 4];
numg4=[1 1];deng4=[1 6];
numh1=[1 1];denh1=[1 2];
numh2=[2];denh2=[1];
numh3=[1];denh3=[1];
num1=conv(numh2,deng4);den1=conv(denh2,numg4);
[n2a,d2a]=series(numg3,deng3,numg4,deng4);
[num2,den2]=feedback(n2a,d2a,numh1,denh1,-1);
[n3a,d3a]=series(numg2,deng2,num2,den2);
[num3,den3]=feedback(n3a,d3a,num1,den1);
[num4,den4]=series(numg1,deng1,num3,den3);
[numg,deng]=cloop(num4,den4,-1);
```

计算过程可分为以下 5 步。

① 将系统内各传递函数表达式用 MATLAB 命令描述出来。
② 将 H_2 移至 G_4 之后。
③ 消去回路 $G_3 G_4 H_1$。
④ 消去含有 H_2 的回路。
⑤ 消去剩下的回路并计算闭环传递函数。

需要注意的是，严格意义上的传递函数应是经过零-极点对消之后的输入-输出关系，因此还应使用函数 minreal 进一步完成零-极点对消得到最终的闭环传递函数。即

```
[num,den]=minreal(numg,deng);
Printsys(num,den);
```

1 pois-zeros cancelled
num/den=

$$\frac{0.5s^4+1.5s^3+1.5s^2+1.5s+1+773s}{s^6+19s^5+130.5s^4+480.5s^3+865s^2+366}$$

可见，其中有一对零极点被对消了。

本章小结

1. 系统数学模型是描述元部件及系统动态特性的数学表达式，是对系统进行理论分析研究的主要依据。

2. 根据实际系统用解析法建立数学模型，一般是从列写微分方程着手。列写微分方程的步骤及方法是容易的，困难在于对各元件的工作原理缺乏深入的了解，因而不能正确运用基本物理特性，故了解元部件的工作原理是正确建立微分方程的前提。

3. 当需要确定在某一外作用和初始条件下系统的动态过程时，可采用拉氏变换解微分方程的方法，求得系统动态过程的数值解。然而在计算机应用日益普及的今天，解微分方程及描绘响应曲线均可由计算机取代。因此用拉氏变换法直接解高阶的微分方程，已经逐渐失去了它的必要性。

4. 传递函数是另一种数学模型，而且是经典控制理论中更为重要的模型，它是从微分方程进行拉氏变换的推导中得到的，将微分方程中的微分算子 $\frac{\mathrm{d}}{\mathrm{d}t}$ 用 s 代替，将变量以其拉氏变换表示。例如微分方程

$$a_0\frac{\mathrm{d}^n c(t)}{\mathrm{d}t^n}+\cdots+a_n c(t)=b_0\frac{\mathrm{d}^m r(t)}{\mathrm{d}t^m}+\cdots+b_m r(t)$$

对应的传递函数为

$$G(s)=\frac{C(s)}{R(s)}=\frac{b_0 s^m+\cdots+b_m}{a_0 s^n+\cdots+a_n}$$

5. 传递函数是元件或系统一个输入与输出之间的数学描述，常称为输入/输出描述或外部描述。它不能表明中间各变量的动态特征，这是其局限性。而现代控制理论中的状态空间描述法，则克服了这一不足之处。但是尽管如此，传递函数在控制理论中仍占有重要的地位，是一个最基本的概念。

6. 动态结构图是传递函数的图解法，它直观形象地表示出系统中信号的传递变换特性，有助于对系统的分析研究。同时，根据结构图及其化简规则，可以迅速求得系统的各种传递函数，简化了代数方程组消元的运算。

7. 信号流图是另一种基于传递函数的系统模型，应用梅逊增益公式可以直接求解系统的传递函数，而不需简化信号流图，为系统传递函数的求取提供了一种简便的方法。

8. MATLAB 程序设计语言是控制系统计算和仿真中最常用的工具软件，对控制系统

习 题

基本题

2-1 用拉氏变换的定义求下列函数的象函数。

(1) $f(t) = e^{-at}\sin\omega t,\ t \geq 0$

(2) $f(t) = te^{-3t},\ t \geq 0$

(3) $f(t) = \sin(\omega t + \theta),\ t \geq 0$

2-2 求 $f(t) = 1 + 2e^{-2t} + 3e^{-5t}$ 的拉氏变换 $F(s)$。

2-3 求下列表达式的拉氏反变换。

(1) $F(s) = \dfrac{s^2 + 2s + 6}{(s+1)^3}$

(2) $F(s) = \dfrac{1}{s(s^2 + \omega^2)}$

(3) $F(s) = \dfrac{5(s+2)}{s^2(s+1)(s+3)}$

(4) $F(s) = \dfrac{1}{s(s^2 + 2s + 2)}$

2-4 求下列系统的传递函数。

(1) $\dfrac{d^3 c(t)}{dt^3} + 2\dfrac{d^2 c(t)}{dt^2} + 5\dfrac{dc(t)}{dt} + 6c(t) = r(t)$

(2) $\dfrac{d^4 c(t)}{dt^4} + 10\dfrac{d^2 c(t)}{dt^2} + \dfrac{dc(t)}{dt} + 5c(t) = 3\dfrac{dr(t)}{dt} + r(t)$

2-5 系统在输入信号 $r(t) = I(t) + t \cdot I(t)$ 作用下,测得响应为 $c(t) = t + 0.9 - 0.9e^{-10t}$,又知系统的初始状态均为零状态,试求系统的传递函数。

2-6 试列写图 2-82 中无源网络的传递函数 $U_o(s)/U_i(s)$。

2-7 运算放大器在自动控制系统中得到广泛应用,它可以方便地获得所需的传递函数,求图 2-83 中的传递函数,且说明属于什么环节。

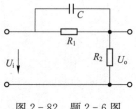

图 2-82 题 2-6 图

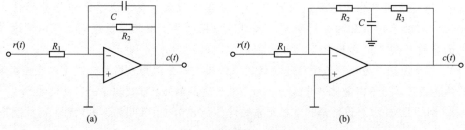

图 2-83 题 2-7 图

2-8 把图 2-84（a）化成单位前向通路形式，如图 2-84（b），求 G。

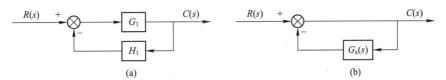

图 2-84 题 2-8 图

2-9 简化图 2-85，写出传递函数。

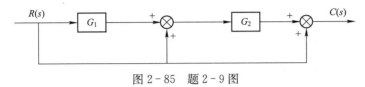

图 2-85 题 2-9 图

2-10 已知图 2-86，求传递函数 $C_1(s)/R_1(s)$，$C_1(s)/R_2(s)$，$C_2(s)/R_1(s)$，$C_2(s)/R_2(s)$。

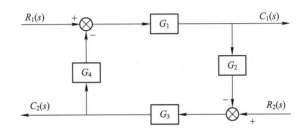

图 2-86 题 2-10 图

2-11 试简化图 2-87 所示的各方框图并求出它们的传递函数 $\dfrac{C(s)}{R(s)}$。

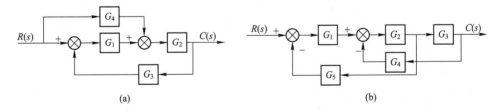

图 2-87 题 2-11 图

2-12 试简化图 2-88 所示的各方框图并求出它们的传递函数 $\dfrac{C(s)}{R(s)}$ 和 $\dfrac{C(s)}{N(s)}$。

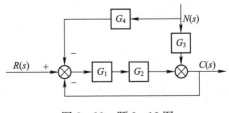

图 2-88 题 2-12 图

2-13 试用结构图化简法和梅逊增益公式分别求图 2-89 所示系统的传递函数 $\dfrac{C(s)}{R(s)}$。

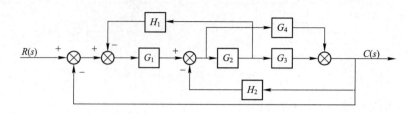

图 2-89 题 2-13 图

提高题

2-14 已知系统的传递函数为 $\dfrac{C(s)}{R(s)}=\dfrac{2}{s^2+3s+2}$，初始条件为 $c(0)=-1$，$\dot{c}(0)=0$，试求阶跃输入作用 $r(t)=1(t)$ 时，系统的输出响应 $c(t)$。

2-15 求图 2-90 所示系统的传递函数 $\dfrac{C(s)}{R(s)}$，$\dfrac{C(s)}{N(s)}$，$\dfrac{E(s)}{R(s)}$，$\dfrac{E(s)}{N(s)}$。

2-16 T 型网络如图 2-91 所示，试绘出其动态结构图，并求出传递函数 $\dfrac{U_o(s)}{U_i(s)}$。

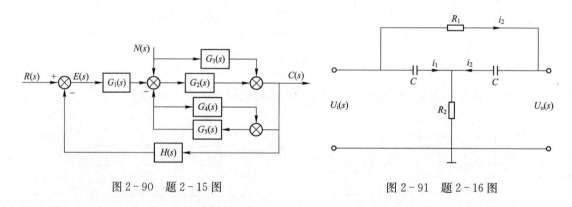

图 2-90 题 2-15 图　　　　图 2-91 题 2-16 图

2-17 系统的微分方程组为

$$x_1(t)=r(t)-c(t)$$

$$T_1\dfrac{\mathrm{d}x_2(t)}{\mathrm{d}t}=k_1x_1(t)-x_2(t)$$

$$x_3(t)=x_2(t)-k_3c(t)$$

$$T_2\dfrac{\mathrm{d}c(t)}{\mathrm{d}t}+c(t)=k_2x_3(t)$$

式中，T_1，T_2，k_1，k_2，k_3 均为正的常数，系统的输入量为 $r(t)$，输出量为 $c(t)$，试画出动态结构图，并求 $\dfrac{C(s)}{R(s)}$。

2-18 求图 2-92 所示系统的传递函数。

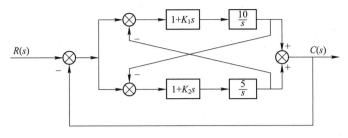

图 2-92 题 2-18 图

2-19 用结构图化简法求图 2-93 所示系统的传递函数 $\dfrac{Y(s)}{R(s)}$。

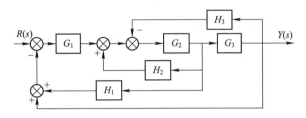

图 2-93 题 2-19 图

2-20 系统结构如图 2-94 所示，求它们的传递函数 $\dfrac{Y(s)}{R(s)}$，$\dfrac{Y(s)}{N(s)}$，$\dfrac{E(s)}{R(s)}$，$\dfrac{E(s)}{N(s)}$。

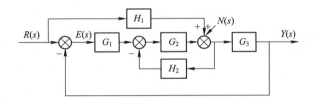

图 2-94 题 2-20 图

第 3 章　自动控制系统的时域分析

第 2 章介绍的控制系统的数学模型，是从理论上研究控制系统的基础。建立起数学模型以后，就可以运用适当的方法对系统的控制性能进行全面的分析和计算。对于线性定常系统，常用的工程方法有时域分析法、根轨迹法和频率法。

由于多数控制系统是以时间作为独立变量的，所以人们往往关心状态及输出随时间变化的规律。对系统外施一给定输入信号，通过研究系统的时间响应来评价系统的性能，这就是控制系统的时域分析。

时域分析法是根据系统的微分方程，以拉氏变换作为数学工具，直接解出控制系统的时间响应；然后根据响应的表达式及其描述曲线来分析系统的控制性能，诸如稳定性、快速性、稳态精度等。

3.1　典型控制过程及性能指标

3.1.1　典型控制过程

控制系统的动态性能，可以通过在输入信号作用下系统的过渡过程来评价。系统的过渡过程不仅取决于系统本身的特性，还与外加输入信号的形式有关。一般情况下，由于控制系统的外加输入信号具有随机的性质而无法预先知道，而且其瞬时函数关系往往又不能以解析形式来表达，只有在一些特殊情况下，控制系统的输入信号才是确知的。因此，在分析和研究控制系统时，要有一个对各种控制性能进行比较的基础。这种基础就是预先规定的一些具有特殊形式的试验信号作为系统的输入，然后比较各种系统对这些输入信号的反应。

选取上述试验信号时应注意：选取的输入信号的典型形式应反映系统工作的大部分实际情况；选取外加输入信号的形式应尽可能简单，以便于分析处理；应选取那些能使系统工作在最不利情况下的输入信号作为典型的试验信号。简言之，这些典型的外作用应是众多而复杂的外作用的一种近似和抽象。它的选择不仅应使数学运算简单，而且还应便于用实验来验证。理论工作者相信它，是因为它是一种实际情况的分解和近似；实际工作者相信它，是因为实验证明它的确是一种有效的手段。常用的典型外作用有以下四种。

(1) 单位阶跃作用 $I(t)$

单位阶跃作用 $I(t)$ 如图 3-1 (a) 所示，其数学表达式为

$$I(t)=\begin{cases}0, & t<0 \\ 1, & t\geqslant 0\end{cases} \tag{3-1}$$

其拉氏变换式为

$$L[I(t)]=\frac{1}{s} \tag{3-2}$$

指令的突然转换、电源的突然接通，开关、继电器接点的突然闭合，负荷的突变等，均可视为阶跃作用。阶跃作用是评价系统动态性能时应用较多的一种典型外作用。

(2) 单位斜坡作用 $t \cdot I(t)$

单位斜坡作用 $t \cdot I(t)$ 如图 3-1 (b) 所示，其数学表达式为

$$t \cdot I(t) = \begin{cases} 0, & t<0 \\ t, & t \geq 0 \end{cases} \tag{3-3}$$

其拉氏变换式为

$$L[t \cdot I(t)] = \frac{1}{s^2} \tag{3-4}$$

大型船闸的匀速升降、列车的匀速前进、主拖动系统发出的位置信号、数控机床加工斜面时的给进指令等都可看成斜坡作用。

(3) 单位脉冲作用 $\delta(t)$

单位脉冲作用 $\delta(t)$ 如图 3-1 (c) 所示，其数学表达式为

$$\delta(t) = \begin{cases} \infty, & t=0 \\ 0, & t \neq 0 \end{cases} \tag{3-5}$$

且

$$\int_{-\infty}^{\infty} \delta(t) \mathrm{d}t = 1 \tag{3-6}$$

其拉氏变换式为

$$L[\delta(t)] = 1 \tag{3-7}$$

单位脉冲作用 $\delta(t)$ 在现实中是不存在的，只有数学上的意义，但它却是一个重要的数学工具。此外，脉动电压信号、冲击力、阵风中大气湍流等都可近似视为脉冲作用。

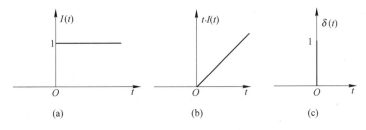

图 3-1 典型外作用波形

(4) 正弦作用 $\sin \omega_0 t$

正弦作用 $A\sin \omega_0 t$ 中 A 为振幅，ω_0 为角频率。其拉氏变换式为

$$L[A\sin \omega_0 t] = \frac{A\omega_0}{s^2 + \omega_0^2} \tag{3-8}$$

实际控制过程中，如海浪对舰船的扰动力、机车上设备受到的振动力、伺服振动台的输入指令、电源及机械振动的噪声等，均可近似为正弦作用。

一个系统的时间响应 $c(t)$ 除取决于系统本身的结构参数及外作用外，还与系统的初始状态有关。这里对系统的初始状态也做一下典型化的处理，即所谓典型初始状态。规定：系统的初始状态均为零状态，即在 $t=0^-$ 时

$$c(0^-) = \dot{c}(0^-) = \ddot{c}(0^-) = \cdots = 0 \tag{3-9}$$

为典型初始状态。这表明在外作用加于系统的瞬时（$t=0$）之前，系统是相对静止的，被控制量及其各阶导数相对于平衡工作点的增量为零。

把初始状态为零的系统在典型外作用下的输出，称为典型时间响应。对应地，典型时间响应有以下几种类型。

① 单位阶跃响应。系统在单位阶跃输入 $[r(t)=I(t)]$ 作用下的响应称为单位跃响应，常用 $h(t)$ 表示，如图 3-2（a）所示。

若系统的闭环传递函数为 $\phi(s)$，则单位阶跃响应的拉氏变换式为

$$H(s)=\phi(s) \cdot R(s)=\phi(s) \cdot \frac{1}{s} \tag{3-10}$$

故

$$h(t)=L^{-1}[H(s)] \tag{3-11}$$

② 单位斜坡响应。系统在单位斜坡输入 $[r(t)=t \cdot I(t)]$ 作用下的响应称为单位斜坡响应，常用 $c_t(t)$ 表示，如图 3-2（b）所示。

单位斜坡响应的拉氏变换式为

$$C_t(s)=\phi(s) \cdot R(s)=\phi(s) \cdot \frac{1}{s^2} \tag{3-12}$$

故

$$c_t(t)=L^{-1}[C_t(s)] \tag{3-13}$$

③ 单位脉冲响应。系统在单位脉冲输入 $[r(t)=\delta(t)]$ 作用下的响应称为单位脉冲响应，常用 $k(t)$ 表示，如图 3-2（c）所示。

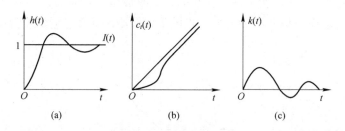

图 3-2 典型时间响应

单位脉冲响应的拉氏变换式为

$$K(s)=\phi(s) \cdot R(s)=\phi(s) \cdot 1=\phi(s) \tag{3-14}$$

故

$$k(t)=L^{-1}[K(s)] \tag{3-15}$$

关于系统在正弦信号作用下的响应，将在第 5 章里讨论。

④ 三种响应的关系。由式（3-14）、式（3-10）可知，式（3-12）可改写成

$$C_t(s)=K(s) \cdot \frac{1}{s^2}=H(s) \cdot \frac{1}{s} \tag{3-16}$$

进而可得

$$K(s)=s \cdot H(s) \tag{3-17}$$

$$H(s)=s \cdot C_t(s) \tag{3-18}$$

这几个式子表明，单位脉冲响应积分一次就是单位阶跃响应；单位阶跃响应积分一次又

是单位斜坡响应。或者说，单位斜坡响应的一次导数是单位阶跃响应，而单位阶跃响应的一次导数又是单位脉冲响应。因此，根据这三种响应之间的关系，可以由其中任一种换算出另外两种。

3.1.2 阶跃响应的性能指标

控制系统的时间响应，从时间的顺序上可以划分为动态和稳态两个过程。动态过程又称为过渡过程，是指系统从初始状态到接近最终状态的响应过程。稳态过程是指时间 t 趋于无穷时系统的输出状态。研究系统的时间响应，必须对动态和稳态两个过程的特点和性能，以及有关指标加以探讨。

一般认为，跟踪和复现阶跃作用对系统来讲是较为严格的工作条件，因此常以阶跃响应来衡量系统控制性能的优劣和定义时域性能指标。控制系统的单位阶跃响应性能指标如下所述，参见图 3-3。

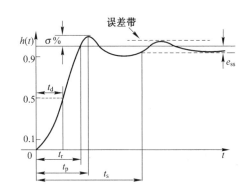

图 3-3 控制系统单位阶跃响应性能指标

① 延迟时间 (t_d)。指单位阶跃响应曲线 $h(t)$ 上升到其稳态值的 50% 所需的时间。

② 上升时间 (t_r)。指单位阶跃响应曲线 $h(t)$ 从其稳态值的 10% 上升到 90% 所需的时间（对欠阻尼二阶系统，通常指从零上升到稳态值所需要的时间）。

③ 峰值时间 (t_p)。指单位阶跃响应曲线 $h(t)$ 超过其稳态值而达到第一个峰值所需要的时间。

④ 超调量 ($\sigma\%$)。指响应过程中，超出稳态值的最大偏离量与稳态值之比，即

$$\sigma\% = \frac{h(t_p) - h(\infty)}{h(\infty)} \times 100\% \tag{3-19}$$

式中：$h(\infty)$——单位阶跃响应的稳态值；

$h(t_p)$——单位阶跃响应的峰值。

⑤ 调节时间 (t_s)。在单位阶跃响应曲线的稳态值附近，取 ±5%（有时也取 ±2%）作为误差带，响应曲线达到并不再超出该误差带的最小时间，称为调节时间（或过渡过程时间）。

⑥ 稳态误差 (e_{ss})。对单位负反馈系统，当时间 t 趋于无穷时，系统单位阶跃响应的实际值（即稳态值）与期望值［即输入量 $I(t)$］之差，定义为稳态误差，即

$$e_{ss} = 1 - h(\infty) \tag{3-20}$$

显然，当 $h(\infty) = 1$ 时，系统的稳态误差为零。

上述六项性能指标中，延迟时间 t_d、上升时间 t_r、峰值时间 t_p 均表征系统响应初始阶段的快慢，反映过渡过程初始阶段的快速性。调节时间 t_s 反映系统过程持续的长短，从整体上反映了系统的快速性。超调量 $\sigma\%$ 是反映系统响应过程的平稳性。稳态误差则反映了系统复现输入信号的最终（稳态）精度。这六项指标中，比较重要的是超调量 $\sigma\%$、调节时间 t_s 和稳态误差 e_{ss}，它们分别评价系统单位阶跃响应平稳性、快速性和稳态精度。

不难理解，有时在设计一个控制系统时，要同时全部满足上述这些性能指标是不太现实的。这是因为系统中的这些量都是相互联系的，往往是满足了一个要以牺牲另一个作为代价。而人们在设计系统时都往往孤立地一个一个地提出要求。为此，设计必然成为一试凑过程，寻找出一组参量，使所提出来的各性能指标并不是都能完全满足要求，但却是可能接受的一个折中方案。

为了解决上述问题，人们希望在描述系统响应优良度的基础上，建立单个的、但却是反映综合性能的指标，以使得设计程序有逻辑性与合理性。此性能指标是系统中可变参量的函数，而指标的极值（极大或极小）对应一组最优参数。

在实际中，使用了许多这样的性能指标，最普遍的是误差平方积分（ISE），即

$$\text{ISE} = \int_0^\infty e^2(t)\,\mathrm{d}t \tag{3-21}$$

式中，$e(t)$ 代表误差，它是系统单位阶跃响应与单位阶跃输入之差。

可以将 $e(t)$ 表示为系统中可变参数的函数，然后求出使上式成为极小值的条件，并且由此确定可变参量的最优值。

从图 3-3 可见，$t=0$ 时系统的误差值远大于以后的数值。由于 ISE 性能指标是将各时刻的 $e(t)$ 同等看待，所以使 ISE 为极小而求得的参量，往往使系统单位阶跃响应力图在最短时间内接近单位阶跃函数，从而造成系统具有过大的超调量。为了减小大初始误差的加权，并且着重考虑响应后期出现的小误差，提出了时间乘积误差平方积分（ITSE）性能指标。即

$$\text{ITSE} = \int_0^\infty t e^2(t)\,\mathrm{d}t \tag{3-22}$$

根据使 ITSE 为极小的条件求得的系统参量，将使系统的阶跃响应的超调量不大，而且暂态响应也衰减得较快。

为了容易用仪器直观地研究系统，可以使用误差绝对值积分（IAE）性能指标，即

$$\text{TAE} = \int_0^\infty |e(t)|\,\mathrm{d}t \tag{3-23}$$

同样，为了减小系统阶跃响应的超调量，可以使用时间乘积误差绝对值积分性能指标（ITAE），即

$$\text{ITAE} = \int_0^\infty t|e(t)|\,\mathrm{d}t \tag{3-24}$$

3.2 一阶系统分析

由于计算高阶微分方程的时间解是相当复杂的，因此时域分析法通常用于分析一、二阶系统。另外在工程上，许多高阶系统常常具有一、二系统的时间响应，高阶系统也常常被简化成一、二阶系统，因此深入研究一、二阶系统有着广泛的实际意义。

控制系统的过渡过程，凡可用一阶微分方程描述的，称作一阶系统。一阶系统在控制工程实践中应用广泛。一些控制元部件及简单系统，如 RC 网络、发电机、空气加热器、液面控制系统等都是一阶系统。

3.2.1 一阶系统的数学模型

描述一阶系统动态特性的微分方程式的一般标准形式是

$$T\frac{dc(t)}{dt}+c(t)=r(t) \tag{3-25}$$

式中：$c(t)$——输出量；
$r(t)$——输入量；
T——时间常数，表示系统的惯性。

由式（3-25）可求得一阶系统的闭环传递函数为

$$\phi(s)=\frac{C(s)}{R(s)}=\frac{1}{Ts+1}=\frac{1}{\frac{s}{K}+1} \tag{3-26}$$

这里式（3-25）和式（3-26）称为一阶系统的数学模型。由于时间常数 T 是表征系统惯性的一个主要参数，所以一阶系统有时也被称为惯性环节。注意，对不同的环节，时间常数 T 可能具有不同的物理意义，但有一点是共同的，就是它总是具有时间"秒"的量纲。

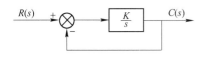

图 3-4 一阶系统的典型结构

一阶系统的典型结构如图 3-4 所示。

3.2.2 一阶系统的单位阶跃响应

设系统的输入信号为单位阶跃函数，即

$$r(t)=I(t)$$

其拉氏变换为

$$R(s)=1/s$$

则系统过渡过程（即系统输出）的拉氏变换式为

$$C(s)=\phi(s)\cdot R(s)=\frac{1}{Ts+1}\cdot\frac{1}{s} \tag{3-27}$$

取 $C(s)$ 的拉氏反变换，可得单位阶跃响应

$$h(t)=L^{-1}\left[\frac{1}{Ts+1}\cdot\frac{1}{s}\right]=L^{-1}\left[\frac{1}{s}-\frac{1}{s+\frac{1}{T}}\right]=1-e^{-\frac{1}{T}t}\quad(t\geqslant 0) \tag{3-28}$$

$h(t)$ 还可写成

$$h(t)=C_{ss}+C_{tt} \tag{3-29}$$

式中，$C_{ss}=1$ 代表稳态分量；$C_{tt}=-e^{-t/T}$ 代表瞬态分量。

当时间 t 趋于无穷时，C_{tt} 衰减为零。显然，一阶系统的单位阶跃响应曲线是一条由零开始，按指数规律单调上升，最终趋于 1 的曲线，如图 3-5 所示。响应曲线具有非振荡特征，故也称为非周期响应。

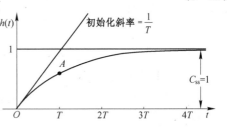

图 3-5 一阶系统的单位阶跃响应曲线

时间常 T 是表征响应特性的唯一参数。当 $t=T$ 时
$$h(T)=1-e^{-\frac{1}{T}T}=1-e^{-1}=0.632$$

此刻系统输出达到过渡过程总变化量的 63.2%。这时的点 A（图 3-5）是一阶系统过渡过程的重要特征点。它为用实验方法求取一阶系统的时间常数 T 提供了理论依据。

图 3-5 所示曲线的另一个重要特性是在 $t=0$ 处切线的斜率等于 $\frac{1}{T}$，即

$$\left.\frac{dh(t)}{dt}\right|_{t=0}=\left.\frac{1}{T}e^{-\frac{t}{T}}\right|_{t=0}=\frac{1}{T} \tag{3-30}$$

这说明一阶系统如能保持初始反应速度不变，则在 $t=T$ 时间里，过渡过程便可以完成其总变化量。或者说，如果以初始速度等速上升至稳态值 1，所需的时间恰好为 T。但从图 3-5 可以看到，一阶系统的单位阶跃响应 $h(t)$ 的斜率，随着时间的推移，实际上是单调下降的。如：

$$t=0\text{ 时}, \quad h(0)=1/T$$
$$t=T\text{ 时}, \quad h(T)=0.368/T$$
$$t=\infty\text{ 时}, \quad h(\infty)=0$$

从上面的分析知道，在理论上一阶系统的过渡过程要完成全部的变化量，需要无限长的时间，但从式（3-28）可以求得下列数据：

$$t=T\text{ 时}, \quad h(T)=0.632$$
$$t=2T\text{ 时}, \quad h(2T)=0.865$$
$$t=3T\text{ 时}, \quad h(3T)=0.950$$
$$t=4T\text{ 时}, \quad h(4T)=0.982$$
$$t=5T\text{ 时}, \quad h(5T)=0.993$$

以上数据说明，当 $t>4T$ 时，一阶系统的过渡过程已完成其全部变化量的 98% 以上。也就是说，此刻的过渡过程在数值上与其应完成的全部变化量间的误差将保持在 2% 以内，从工程实际角度看，这时可以认为过渡过程已经结束。

由于一阶系统的阶跃响应没有超调量，所以其性能指标主要是调节时间 t_s，它表征系统过渡过程进行的快慢。由于 $t=3T$ 时，输出响应可达稳态值的 95%；$t=4T$ 时，输出响应可达稳态值的 98%，故一般取

$$t_s=3T\text{（s）} \quad \text{（对应 5% 误差带）} \tag{3-31}$$
$$t_s=4T\text{（s）} \quad \text{（对应 2% 误差带）} \tag{3-32}$$

显然，系统的时间常数越小，调节时间 t_s 越小，响应过程的快速性也越好。

由式（3-20）和式（3-28）可以看出，图 3-4 所示系统的单位阶跃响应是没有稳态误差的，这是由于

$$e_{ss}=1-h(\infty)=1-1=0$$

[例 3-1] 一阶系统结构如图 3-6 所示。
(1) 试求该系统单位阶跃响应的调节时间 t_s；
(2) 若要求 $t_s \leqslant 0.1s$，问系统的反馈系数应取多少？

解：
(1) 首先根据系统的结构图，写出闭环传递函数

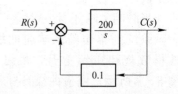

图 3-6 例 3-1 一阶系统结构

$$\phi(s)=\frac{C(s)}{R(s)}=\frac{200/s}{1+\frac{200}{s}\times 0.1}$$

$$=\frac{10}{0.05s+1}$$

由闭环传递函数可知时间常数

$$T=0.05\text{s}$$

由式（3-31）或式（3-32）可得

$$t_s=3T=0.15\text{s} \quad （取5\%误差带）$$
$$t_s=4T=0.12\text{s} \quad （取2\%误差带）$$

闭环传递函数分子上的数值 10 称为放大系数，相当于串接了一个 $K=10$ 的放大器，故调节时间 t_s 与它无关，只取决于时间常数 T。

（2）假设反馈系数为 K_i（$K_i>0$），即在图 3-6 中把反馈回路中的 0.1 换成 K_i，那么同样可由结构图写出闭环传递函数

$$G_B(s)=\frac{200/s}{1+\frac{200}{s}\cdot K_i}=\frac{1/K_i}{\frac{0.005}{K_i}s+1}$$

由闭环传递函数可得

$$T=0.005/K_i(\text{s})$$

据题意要求 $t_s\leqslant 0.1\text{s}$，则

$$t_s=3T=0.015/K_i\leqslant 0.1$$

所以

$$K_i\geqslant 0.15$$

3.2.3　一阶系统的单位脉冲响应

当输入信号是单位脉冲时，系统的输出便是单位脉冲响应。由于理想单位脉冲函数的拉氏变换式为

$$L[\delta(t)]=1,\quad 即 R(s)=1$$

所以式（3-27）可写成

$$K(s)=C(s)=\frac{1}{Ts+1}\cdot R(s)=\frac{1}{Ts+1}$$

取 $K(s)$ 的拉氏反变换，得一阶系统的单位脉冲响应

$$k(t)=L^{-1}\left[\frac{1}{Ts+1}\right]=\frac{1}{T}\text{e}^{-\frac{1}{T}t} \tag{3-33}$$

由式（3-33）看到，当

$$t=0\text{ 时},\quad k(0)=\frac{1}{T}$$

$$t=T\text{ 时},\quad k(T)=\frac{1}{T\text{e}}$$

$$t=\infty\text{ 时},\quad k(\infty)=0$$

一阶系统的单位脉冲响应曲线如图 3-7 所示。

图 3-7 表明，一阶系统的单位脉冲响应表现为一条单调下降的指数曲线。输出量的初始值为 $1/T$，时间趋于无穷，输出量趋于零，所以不存在稳态分量。如果定义上述指数曲线衰减到其初值的 2‰ 为过渡过程时间 t_s（又称调节时间），则 $t_s=4T$。因此，时间常数 T 同样反映了响应过程的快速性。T 越小（系统的惯性越小），则过渡过程的持续时间便越短，即系统响应输入信号的快速性越好。

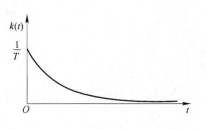

图 3-7 一阶系统的单位脉冲响应曲线

鉴于工程上理想的单位脉冲函数不可能得到，而是以具有一定脉宽和有限幅度的脉冲来代替。因此，为了得到近似精度较高的单位脉冲响应，要求实际脉冲函数的宽度 τ 与系统的时间常数 T 相比应足够地小，一般要求

$$\tau<0.1T \tag{3-34}$$

3.2.4 一阶系统的单位斜坡响应

当系统的输入信号为单位斜坡信号时，其输出就是单位斜坡响应。

由 $r(t)=t \cdot I(t)$，$R(s)=\dfrac{1}{s^2}$，式（3-16）可写成

$$C_t(s)=C(s)=\frac{1}{Ts+1} \cdot \frac{1}{s^2}$$

取 $C_t(s)$ 的拉氏反变换

$$C_t(t)=L^{-1}\left[\frac{1}{Ts+1} \cdot \frac{1}{s^2}\right]=L^{-1}\left[\frac{1}{s^2}-\frac{T}{s}+\frac{T}{s+\frac{1}{T}}\right]$$

故得一阶系统的单位斜坡响应

$$C_t(t)=t-T+T \cdot e^{-\frac{1}{T}t}=C_{ss}+C_{tt} \quad (t \geqslant 0) \tag{3-35}$$

式中，$C_{ss}=t-T$ 为响应的稳态分量；$C_{tt}=Te^{-\frac{1}{T}t}$ 为响应的瞬态分量，时间 t 趋于无穷，衰减为零。

一阶系统单位斜坡响应曲线如图 3-8 所示。

响应的初始速度

$$\left.\frac{dc_t(t)}{dt}\right|_{t=0}=\left.-e^{-\frac{1}{T}t}\right|_{t=0}=0 \tag{3-36}$$

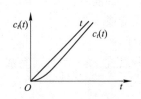

图 3-8 一阶系统的单位斜坡响应曲线

从图 3-8 可见，一阶系统的单位斜坡响应有稳态误差存在。根据稳态误差的定义，得

$$\begin{aligned}e_{ss}&=\lim_{t\to\infty}[t-c_t(t)]\\&=\lim_{t\to\infty}[t-(t-T+Te^{-\frac{1}{T}t})]\\&=T\end{aligned} \tag{3-37}$$

即一阶系统在斜坡输入下稳态输出与输入的斜率相等，只是滞后一个时间 T。或者说总存在着一个跟踪位置误差，其数值与时间常数 T 的数值相等。因此，时间常数 T 越小，则响应越快，稳态误差越小，输出量对输入信号的滞后时间也越小。

比较图 3-5 和图 3-8 可以发现，在图 3-5 的阶跃响应曲线中，输出量 $h(t)$ 与输入信

号之间的位置误差随时间增长而减小，最终趋于零。而在图 3-8 的斜坡响应曲线中，初始状态位置误差最小，随着时间的增长，输出量 $C_t(t)$ 与输入信号之间的位置误差逐渐加大，最后趋于常值 T。这说明，一阶系统跟踪匀速输入信号所带来的原理上的位置误差（即稳态误差 e_{ss}），只能通过减小时间常数 T 来减小，而不能最终消除。

3.2.5 三种响应之间的关系

比较一阶系统对单位脉冲、单位阶跃和单位斜坡输入信号的响应，就会发现当它们的输入信号之间有如下关系时

$$\delta(t) = \frac{\mathrm{d}}{\mathrm{d}t}[I(t)] = \frac{\mathrm{d}^2}{\mathrm{d}t^2}[t \cdot I(t)] \tag{3-38}$$

则一定有如下的时间响应关系与之对应

$$k(t) = \frac{\mathrm{d}}{\mathrm{d}t}h(t) = \frac{\mathrm{d}^2}{\mathrm{d}t^2}c_t(t) \tag{3-39}$$

这种对应关系表明，系统对输入信号导数的响应，等于系统对该输入信号响应的导数。换句话说，系统对输入信号积分的响应，等于系统对该输入信号响应的积分，其积分常数由零输入初始条件确定。这是线性定常系统的一个重要特性，不仅适用于一阶线性系统，而且适用于任意阶线性定常系统。

3.3 二阶系统分析

凡可用二阶微分方程描述的系统，称为二阶系统。二阶系统在控制工程中应用极为广泛，典型例子到处可见。例如，RLC 网络、忽略了电枢电感 L_a 后的电动机、具有质量的物体的运动等。此外，在分析和设计系统时，二阶系统的响应特性常被视为一种基准。因为除二阶系统外，三阶或更高阶系统有可能用二阶系统去近似，或者其响应可以表示为一、二阶系统响应的合成。所以，详细讨论和分析二阶系统的特性具有极为重要的实际意义。

3.3.1 二阶系统的数学模型

典型的二阶系统的方框图如图 3-9 所示。它由一个惯性环节和一个积分环节组成，系统的传递函数为

$$\frac{C(s)}{R(s)} = \frac{K_1 K_2}{\tau s^2 + s + K_1 K_2}$$

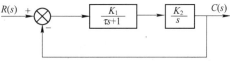

图 3-9 典型的二阶系统方框图

如果令

$$\frac{K_1 K_2}{\tau} = \omega_n^2, \quad \frac{1}{\tau} = 2\xi\omega_n$$

则

$$\frac{C(s)}{R(s)} = \frac{\omega_n^2}{s^2 + 2\xi\omega_n s + \omega_n^2} \tag{3-40}$$

式中，ω_n 为无阻尼自然振荡角频率；ξ 为阻尼比。

其闭环特征方程为

$$s^2 + 2\xi\omega_n s + \omega_n^2 = 0 \tag{3-41}$$

方程的特征根为

$$s_{1,2} = -\xi\omega_n \pm \omega_n\sqrt{\xi^2-1} \qquad (3-42)$$

当 $0<\xi<1$ 时，方程有一对实部为负的共轭复根，系统时间响应具有振荡特性，称为欠阻尼状态；当 $\xi>1$ 时，方程有两个不相等的负实根，称为过阻尼状态；当 $\xi=1$ 时，方程有一对相等的负实根，称为临界阻尼状态。临界阻尼和过阻尼状态下，系统的时间响应均无振荡；当 $\xi=0$ 时，系统有一对纯虚根，称为零阻尼状态，系统时间响应为持续的等幅振荡。

图 3-10 表示当 ξ 为不同值时，相应的系统闭环特征根的分布情况及单位阶跃响应。

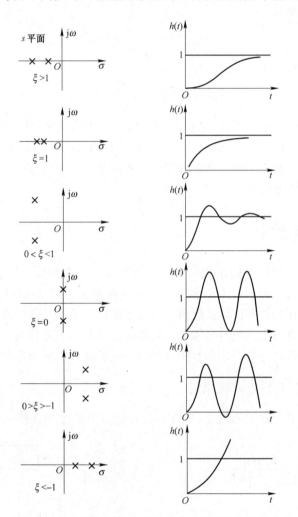

图 3-10　ξ 不同时的特征根的分布情况及单位阶跃响应

二阶系统的响应特性完全由 ξ 和 ω_n 两个参数来描述，所以说 ξ 和 ω_n 是二阶系统的重要的结构参数。

3.3.2　二阶系统的单位阶跃响应

1. 过阻尼二阶系统的单位阶跃响应

当阻尼比 $\xi>1$ 时，二阶系统的闭环特征方程有两个不相等的负实根，这时的特征方程

可写成

$$s^2 + 2\xi\omega_n s + \omega_n^2 = \left(s + \frac{1}{T_1}\right)\left(s + \frac{1}{T_2}\right) = 0 \tag{3-43}$$

式中

$$T_1 = \frac{1}{\omega_n(\xi - \sqrt{\xi^2 - 1})}, \quad T_2 = \frac{1}{\omega_n(\xi + \sqrt{\xi^2 - 1})}$$

且 $T_1 > T_2$，$\omega_n^2 = \dfrac{1}{T_1 T_2}$

这样，闭环传递函数可写成

$$\frac{C(s)}{R(s)} = \frac{1/(T_1 T_2)}{\left(s + \dfrac{1}{T_1}\right)\left(s + \dfrac{1}{T_2}\right)} = \frac{1}{(T_1 s + 1)(T_2 s + 1)} \tag{3-44}$$

因此，过阻尼二阶系统可以看成是两个时间常数不等的惯性环节的串联。系统在阶跃作用下的输出为

$$C(s) = \frac{1/T_1 T_2}{\left(s + \dfrac{1}{T_1}\right)\left(s + \dfrac{1}{T_2}\right)} \cdot \frac{1}{s} \tag{3-45}$$

取 $C(s)$ 的拉氏反变换可得单位阶跃响应为

$$h(t) = 1 + \frac{1}{T_2/T_1 - 1} e^{-\frac{1}{T_1}t} + \frac{1}{T_2/T_1} e^{-\frac{1}{T_2}t} \quad (t \geqslant 0) \tag{3-46}$$

由式（3-46）可以看出，$h(t)$ 也是由稳态分量和瞬态分量组成。其中稳态分量为 1，瞬态分量为后两项指数项。瞬态分量随时间 t 的增长而衰减到零，最终输出的稳态值为 1。所以系统不存在稳态误差，其响应曲线如图 3-11 所示。

由图 3-11 可见，响应是非振荡的，但由于它相当于两个惯性环节的串联，所以又不同于一阶系统的单位阶跃响应。过阻尼二阶系统的单位阶跃响应，起始速度很小，然后逐渐加大到某一值后又减小，直到趋于零。因此响应曲线上存在着一个拐点。

对于过阻尼二阶系统的性能指标，最有意义的就是调节时间 t_s，它反映了系统响应的快速性，但要确定 t_s 的表达式是很困难的。一般可由式（3-46）取相对变量 t_s/T_1 及 T_1/T_2 经计算机解算后制成曲线。图 3-12 是取误差带为 5% 的调节时间特性。

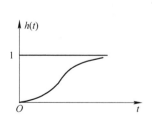

图 3-11 过阻尼二阶系统的单位阶跃响应曲线

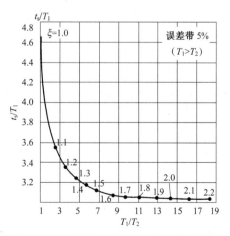

图 3-12 过阻尼二阶系统调节时间特性

由曲线可见，当 $T_1=T_2$，即在 $\xi=1$ 的临界阻尼情况下，其调节时间 $t_s=4.75T_1$；当 $T_1=4T_2$，即 $\xi=1.25$ 时，调节时间 $t_s\approx 3.3T_1$；当 $T_1>4T_2$，即 $\xi>1.25$ 时，调节时间 $t_s\approx 3T_1$。

上述分析说明，当系统的一个负实根比另一个大四倍以上，即两个惯性环节的时间常数相差四倍以上时，系统可以等效为一个一阶系统，其调节时间 t_s 可近似估算为 $3T_1$（误差小于 10%）。这个结论也可以由式 (3-46) 得出。由于 $T_1>4T_2$，所以 $e^{-\frac{1}{T_2}t}$ 项比 $e^{-\frac{1}{T_1}t}$ 项衰减快得多，即响应特性主要取决于时间常数 T_1 确定的环节。因此，过阻尼二阶系统调节时间 t_s 的计算，实际上只局限于 $\xi=1\sim 1.25$ 的范围；当 $\xi\geqslant 1.25$ 后，就可将系统等效成一阶系统。

对于 $\xi=1$ 的临界阻尼状态，由于

$$T_1=T_2=\frac{1}{\omega_n}$$

所以

$$C(s)=\frac{\omega_n^2}{(s+\omega_n)^2}\cdot\frac{1}{s}$$

取 $C(s)$ 的拉氏反变换，得临界阻尼状态下二阶系统的单位阶跃响应

$$h(t)=1-(1+\omega_n t)e^{-\omega_n t}\quad(t\geqslant 0) \tag{3-47}$$

式 (3-47) 说明，阻尼比为 1 时，二阶系统的单位阶跃应是一个无超调的单调上升过程，其变化率为

$$\dot h(t)=\omega_n^2 t e^{-\omega_n t} \tag{3-48}$$

上式表明，当 $t=0$ 时，$\dot h(0)=0$，即在 $t=0$ 时的变化率为 0；而 $t>0$ 时，$\dot h(t)$ 有大于零的变化率，单调上升；当 $t\to\infty$ 时，变化率将趋于零，$h(t)$ 将趋于具有常值的稳态。

[**例 3-2**] 随动系统结构如图 3-13 所示。图中 $T=0.1s$ 为伺服电动机的时间常数，K 为开环增益。若要求系统的单位阶跃响应无超调量，调节时间 t_s 为 1 秒，问开环增益 K 应为何值？

解：根据题意，无超调，应取 $\xi\geqslant 1$。但考虑到在过阻尼范围内，ξ 越小响应速度越快，$\xi=1$ 响应速度最快，所以在图 3-12 的曲线上，试取 $T_1/T_2=1.5$，对应 $\xi\approx 1.02$，查得 $t_s/T_1=4$。

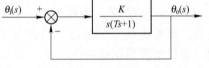

图 3-13 随动系统结构

又根据题意 $T_s=1s$，故有

$$T_1=0.25s,\quad T_2=0.167s$$

由系统闭环特征方程

$$s^2+\frac{1}{T}s+\frac{K}{T}=\left(s+\frac{1}{T_1}\right)\left(s+\frac{1}{T_2}\right)=0$$

得

$$\frac{K}{T}=\frac{1}{T_1 T_2}$$

$$K=\frac{T}{T_1 T_2}$$

代入具体数值得

$$K = \frac{0.1}{0.25 \times 0.167} = 2.4 \mathrm{s}^{-1}$$

还需要说明的是,由特征方程得

$$\frac{1}{T_1} + \frac{1}{T_2} = \frac{1}{T}$$

所以还应检查一下,所选择的 T_1、T_2 是否满足上式。由 $T_1=0.25$,$T_1/T_2=1.5$,得

$$1/T_1 = 4, \quad 1/T_2 = 6$$

所以

$$\frac{1}{T_1} + \frac{1}{T_2} = 4 + 6 = 10 = \frac{1}{T}$$

满足要求。如果不满足,则 T_1、T_2 还应重新选择。

2. 欠阻尼二阶系统的单位阶跃响应

当 $0<\xi<1$ 时,称为欠阻尼,此时特征方程的根为

$$\begin{aligned} s_{1,2} &= -\xi\omega_\mathrm{n} \pm \mathrm{j}\omega_\mathrm{n}\sqrt{1-\xi^2} \\ &= -\sigma \pm \mathrm{j}\omega_\mathrm{d} \end{aligned} \quad (3-49)$$

式中,$\sigma=\xi\omega_\mathrm{n}$ 为特征根实部之模值,具有角频率的量纲;$\omega_\mathrm{d}=\omega_\mathrm{n}\sqrt{1-\xi^2}$,为阻尼振荡角频率,且 $\omega_\mathrm{d}<\omega_\mathrm{n}$。

这是一对实部为负的共轭复根。

根据式(3-40),当输入为单位阶跃信号时,系统的输出

$$\begin{aligned} C(s) &= \frac{\omega_\mathrm{n}^2}{s^2+2\xi\omega_\mathrm{n}s+\omega_\mathrm{n}^2} \cdot \frac{1}{s} \\ &= \frac{1}{s} - \frac{s+\xi\omega_\mathrm{n}}{(s+\xi\omega_\mathrm{n})^2+\omega_\mathrm{d}^2} - \frac{\xi\omega_\mathrm{n}}{(s+\omega_\mathrm{n})^2+\omega_\mathrm{d}^2} \end{aligned} \quad (3-50)$$

取 $C(s)$ 的拉氏反变换,得欠阻尼二阶系统的单位阶跃响应

$$h(t) = 1 - \mathrm{e}^{-\xi\omega_\mathrm{n}t}\left(\cos\omega_\mathrm{d}t + \frac{\xi}{\sqrt{1-\xi^2}}\sin\omega_\mathrm{d}t\right) \quad (t \geqslant 0) \quad (3-51)$$

也可写成

$$h(t) = 1 - \frac{\mathrm{e}^{-\xi\omega_\mathrm{n}t}}{\sqrt{1-\xi^2}}\sin(\omega_\mathrm{d}t+\theta) \quad (t \geqslant 0) \quad (3-52)$$

式中,

$$\theta = \arccos\xi \quad (3-53)$$

由式(3-52)可以看出,系统的响应由稳态分量与瞬态分量两部分组成。稳态分量等于1,瞬态分量是一个随着时间 t 的增长而衰减的振荡过程。因整个响应呈衰减振荡特性,故有时也称欠阻尼情况下的系统为振荡环节,振荡的角频率为 ω_d,其值取决于阻尼比 ξ 及无阻尼自然频率 ω_n。

若用 $\omega_\mathrm{n}t$ 作为横坐标,则 $h(t)$ 可表示为仅仅以阻尼比 ξ 为参变量的函数,即式(3-52)变为

$$h(t) = 1 - \frac{\mathrm{e}^{-\xi\omega_\mathrm{n}t}}{\sqrt{1-\xi^2}}\sin(\sqrt{1-\xi^2}\omega_\mathrm{n}t+\arccos\xi) \quad (3-54)$$

图 3-14 中给出了 $\xi=0.707$ 时的单位阶跃响应曲线。

由曲线可以看出，指数曲线是阶跃响应衰减振荡的包络线。当

$$\sin(\sqrt{1-\xi^2}\omega_n t + \arccos \xi) = 0$$

可得出阻尼正弦振荡的滞后角为

$$\omega_n t = \frac{-\arccos \xi}{\sqrt{1-\xi^2}} \tag{3-55}$$

图 3-15 为二阶系统单位阶跃响应的通用曲线。可以根据此曲线来分析系统结构参数 ξ，ω_n 对阶跃响应性能的影响。

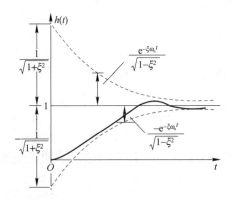
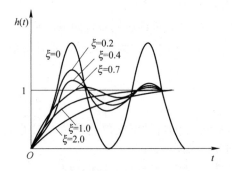

图 3-14　$\xi=0.707$ 时的单位阶跃响应曲线　　图 3-15　二阶系统单位阶跃响应的通用曲线

① 平稳性。由曲线可以看出，阻尼比 ξ 越大，超调量 $\sigma\%$ 越小，响应振荡倾向越弱，平稳性越好；反之，阻尼比 ξ 越小，振荡越强，平稳性越差。当 $\xi=0$ 时，零阻尼响应为

$$h(t) = 1 - \sin(\omega_n t + 90°) = 1 - \cos \omega_n t \quad (t \geqslant 0) \tag{3-56}$$

这时响应为具有频率为 ω_n 的不衰减（等幅）振荡。

阻尼比 ξ 和超调量 $\sigma\%$ 的关系曲线如图 3-16 所示。

由于 $\omega_d = \omega_n \sqrt{1-\xi^2}$，所以在一定的阻尼比 ξ 下，ω_n 越大，振荡频率 ω_d 也越高，系统响应的平稳性越差。

总的来说，阻尼比 ξ 大，自然振荡角频率 ω_n 小是使系统单位阶跃响应的平稳性好的必要条件。

② 快速性。从图 3-15 中可见，ξ 过大，如 ξ 值接近于 1 时，系统响应迟钝，调节时间 t_s 长，快速性差；ξ 过小，虽然响应的起始速度较快，但因为振荡强烈，衰减缓慢，所以调节时间 t_s 也长，快速性亦差。图 3-17 给出了对于不同误差带的调节时间 t_s 与阻尼比 ξ 的关系曲线。

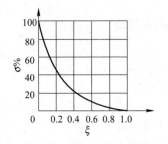

图 3-16　阻尼比与超调量的关系曲线

从图中可见，对于 5% 的误差带，当 $\xi=0.707$ 时，超调量 $\sigma\% < 5\%$，平稳性也是令人满意的。因此称 $\xi=0.707$ 为最佳阻尼比。

对于一定的阻尼比 ξ，由图 3-14 可见，ω_n 越大，响应的包络衰减的越大，调节时间 t_s

也越短。因此,当 ξ 一定时,ω_n 越大,快速性越好。

③ 稳态精度。由式(3-52)可见,$h(t)$ 的瞬态分量随时间增长衰减到零,而稳态分量等于1,所以上述欠阻尼二阶系统的单位阶跃响应不存在稳态误差。

上面对欠阻尼二阶系统单位阶跃响应的性能作了定性的分析,下面进一步对它的性能指示进行定量的分析和计算。

(1) 上升时间(t_r)

根据定义,当 $t=t_r$ 时,$h(t_r)=1$,由式(3-52)可得

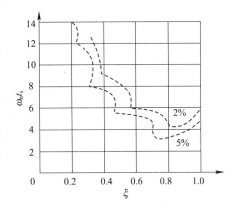

图3-17 不同误差带的调节时间与阻尼比的关系曲线

$$h(t)=1-\frac{e^{-\xi\omega_n t_r}}{\sqrt{1-\xi^2}}\sin(\omega_d t_r+\theta)=1$$

即

$$\frac{e^{-\xi\omega_n t_r}}{\sqrt{1-\xi^2}}\sin(\omega_d t_r+\theta)=0$$

由于 $\frac{e^{-\xi\omega_n t_r}}{\sqrt{1-\xi^2}}\neq 0$,所以

$$\sin(\omega_d t_r+\theta)=0$$

也就是

$$\omega_d t_r+\theta=n\pi$$

由于上升时间 t_r 定义为 $h(t)$ 从零上升到第一个稳态值所需的时间,故这里取 $n=1$。最后求得

$$t_r=\frac{\pi-\theta}{\omega_d} \tag{3-57}$$

从快速性考虑,希望 t_r 小。希望分母 ω_d 大一些,分子"$\pi-\theta$"小一些,π 是常数,即希望 θ 大一些。由 ω_d 与 θ 的定义

$$\omega_d=\omega_n\sqrt{1-\xi^2}$$
$$\xi=\cos\theta$$

得出结论,ξ 越小,ω_n 越大,使得 t_r 越小。从图3-18关于 θ 角的定义,闭环特征根的位置越靠近虚轴,上升时间 t_r 就越短。

(2) 峰值时间(t_p)

式(3-52)对时间 t 求导,并令其为零,即可求得峰值时间 t_p。

$$\frac{dh(t)}{dt}\bigg|_{t=t_p}=0$$

即

$$\frac{\xi\omega_n e^{-\xi\omega_n t_p}}{\sqrt{1-\xi^2}}\sin(\omega_d t_p+\theta)-\frac{\omega_d}{\sqrt{1-\xi^2}}e^{-\xi\omega_n t_p}\cos(\omega_d t_p+\theta)=0$$

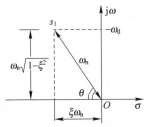

图3-18 θ 角的定义

经化简可得

$$\tan(\omega_d t_p + \theta) = \frac{\sqrt{1-\xi^2}}{\xi}$$

由图 3-18，据 θ 角的定义

$$\frac{\sqrt{1-\xi^2}}{\xi} = \tan\theta$$

即

$$\tan(\omega_d t_p + \theta) = \tan\theta$$

$$\omega_d t_p = n\pi$$

同样的道理，峰值时间 t_p 定义为第一次出现峰值所需的时间，故取 $n=1$，所以

$$t_p = \frac{\pi}{\omega_d} \tag{3-58}$$

或

$$t_p = \frac{\pi}{\omega_n\sqrt{1-\xi^2}} \tag{3-59}$$

(3) 超调量 $\sigma(\%)$

将峰值时间表达式 (3-58) 代入式 (3-52)，可得出输出量的最大值

$$h(t)_{\max} = h(t_p)$$

$$= 1 - \frac{e^{-\xi\omega_n t_p}}{\sqrt{1-\xi^2}}\sin(\omega_d t_p + \theta)$$

$$= 1 - \frac{e^{-\xi\omega_n t_p}}{\sqrt{1-\xi^2}}\sin(\pi + \theta)$$

$$= 1 + \frac{e^{-\xi\omega_n t_p}}{\sqrt{1-\xi^2}}\sin\theta$$

由图 3-18 可知

$$\sin\theta = \frac{\omega_n\sqrt{1-\xi^2}}{\omega_n} = \sqrt{1-\xi^2}$$

所以

$$h(t_p) = 1 + e^{-\xi\omega_n t_p}$$

$$= 1 + e^{-\xi\omega_n \cdot \frac{\pi}{\omega_n\sqrt{1-\xi^2}}}$$

$$= 1 + e^{-\xi\pi/\sqrt{1-\xi^2}}$$

又 $h(\infty)=1$，所以根据 $\sigma\%$ 的定义

$$\sigma\% = \frac{h(t_p) - h(\infty)}{h(\infty)} \times 100\% = e^{-\pi\xi/\sqrt{1-\xi^2}} \times 100\% \tag{3-60}$$

式 (3-60) 表明，超调量只是阻尼比 ξ 的函数，而与无阻尼自然振荡频率 ω_n 无关。$\sigma\%$ 与 ξ 的几个典型关系是：当 $\xi=0$ 时，$\sigma\%=100\%$，相当于系统处于无阻尼状态，输出呈等幅振荡。当 $0<\xi<1$ 时，有超调量，系统处于欠阻尼状态。特别地，当 $\xi=0.707$ 时，$\sigma\%=4.3\%$，此时系统的其他性能指标也较好，故称 $\xi=0.707$ 为最佳阻尼比。当 $\xi=1$ 时，$\sigma\%=0$，系统处于临界阻尼状态。当 $\xi>1$ 时，系统处于过阻尼状态，无超调量。

(4) 调节时间（t_s）

根据调节时间 t_s 的定义，可以写出下式

$$|h(t)-h(\infty)|\leqslant\Delta\cdot h(\infty) \quad (t\geqslant t_s) \tag{3-61}$$

式中，Δ 取 2%或 5%，代表误差带。

将式（3-52）与 $h(\infty)=1$ 代入式（3-61），得

$$\left|\frac{e^{-\xi\omega_n t}}{\sqrt{1-\xi^2}}\cdot\sin(\omega_d t+\theta)\right|\leqslant\Delta \quad (t\geqslant t_s)$$

由于 $\dfrac{e^{-\xi\omega_n t}}{\sqrt{1-\xi^2}}$ 是式（3-52）所描述的衰减正弦振荡曲线的包络线，因此可将上列不等式所表达的条件改写成

$$\left|\frac{e^{-\xi\omega_n t}}{\sqrt{1-\xi^2}}\right|\leqslant\Delta \quad (t\geqslant t_s)$$

由上式即可求得调节时间 t_s 的计算式为

$$t_s\geqslant\frac{1}{\xi\omega_n}\ln\frac{1}{\Delta\sqrt{1-\xi^2}} \tag{3-62}$$

在式（3-62）中，若取 $\Delta=0.02$（对应 2%误差带），则得

$$t_s\geqslant\frac{4+\ln\dfrac{1}{\sqrt{1-\xi^2}}}{\xi\omega_n} \tag{3-63}$$

若取 $\Delta=0.05$（对应 5%误差带），则得

$$t_s\geqslant\frac{3+\ln\dfrac{1}{\sqrt{1-\xi^2}}}{\xi\omega_n} \tag{3-64}$$

式（3-63）及式（3-64）在 $0<\xi<0.9$ 时可以分别近似看成

$$t_s\geqslant\frac{4}{\xi\omega_n} \quad （对应 2\%的误差带） \tag{3-65}$$

$$t_s\geqslant\frac{3}{\xi\omega_n} \quad （对应 5\%的误差带） \tag{3-66}$$

图 3-17 给出了 $\omega_n t_s$ 与 ξ 之间的关系曲线。若 ω_n 一定，则调节时间先随阻尼比 ξ 的增大而减小，当 $\xi=0.707$ 时，对 5%的误差带，t_s 达到最小值，之后 t_s 随 ξ 的增大而又增大。曲线的不连续性是由于 ξ 值的微小变化，可能引起调节时间的显著变化而造成的，其示意图如图 3-19 所示。

应当指出，调节时间 t_s 和 ω_n 及 ξ 的乘积成反比，由于 ξ 通常是根据超调量 $\sigma\%$ 的要求确定的，所以调节时间 t_s 主要根据 ω_n 来确定。调整系统的无阻尼自然振荡频率 ω_n 可以在不改变 $\sigma\%$ 的情况下，改变调节时间 t_s。

[例 3-3] 设有一位置随动系统，其闭环传递函数为

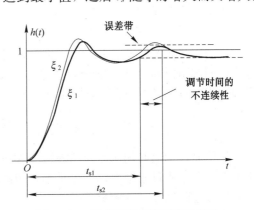

图 3-19 调节时间不连续性示意图

$$\phi(s)=\frac{5K_A}{s(s+34.5)+5K_A}$$

当给定输入为单位阶跃信号时,试计算当放大器增益 $K_A=200$ 时,系统响应特性的性能指标:上升时间 t_r,峰值时间 t_p,调节时间 t_s 和超调量 $\sigma\%$。如果将放大器增益增大到 $K_A=1\,500$ 或减小到 $K_A=13.5$,那么对响应的动态性能有何影响?

解: 将 $K_A=200$ 代入系统闭环传递函数

$$\phi(s)=\frac{5K_A}{s^2+34.5s+5K_A}=\frac{1\,000}{s^2+34.5s+1\,000}$$

与二阶系统传递函数的标准式

$$\phi(s)=\frac{\omega_n^2}{s^2+2\xi\omega_n s+\omega_n^2}$$

相比较,可得

$$\omega_n^2=1\,000,\quad \omega_n=3.16\text{ s}^{-1}$$
$$\xi=34.5/(2\omega_n)=0.546$$

$0<\xi<1$,故系统呈欠阻尼状态,根据各性能指标的计算公式,可有上升时间

$$t_r=\frac{\pi-\theta}{\omega_d}=\frac{\pi-\arccos\xi}{\omega_n\sqrt{1-\xi^2}}=0.08\text{s}$$

峰值时间

$$t_p=\frac{\pi}{\omega_d}=\frac{\pi}{\omega_n\sqrt{1-\xi^2}}=0.12\text{ s}$$

调节时间

$$t_s=\frac{3}{\xi\omega_n}=0.17\text{s} \quad (\text{对应 }5\%\text{ 误差带})$$

超调量

$$\sigma\%=e^{-\pi\xi/\sqrt{1-\xi^2}}=13\%$$

如果 K_A 增大到 $K_A=1\,500$,同样可以计算出 $\omega_n=86.2\text{ s}^{-1}$,$\xi=0.2$,$t_r=0.025\text{ s}$,$t_p=0.037\text{ s}$,$t_s=0.17\text{ s}$(对应 5% 误差带),$\sigma\%=52.7\%$。

由此可见,K_A 增大,使阻尼比 ξ 减少而 ω_n 增大,上升时间 t_r 和峰值时间 t_p 都减小,超调量加大,调节时间无多大变化。

当 K_A 减小到 $K_A=13.5$ 时,可算出

$$\omega_n=8.22\text{ s}^{-1},\quad \xi=2.1$$

已属于过阻尼状态($\xi>1$),峰值时间,超调量均不存在,而调节时间 t_s 可用前面叙述过的等效为大时间常数 T_1 的一阶系统($\xi>1.25$)来计算

$$t_s=3T_1=\frac{1}{\omega_n(\xi-\sqrt{\xi^2-1})}=1.44\text{ s}$$

很明显,调节时间比上面两种情况大得多。虽然响应无超调,但过程过于缓慢,这也是不希望的。三种情况下的响应曲线如图 3-20 所示。

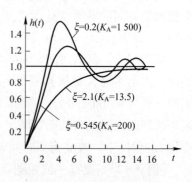

图 3-20 例 3-3 响应曲线

3.3.3 二阶系统的单位脉冲响应

当输入信号为单位脉冲函数时,系统的输出就是单位脉冲响应。

由于单位脉冲函数 $\delta(t)$ 的拉氏变换等于 1,即

$$L[\delta(t)]=1$$

故对具有标准形式闭环传递函数的二阶系统,其输出的拉氏变换为

$$K(s)=\frac{\omega_n^2}{s^2+2\xi\omega_n s+\omega_n^2} \cdot 1$$

取上式的拉氏反变换,便可得到在下列各种情况下的单位脉冲响应。

① 欠阻尼 ($0<\xi<1$) 情况:

$$k(t)=\frac{\omega_n}{\sqrt{1-\xi^2}}e^{-\xi\omega_n t}\sin(\omega_n\sqrt{1-\xi^2} \cdot t) \quad (t\geqslant 0) \tag{3-67}$$

② 无阻尼 ($\xi=0$) 情况:

$$k(t)=\omega_n \sin\omega_n t \quad (t\geqslant 0) \tag{3-68}$$

③ 临界阻尼 ($\xi=1$) 情况:

$$k(t)=\omega_n^2 t e^{-\omega_n t} \quad (t\geqslant 0) \tag{3-69}$$

④ 过阻尼 ($\xi>1$) 情况:

$$k(t)=\frac{\omega_n}{2\sqrt{\xi^2-1}}\left[e^{-(\xi-\sqrt{\xi^2-1})\omega_n t}-e^{-(\xi+\sqrt{\xi^2-1})\omega_n t}\right] \quad (t\geqslant 0) \tag{3-70}$$

上述各种情况下的单位脉冲响应曲线示于图 3-21。

从图中可见,临界阻尼和过阻尼时的单位脉冲响应总是正值。而对于欠阻尼情况来说,单位脉冲响应则是围绕横轴振荡的函数,它有正值,也有负值。因此,如果系统的单位脉冲响应不改变符号,那么它一定是处于临界阻尼或过阻尼状态。

对于欠阻尼系统,单位脉冲响应的最大超调量发生的时间 t_σ 可按下述求极值的办法求取,即对式(3-67)求导并令其为零:

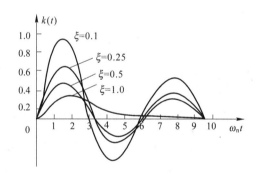

图 3-21 二阶系统的脉冲响应曲线

$$\left.\frac{\mathrm{d}k(t)}{\mathrm{d}t}\right|_{t=t_\sigma}=\frac{-\omega_n}{\sqrt{1-\xi^2}}\xi\omega_n e^{-\xi\omega_n t_\sigma} \cdot \sin(\omega_n\sqrt{1-\xi^2} \cdot t_\sigma)+$$

$$\frac{\omega_n}{\sqrt{1-\xi^2}}e^{-\xi_n t_\sigma}\omega_n\sqrt{1-\xi^2} \cdot \cos(\omega_n\sqrt{1-\xi^2} \cdot t_\sigma)$$

$$=0$$

求得

$$\tan(\omega_n\sqrt{1-\xi^2} \cdot t_\sigma)=\frac{\sqrt{1-\xi^2}}{\xi}$$

$$t_\sigma = \frac{\arctan\frac{\sqrt{1-\xi^2}}{\xi}}{\omega_n\sqrt{1-\xi^2}} \tag{3-71}$$

将 t_σ 代回到式（3-67），即可求得单位脉冲响应的最大超调量 $k(t)_{\max}$，即

$$\begin{aligned}k(t)_{\max} &= \frac{\omega_n}{\sqrt{1-\xi^2}} e^{-\xi\omega_n \frac{\arctan\frac{\sqrt{1-\xi^2}}{\xi}}{\omega_n\sqrt{1-\xi^2}}} \cdot \sin(\omega_n\sqrt{1-\xi^2}) \cdot \frac{\arctan\frac{\sqrt{1-\xi^2}}{\xi}}{\omega_n\sqrt{1-\xi^2}}\\ &= \omega_n \cdot e^{-\frac{\xi}{\sqrt{1-\xi^2}}\arctan\frac{\sqrt{1-\xi^2}}{\xi}}\end{aligned} \tag{3-72}$$

因为系统的单位脉冲响应是单位阶跃响应的导数，所以单位阶跃响应的最大超调量 $\sigma\%$ 也可以从单位脉冲响应中求得。在图 3-22 中，由 $t=0$ 到 $t=t_p$ 间，单位脉冲响应曲线与横轴所包围的面积便等于 $1+\sigma\%$，图中 t_p（单位脉冲响应曲线与横轴第一次相交处的时间）等于单位阶跃响应的峰值时间。

上述结论也可以从式（3-67）直接求得。因为从图 3-22 看到，当 $t=t_p$ 时，$k(t)=0$，所以将 t_p 代入式（3-67）有

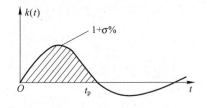

图 3-22 从脉冲响应求 $\sigma\%$

$$k(t_p) = \frac{\omega_n}{\sqrt{1-\xi^2}} \cdot e^{-\xi\omega_n t_p} \cdot \sin(\omega_n\sqrt{1-\xi^2} \cdot t_p) = 0$$

即

$$\sin(\omega_n\sqrt{1-\xi^2} t_p) = 0$$
$$\omega_n\sqrt{1-\xi^2} \cdot t_p = \pi$$
$$t_p = \frac{\pi}{\omega_n\sqrt{1-\xi^2}}$$

由此求得的 t_p 值和从单位阶跃响应求得的 t_p 值完全相同。所以由图 3-22 得到的 t_p，即等于单位阶跃响应的峰值时间。

如果将式（3-67）表示的 $k(t)$ 对时间由 0 到 t_p 积分，即

$$\begin{aligned}\int_0^{t_p} k(t)dt &= \int_0^{t_p} \frac{\omega_n}{\sqrt{1-\xi^2}} e^{-\xi\omega_n t} \sin\omega_n\sqrt{1-\xi^2} t \, dt\\ &= \frac{\omega_n}{\sqrt{1-\xi^2}} \left[\frac{e^{-\xi\omega_n t}(-\xi\omega_n \cdot \sin\omega_n\sqrt{1-\xi^2} t - \omega_n\sqrt{1-\xi^2}\cos\omega_n\sqrt{1-\xi^2} t)_0^{t_p}}{(-\xi\omega_n)^2 + (\omega_n\sqrt{1-\xi^2})^2} \right]\end{aligned}$$

将 $t_p = \frac{\pi}{\omega_n\sqrt{1-\xi^2}}$ 代入上式，经化简后得

$$\int_0^{t_p} k(t)dt = 1 + e^{-\pi\xi/\sqrt{1-\xi^2}} = 1 + \sigma\% \tag{3-73}$$

这说明单位脉冲响应 $k(t)$ 与时间轴上 0 到 t_p 一段包围的面积等于 $1+\sigma\%$。

3.3.4 二阶系统的单位斜坡响应

由于欠阻尼的情形是最为普遍，这里只讨论欠阻尼二阶系统的单位斜坡响应。

对欠阻尼二阶系统，当输入信号为单位斜坡函数时，其输出为

$$C(s) = \frac{\omega_n^2}{s^2 + 2\xi\omega_n s + \omega_n^2} \cdot \frac{1}{s^2} \tag{3-74}$$

将上式展成部分分式，然后进行拉氏反变换得

$$C_t(t) = t - \frac{2\xi}{\omega_n} + \frac{e^{-\xi\omega_n t}}{\omega_n\sqrt{1-\xi^2}}\sin(\omega_d t + 2\theta) \tag{3-75}$$

式中，$\theta = \arctan\frac{\sqrt{1-\xi^2}}{\xi}$，$\omega_d = \omega_n\sqrt{1-\xi^2}$。

$C_t(t)$ 也是由两部分组成，一部分是瞬态分量

$$C_{tt} = \frac{e^{-\xi\omega_n t}}{\omega_n\sqrt{1-\xi^2}}\sin(\omega_d t + 2\theta)$$

另一部分是稳态分量

$$C_{ss} = t - \frac{2\xi}{\omega_n}$$

输出的稳态分量不等于输入 $[r(t) = t]$，说明一定有稳态误差存在，可推导如下。

系统的误差为

$$\begin{aligned}e(t) &= r(t) - c(t) \\ &= t - \left[t - \frac{2\xi}{\omega_n} + \frac{e^{-\xi\omega_n t}}{\omega_n}\sin(\omega_n t + 2\theta)\right] \\ &= \frac{2\xi}{\omega_n} - \frac{e^{-\xi\omega_n t}}{\omega_n\sqrt{1-\xi^2}}\sin(\omega_d t + 2\theta)\end{aligned}$$

根据稳态误差的定义

$$e_{ss} = \lim_{t \to \infty}(t) = \frac{2\xi}{\omega_n} \tag{3-76}$$

图3-23为二阶系统单位斜坡响应曲线。

由图3-23可见，稳态输出是一个与输入等斜率的斜坡函数，但是在位置上有一个常值误差，其值为 $\frac{2\xi}{\omega_n}$。此稳态误差只能通过改变系统参数来减小，而不能消除。

要减小斜坡输入时的稳态误差，需要加大自然振荡频率 ω_n 或减小阻尼比 ξ，但这将对系统响应的平稳性不利。所以单靠改变系统参数是无法解决稳态精度和动态性能之间的矛盾。因此，在设计系统时，一般可先根据稳态精度的要求，确定系统参数，然后再引入一些附加控制信号来改善系统的等效阻尼比，以满足动态特性的需求。

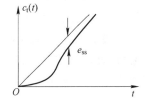

图3-23 二阶系统的单位斜坡响应曲线

3.3.5 改善二阶系统响应特性的措施

1. 误差信号的比例-微分控制（PD控制）

对一单位负反馈的二阶系统，在其前向通道中加入比例-微分环节（又称比例-微分调节器或PD调节器），其结构如图3-24所示。

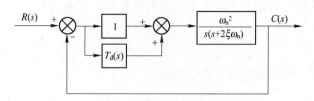

图 3-24 比例—微分控制的二阶系统

由图可知，系统输出量同时受到误差信号和误差信号微分的双重控制。T_d 表示微分时间常数，此时系统闭环传递函数为

$$\phi(s)=\frac{C(s)}{R(s)}=\frac{\omega_n^2(1+T_d s)}{s^2+(2\xi\omega_n+T_d\omega_n^2)s+\omega_n^2} \qquad (3-77)$$

其特征方程的 s 的一次项系数为 $2\xi\omega_n+T_d\omega_n^2$，比较二阶系统的标准闭环传递函数，可得等效阻尼比为

$$\xi_d=\xi+\frac{1}{2}T_d\omega_n \qquad (3-78)$$

显然，$\xi_d>\xi$，即系统的等效阻尼比变大了，振荡倾向和超调量减小，改善了系统的平稳性。

微分控制的引入，不会使系统斜坡响应的稳态误差加大，因为达到稳态时，e_{ss} 是常值，微分项不起作用。而微分作用之所以能改善动态性能，是因为它是一种早期控制（或称为超前控制），能在实际超调出现之前就产生一个适当的修正作用。总之，适当地选择开环增益和微分时间常数 T_d，可使系统既有较高的稳态精度，又有良好的平稳性，解决了稳态精度与动态性能之间的矛盾。

另外，由式（3-77）可看出，引入误差信号的微分控制，系统的闭环传递函数将出现零点。而闭环零点的出现，会使系统响应速度加快，削弱了"阻尼"的作用。

这样，微分时间常数 T_d 可选得大一些，使等效阻尼比 ξ_d 大，平稳性变好，而零点的作用又显著地提高了系统的快速性。

2. 输出量的速度反馈控制

将输出量的导数信号（速度信号）反馈到输入端，并与误差信号 $e(t)$ 比较，构成一个内回路，称为速度反馈控制，其结构如图 3-25 所示。

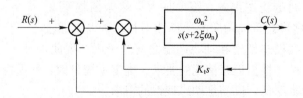

图 3-25 速度反馈控制的二阶系统

由图 3-25 写出系统闭环传递函数。

$$\phi(s)=\frac{C(s)}{R(s)}=\frac{\omega_n^2}{s^2+(2\xi\omega_n+K_t\omega_n^2)s+\omega_n^2} \qquad (3-79)$$

特征方程的 s 的一次项系数为 $2\xi\omega_n+K_t\omega_n^2$，比较二阶系统的标准闭环传递函数，可得等效阻尼比为

$$\xi_t=\xi+\frac{1}{2}K_t\omega_n \tag{3-80}$$

由于引入了速度反馈控制，使系统的等效阻尼比加大（$\xi_t>\xi$），从而抑制了振荡，使超调量减弱，改善了系统的平稳性。

速度反馈控制的闭环传递函数没有零点，因此其输出响应的平稳性优于比例-微分控制。但由式（3-76）可知，系统在跟踪斜坡输入时的稳态误差会加大。这也可解释为，速度反馈是使原来的误差信号 $e(t)$ 减去反馈量之后，再加到系统的执行机构，为了保持执行机构的跟踪速度（其所接收的控制信号大小应该不变），那么原来的误差信号就必须加大。因此，速度反馈会降低系统斜坡输入下的稳态精度。

速度反馈控制可采用测速发电机、速度传感器、RC网络或运算放大器与位置传感器的组合等部件来实现。从实现的角度看，速度反馈控制部件比比例-微分的要复杂、昂贵一些。

速度反馈在改善系统平稳性的同时，使斜坡输入作用下的稳态误差加大，这是不足之处。然而它却能使内回路中被包围部件的非线性特性、参数漂移等不利影响大大削弱。因此，速度反馈控制在实际中得到了广泛的应用。

3.4 高阶系统分析

在控制工程中，几乎所有的控制系统都是高阶系统，即用高阶微分方程描述的系统。对于不能用一、二阶系统近似的高阶系统来说，其动态性能指标的确定是比较复杂的。工程上常采用闭环主导极点的概念对高阶系统进行近似分析，从而得到高阶系统动态性能指标的估算公式。

3.4.1 三阶系统的单位阶跃响应

下面以在 s 左半平面具有一对共轭复数极点和一个实极点的分布模式为例，分析三阶系统的单位阶跃响应。其闭环传递函数的一般形式为

$$\phi(s)=\frac{C(s)}{R(s)}=\frac{\omega_n^2 s_0}{(s+s_0)(s^2+2\xi\omega_n s+\omega_n^2)} \tag{3-81}$$

式中，s_0 为三阶系统的闭环负实数极点。

当输入为单位阶跃函数，且 $\xi<1$ 时，式（3-81）所示三阶系统的阶跃响应为

$$C(s)=\frac{1}{s}+\frac{A}{s+s_0}+\frac{B}{s+\xi\omega_n-j\omega_n\sqrt{1-\xi^2}}+\frac{C}{s+\xi\omega_n+j\omega_n\sqrt{1-\xi^2}}$$

式中，

$$A=\frac{-\omega_n^2}{s_0^2-2\xi\omega_n s_0+\omega_n^2}$$

$$B=\frac{s_0(2\xi\omega_n-s_0)-js_0(2\xi^2\omega_n-\xi s_0-\omega_n)/\sqrt{1-\xi^2}}{2[(2\xi^2\omega_n-\xi s_0-\omega_n^2)+(2\xi\omega_n-s_0)^2(1-\xi^2)]}$$

$$C = \frac{s_0(2\xi\omega_n - s_0) + js_0(2\xi^2\omega_n - \xi s_0 - \omega_n)/\sqrt{1-\xi^2}}{2[(2\xi^2\omega_n - \xi s_0 - \omega_n^2) + (2\xi\omega_n - s_0)^2(1-\xi^2)]}$$

对上式取拉氏反变换，且令 $b = s_0/\xi\omega_n$，则有

$$h(t) = 1 + Ae^{-s_0 t} + 2\text{Re}B \cdot e^{-\xi\omega_n t}\cos\omega_n\sqrt{1-\xi^2}\,t - 2\text{Im}B \cdot e^{-\xi\omega_n t}\sin\omega_n\sqrt{1-\xi^2}\,t \quad (t \geqslant 0)$$

$$A = -\frac{1}{b\xi^2(b-2)+1}$$

$$\text{Re}[B] = -\frac{b\xi^2(b-2)}{2[b\xi^2(b-2)+1]}$$

$$\text{Im}[B] = \frac{b\xi[\xi^2(b-2)+1]}{2[b\xi^2(b-2)+1]\sqrt{1-\xi^2}}$$

将上述系数带入 $h(t)$ 表达式，经整理得式（3-81）所示三阶系统在 $\xi < 1$ 时的单位阶跃响应：

$$h(t) = 1 - \frac{1}{b\xi^2(b-2)+1}e^{-s_0 t} - \frac{e^{-\xi\omega_n t}}{b\xi^2(b-2)+1}\{b\xi^2(b-2)\cos\omega_n\sqrt{1-\xi^2}\,t +$$

$$\frac{b\xi[\xi^2(b-2)+1]}{\sqrt{1-\xi^2}}\sin\omega_n\sqrt{1-\xi^2}\,t\} \quad (t \geqslant 0) \tag{3-82}$$

式中，$b = \dfrac{s_0}{\xi w_0}$。

当 $\xi = 0.5$，$b \geqslant 1$ 时，三阶系统的单位阶跃响应曲线如图 3-26 所示。

在式（3-82）中，由于

$$b\xi^2(b-2) + 1 = \xi^2(b-1)^2 + (1-\xi^2) > 0$$

所以，不论闭环实数极点在共轭复数极点的左边或右边，即 b 不论大于 1 或是小于 1，e 指数项的系数总是负数。因此，实数极点 $s = -s_0$ 可使单位阶跃响应的超调量下降，并使调节时间增加。

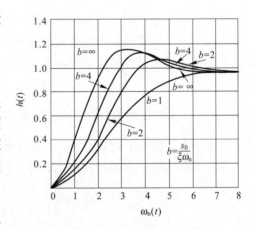

图 3-26 三阶系统的单位阶跃响应曲线（$\xi = 0.5$）

由图 3-26 可见，当系统阻尼比 ξ 不变时，随着实数极点向虚轴方向移动，即随着 b 值的下降，响应的超调量不断下降，而峰值时间、上升时间和调节时间则不断加长。在 $b \leqslant 1$ 时，即闭环实数极点的数值小于或等于闭环复数极点的实部数值时，三阶系统将表现出明显的过阻尼特性。

3.4.2 高阶系统的单位阶跃响应

研究图 3-27 所示系统，其闭环传递函数为

$$\phi(s) = \frac{C(s)}{R(s)} = \frac{G(s)}{1 + G(s)H(s)} \tag{3-83}$$

在一般情况下，$G(s)$ 和 $H(s)$ 都是 s 的多项式之比，故式（3-83）可以写为

$$\phi(s)=\frac{M(s)}{D(s)}=\frac{b_0 s^m+b_1 s^{m-1}+\cdots+b_{m-1}s+b_m}{a_0 s^n+a_1 s^{n-1}+\cdots+a_{n-1}s+a_n} \quad (m \leqslant n) \tag{3-84}$$

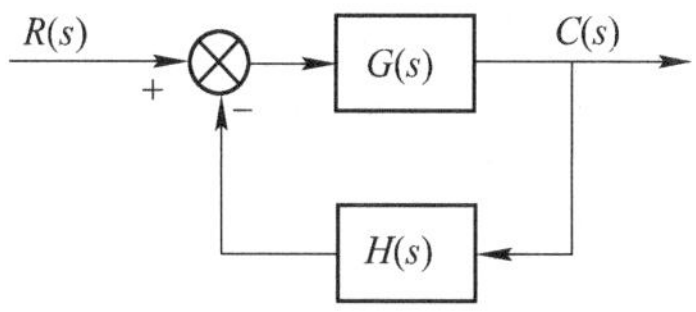

为了便于求出高阶系统的单位阶跃响应，应将式 (3-84) 的分子多项式和分母多项式进行因式分解。这种分解方法，可采用高次代数方程的近似求根法，或者采用下一章将介绍的根轨迹法，也可以使用计算机的求根程序。因而，式 (3-84) 必定可以表示为如下因式的乘积形式：

图 3-27 控制系统

$$\phi(s)=\frac{C(s)}{R(s)}=\frac{M(s)}{D(s)}=\frac{K\prod_{i=1}^{m}(s-z_i)}{\prod_{i=1}^{n}(s-s_i)} \tag{3-85}$$

式中，$K=a_0/b_0$；z_i 为 $M(s)=0$ 之根，称为闭环零点；s_i 为 $D(s)=0$ 之根，称为闭环极点。

由于 $M(s)$ 和 $D(s)$ 均为实系数多项式，故 z_i 和 s_i 只可能是实数或共轭复数。在实际控制系统中，所有的闭环极点通常都不相同，因此在输入为单位阶跃函数时，输出量的拉氏变换式可表示为

$$C(s)=\frac{K\prod_{i=1}^{m}(s-z_i)}{\prod_{j=1}^{q}(s-s_j)\prod_{k=1}^{r}(s^2+2\xi_k\omega_k s+\omega_k^2)} \cdot \frac{1}{s} \tag{3-86}$$

式中，$q+2r=n$，q 为实数极点的个数；r 为共轭复数极点的个数。

将上式展成部分分式，并设 $0<\xi_k<1$，可得

$$C(s)=\frac{A_0}{s}+\sum_{j=1}^{q}\frac{A_j}{s-s_j}+\sum_{k=1}^{r}\frac{B_k s+C_k}{s^2+2\xi_k\omega_k s+\omega_k^2} \tag{3-87}$$

其中，A_0 是 $C(s)$ 在输入极点处的留数，其值为闭环传递函数 (3-84) 中的常数项比值，即

$$A_0=\lim_{s\to 0}sC(s)=\frac{b_m}{a_n} \tag{3-88}$$

在 $H(s)=1$ 的单位反馈情况下，其值为 1；而在 $H(s)\neq 1$ 的非单位反馈情况下，其值未必为 1。

A_j 是 $C(s)$ 在闭环实数极点 s_j 处的留数，可按下式计算

$$A_j=\lim_{s\to s_j}(s-s_j)C(s) \quad (j=1,2,\cdots,q) \tag{3-89}$$

B_k 和 C_k 是与 $C(s)$ 在闭环复数极点 $s=-\xi_k\omega_k\pm j\omega_k\sqrt{1-\xi_k^2}$ 处的与留数有关的常系数。

将式 (3-87) 进行拉氏反变换，并设初始条件全部为零，可得高阶系统的单位阶跃响应

$$h(t)=A_0+\sum_{j=1}^{q}A_j e^{s_j t}+\sum_{k=1}^{r}B_k e^{-\xi_k\omega_k t}\cos(\omega_k\sqrt{1-\xi_k^2})t+$$
$$\sum_{k=1}^{r}\frac{C_k-B_k\xi_k\omega_k}{\omega_k\sqrt{1-\xi_k^2}}e^{-\xi_k\omega_k t}\sin(\omega_k\sqrt{1-\xi_k^2})t \quad (t\geqslant 0) \tag{3-90}$$

上式表明，高阶系统的时间响应，是由一阶系统和二阶系统的时间响应函数项组成的。如果高阶系统所有闭环极点都具有负实部，即所有闭环极点都位于左半 s 平面，那么随着时间 t 的增长，式 (3-90) 的指数项和阻尼正弦（余弦）项均趋于零，高阶系统是稳定的，

其稳态输出量为 A_0。

显然，对于稳定的高阶系统，闭环极点的负实部的绝对值越大，其对应的响应分量衰减得越迅速；反之，则衰减缓慢。应当指出，系统时间响应的类型虽然取决于闭环极点的性质和大小，然而时间响应的形状却与闭环零点有关。这一结论可从式（3-90）看出：输入量 $R(s)$ 的极点产生稳态输出项 A_0，而高阶系统自身的闭环极点则全部包含在指数项和阻尼正弦项的指数中；至于闭环零点，虽不影响这些指数，但却影响留数的大小和符号，而系统的时间响应曲线，既取决于指数项和阻尼正弦项的指数，又取决于这些项的系数。

[例 3-4] 设三阶系统闭环传递函数为

$$\phi(s)=\frac{5(s^2+5s+6)}{s^3+6s^2+10s+8}$$

试确定其单位阶跃响应。

解：将已知的 $\phi(s)$ 进行因式分解，可得

$$\phi(s)=\frac{5(s+2)(s+3)}{(s+4)(s^2+2s+2)}$$

由于 $R(s)=1/s$，所以

$$C(s)=\frac{5(s+2)(s+3)}{s(s+4)(s+1+\mathrm{j})(s+1-\mathrm{j})}$$

其部分分式为

$$C(s)=\frac{A_0}{s}+\frac{A_1}{s+4}+\frac{A_2}{s+1+\mathrm{j}}+\frac{\overline{A}_2}{s+1-\mathrm{j}}$$

式中，A_2 与 $\overline{A}_2$ 共轭。

由式（3-88）和式（3-89）可以算出

$$A_0=15/4, \quad A_1=-1/4$$

$$A_2=(-7+\mathrm{j})/4, \quad \overline{A}_2=(-7-\mathrm{j})/4$$

于是得

$$h(t)=\frac{1}{4}[15-\mathrm{e}^{-4t}-10\sqrt{2}\mathrm{e}^{-t}\cos(t-8°)]$$

3.4.3 闭环主导极点

对于稳定的高阶系统而言，其闭环零点和极点在左半 s 平面虽有各种分布模式，但就距虚轴的距离来说，却只有远近之别。如果在所有的闭环极点中，距虚轴最近的极点周围没有闭环极点，而其他极点又远离虚轴，那么距虚轴最近的闭环极点所对应的响应分量，随时间的推移衰减缓慢，无论从指数还是从系数来看，在系统的时间响应过程中起主导作用，这样的闭环极点就成为闭环主导极点。闭环主导极点可以是实数极点，也可以是复数极点，或者是它们的组合。除闭环主导极点外，所有其他闭环极点由于其对应的响应分量随时间的推移而迅速衰减，对系统的时间响应过程影响甚微，因而统称为非主导极点。

在控制工程实践中，通常要求控制系统既具有较高的响应速度，又具有一定的阻尼程度，此外还要求减少死区、间隙和库仑摩擦等非线性因素对系统性能的影响，因此高阶系统的增益常常调整到使系统具有一对闭环共轭主导极点。这时，可以用二阶系统的动态性能

指标来估算高阶系统的动态性能。但是，事实上高阶系统毕竟不是二阶系统，因而在用二阶系统性能指标进行估算时，还需要考虑其他非主导闭环零点、极点对系统动态性能的影响。

应用闭环主导极点的概念，可以导出高阶系统单位阶跃响应的近似表达式。设单位反馈高阶系统具有一对共轭复数闭环主导极点，$s=-\sigma\pm j\omega_d$，$0<\xi<1$，则在单位阶跃函数作用下，系统输出量拉氏变换的近似表达式为

$$C(s)=\frac{M(s)}{D(s)}\cdot\frac{1}{s}=\frac{1}{s}+\left[\frac{M(s)}{\dot{D}(s)}\cdot\frac{1}{s}\right]_{s=s_1}\frac{1}{s-s_1}+\left[\frac{M(s)}{\dot{D}(s)}\cdot\frac{1}{s}\right]_{s=s_2}\frac{1}{s-s_2} \qquad (3-91)$$

式中，$\dot{D}(s)=\mathrm{d}D(s)/\mathrm{d}s$。对上式取拉氏反变换，得高阶系统单位阶跃响应的近似表达式

$$h(t)=1+2\left|\frac{M(s_1)}{s_1\dot{D}(s_1)}\right|\mathrm{e}^{-\sigma t}\cos\left[\omega_d t+\arg\frac{M(s_1)}{s_1\dot{D}(s_1)}\right] \quad (t\geqslant 0) \qquad (3-92)$$

应当指出，上式中的振幅 $\left|\dfrac{M(s_1)}{s_1\dot{D}(s_1)}\right|$ 与相角 $\arg\dfrac{M(s_1)}{s_1\dot{D}(s_1)}$ 已经考虑了闭环零点与非主导闭环极点对响应过程的影响。因此，基于一对共轭复数主导极点求取的高阶系统单位阶跃响应近似表达式 (3-92)，与欠阻尼二阶系统的单位阶跃响应式是不完全相同的。

3.4.4 高阶系统的动态性能估算

如果高阶系统具有一对共轭复数主导极点，且非主导极点实部的模比主导极点实部的模大三倍以上，则可以采用式 (3-92) 来近似计算系统的动态性能指标。

1. 峰值时间的计算

取式 (3-92) 对时间 t 的导数，并令其为零，可得高阶系统峰值时间的近似计算式为

$$t_p=\frac{1}{\omega_d}\left[\pi-\sum_{i=1}^{m}\arg(s_1-z_i)+\sum_{i=3}^{n}\arg(s_1-s_i)\right] \qquad (3-93)$$

由上式可以得出如下几点结论。

① 闭环零点的作用为减小峰值时间，使系统响应速度加快，并且闭环零点越接近虚轴，这种作用越明显。

② 闭环非主导极点的作用为增大峰值时间，使系统响应速度变缓。

③ 若闭环零点、极点彼此接近，则它们对系统响应速度的影响相互抵消。

④ 若系统不存在闭环零点和非主导极点，则式 (3-93) 还原成式 (3-58)。

2. 超调量的计算

根据超调量 $\sigma\%$ 的定义，并考虑 $h(\infty)=1$，可得

$$\sigma\%=PQ\mathrm{e}^{-\sigma t_p}\times 100\% \qquad (3-94)$$

式中

$$P=\frac{\prod\limits_{i=3}^{n}|s_i|}{\prod\limits_{i=3}^{n}|s_1-s_i|},\quad Q=\frac{\prod\limits_{i=1}^{m}|s_1-z_i|}{\prod\limits_{i=1}^{m}|z_i|} \qquad (3-95)$$

式中，z_i 为闭环零点，s_i 为闭环极点，且 P 称为闭环非主导极点影响修正系数，Q 称为闭

环零点影响修正系数。

由式（3-94）和（3-95）可以得出如下几点结论。

① 若闭环零点，例如负实零点 z_1 距离虚轴较近，则因 $|s_1-z_i|\gg|z_1|$，而使 Q 增大，故超调量 $\sigma\%$ 将增大，表明闭环零点会减小系统阻尼。因此，配置闭环零点时，要折中考虑闭环零点对系统响应速度和阻尼程度的影响。

② 若闭环非主导极点，例如负实极点 s_3 靠近虚轴，且有 $|s_1-s_3|\gg|s_3|$，则因 P 值减小，而使超调量 $\sigma\%$ 大为减小，表明闭环非主导极点可以增大系统阻尼。若 $|s_3|\gg|\mathrm{Re}[s_1]|$，则系统将进入过阻尼状态，此时 s_3 将代替共轭复数极点 s_1、s_2 成为系统的闭环主导极点。

③ 若系统不存在闭环零点和闭环非主导极点，则有 $P=Q=1$，式（3-94）将还原为式（3-60）。

3. 调节时间的计算

根据调节时间的定义，当 $t \geqslant t_s$ 时，有
$$|h(t)-h(\infty)|\leqslant\Delta h(\infty),\quad \forall\, t\geqslant t_s$$

其中，$h(\infty)=1$，$\Delta=0.02$ 或 $\Delta=0.05$。故由式（3-92）知
$$\left|2\left|\frac{M(s_1)}{s_1 \dot{D}(s_1)}\right|\mathrm{e}^{-\sigma t}\cos\left(\omega_{\mathrm{d}} t+\arg\frac{M(s_1)}{s_1 \dot{D}(s_1)}\right)\right|\leqslant\Delta,\quad \forall\, t\geqslant t_s$$

经整理并取下限值，求得高阶系统单位阶跃响应的调节时间近似为
$$t_s=\frac{1}{\xi\omega_{\mathrm{n}}}\ln\left(\frac{2}{\Delta}FQ\right) \tag{3-96}$$

式中，
$$F=\frac{\prod_{i=2}^{n}|s_i|}{\prod_{i=2}^{n}|s_1-s_i|} \tag{3-97}$$

由式（3-96）和（3-97）可以得出如下结论。

① 若闭环零点距虚轴较近，则 Q 值较大，这与闭环零点使超调量增大的影响是一致的。因此，闭环零点对系统动态性能总的影响是减小峰值时间，但增大系统的超调量和调节时间，这种作用将随闭环零点接近虚轴而加剧。

② 若闭环非主导极点靠近虚轴，且有 $|s_1-s_3|\gg|s_3|$，则 F 值减小，从而使系统的调节时间缩短，这与闭环非主导极点使系统超调量减小的影响是一致的。因而，闭环非主导极点对系统动态性能总的影响是增大峰值时间，但可减小系统的超调量和调节时间。

在设计高阶系统时，常常利用主导极点的概念来选择系统参数，使系统具有一对复数共轭主导极点，并可利用式（3-93）、式（3-94）和式（3-96）进行动态性能的初步分析。关于闭环零点、极点位置对系统动态性能的影响等问题将在第 4 章中进一步论述。

3.5 稳定性与代数判据

设计一个控制系统，应满足多种性能指标，但首要的技术要求是必须保证系统是稳定的。一般来说，稳定性是区分有用系统或无用系统的最主要标志。

为了分析和设计，可将稳定性分为绝对稳定性和相对稳定性。绝对稳定性指的是稳定或不稳定的条件。一旦判断出系统是稳定的，重要的是如何确定它的稳定程度，稳定程度则用相对稳定性来衡量。

3.5.1 稳定的概念和定义

所谓稳定性，是指系统当扰动消失后，由初始偏差状态回复平衡状态的性能。具体地说，如果系统受到扰动，偏离了原来的平衡状态；而当扰动取消后，系统又能逐渐恢复到原来的状态，则称系统是稳定的或具有稳定性；否则，系统就是不稳定的或不具有稳定性。

举个例子说，图 3-28（a）表示小球在一个凹面上，原来平衡位置为 A_0。当小球受到外力（扰动）作用偏离 A_0，例如至 A_1；当外力去除后，小球经过来回几次振荡，最终可以回到原来平衡位置 A_0，我们说这个系统是稳定的。反之，如图 3-28（b）所示的系统（小球在一个凸面上）则是不稳定的。

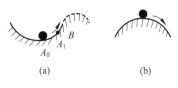

图 3-28 稳定性示意图

控制系统能在实际中应用，其首要条件是保证系统稳定。不稳定的控制系统，当其受到外界或内部一些因素的扰动，如负载或能源的波动、系统参量的变化等，即使这些扰动很微弱，持续时间也很短，照样会使系统中的各物理量偏离其原平衡工作点，并随时间的推移而发散，致使系统在扰动消失后也不可能再恢复到原来的平衡作状态。由于系统在实际工作中，上述类型的扰动是不可避免的，因此不稳定系统显然无法正常工作。

稳定性是系统去掉扰动以后，自身的一种恢复能力，所以是系统的一种固有特性。这种固有稳定性只取决于系统的结构参数而与初始条件及外作用无关。

1. 李雅谱诺夫关于稳定的定义

关于系统运动稳定性的一般定义，首先是由俄国学者李雅谱诺夫提出的。设系统的状态方程式为

$$\dot{x} = f[x(t), m(t)] \tag{3-98}$$

设 $m(t)=0$，且原来平稳状态为 x_e，$f[x_e(t)]=0$。现有扰动使系统在 $t=t_0$ 时的状态为 x_0，产生初始偏差 $x_0 - x_e$，则 $t \geqslant t_0$ 后系统就要运动，状态 x 由 x_0 开始随时间发生变化。

从数学中知道

$$\|x_0 - x_e\| \leqslant \delta \tag{3-99}$$

表示初始偏差都在以 δ 为半径，以平衡状态 x_e 为中心的闭球域 $s(\delta)$ 里。式中

$$\|x_0 - x_e\| = [(x_{10} - x_{1e})^2 + (x_{20} - x_{2e})^2 + \cdots + (x_{n0} - x_{ne})^2]^{\frac{1}{2}}$$

为欧几里得范数，x_{i0} 和 x_{ie} $(i=1, 2, \cdots, n)$ 各为 x_0 和 x_e 的分量。同样

$$\|x - x_e\| \leqslant \varepsilon \quad (t \geqslant t_0) \tag{3-100}$$

表示对平衡状态的状态偏差都在以 ε 为半径，以平衡状态 x_e 为中心的闭球域 $s(\varepsilon)$ 里，式中欧几里得范数

$$\|x - x_e\| = [(x_1 - x_{1e})^2 + (x_2 - x_{2e})^2 + \cdots + (x_n - x_{ne})^2]^{\frac{1}{2}}$$

$x_i (i=1, 2, \cdots, n)$ 为 x 的分量。

于是，李雅谱诺夫关于稳定性的定义如下：如果对应于每一个正数 ε 或球域 $s(\varepsilon)$，不管

它多小，总存在一个 δ 或 $s(\delta)$，在初始偏差不超出 $s(\delta)$ 范围的条件下，当 $t>t_0$ 后 x 的运动轨迹都在 $s(\varepsilon)$ 范围内，则称系统的平衡状态 x_e 是稳定的。这时系统就称为稳定系统。

若用二维空间图来说明，则图 3-29（a）就表示稳定的系统，由 $s(\delta)$ 出发的 x 轨迹均在 $s(\varepsilon)$ 的范围内。

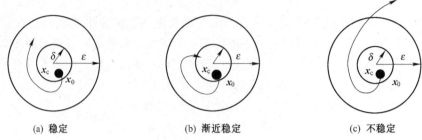

(a) 稳定　　　　　(b) 渐近稳定　　　　　(c) 不稳定

图 3-29　李雅谱诺夫稳定性

如果随着时间 t 的增加，状态 x 逐渐趋近平衡状态 x_e，

$$\lim_{t\to\infty}\|x-x_e\|=0 \tag{3-101}$$

即

$$\lim_{t\to\infty}(x_i-x_{ie})=0 \quad (i=1,2,\cdots,n) \tag{3-102}$$

则称系统是渐近稳定的。在二维空间里如图 3-29（b）所示。

如果初始偏差不管多大，系统总是稳定的，则称系统是大范围内稳定的。这时 x 的出发点可以是状态空间中任意一点。若大范围内稳定的系统，当 $t\to\infty$ 时，其状态 x 趋近于 x_e，则为大范围内渐近稳定的。

如果为了满足上述稳定条件，初始偏差必须充分小，有一定限值，则称系统是小范围内稳定的。例如图 3-28（a），假如凹面一直向上凹，则不管小球偏离 A_0 多大，最终都是稳定的。这样位置 A_0 就是大范围内渐近稳定的；若凹面如虚线所示，则小球位置 A_0 是小范围内稳定的，初始偏差超过 B 点就要不稳定了。

对于线性系统，由于其线性关系，若在小范围内是渐近稳定的，则它一定也是大范围内渐近稳定的。而对于非线性系统在小范围内稳定，在大范围内就不一定稳定。

综上所述，如果对于某个实数 ε 和任一个正实数 δ，不管它们有多小，在 $\varepsilon(\delta)$ 域内总存在状态 x_0，当 $t>t_0$ 且无限增大时，从 x_0 开始的状态 x 的轨迹最终超越 $s(\varepsilon)$ 域，则称平衡状态 x_e 为不稳定的。这样的系统就是不稳定系统。如图 3-29（c）所示。

2. 线性系统的稳定性

对于线性系统，可用 n 阶线性微分方程来描述，即

$$a_0\frac{d^n c(t)}{dt^n}+a_1\frac{d^{n-1}c(t)}{dt^{n-1}}+\cdots+a_{n-1}\frac{dc(t)}{dt}+a_n c(t)$$
$$=b_0\frac{d^m r(t)}{dt^m}+b_1\frac{d^{m-1}r(t)}{dt^{m-1}}+\cdots+b_{m-1}\frac{dr(t)}{dt}+b_m r(t) \tag{3-103}$$

对上式进行拉氏变换，得

$$(a_0 s^n+a_1 s^{n+1}+\cdots+a_{n-1}s+a_n)C(s)=(b_0 s^m+b_1 s^{m-1}+\cdots+b_{m-1}s+b_m)R(s)+M_0(s) \tag{3-104}$$

可简化成

$$D(s)C(s) = M(s)R(s) + M_0(s) \tag{3-105}$$

式中：$D(s) = a_0 s^n + a_1 s^{n-1} + \cdots + a_{n-1} s + a_n$，即系统的闭环特征式，也称输出端算子；$M(s) = b_0 s^m + b_1 s^{m-1} + \cdots + b_{m-1} s + b_m$，称为输入端算子；$R(s)$ 为输入；$C(s)$ 为输出；$M_0(s)$ 是与系统的初始状态有关的多项式。

输出 $C(s)$ 又可写成

$$C(s) = \frac{M(s)}{D(s)} R(s) + \frac{M_0(s)}{D(s)} \tag{3-106}$$

现假定闭环特征方程 $[D(s) = 0]$ 具有 n 个互异的特征根 $s_i (i = 1, 2, \cdots, n)$，则有

$$D(s) = a_0 \prod_{i=1}^{n} (s - s_i) \tag{3-107}$$

又假定输入 $R(s)$ 具有 l 个互异极点 $s_{rj} (j = 1, 2, \cdots, l)$，则式（3-106）可由部分分式法展开成

$$C(s) = \sum_{i=1}^{n} \frac{A_{i0}}{s - s_i} + \sum_{j=1}^{l} \frac{B_j}{s - s_{rj}} + \sum_{i=1}^{n} \frac{C_i}{s - s_i} \tag{3-108}$$

式中，A_{i0}、B_j、C_i 均为待定常数。

将式（3-108）进行拉氏反变换，得

$$C(t) = \sum_{i=1}^{n} A_{i0} e^{s_i t} + \sum_{j=1}^{l} B_j e^{s_{rj} t} + \sum_{i=1}^{n} C_i e^{s_i t} \tag{3-109}$$

上式中的第一、三两项为瞬态分量，即微分方程的通解，这部分的运动规律取决于 s_i，即系统闭环特征方程的根，由系统的结构参数确定。第二项为稳态分量，即微分方程的特解，其运动规律取决于输入作用。系统去掉扰动后的恢复能力（即稳定性）应由瞬态分量决定。对于线性系统，其输出量 $C(t)$ 为对原来平衡工作点的增量。因此，系统要稳定只需式（3-109）中的瞬态分量随着时间的推移渐近为零即可。故稳定性的定义为

$$\lim_{t \to \infty} \sum_{i=1}^{n} (A_{i0} + C_i) e^{s_i t} = 0 \tag{3-110}$$

或写为

$$\lim_{t \to \infty} \sum_{i=1}^{n} A_i e^{s_i t} = 0 \tag{3-111}$$

式中，$A_i = A_{i0} + C_i$。

式（3-111）是一和式，要使其为 0，必须各子项都为 0，即

$$\lim_{t \to \infty} A_i e^{s_i t} = 0 \tag{3-112}$$

而 A_i 为常值。因此式（3-112）成立与否取决于 s_i，即系统的稳定性仅取决于特征根 s_i 的性质。这就是：稳定的充分必要条件为系统特征方程的所有根都具有负实部，或者说都位于 s 平面的虚轴之左。

前面曾假定系统的特征方程有 n 个互异的特征根，如果特征方程有重根，则式（3-109）的瞬态分量中会出现如下各分量：$t e^{s_i t}$，$t^2 e^{s_i t}$，$\cdots$，$t^{n-1} e^{s_i t}$，但这些分量当 t 趋于无穷时能否收敛到零，仍取决于特征根 s_i 的性质。所以上述稳定的充分必要条件完全适应于系统特征方程有重根的情况。

对于第二个关于 $R(s)$ 的假定，由于稳定与否只取决于式（3-109）中的瞬态分量，而 $R(s)$ 只影响稳态分量。因此，这个假定只是为了推导时的方便，对结论并无影响。

根据特征根 s_i 的性质不同，对系统稳定性的影响也是不一样的。

若 $s_i = \sigma_i$，即 s_i 为实根，有

$$\begin{aligned} &\sigma_i < 0, \quad \lim_{t \to \infty} A_i e^{\sigma_i t} = 0 \\ &\sigma_i = 0, \quad \lim_{t \to \infty} A_i e^{\sigma_i t} = A_i \\ &\sigma_i > 0, \quad \lim_{t \to \infty} A_i e^{\sigma_i t} = \infty \end{aligned} \tag{3-113}$$

相应的 $c(t)$ 曲线如图 3-30 所示。

可见，只有系统的所有特征实根都为负值，即 $\sigma_i < 0$（$i=1, 2, \cdots, n$）时系统才稳定。只要有一个特征根为正实根，瞬态分量就发散，系统亦不稳定。当系统有零根时，系统处于随遇平衡状态，瞬态分量平衡到 A_i 值而不能趋于零，这种情况属临界稳定。

若 $s_i = \sigma_i \pm j\omega_i$，即 s_i 为共轭复根，则式（3-109）中的相应分量可写为

$$A_i e^{(\sigma_i + j\omega_i)t} + A_{i+1} e^{(\sigma_i - j\omega_i)t} \tag{3-114}$$

或改写为

$$A e^{\sigma_i t} \sin(\omega_i t + \phi_i) \tag{3-115}$$

若复根实部

$$\begin{aligned} &\sigma_i < 0, \quad \text{则} \lim_{t \to \infty} A e^{\sigma_i t} \sin(\omega_i t + \phi_i) = 0 \\ &\sigma_i = 0, \quad \text{则} A^{\sigma_i t} \sin(\omega_i t + \phi_i) = A \sin(\omega_i t + \phi) \\ &\sigma_i > 0, \quad \text{则} \lim_{t \to \infty} A e^{\sigma_i t} \sin(\omega_i t + \phi_i) = \infty \end{aligned} \tag{3-116}$$

当 $\sigma_i < 0$，即特征根在 s 左半平面时，瞬态分量为衰减振荡，最终趋于 0。因而系统是稳定的。

当复根的实部为零，即特征方程具有纯虚根时，瞬态分量为等幅振荡，称系统为临界稳定。由于系统参数的变化及扰动的不可避免，实际上等幅振荡不能维持，系统总会由于某些因素而导致不稳定。因此，从工程实践角度来看，临界稳定属于不稳定。

当 $\sigma_i > 0$ 时，即特征根在 s 右半平面，瞬态分量呈发散振荡状态，系统是不稳定的。

所以，系统特征方程有共轭复根时，必须所有复根的实部均为负值，系统才是稳定的。相应的曲线如图 3-31 所示。

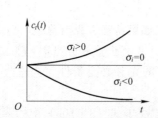

图 3-30 实根情况下系统的稳定性

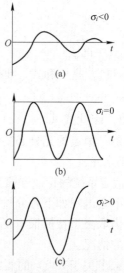

图 3-31 共轭复概情况下系统的稳定性

总之，判别系统是否稳定，可归结为判别系统特征根实部的符号。

$Re[s_i]<0$，稳定；$Re[s_i]>0$，不稳定；$Re[s_i]=0$，临界稳定，亦属不稳定。

3.5.2 稳定性的代数判据

对于线性系统，根据稳定的充分必要条件来判别系统的稳定性，必须知道特征根实部的符号。如能解出全部特征根，则立即可断定系统是否稳定。然而，对于高阶系统，求根的工作量相当大。因此，常常希望使用一种不必解出特征根，而直接判断根是否在 s 平面的虚轴之左的方法。下面就介绍两种直接由特征方程，不必求根而判断系统稳定性的方法，即稳定性的代数判据。这里不作证明，只给出结论。

1. 劳斯（Routh）稳定判据

将系统的闭环特征方程写成如下标准形式

$$a_0 s^n + a_1 s^{n-1} + \cdots + a_{n-1} s + a^n = 0 \qquad (3-117)$$

其中，$a_0 > 0$。并将系数组成劳斯表，如表 3-1 所示。

表 3-1 劳斯表

s^n	a_0	a_2	a_4	a_6	$\cdots$
s^{n-1}	a_1	a_3	a_5	a_7	$\cdots$
s^{n-2}	$c_{13}=\dfrac{a_1 a_2 - a_0 a_3}{a_1}$	$c_{23}=\dfrac{a_1 a_4 - a_0 a_5}{a_1}$	$c_{33}=\dfrac{a_1 a_6 - a_0 a_7}{a_1}$	c_{43}	$\cdots$
s^{n-3}	$c_{14}=\dfrac{c_{13} a_3 - a_1 c_{23}}{c_{13}}$	$c_{24}=\dfrac{c_{13} a_5 - a_1 c_{33}}{c_{13}}$	$c_{34}=\dfrac{c_{13} a_7 - a_1 c_{43}}{c_{13}}$	c_{44}	$\cdots$
s^{n-4}	$c_{15}=\dfrac{c_{14} c_{23} - c_{13} c_{24}}{c_{14}}$	$c_{25}=\dfrac{c_{14} c_{33} - c_{13} c_{34}}{c_{14}}$	$c_{35}=\dfrac{c_{14} c_{43} - c_{13} c_{44}}{c_{14}}$	c_{45}	$\cdots$
$\vdots$	$\vdots$	$\vdots$	$\vdots$	$\vdots$	$\vdots$
s^2	$c_{1,n-1}$				
s^1	$c_{1,n}$	$c_{2,n+1}$			
s^0	$c_{1,n+1}=a_n$				

系统稳定的充分必要条件是：劳斯表中第一列所有元素的计算值均大于零。如果第一列中出现小于零的元素，系统就不稳定。并且该列中数值符号改变的次数等于系统特征方程正实根的数目。

[例 3-5] 一单负反馈系统的开环传递函数为

$$G_K(s) = \frac{K}{s(0.1s+1)(0.25s+1)}$$

试用劳斯判据判别该系统的稳定性。

解： 系统的闭环特征方程为

$$s(0.1s+1)(0.25s+1) + K = 0$$

即

$$0.025 s^3 + 0.35 s^2 + s + K = 0$$

将特征方程系数列为劳斯表

s^3	0.025	1
s^2	0.35	K
s^1	$\dfrac{-(0.025K-0.35)}{0.35}$	0
s^0	K	

根据劳斯判据稳定的充分必要条件

① $K>0$；

② $\dfrac{-(0.025K-0.35)}{0.35}>0$

即 $K<14$。所以保证系统稳定，增益 K 的稳定域为 $0<K<14$。

劳斯判据主要用于判断系统是否稳定和确定系统参数的允许范围，但不能给出系统稳定的程度，即不能表明特征根距虚轴的远近。如果一个系统负实部的特征根紧靠虚轴，尽管满足稳定条件，但其动态过程会具有过大的超调和过于缓慢的响应，甚至会由于系统内部参数的微小变化，就使特征根转移到 s 右半平面，导致系统不稳定。

为了保证系统稳定，且具有良好的动态特性，希望特征根在 s 左半平面且与虚轴有一定的距离，通常称之为稳定度。为了能够运用上述代数判据，用新的变量 $s_1=s+a$ 代入原系统的特征方程，即将 s 平面的虚轴左移一个常值 a，此值就是要求的特征根与虚轴的距离（即稳定度）。因此，判别以 s_1 为变量的系统的稳定性，相当于判别原系统的稳定度。如果这时满足稳定条件，就说明原系统不但稳定，而且所有特征根均位于 $-a$ 的左侧。

[**例 3-6**] 在例 3-5 中，已求出 K 的稳定域为 $0<K<14$，现要求系统的特征根全部位于垂线 $s=-1$ 之左侧，即稳定度 $a=1$，试求 K 值的允许调整范围。

解： 由于要求特征根全部位于垂线 $s=-1$ 之左侧，所以取 $s=s_1-1$ 代入原特征方程

$$0.025s^3+0.35s^2+s+K=0$$

得

$$0.025(s_1-1)^3+0.35(s_1-1)^2+(s_1-1)+K=0$$

经整理得

$$s_1^3+11s_1^2+15s_1+(40K-27)=0$$

列成劳斯表

s^3	1	15
s^2	11	$40K-27$
s^1	$\dfrac{-[(40K-27)-11\times 15]}{11}$	0
s^0	$40K-27$	

由稳定的充分必要条件

① $-[(40K-27)-11\times 15]/11>0$，即 $K<4.8$；

② $40K-27>0$，即 $K>0.675$。

所以当稳定度 $a=1$ 时，K 可调范围为 $0.675<K<4.8$。

显然，比系统原来的稳定域 $0<K<14$ 要小。

在运用劳斯判据分析系统的稳定性时，有时会遇到如下两种特殊情况。

① 在劳斯表的任意一行，出现第一个元素为零，而其余各元素均不为零或部分为零。这时可用一个很小的正数 ε 来代替这个零，从而可使劳斯表继续算下去（否则下一行将出现 ∞）。例如，特征方程

$$s^4+3s^3+s^2+3s+1=0$$

对应的劳斯表为

$$
\begin{array}{c|cc}
s^4 & 1 & 1 & 1 \\
s^3 & 3 & 3 \\
s^2 & \varepsilon & 1 \\
s^1 & 3-\dfrac{3}{\varepsilon} & 0 \\
s^0 & 1
\end{array}
$$

因为 ε 很小，$3-\dfrac{3}{\varepsilon}<0$，所以第一列变号两次，故有两个根在右半 s 平面，系统不稳定。

又如，特征方程

$$s^3+2s^2+s+2=0$$

对应的劳斯表为

$$
\begin{array}{c|cc}
s^3 & 1 & 1 \\
s^2 & 2 & 2 \\
s^1 & \varepsilon \\
s^0 & 2
\end{array}
$$

由于 ε 上面的一个数"2"的符号和 ε 下面一个数"2"的符号相同，则说明存在一对虚根，系统处于临界稳定状态。事实上，上述特征方程可因式分解成

$$(s^2+1)(s+2)=0$$

其根为 -2，$\pm j$。

② 在劳斯表的任意一行，出现所有元素均为零的情况。

这说明系统的特征根中，或存在两个符号相异，绝对值相同的实根；或存在一对共轭纯虚根；或上述两种类型的根同时存在；或存在实部符号相异，虚部数值相同的两对共轭复根。在劳斯表中，当出现整行的元素全为零时，由该行上方相邻一行的元素构成的方程叫做辅助方程。辅助方程的最高方次一般为偶数，它表征在特征根中将出现的数值相同、符号相异的根的数目。例如，辅助方程的最高方次为 2，表明系统有两个数值相同、符号相异的特征根；而最高方次为 4 时，则说明有两组数值相同、符号相异的特征根。所以这些数值相同、符号相异的特征根，都可以从辅助方程中求出。

若将辅助方程对 s 求导，则得到一个新方程，如将新方程的系数代替劳斯表中全部为零的那一行的元素时，便可按劳斯表的规则继续计算下去，直到得出全部的劳斯表。

例如：设系统的特征方程

$$D(s)=s^6+s^5-2s^4-3s^3-7s^2-4s-4=0$$

对应的劳斯表

s^6	1	-2	-7	-4
s^5	1	-3	-4	0
s^4	1	-3	-4	0
s^3	0	0	0	0

在计算过程中,发现第四行各元素全为零,按规定取第三行各元素构成辅助方程

$$F(s)=s^4-3s^2-4=(s^2-4)(s^2+1)=0$$

取辅助方程对变量 s 的导数,得到新方程

$$4s^3-6s=0$$

用这个新方程的系数代替第四行的全部零元素,然后再按正常规则计算劳斯表

s^6	1	-2	-7	-4
s^5	1	-3	-4	0
s^4	1	-3	-4	0
s^3	4	-6	0	0
s^2	$-\dfrac{3}{2}$	-4	0	0
s^1	-16.7	0	0	0
s^0	-4			

从上表第一列各元素符号的改变次数(一次)断定,该系统包含一个具有正实部的特征根,故系统不稳定。同时又可由辅助方程(4阶)解出两组(每组两个)数值相同、符号相异的根,即 ± 2,$\pm j$。

2. 古尔维茨(hurwitz)稳定判据

下面再介绍另一种代数稳定判据——古尔维茨稳定判据。

设系统的特征方程为

$$a_0 s^n + a_1 s^{n-1} + \cdots + a_{n-1} s + a_n = 0 \tag{3-118}$$

则系统稳定的充分必要条件为特征方程的古尔维茨行列式 $D_k (k=1, 2, \cdots, n)$ 全部为正。

各阶古尔维茨行列式为

$$D_1 = a_1 \tag{3-119}$$

$$D_2 = \begin{vmatrix} a_1 & a_3 \\ a_0 & a_2 \end{vmatrix} \tag{3-120}$$

$$D_3 = \begin{vmatrix} a_1 & a_3 & a_5 \\ a_0 & a_2 & a_4 \\ 0 & a_1 & a_3 \end{vmatrix} \tag{3-121}$$

$$\vdots$$

$$D_n = \begin{vmatrix} a_1 & a_3 & a_5 & \cdots & a_{2n-1} \\ a_0 & a_2 & a_4 & \cdots & a_{2n-2} \\ 0 & a_1 & a_3 & \cdots & a_{2n-3} \\ 0 & a_0 & a_2 & \cdots & a_{2n-4} \\ \vdots & \vdots & \vdots & & \vdots \\ 0 & 0 & 0 & \cdots & a_n \end{vmatrix} \tag{3-122}$$

[**例 3-7**] 系统特征方程为
$$2s^4+s^3+3s^2+5s+10=0$$
试用古尔维茨判据判别系统的稳定性。

解：由特征方程知各项系数为
$$a_0=2, \quad a_1=1, \quad a_2=3, \quad a_3=10$$
稳定的充分必要条件
$$D_1=a_1=1>0; \quad D_2=\begin{vmatrix} a_1 & a_3 \\ a_0 & a_2 \end{vmatrix}=a_1a_2-a_0a_3=1\times3-2\times5<0$$

由于 D_2 小于 0，不满足古尔维茨行列式全部为正的条件，所以系统不稳定。D_3、D_4 可以不必再进行计算。

3.5.3 结构不稳定及其改进措施

仅仅调整参数，仍然无法使其达到稳定的系统，称之为结构不稳定系统。例如，某一水箱液位控制系统，其结构图如图 3-32 所示。图中 K_P 为杠杆比；$K_m/[s(T_ms+1)]$ 为执行电动机的传递函数；K_1 为进水阀门的传递系数；K_0/s 为受控对象——水箱的传递函数。

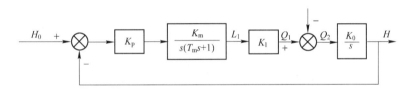

图 3-32 液位控制系统结构图

由结构图可写出系统的闭环特征方程为
$$s^2(T_ms+1)+K_PK_mK_1K_0=0$$
整理成
$$T_ms^3+s^2+K=0$$
其中，$K=K_PK_mK_1K_0$ 仍为一大于零的常数。

方程的系数 $a_0=T_m$，$a_1=1$，$a_2=0$，$a_3=K$。由于 $a_2=0$，故不满足系统稳定的充分必要条件，所以系统是不稳定的。而且无论怎样调整参数 T_m 和 K，都不能使系统稳定，即这是一个结构不稳定系统。欲使系统稳定，必须改变原系统的结构。

系统结构不稳定，主要是由于闭环特征方程的缺项（s 的一次项系数为零）造成的。而缺项又是因为结构图前向通路中有两个积分环节串联，传递函数的分子又只有增益 K。因此，消除结构不稳定的措施不外乎以下两种：一是改变积分性质；二是引入比例-微分控制。总之，都是为了补上特征方程中的缺项。

1. 改变积分性质

用反馈 K_H 包围积分环节，破坏其积分性质，如图 3-33 所示。积分环节被 K_H 包围后的传递函数为

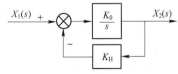

图 3-33 用反馈包围积分环节

$$\frac{X_2(s)}{X_1(s)} = \frac{K_0}{s + K_0 K_H}$$

变为惯性环节。

除了包围积分环节，即受控对象 K_0/s 外，还可以用反馈 K_H 包围电动机的传递函数，如图 3-34 所示。

包围后，电动机的传递函数为

$$\frac{X_2(s)}{X_1(s)} = \frac{K_m}{(T_m s + 1)s + K_m K_H}$$

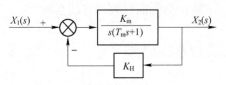

图 3-34 用反馈包围电动机的传递函数

很明显，电动机的传递函数中的积分性质也被破坏了。破坏了积分性质（串联积分环节的其中之一），就相当于补上了特征方程的缺项，变结构不稳定为结构稳定了。

这里积分性质的破坏，改善了系统的稳定性，但会使系统的稳态精度下降（这一点将在下一节中详述），因此常采用第二种措施。

2. 引入比例微分控制

在原系统的前向通路中引入比例＋微分控制，如图 3-35 所示。

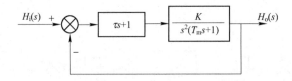

图 3-35 引入比例＋微分控制

其闭环传递函数为

$$G_s(s) = \frac{H_o(s)}{H_i(s)} = \frac{K(\tau s + 1)}{s^2(T_m s + 1) + K(\tau s + 1)}$$

闭环特征方程为

$$T_m s^3 + s^2 + K\tau s + K = 0$$

其各项系数为 $a_0 = T_m$，$a_1 = 1$，$a_2 = K\tau$，$a_3 = K$。

很明显，补上了缺项。故只要适当匹配参数，即可使系统稳定。如用古尔维茨判据，稳定的充分必要条件是

$$D_1 = a_1 = 1 > 0$$

$$D_2 = \begin{vmatrix} a_1 & a_3 \\ a_0 & a_2 \end{vmatrix} = \begin{vmatrix} 1 & K \\ T_m & K\tau \end{vmatrix} = K\tau - KT_m > 0$$

即只要 $\tau > T_m$，则系统就一定是稳定的。

3.6 稳态误差分析

当给定量变化（包括给定量的变化规律发生变化）或者发生外部扰动时，输出量与给定量之间将产生偏差，经过短暂的过渡过程后，系统达到稳态。在稳态条件下输出量的期望值与稳态值之间存在的误差，称为系统的稳态误差。稳态误差是衡量系统稳态性能的重要指标，是系统控制精度的一种度量。系统的稳态误差与系统本身的结构参数及外作用的形式密

切相关。本节将寻找计算稳态误差的方法,探讨稳态误差的规律性及其克服的办法。

3.6.1 误差及稳态误差的定义

系统的误差 $e(t)$ 一般定义为希望值与实际值之差,即
$$e(t)=希望值-实际值 \tag{3-123}$$

对于图 3-36 所示的控制系统典型结构,其误差的定义有以下两种。

(1) $e(t)=r(t)-c(t)$ (3-124)

式中,希望值就是输入信号 $r(t)$,实际值就是系统的输出 $c(t)$。

(2) $e(t)=r(t)-b(t)$ (3-125)

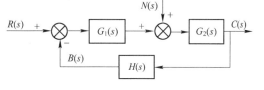

图 3-36 控制系统的典型结构

式中,希望值是输入信号 $r(t)$,而实际值为反馈量 $b(t)$。通常 $H(s)$ 是测量装置的传递函数,因此这种定义下的误差 $e(t)$ 就是测量装置的输出 $b(t)$ 与输入信号 $r(t)$ 之差。

当 $H(s)=1$,即单位反馈时,上述两种定义是统一的。

$e(t)$ 也常被称为系统的误差响应,它反映了系统在跟踪输入信号 $r(t)$ 和干扰 $n(t)$ 的整个过程中的精度。

求解误差响应 $e(t)$ 与求系统输出 $c(t)$ 一样,对于高阶系统是相当困难的。然而,如果我们关切的只是系统控制过程平稳下来以后的误差,也就是系统误差响应的瞬态分量消失以后的稳态误差,问题就易解了。稳态误差是衡量系统最终控制精度的重要的性能指标。

稳态误差的定义:稳定系统误差的终值称为稳态误差。即
$$e_{ss}=\lim_{t\to\infty}e(t) \tag{3-126}$$

3.6.2 稳态误差的计算

在计算系统的稳态误差时,应用拉氏变换的终值定理,可以使计算大大简化。拉氏变换的终值定理为
$$\lim_{t\to\infty}f(t)=\lim_{s\to 0}s \cdot F(s) \tag{3-127}$$

式中,$F(s)$ 是 $f(t)$ 的拉氏变换。其应用条件是:$F(s)$ 在 s 右半平面及虚轴上(原点除外)解析,即没有极点。

对应的,只要 $F(s)$ 在 s 右半平面及虚轴上(原点除外)没有极点,则有
$$e_{ss}=\lim_{t\to\infty}e(t)=\lim_{s\to 0}s \cdot E(s) \tag{3-128}$$

式(3-128)就是稳态误差的计算式。从式中可见,利用终值定理求稳态误差 e_{ss} 实质上归结为求误差 $e(t)$ 的拉氏变换 $E(s)$。而 $E(s)$ 在给定了系统结构与输入的情况下,还是比较容易求得的。

从输入角度看,控制系统的稳态误差又分为两类,即给定稳态误差和扰动稳态误差。对于随动系统,给定的参考输入是变化的,要求响应以一定的精度跟随给定的变化而变化,其响应的期望值就是给定的参考输入。所以,应从系统的给定稳态误差去衡量随动系统的稳态性能。对于恒值调节系统,给定的参考输入是基本恒定的,需要分析稳态响应在扰动作用于系统后所受的影响。因此,常以扰动稳态误差去衡量恒值调节系统的稳态性能。当然,上述

情况也并非绝对的，也有给定、扰动稳态误差同时存在，归结为总的稳态误差的情况。

[例3-8] 系统结构如图3-37所示。当输入信号 $r(t)=t$ 时，求系统的给定稳态误差。

解： 由于系统必须是稳定的，这样计算稳态误差才有意义，所以首先要判断系统的稳定性。

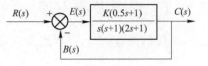

图3-37 例3-8结构图

由结构图写出系统的闭环特征方程为

$$s(s+1)(2s+1)+K(0.5s+1)=0$$

经整理

$$2s^3+3s^2+(1+0.5K)s+K=0$$

由劳斯判据

$$
\begin{array}{ccc}
s^3 & 2 & 1+0.5K \\
s^2 & 3 & K \\
s^1 & \dfrac{2K-3(1+0.5K)}{3} & 0 \\
s^0 & K &
\end{array}
$$

稳定的充分必要条件是 $0<K<6$。

然后求 $E(s)$。由结构图

$$E(s)=R(s)-C(s)=R(s)-\phi(s)R(s)=[1-\phi(s)]R(s)=\left[1-\frac{G_K(s)}{1+G_K(s)}\right]\cdot R(s)$$

这里 $G_K(s)=\dfrac{K(0.5s+1)}{s(s+1)(s+2)}$，是系统的开环传递函数。输入信号 $r(t)=t$，所以 $R(s)=\dfrac{1}{s^2}$，则

$$E(s)=\frac{1}{1+G_K(s)}\cdot\frac{1}{s^2}=\frac{s(s+1)(2s+1)}{s(s+1)(2s+1)+K(0.5s+1)}\cdot\frac{1}{s^2}$$

最后用终值定理求稳态误差

$$\begin{aligned}
e_{ss} &= \lim_{s\to 0} s\cdot E(s) \\
&= \lim_{s\to 0} s\cdot \frac{s(s+1)(2s+1)}{s(s+1)(2s+1)+K(0.5s+1)}\cdot\frac{1}{s^2} \\
&= \frac{1}{K}
\end{aligned}$$

计算结果表明，稳态误差的大小与系统的开环增益 K 有关，系统的开环增益越大，稳态误差越小。由此可见，稳态精度与稳定性对 K 的要求是矛盾的。

[例3-9] 系统如图3-38所示。当输入信号 $r(t)=I(t)$，干扰 $n(t)=I(t)$ 时，求系统总的稳态误差 e_{ss}。

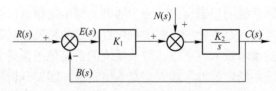

图3-38 例3-9结构图

解： ① 判稳。这是一个一阶系统，所以只要参数 K_1、K_2 均大于零，则系统一定是稳定的。

② 求 $E(s)$。这是一个单位负反馈系统，对误差的定义只有一个，即

$$E(s)=R(s)-C(s)$$

但由于有两个输入，因此 $E(s)$ 也要分别计算，然后叠加。

在 $r(t)$ 信号作用下（令 $n(t)=0$），

$$\begin{aligned}E_R(s)&=R(s)-C(s)=R(s)-\phi(s)R(s)=R(s)[1-\phi(s)]\\&=\frac{1}{s}\left(1-\frac{K_1K_2/s}{1+K_1K_2/s}\right)=\frac{1}{s+K_1K_2}\end{aligned}$$

在 $n(t)$ 作用下（令 $r(t)=0$），

$$E_N(s)=R(s)-C(s)=0-\phi_N(s)N(s)=-\frac{K_2/s}{1+K_1K_2/s}\cdot\frac{1}{s}=-\frac{K_2}{s+K_1K_2}\cdot\frac{1}{s}$$

由叠加原理得

$$\begin{aligned}E(s)&=E_R(s)+E_N(s)\\&=\frac{1}{s+K_1K_2}-\frac{K_2}{s+K_1K_2}\cdot\frac{1}{s}\end{aligned}$$

（应用叠加原理时要注意，一定是框图上同一位置的信号才能有叠加）。

③ 求 e_{ss}。

$$e_{ss}=\lim_{s\to 0}s\cdot E(s)=\lim_{s\to 0}s\cdot\left(\frac{1}{s+K_1K_2}-\frac{K_2}{s+K_1K_2}\cdot\frac{1}{s}\right)=-1/K_1$$

从上面的分析和例题看出，稳态误差不仅与系统本身的结构和参数有关，而且与外作用有关。下面将寻找稳态误差与系统结构及外作用之间的带有规律性的关系，以获得求取稳态误差的更为简便的方法。

3.6.3　系统结构、外作用与稳态误差的关系

当只有输入 $r(t)$ 作用时，系统的结构如图 3－39 所示。其中，开环传递函数 $G(s)H(s)$ 可以写成典型环节串联的形式

$$G(s)H(s)=\frac{K(\tau_1+1)\cdots(\tau_m s^2+2\xi\tau_m s+1)\cdots}{s^V(T_1s+1)\cdots(T_ns^2+2\xi\tau_m s+1)\cdots}\tag{3-129}$$

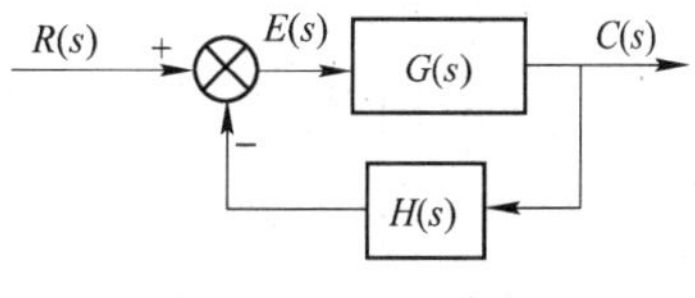

图 3－39　输入作用下系统的典型结构

式中，K 为开环增益；V 为积分环节数目。

由图 3－39 可得

$$E(s)=\phi_e(s)R(s)=\frac{1}{1+G(s)H(s)}R(s)$$

其中，$\phi_e(s)=\dfrac{E(s)}{R(s)}$，为 $E(s)$ 对 $R(s)$ 的传递函数，又叫误差传函。这时稳态误差

$$e_{ss}=\lim_{s\to 0}sE(s)=\lim_{s\to 0}s\cdot\frac{1}{1+G(s)H(s)}R(s)$$

代入式（3－129），并取极限

$$e_{ss} = \lim_{s \to 0} s \cdot \frac{1}{1 + \frac{K}{s^V}} R(s) = \lim_{s \to 0} \frac{s^{V+1}}{s^V + K} R(s) \qquad (3-130)$$

式（3-130）说明：稳态误差 e_{ss} 除与外作用 $R(s)$ 有关外，还与系统的开环增益 K 和积分环节数 V 有关。下面分别讨论不同输入信号作用下，稳态误差与系统结构参数之间的关系。

1. 单位阶跃输入时

$r(t) = I(t)$，$R(s) = \frac{1}{s}$，由式（3-130）可得

$$e_{ss} = \lim_{s \to 0} \frac{s^{V+1}}{s^V + K} \cdot \frac{1}{s} = \lim_{s \to 0} \frac{s^V}{s^V + K} \qquad (3-131)$$

当 $V = 0$ 时，$e_{ss} = \frac{1}{1+K}$；当 $V \geq 1$ 时，$e_{ss} = 0$。换言之，在单位阶跃输入下，系统消除稳态误差的条件是 $V \geq 1$，即在开环传递函数中至少要串联一个积分环节。

2. 单位斜坡输入时

$r(t) = t$，$R(s) = \frac{1}{s^2}$，由式（3-130）可得

$$e_{ss} = \lim_{s \to 0} \frac{s^{V+1}}{s^V + K} \cdot \frac{1}{s^2} = \lim_{s \to 0} \frac{s^{V-1}}{s^V + K} \qquad (3-132)$$

当 $V = 0$ 时，$e_{ss} = \infty$；当 $V = 1$ 时，$e_{ss} = \frac{1}{K}$；当 $V \geq 2$ 时，$e_{ss} = 0$。总之，在单位斜坡输入下，系统消除稳态误差的条件是 $V \geq 2$。

3. 等加速度输入时

$r(t) = \frac{1}{2} t^2$，$R(s) = \frac{1}{s^3}$，由式（3-130）可得

$$e_{ss} = \lim_{s \to 0} \frac{s^{V+1}}{s^V + K} \cdot \frac{1}{s^3} = \lim_{s \to 0} \frac{s^{V-2}}{s^V + K} \qquad (3-133)$$

当 $V \leq 1$ 时，$e_{ss} = \infty$；当 $V = 2$ 时，$e_{ss} = \frac{1}{K}$；当 $V \geq 3$ 时，$e_{ss} = 0$。总之，在等加速度输入下，系统消除稳态误差的条件是 $V \geq 3$。

可见，要减小稳态误差 e_{ss}，则要求增加积分环节的数目 V 和提高开环增益 K，但这与系统稳定性的要求是矛盾的。我们进行系统设计的任务之一就是合理地解决这一矛盾。

3.6.4 系统的型别和静态误差系数

若 $V = 0$，即开环传递函数中没有串联积分环节，则称之为 0 型系统。由式（3-131）、式（3-132）和式（3-133）可知：0 型系统对单位阶跃输入的稳态误差为常值；对单位斜坡输入和等加速度输入的稳态误差为无穷。

若 $V = 1$，即开环传递函数中串联一个积分环节，则称之为 Ⅰ 型系统。由式（3-131）、式（3-132）和式（3-133）可知：Ⅰ 型系统对单位阶跃输入的稳态误差为零；对单位斜坡输入的稳态误差为常值；对等加速度输入的稳态误差为无穷。

若 $V = 2$，则称之为 Ⅱ 型系统。由（3-131）、式（3-132）和式（3-133）可知：Ⅱ 型系统对单位阶跃和斜坡输入的稳态误差为零；对等加速度输入的稳态误差为常值。

以此类推，$V = 3, \cdots$，称之为 Ⅲ, $\cdots$, 型系统。但高于 Ⅱ 型的系统，由于对稳定性不

利而很少采用。

由上面的分析可以看出，系统的型别越高，跟踪典型输入信号的无差能力就越强。所以系统的型别反映了系统对典型输入信号无差的度量，故又称为无差度。

为了使稳态误差的计算更加方便，有一个统一的比较尺度，我们定义如下几个静态（稳态）误差系数。

1. 静态位置误差系数（K_P）

K_P 表示系统在阶跃输入下的稳态精度，定义为

$$K_P = \lim_{s \to 0} G(s)H(s) \tag{3-134}$$

代入式（3-129）并取极限，有

$$e_{ss} = \lim_{s \to 0} \frac{K}{s^V} \tag{3-135}$$

当 $V=0$ 时，$K_P=K$，得

$$e_{ss} = \frac{1}{1+K} = \frac{1}{1+K_P} \tag{3-136}$$

当 $V \geqslant 1$ 时，$K_P = \infty$，得

$$e_{ss} = \frac{1}{1+K_P} = 0 \tag{3-137}$$

此结果与前面的分析完全一致。K_P 的大小反映了系统在阶跃输入下的稳态精度，K_P 越大，稳态误差就越小，即稳态精度越高。

2. 静态速度误差系数（K_v）

K_v 表示系统在斜坡输入下的稳态精度。定义为

$$K_v = \lim_{s \to 0} sG(s)H(s) \tag{3-138}$$

代入式（3-129）并取极限，有

$$K_v = \lim_{s \to 0} \frac{K}{s^{V-1}} \tag{3-139}$$

当 $V=0$ 时，$K_v=0$，得

$$e_{ss} = \infty \tag{3-140}$$

当 $V=1$ 时，$K_v=K$，得

$$e_{ss} = \frac{1}{K} = \frac{1}{K_v} \tag{3-141}$$

当 $V \geqslant 2$ 时，$K_v = \infty$，得

$$e_{ss} = \frac{1}{\infty} = 0 \tag{3-142}$$

与前面的结果完全一样。从而得出，静态速度误差系数 K_v 的大小反映了系统跟踪斜坡输入信号的能力，K_v 越大，稳态误差越小，精度越高。

K_v 虽称为速度误差系数，但计算出的稳态误差并不是速度的误差，而是系统在跟踪等速信号时出现的位置上的误差。

3. 静态加速度误差系数（K_a）

K_a 表示系统在等加速度输入下的稳态精度。定义为

$$K_a = \lim_{s \to 0} s^2 G(s)H(s) \tag{3-143}$$

代入式（3-129）并取极限，有

$$K_a = \lim_{s \to 0} \frac{K}{s^{V-2}} \qquad (3-144)$$

当 $V \leqslant 1$，$K_a = 0$，得

$$e_{ss} = \infty \qquad (3-145)$$

当 $V = 2$ 时，$K_a = K$，得

$$e_{ss} = \frac{1}{K} = \frac{1}{K_a} \qquad (3-146)$$

当 $V \geqslant 3$，$K_a = \infty$，得

$$e_{ss} = \frac{1}{\infty} = 0 \qquad (3-147)$$

与前面的结果完全一致。因此可以说，静态加速度误差系数 K_a 反映了系统跟踪等加速度输入信号的能力，K_a 越大，稳态误差越小，精度越高。

同样地，这里的稳态误差仍然是指位置上的误差，而不是加速度的误差。

总之，静态误差系数 K_P、K_v、K_a 与系统的型别一样，都是从系统本身的结构特征上体现了系统消除稳态误差的能力，或者说反映了系统跟踪典型输入信号的能力。

表 3-2 给出了不同输入信号作用下的系统型别、静态误差系数和稳态误差。

表 3-2 不同输入信号作用下系统型别、静态误差系数和稳态误差

系统型别	静态误差系数			阶跃输入 $r(t)=r_0$	斜坡输入 $r(t)=v_0 t$	加速度输入 $r(t)=\dfrac{a_0 t^2}{2}$
V	K_P	K_v	K_a	$e_{ss}=\dfrac{r_0}{1+K_P}$	$e_{ss}=\dfrac{v_0}{K_v}$	$e_{ss}=\dfrac{a_0}{K_a}$
0	K	0	0	$\dfrac{r_0}{1+K}$	∞	∞
I	∞	K	0	0	$\dfrac{v_0}{K}$	∞
II	∞	∞	K	0	0	$\dfrac{a_0}{K}$
III	∞	∞	∞	0	0	0

[例 3-10] 已知两个系统如图 3-40 所示。参考输入 $r(t)=4+6t+3t^2$，试分别求出两个系统的稳态误差。

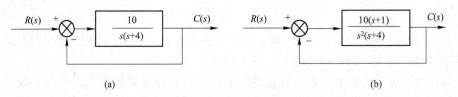

图 3-40 例 3-10 图

解：图 3-40 (a) 为 I 型系统，查表 3-2 知，不能跟随 $r(t)=3t^2$ 分量，所以 $e_{ss}=\infty$。

图 3-40 (b) 为 II 型系统，$K=\dfrac{10}{4}$，所以 $e_{ss}=6/K_a=2.4$。

需要指出的是,标准等加速度输入为$\frac{1}{2}t^2$,而本题中是$3t^2$,是标准输入的6倍,因而e_{ss}也由原来的$\frac{1}{K_a}$变为$\frac{6}{K_a}$。

本例说明,当输入为阶跃、斜坡、等加速度(也称抛物线)函数的组合时,等加速度函数分量要求的系统型别最高。图3-40(b)的$V=2$,能跟踪输入信号中的等加速度函数分量,但仍有稳态误差;而图3-40(a),由于$V=1$,故不能跟踪等加速度输入分量,稳态误差为无穷大。

3.6.5 改善系统稳态精度的方法

为降低稳态误差所采取的措施概括起来有以下几种。

① 增大开环增益,以保证对参考输入的跟随能力;增大扰动作用点以前的前向通道的增益,以降低扰动引起的稳态误差。增大开环增益是一种有效的最简单的办法。它可以用增加放大器或提高信号电平较低环节放大系数来实现,从而使误差系数增大,稳态误差降低。

但是,简单地增大开环增益有可能使系统的稳定变得困难。为了解决这个矛盾,往往在提高K的同时,要采取相应的措施防止系统失去稳定。这也就是系统校正的任务之一。

② 增加前向通道中积分环节数,使系统型别提高,可以消除不同输入信号时的稳态误差。但是根据稳定性的概念,前向通道中积分环节数增大,改变了闭环传递函数的极点,也会使系统的稳定性受到影响(相当于增加开环极点,会使闭环特征根向右移动,这一点将在下一章里讨论)。所以也必须同时对系统进行校正,防止系统失去稳定,并保证有较好的动态性能。

③ 采用复合控制。复合控制又称为顺馈,用此方法对误差可进行补偿。补偿的方式又可分两种。

一种是按干扰补偿。当干扰直接可测量,按干扰补偿的系统结构如图3-41所示。现在要确定补偿器$G_N(s)$,使干扰$n(t)$对输出$c(t)$没有影响,或称$c(t)$对$n(t)$具有不变性。

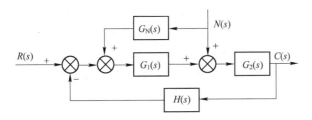

图3-41 按干扰补偿的复合控制

由图3-41求出输出$c(t)$对干扰$n(t)$的闭环传递函数为

$$\phi_{cn}(s)=\frac{C(s)}{N(s)}\bigg|_{R(s)=0}=\frac{G_2(s)+G_N(s)G_1(s)G_2(s)}{1+G_1(s)G_2(s)H(s)} \quad (3-148)$$

若能使$\phi_{cn}(s)$为零,则干扰对输出的影响就可消除。令$\phi_{cn}(s)=0$,有

$$G_2(s)+G_N(s)G_1(s)G_2(s)=0$$

解出对干扰全补偿的条件为

$$G_N(s)=-1/G_1(s) \quad (3-149)$$

从结构图上看，就是利用双通道原理。一条是由干扰信号经过 $G_N(s)$，$G_1(s)$ 到达结构图上第二个相加点；另一条是由干扰信号直接到达此相加点。满足式（3-149）也就是两条通道的信号在此相加点处正好大小相等、方向相反，从而实现了干扰的全补偿。

一般情况下，由于 $G_1(s)$ 是 s 的有理真分式，所以只能近似地实现其倒数 $1/G_1(s)$。经常应用的是稳态补偿，即系统响应平稳下来以后，保证干扰对输出没有影响。这是切实可行的。

另一种是按输入补偿。按输入补偿的系统结构如图 3-42 所示。

补偿器的传递函数 $G_R(s)$ 设在系统的回路之外。因此可以先设计系统的回路，保证其有较好的动态性能，然后再设计补偿器 $G_R(s)$ 以提高系统对典型输入信号的稳态精度。$G_R(s)$ 的作用是使系统在输入信号作用下误差得到全补偿。

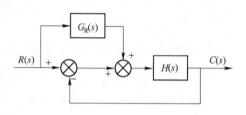

图 3-42 按输入补偿的复合控制

误差定义为

$$E(s) = R(s) - C(s) \quad (3-150)$$

由图 3-42 有

$$C(s) = [1 + G_R(s)] \cdot \frac{G(s)}{1 + G(s)} \cdot R(s) \quad (3-151)$$

所以

$$E(s) = R(s) - \frac{[1 + G_R(s)] \cdot G(s)}{1 + G(s)} R(s) = [1 - \frac{G(s) + G_R(s) \cdot G(s)}{1 + G(s)}] R(s)$$

$$= \frac{1 - G_R(s) \cdot G(s)}{1 + G(s)} R(s) \quad (3-152)$$

为使 $E(s) = 0$，应保证

$$1 - G_R(s)G(s) = 0 \quad (3-153)$$

即得

$$G_R(s) = 1/G(s) \quad (3-154)$$

这就是补偿器的传递函数。这种按输入补偿的办法，实际上相当于将输入信号先经过一个环节进行一下"整形"，然后再加给系统的回路，使系统既能满足动态性能的要求，又能保证高稳态精度。

3.7 应用 MATLAB 分析系统的性能

控制系统的时域响应分为瞬态响应和稳态响应，应用 MATLAB，首先应绘制出控制系统对于给定输入信号的响应曲线，而后进一步对其瞬态响应性能及稳态精度进行分析。

3.7.1 时域响应曲线的绘制

如 3.1 节所述，典型的时间响应有单位阶跃响应、单位脉冲响应和单位斜坡响应，对应的 MATLAB 命令为 step( )，impulse( ) 和 lsim( )。

1. step：求系统的单位阶跃响应

[例 3-11] 控制系统的传递函数为 $\phi(s)=\dfrac{2s}{s^2+10s+25}$，求系统的单位阶跃响应。

解：MATLAB 命令如下。

```
%系统模型
num=[25];
den=[1 10 25];
%选择时间范围及时间间隔
t=[0:0.1:5];
%求系统的阶跃响应
y=step(num,den,t);
%绘制阶跃响应曲线
plot(t,y,'r-');
%标注 x,y 轴
xlabel('time[sec]');
ylabel('y(t)');
%网格化
Grid;
```

执行 MATLAB 命令后的结果如图 3-43 所示。

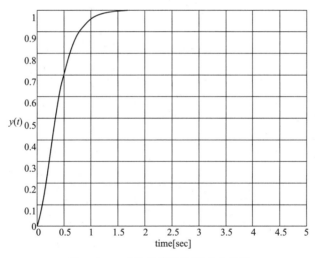

图 3-43 系统的单位阶跃响应曲线

[例 3-12] 二阶系统的无阻尼自振角频率为 1，选择阻尼比分别为 0，0.2，0.4，0.7，1.0，2.0，分别绘制阶跃响应曲线。

解：MATLAB 命令如下。

```
%选择时间范围及时间间隔
t=[0:0.1:10];
%系统模型
num=[0 0 1];
```

```
%选择不同的阻尼比
zeta1=[0];den1=[1 2*zeta1 1];
zeta2=[0.2];den2=[1 2*zeta2 1];
zeta3=[0.4];den3=[1 2*zeta3 1];
zeta4=[0.7];den4=[1 2*zeta4 1];
zeta5=[1.0];den5=[1 2*zeta5 1];
zeta6=[2.0];den6=[1 2*zeta6 1];
%求不同阻尼比时系统的单位阶跃响应
[y1,x,t]=step(num,den1,t);
[y2,x,t]=step(num,den2,t);
[y3,x,t]=step(num,den3,t);
[y4,x,t]=step(num,den4,t);
[y5,x,t]=step(num,den5,t);
[y6,x,t]=step(num,den6,t);
%绘制阶跃响应曲线
plot(t,y1,'r', t,y2,'y', t,y3,'g', t,y4,'b', t,y5,'m', t,y6,'k');
grid;
title('plot of unit-step Response curves with zeta=0,0.2,0.4,0.7,1.0,2.0');
xlabel('t(sec)');
ylabel('Response');
```

执行后的结果如图 3-44 所示。

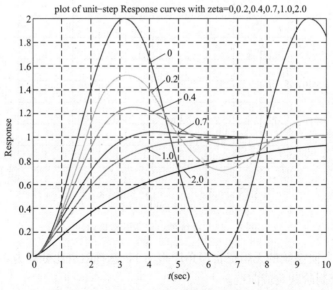

图 3-44 不同阻尼比时系统的阶跃响应曲线

2. impulse：求系统的单位脉冲响应

[**例 3-13**] 试求下列系统的单位脉冲响应。

$$\frac{C(s)}{R(s)} = \frac{25}{s^2+4s+25}$$

解： MATLAB 程序如下。

```
num=[0 0 25];
den=[1 4 25];
impulse(num,den);
grid;
title('unit-Impulse Response of G(s)=1/(s^2+4s+25)')
```

执行后的结果如图 3-45 所示。

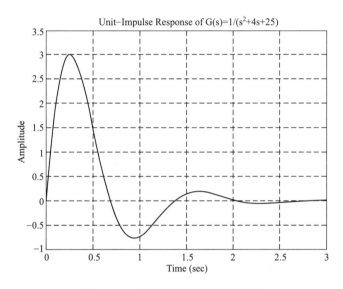

图 3-45 系统的单位脉冲响应曲线

求脉冲响应还有另外一种方法。

因为对于单位脉冲输入信号，$R(s)=1$，所以单位脉冲响应 $K(s)=G(s)$ 也可写为 $K(s)=G(s) \cdot s \cdot \dfrac{1}{s}$，即等同于传递函数为 $G(s) \cdot s$ 的系统的单位阶跃响应。如本题，MATLAB 程序也可如下：

```
num=[0 25 0];
den=[1 4 25];
step(num,den);
grid;
title('Unit-Impulse Response of G(s)=1/(s^2+4s+25)');
```

得到的曲线与图 3-45 相同。

3. 单位斜坡响应

在 MATLAB 中没有斜坡响应命令，因此需要利用阶跃响应命令或 lism 命令来求斜坡响应。

同单位脉冲响应类似，对于单位斜坡输入信号，$R(s)=\dfrac{1}{s^2}$，所以单位斜坡响应 $C_r(s)=$

$G(s) \cdot \dfrac{1}{s^2}$,也可写为 $C_r(s) = \dfrac{G(s)}{s} \cdot \dfrac{1}{s}$,即等同于传递函数为 $\dfrac{G(s)}{s}$ 的系统的单位阶跃响应。

[例 3-14] 试求下列系统的单位斜坡响应。

$$\frac{C(s)}{R(s)} = \frac{25}{s^2+4s+25}$$

解: MATLAB 程序如下。

```
num=[0 0 25];
den=[1 4 25 0];
t=[0:0.1:5];
c=step(num,den,t);
plot(t,c,'-');
grid;
title('Unit-Ramp Response of G(s)=25/(s^2+4s+25)');
xlabel('t(sec)');
ylabel('input and output');
```

执行后的结果如图 3-46 所示。

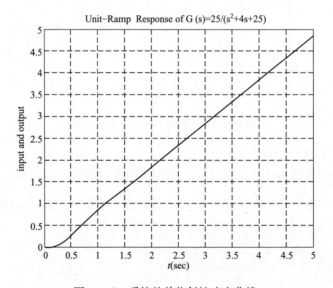

图 3-46 系统的单位斜坡响应曲线

lsim 命令的含义是:求对任意输入信号的响应,其一般形式为 y=lsim(num, den, r, t),其中 "r" 是输入信号,如例 3-14 中求系统的单位斜坡响应也可用 lsim 命令。MATLAB 程序如下。

```
num=[0 0 25];
den=[1 4 25];
t=[0:0.1:5];
r=t;
y=lsim(num,den,r,t);
```

```
plot(t,r,'k',t,y,'r');
grid;
title('Unit-Ramp Response obtained by use of Command "lsim"');
xlabel('t(sec)');
ylabel('Unit-Ramp input and System output');
```

执行后的结果如图 3-47 所示。

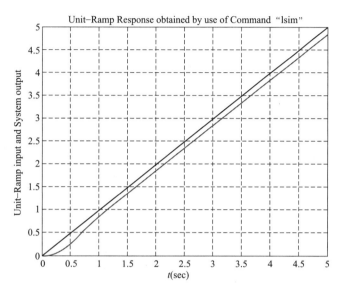

图 3-47 系统的单位斜坡响应曲线

3.7.2 求系统的时域性能指标

MATLAB 可以很方便地求取系统的时域响应性能指标，如上升时间、峰值时间、超调量等。

[**例 3-15**] 考虑由下式定义的系统

$$\frac{C(s)}{R(s)} = \frac{25}{s^2+6s+25}$$

用 MATLAB 求系统的上升时间、峰值时间、超调量和调节时间。

解：程序如下。

```
%系统模型
num=[0  0  25];
den=[1  6  25];
%选定时间范围及时间间隔
t=[0:0.05:5];
%求单位阶跃响应
[y,x,t]=step(num,den,t);
%求上升时间
r=1;
```

```
while y(r)<1.0001
    r=r+1;
end
rise_time=(r-1)*0.05
rise_time=                                上升时间
    0.6000
%求峰值时间
[ymax,tp]=max(y);
peak_time=(tp-1)*0.05
peak_time=
    0.8000
%求超调量
max_overshoot=ymax-1
max_overshoot=
    0.0945
%求调节时间
s=101;
while y(s)>0.98&y(s)<1.02
    s=s-1;
end
settling_time=(s-1)*0.05
settling_time=
    1.1500
```

3.7.3 判断系统的稳定性

判断系统是否稳定可以通过求取系统的特征根来实现，如果系统特征根均具有负实部，则系统是稳定的。在 MATLAB 中求取系统特征根的函数是 roots( )。

[**例 3-16**] 系统的特征方程式为 $s^3+s^2+2s+24=0$，试判断系统是否稳定。

解：MATLAB 程序如下。

```
p=[1  1  2  24];
r=roots(p)
r=
    -3.0000
    1.0000+2.6458i
    1.0000-2.6458i
```

系统具有 3 个特征根，其中两个是正实部根，所以系统是不稳定的。

本 章 小 结

本章是根据系统的时间响应去分析系统的暂态和稳态性能及稳定性，其主要内容如下。

1. 时域分析法是通过直接求解系统在典型初始状态和典型外作用下的时间响应，来分析系统的控制性能的。通常用单位阶跃响应的超调量，调节时间和稳态误差等项性能指标来评价系统性能的优劣。

2. 一阶、二阶系统的时间响应不难由解析方法求得。这个能够表示系统的结构及参量与系统性能之间明确关系的解析式是分析系统性能的基本依据。高阶系统分析主要依赖于近似法。

3. 稳定性是系统能正常工作的首要条件，也是系统自身的一种固有特性。线性系统稳定的充分必要条件是：其闭环传递函数的极点全部位于 s 平面的左半部。判别稳定性的代数判据我们介绍了劳斯判据和古尔维茨判据。

4. 系统的稳态误差不能说是系统本身的固有特性，它不仅与系统的结构参数有关，而且还与外作用有关。它表征的是系统最终可能达到的控制精度。系统型别、静态误差系数都是表征系统控制精度的指标。

5. 对于时域法来说，应用 MATLAB 分析系统的性能首先应绘制出控制系统对于给定输入信号的响应曲线，而后进一步对其瞬态响应性能及稳态精度进行分析。

习　　题

基本题

3-1 控制系统的微分方程式为
$$T\frac{dc(t)}{dt}+c(t)=Kr(t)$$
其中，$T=2$ s，$K=10$，试求
(1) 系统在单位阶跃函数作用下，$c(t_1)=9$ 时 t_1 的值。
(2) 系统在单位脉冲函数作用下，$c(t_1)=1$ 时 t_1 的值。

3-2 设系统的单位阶跃响应为 $c(t)=5(1-e^{-0.5t})$，求这个系统的过渡过程时间。

3-3 设一单位负反馈系统的开环传递函数为 $G(s)=\dfrac{4}{s(s+5)}$，求这个系统的单位阶跃响应。

3-4 二阶系统的闭环传递函数为 $G(s)=\dfrac{25}{s^2+6s+25}$，求单位阶跃响应的各项指标：$t_r$、$t_p$、$t_s$ 和 $\sigma\%$。

3-5 图 3-48 (a) 所示系统的性能指标如何？如果要使 $\xi=0.5$，可用测速发电机反馈（如图 3-48 (b) 所示），问 $K=?$ 此时系统的性能指标又如何？是否改善了？并作出原系统和测速发电机反馈系统的单位阶跃响应曲线。

3-6 在图 3-49 所示的结构中，确定使自然频率为 6 rad/s，阻尼比等于 1 的 K_1 和 K_t 值。如果输入信号 $r(t)=I(t)$，试计算该系统的各项性能指标。

3-7 设二阶控制系统的单位阶跃响应曲线如图 3-50 所示，如果该系统属于单位负反馈系统，试确定其开环传递函数。

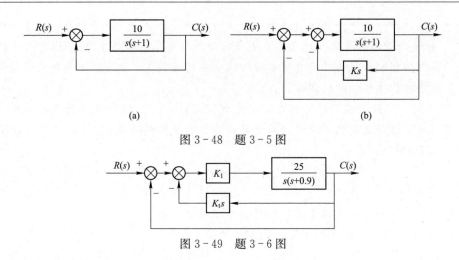

图 3-48 题 3-5 图

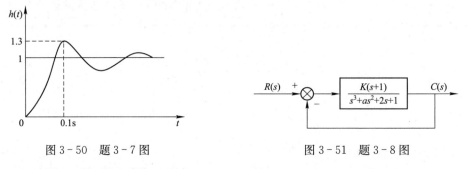

图 3-49 题 3-6 图

3-8 系统结构如图 3-51 所示。若系统在单位阶跃输入下，其输出以 $\omega_n = 2$ rad/s 的频率作等幅振荡，试确定此时的 K 和 a 值。

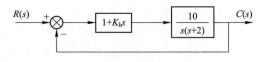

图 3-50 题 3-7 图   图 3-51 题 3-8 图

3-9 对图 3-52 所示系统，试求

(1) K_h 为多少时，阻尼比 $\xi = 0.5$？

(2) 单位阶跃响应的超调量 $\sigma\%$ 和过渡过程时间 t_s；

(3) 比较加入 $(1+K_h s)$ 与不加入 $(1+K_h s)$ 时系统的性能。

图 3-52 题 3-9 图

3-10 利用 Routh 判据，判断具有下列特征方程式的系统的稳定性。

(1) $s^3 + 20s^2 + 9s + 100 = 0$ (2) $s^3 + 20s^2 + 9s + 200 = 0$

(3) $3s^4 + 10s^3 + 5s^2 + s + 2 = 0$ (4) $s^4 + 3s^3 + 6s^2 + 8s + 8 = 0$

3-11 设单位负反馈系统的开环传递函数分别为

(1) $G(s) = \dfrac{K(s+1)}{s(s-1)(s+5)}$ (2) $G(s) = \dfrac{K}{s(s-1)(s+5)}$

试分别确定使系统稳定的开环增益 K 的允许调整范围。

3-12 图 3-53 所示为高速列车停车位置控制系统的方框图。已知参数：$K_1 = 1$，$K_2 = 1\,000$，$K_3 = 0.001$，$a = 0.1$，$b = 0.1$，试应用 Routh 判据确定放大器 K 临界值。

3-13 已知单位负反馈系统开环传递函数为

$$G(s) = \dfrac{K}{(s+2)(s+4)(s^2+6s+25)}$$

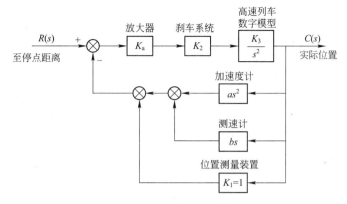

图 3-53 题 3-12 图

试确定 K 为多大时使系统等幅振荡，并求出其振荡频率。

3-14 已知单位负反馈系统的开环传递函数如下。

(1) $G(s)=\dfrac{10}{(0.1s+1)(0.5s+1)}$

(2) $G(s)=\dfrac{7(s+1)}{s(s+4)(s^2+2s+2)}$

(3) $G(s)=\dfrac{8(0.5s+1)}{s^2(0.1s+1)}$

试分别求出当输入信号为 $I(t)$、t 和 t^2 时，系统的稳态误差。

3-15 已知开环传递函数

$$G(s)=\dfrac{300}{s(1+0.1s)}$$

当输入信号 $r(t)=7+3t+t^2$ 时，求系统的稳态误差。

3-16 系统如图 3-54 所示。已知 $G_1(s)=\dfrac{K_1}{1+T_1s}$，$G_2(s)=\dfrac{K_2}{s(1+T_1s)}$，输入 $R(s)=R_r/s$，扰动 $N(s)=R_n/s$，求系统的稳态误差 e_{ss}。

3-17 系统如图 3-55 所示。输入是斜坡函数 $r(t)=at$。试证明通过适当调节 K_i 值，该系统对斜坡输入的稳态误差能达到零。$[E(s)=R(s)-C(s)]$

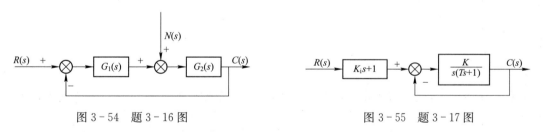

图 3-54 题 3-16 图　　　　　　　图 3-55 题 3-17 图

3-18 图 3-56 所示是温度计的方框图。现在用温度计测量容器内的水温，发现 1 分钟后才能指示出实际水温的 98% 的数值。如给容器加热，使水温以 10 ℃/min 的速度线性变化，问温度计的稳态指示误差有多大？

3-19 一单位负反馈系统的开环传递函数为 $G(s)=\dfrac{K(\tau s+1)}{(Ts+1)s^2}$，设输入信号为 $r(t)=$

$t^2 \cdot I(t)$，试求系统稳态误差 $e_{ss} \leq \varepsilon_0$ 时各参数应保持的关系。

3-20 已知系统如图 3-57 所示。($e = r - c$)

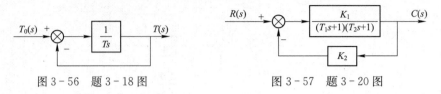

图 3-56 题 3-18 图　　图 3-57 题 3-20 图

(1) 问 $K_2 = 1$ 时系统是几型系统？

(2) 若使系统为 I 型，试选择 K_2 的值。

3-21 要使如图 3-58 所示系统对 $r(t)$ 具有二阶无差度（即为 II 型系统），试选择参数 K_0 和 τ 的值。

3-22 试求图 3-59 所示系统在 $r(t)$ 和 $n(t)$ 同时作用下的稳态误差。($e = r - c$)

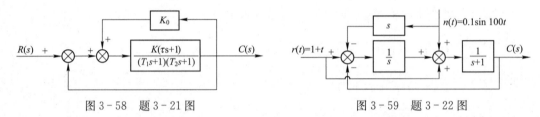

图 3-58 题 3-21 图　　图 3-59 题 3-22 图

3-23 某一控制系统如图 3-60 所示，其中 K_1、K_2 为正常数，$\beta \geq 0$。试分析：

(1) β 值的大小对系统稳定性的影响；

(2) β 值的大小对在阶跃作用下系统动态品质（调节时间 t_s、超调量 $\sigma\%$）的影响；

(3) β 值的大小对在等速作用下 [$r(t) = at$] 系统稳态误差的影响。

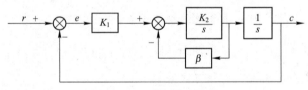

图 3-60 题 3-23 图

提高题

3-24 某控制系统的结构图如图 3-61（a）所示，其中 $G_1(s)$ 的单位阶跃响应为 $\frac{8}{5}(1 - e^{-5t})$，

(1) 若 $r(t) = 20 \cdot I(t)$，求系统的超调量 $\sigma\%$，调节时间 $t_s(\Delta = 5\%)$ 和稳态误差 e_{ss}；

(2) $n(t)$ 为可测量阶跃扰动信号，为消除扰动对稳态输出的影响，加入顺馈补偿装置 $G_N(s)$，如图 3-61（b）所示，求 $G_N(s)$ 的表达式；

(3) 若 $r(t) = 20 \cdot I(t)$，求系统稳态输出 $c(\infty)$。

3-25 某一控制系统的结构图如图 3-62 所示，已知 $e(t) = r(t) - c(t)$，试求：

(1) 当 $K_c = 0$ 时，如希望系统所有特征根均位于 s 平面上 $s = -2$ 的左侧区域，且 $\xi \geq 0.5$，试画出特征根在 s 平面上的分布范围（用阴影线表示）；

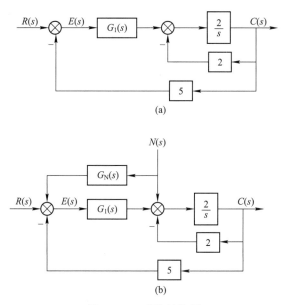

图 3-61 系统结构图

(2) 在第（1）题的基础上，当特征根处在阴影线范围内时，试求 K，T 的取值范围；

(3) 试求当 $K_c=0$ 时，系统跟踪单位斜坡输入时的稳态误差 e_{ss}；

(4) 当 $K_c=$？时，系统对单位斜坡输入的稳态误差为零。

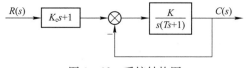

图 3-62 系统结构图

3-26 某系统如图 3-63 所示，其中扰动信号 $n(t)=I(t)$，若使系统在扰动作用下的稳态误差值 $e(\infty)=-0.099$，试确定 K 值。

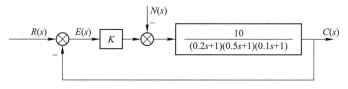

图 3-63 系统结构图

3-27 系统结构如图 3-64 (a) 所示，其全反馈和局部反馈极性均不确定，如果测得该系统的阶跃响应曲线如图 3-64 (b) 所示的三种情况，试分析判断各种情况下的反馈极性（＋，－，0）。

3-28 系统框图如图 3-65 所示。

(1) 求 $G_{re}(s)=\dfrac{E(s)}{R(s)}$ 和 $G_{ne}(s)=\dfrac{E(s)}{N(s)}$，并由此求出 $r(t)=t \cdot I(t)$ 和 $n(t)=0.1 \cdot I(t)$ 时的 $E(s)$，这里 $I(t)$ 为单位阶跃函数；

(2) $r(t)$，$n(t)$ 同上，求 $Y(s)$；

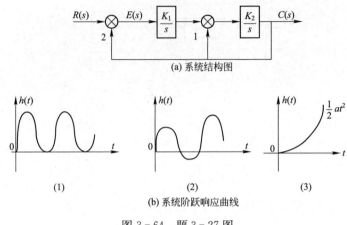

(a) 系统结构图

(1)　　　　(2)　　　　(3)

(b) 系统阶跃响应曲线

图 3-64　题 3-27 图

(3) 分别说明 $K=5$ 及 $K=15$ 时能否计算稳态误差 e_{ss}；

(4) 若能计算稳态误差 e_{ss}，对（1）中给定的 $r(t)$，$n(t)$ 分别求出 e_{ss}。

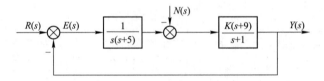

图 3-65　系统结构图

3-29　系统方框图如图 3-66（a）所示，其单位阶跃响应如图 3-66（b）所示，系统的稳态误差 $e_{ss}=0$，试确定 K，V，T 的值。

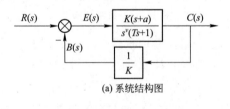

(a) 系统结构图

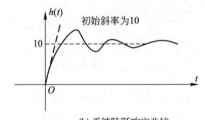

(b) 系统阶跃响应曲线

图 3-66　题 3-29 图

3-30　考虑图 3-67 所示系统，其中控制器为 $G_c(s)$，输入为 $R(s)$，干扰为 $N(s)$，

(1) 如果 $G_c(s)$ 是比例控制器，$G_c(s)=K_c$，当 K_c 为何值时将造成单位斜坡输入时稳态误差为 0.1？

(2) 如果想使系统在单位斜坡输入时稳态误差为零，那么控制器 G_c 应该为什么形式？

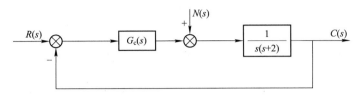

图 3-67 带有干扰输入的闭环系统

(3) 对于单位阶跃干扰输入,控制器 G_c 应该为什么形式才能保证输出稳态误差为零?

第 4 章 根 轨 迹 法

通过第 3 章的讨论已经了解到,闭环系统的动态性能与闭环极点在 s 平面上的位置密切相关。因此,在分析系统的性能时,往往要求确定系统闭环极点的位置。另外,在分析和设计系统时,也经常要研究一个或几个参量在一定范围内变化时,对于闭环极点位置及系统性能的影响。然而,得到闭环极点或称为特征方程的根,并不是一件容易的事,尤其是对三阶以上的系统;或者是当某一参量(例如系统的开环增益)变化时,更是需要进行反复的计算,以至于用直接求解闭环极点的方法难以在实际中得到应用。

1948 年伊凡思(W. R. Evans)提出了一种求解特征方程的简单方法,并且在控制工程中得到了广泛的应用,这种工程方法称为根轨迹法。根轨迹法是在已知控制系统开环传递函数的零、极点分布的基础上,研究某一个或某些参数的变化对特征方程根(闭环极点)的影响的一种图解方法。应用根轨迹法可以在已知系统开环零极点的条件下,绘制出系统特征方程的根在 s 平面上随参数变化而运动的轨迹。借助这种方法常常可以比较简便、直观地分析系统特征方程式的根与系统参数之间的关系,进而得到系统性能与参数的关系。根轨迹法不仅适用于单环系统,而且也可用于多环系统。它已发展成为经典控制理论中最基本的方法之一,与下一章将要讲到的频率法互为补充,成为研究自动控制系统的有效工具。

4.1 根轨迹的基本概念

所谓根轨迹,是指当系统某个参数(如开环增益 K)由零变化到无穷大时,闭环特征根在 s 平面上所移动的轨迹。

下面结合图 4-1 所示的二阶系统,介绍根轨迹的基本概念。

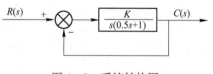

图 4-1 系统结构图

系统的开环传递函数为

$$G(s)=\frac{K}{s(0.5s+1)}=\frac{2K}{s(s+2)} \qquad (4-1)$$

开环有两个极点:$p_1=0$,$p_2=-2$,没有零点。式中,K 为开环增益。其闭环传递函数为

$$\phi(s)=\frac{2K}{s^2+2s+2K} \qquad (4-2)$$

闭环特征方程为

$$D(s)=s^2+2s+2K=0 \qquad (4-3)$$

闭环特征根(简称特征根,亦即闭环传递函数的极点)为

$$s_1=-1+\sqrt{1-2K},\quad s_2=-1-\sqrt{1-2K}$$

下面讨论开环增益 K 与闭环特征根之间的关系。

当 $K=0$ 时,$s_1=0$,$s_2=-2$;当 $K=0.5$ 时,$s_1=-1$,$s_2=-1$;当 $K=1$ 时,$s_1=-1+\mathrm{j}$,$s_2=-1-\mathrm{j}$;当 $K=\infty$ 时,$s_1=-1+\mathrm{j}\infty$,$s_2=-1-\mathrm{j}\infty$。

当 K 由 $0\to\infty$ 变化时,闭环特征根在 s 平面上移动的轨迹就是系统的根轨迹,如图 4-2 所示。

由图 4-2 可见,根轨迹图直观地表示了参数 K 变化时,闭环特征根所发生的变化。因此,根轨迹图全面地描述了参数 K 对闭环特征根分布的影响,以及它们与系统性能的关系。从这张根轨迹图,可对系统进行如下分析。

不论开环增益 K 为何值,根轨迹均在 s 左半平面,即系统对任何 K 值都是稳定的。

当 $0<K<0.5$ 时,闭环特性根为实根,阶跃响应为非周期过程,相当于过阻尼状态。当 $K>0.5$ 时,闭环特征根为共轭复根,阶跃响应为衰减振荡过程,相当于欠阻尼状态。当 $K=0.5$ 时,闭环特征根为重根,相当于临界阻尼状态。

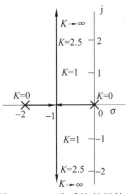

图 4-2 二阶系统的根轨迹

因为开环传递函数有一个位于坐标原点的极点,所以系统为 Ⅰ 型系统,具有 Ⅰ 型稳态精度。如在阶跃作用下的稳态误差为零,在斜坡作用下的稳态误差为常数等。

由此可见,根轨迹是指系统特征方程的根(闭环极点)随系统参量变化在 s 平面上运动而形成的轨迹。通过根轨迹图可以看出系统参量变化对系统闭环极点布局的影响。一旦系统参数 K 的数值确定,在根轨迹图上便可以找到与该 K 值对应的闭环极点的位置,从而进一步分析计算系统的性能。一般而言,绘制根轨迹时选择的可变参数可以是系统的任意参量。但是,在实际中最常用的可变参量是系统的开环增益。

上述二阶系统的特征根是通过直接对特征方程求解得到的,但对高阶系统的特征方程直接求解往往十分困难,因此在实际中通常采用图解的方法绘制根轨迹图。

4.2 绘制根轨迹的基本条件和基本规则

4.2.1 绘制根轨迹的基本条件

绘制根轨迹实质上还是寻求闭环特征方程的根。因此,凡是满足

$$1+G(s)H(s)=0 \tag{4-4}$$

$$G(s)H(s)=-1 \tag{4-5}$$

的 s 值都必定是在根轨迹上。故称式(4-5)为根轨迹方程。

式(4-5)中 $G(s)H(s)$ 是系统开环传递函数,假设开环传递函数中有 m 个零点、n 个极点,则 $G(s)H(s)$ 可写成如下形式

$$\begin{aligned} G(s)H(s) &= \frac{K^*(s-z_1)(s-z_2)\cdots(s-z_m)}{(s-p_1)(s-p_2)\cdots(s-p_n)} \\ &= \frac{K^*\prod_{i=1}^{m}(s-z_i)}{\prod_{i=1}^{n}(s-p_i)} \end{aligned} \tag{4-6}$$

式（4-6）称为作根轨迹时开环传递函数的标准形式。换言之，作根轨迹图时，首先要把开环传递函数改写成这种标准形式。式中 K^* 称为根迹增益。一般地，根迹增益不等于开环增益。请看下例。

[例 4-1] 已知系统开环传递函数

$$G(s)H(s)=\frac{10(5s-1)}{(2s-1)(3s-1)}$$

式中，$K=10$ 为开环增益。把 $G(s)H(s)$ 化成作根轨迹时的标准形式，并由此推出开环增益与根迹增益之间的关系。

解：化成标准形式

$$G(s)H(s)=\frac{10(5s-1)}{(2s-1)(3s-1)}=\frac{10\times 5\left(s-\frac{1}{5}\right)}{2\times 3\left(s-\frac{1}{2}\right)\left(s-\frac{1}{3}\right)}=\frac{\frac{25}{3}\left(s-\frac{1}{5}\right)}{\left(s-\frac{1}{2}\right)\left(s-\frac{1}{3}\right)}$$

根迹增益为 $K^*=25/3$

在本例中，$z_1=1/5$，$p_1=1/2$，$p_2=1/3$。由此可得

$$K^* = K \cdot p_1 p_2 \cdots p_m / z_1 z_2 \cdots z_n = K \frac{\prod_{i=1}^{m} p_i}{\prod_{i=1}^{n} z_i} \tag{4-7}$$

式（4-7）即为开环增益与根迹增益的关系式。

下面对根迹方程即式（4-5）作进一步的分析。

因为 $G(s)H(s)$ 为复变量 s 函数，所以式（4-5）为矢量方程，可分别写成幅值方程和相角方程，即

$$|G(s)H(s)|=1 \tag{4-8}$$

$$\arg G(s)H(s)=\pm\pi(2k+1) \tag{4-9}$$

式（4-8）称为幅值条件，式（4-9）称为相角条件。

分别求解式（4-8）和式（4-9）就等于求解控制系统的特征方程。因此，在系统参数全部确定的情况下，凡能满足相角条件和幅值条件的 s 值，就是对应给定参数的特征根（闭环极点），而且一定在根轨迹上。下面将推出的绘制根轨迹的基本法则，因为是根据这两个条件而得到的，所以称它们为绘制根轨迹的基本条件。

从式（4-8）和式（4-9）还可以看出，幅值条件和增益 K^* 有关，而相角条件和 K^* 无关。因此，把满足相角条件的 s 值代入到幅值方程中，总可以求得一个对应的 K^* 值。亦即 s 值如果满足相角方程，则必定也同时满足幅值方程。所以相角方程是决定闭环系统根轨迹的充分必要条件。也就是说，绘制根轨迹只要依据相角条件就够了，而幅值条件主要是用来确定根轨迹上各点对应的 K^* 值。

4.2.2 绘制根轨迹的基本规则

下面讨论系统开环增益 K 变化时绘制根轨迹的基本法则。对于系统其他参数变化，经过适当变换，这些法则仍然适用，将在后续章节里讨论。

根据绘制根轨迹的基本法则，只需通过简单的计算，即可画出根轨迹的大致图形，从而可以看出系统参数的变化对闭环极点的影响趋势。然后在此基础上再作定量的计算，便可获

得根轨迹的准确图形。因此，熟练掌握绘制根轨迹的基本规则，对于分析设计控制系统来说，具有很重要的意义。

规则 1：根轨迹的分支数

根轨迹在 s 平面上的分支数等于闭环特征方程的阶数 n。也就是分支数与闭环极点的数目相同。

证明：这是因为 n 阶特征方程对应有 n 个特征根，当开环增益 K 由零变到无穷大时，这 n 个特征根随 K 值变化必然会出现 n 条根轨迹。

规则 2：根轨迹对称于实轴。

证明：根轨迹是闭环特征根的运动轨迹。当闭环特征根为实数时，它必位于实轴上；若为复数，则一定是以共轭的形式成对出现。因此，所有的闭环特征根是对称于实轴的，那么它们的运动轨迹——根轨迹也一定对称于实轴。

规则 3：根轨迹的起点和终点

根轨迹起始于开环极点，终止于开环零点。如果开环零点数 m 小于开环极点数 n，则有 $(n-m)$ 条根轨迹终止于无穷远处。

证明：把式（4-6）和式（4-7）代入到式（4-5），则根轨迹方程可改写为

$$\frac{(s-z_1)(s-z_2)\cdots(s-z_m)}{(s-p_1)(s-p_2)\cdots(s-p_n)}=\frac{-1}{AK} \tag{4-10}$$

式中，$A=p_1p_2\cdots p_n/(z_1z_2\cdots z_n)$。

又由根轨迹的定义（K 从零变到无穷时，闭环特征根运动的轨迹），$K=0$ 对应于根轨迹的起点。而 $K=0$，式（4-10）右边为无穷，欲使等式成立，只有左边也为无穷，即 $s=p_i$（开环极点）。所以，根轨迹的起点对应于开环极点或者说根轨迹起始于开环极点。

同理，$K=\infty$ 对应于根轨迹的终点。这时式（4-10）右边为零，为使等于成立，只有 $s=z_i$（开环零点）。所以，根轨迹的终点对应于开环零点或者说根轨迹终止于开环零点。

但是，当 $n>m$ 时，只有 m 条根轨迹趋向于开环零点，还有 $(n-m)$ 条根轨迹趋向于何处呢？

因为 $n>m$，所以当 $s\to\infty$ 时，式（4-10）可写成

$$\frac{1}{s^{n-m}}=-\frac{1}{AK} \tag{4-11}$$

根轨迹的终点对应于 $K=\infty$，即上式右边为零。这样，只有 $s\to\infty$ 时，上式才能成立。即 s 趋于无穷对应于根轨迹的终点。或者说，当 $n>m$ 时，有 $(n-m)$ 条根轨迹趋向于无穷远。

规则 4：实轴上的根轨迹

实轴上根轨迹区段的右侧，开环零极点数目之和应为奇数。

证明：这个规则可由相角条件来证明。设系统开环零极点分布如图（4-3）所示。

现在要判别 p_2 和 z_2 之间的实轴上是否存在根轨迹。为此可取此线段上的任一点 s_d 为试验点。由图 4-3 不难看出，在 s_d 点右边实轴上的每个开环零极点引向 s_d 点的矢量之相角为 $180°$；在 s_d 点左边实轴上的每个开环零极点引向 s_d 点的矢量之相角为 $0°$；而不在实轴上的一对共轭的开环零极点引向 s_d 的矢量之相角大小相等、方

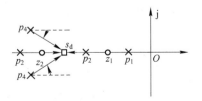

图 4-3 开环零极点分布

向相反，其和为零。因此，由相角条件

$$\arg\frac{(s-z_1)(s-z_2)\cdots(s-z_m)}{(s-p_1)(s-p_2)\cdots(s-p_n)}=\pi(2k+1) \tag{4-12}$$

可知，实轴上的根轨迹与复数开环零极点无关（因为它们在相角条件中是相互抵消的），与实轴上试验点左边的开环零点也无关（因为它们在相角条件中所提供的相角均为 $0°$），要满足式（4-12），只有试验点右边的开环零极点数目之和为奇数（因为它们在相角条件中所提供的相角均为 π），即试验点所在的这一区段有根轨迹。或者说，实轴上根轨迹区段的右侧，开环零极点数目之和应为奇数。

[例 4-2] 已知单位负反馈系统的开环传递函数为

$$G(s)=\frac{K(\tau s+1)}{s(Ts+1)}$$

式中，$\tau > T$，试大致画出其根轨迹。

解：首先将 $G(s)$ 化成标准形式

$$G(s)=\frac{K(\tau s+1)}{s(Ts+1)}$$

$$=\frac{K\cdot\left(s+\dfrac{1}{\tau}\right)}{s\left(s+\dfrac{1}{T}\right)}$$

式中，$K = \tau K/T$。

由标准形式可知：开环有两个极点：$p_1=0$，$p_2=-1/T$，开环有一个零点 $z_1=-1/\tau_1$，亦即 $n=2$，$m=1$。故应有两条根轨迹。

当 $K=0$ 时，两条根轨迹从开环极点开始；当 $K\to\infty$ 时，由于 $n>m$，其中一条根轨迹终止于开环零点 z_1，另一条趋向于无穷远处。

实轴上，(p_1,z_1)，$(p_2,-\infty)$ 为根轨迹区段。根轨迹如图 4-4 所示。

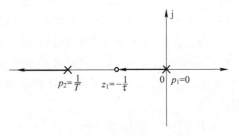

图 4-4 例 4-2 根轨迹

规则 5：根轨迹的渐近线

如果，$n>m$，则有 $(n>m)$ 条根轨迹趋向于无穷远，其方位可由渐近线决定。

渐近线与实轴交点的坐标

$$\sigma_a=\frac{\sum\limits_{j=1}^{n}p_j-\sum\limits_{i=1}^{m}z_i}{n-m} \tag{4-13}$$

渐近线与实轴正方向的夹角

$$\phi_a=\frac{(2k+1)\pi}{n-m} \tag{4-14}$$

证明：在无穷远处的渐近线上取一试验点 s_n（也就在无穷远处的根轨迹上）。可以认为所有有限的开环零极点到达 s_n 的矢量长度都是相等的。或者认为，对 s_n 而言，所有有限零极点都汇集到实轴上的一点 σ_a，即有

$$z_i = p_i = \sigma_a$$

进而

$$\sum_{j=1}^{n} p_i - \sum_{i=1}^{m} z_i = (n-m)\sigma_a$$

即

$$\sigma_a = \frac{\sum_{j=1}^{n} p_j - \sum_{i=1}^{m} z_i}{n-m}$$

这个 σ_a 即为渐近线与实轴交点的坐标。

又可以认为所有有限开环零极点到达 s_n 的矢量的相角都是相等的，为 φ_a；则相角条件可改写为

$$\arg \frac{(s_n-z_1)(s_n-z_2)\cdots(s_n-z_m)}{(s-p_1)(s-p_2)\cdots(s-p_n)} = \pi(2k+1)$$

$$(n-m)\varphi_a = (2k+1)\pi$$

$$\varphi_a = \frac{(2k+1)\pi}{(n-m)}$$

这个 φ_a 就是渐近线的方向角，或称为渐近线与实轴正方向的夹角。

[例 4-3] 单位负反馈系统的开环传递函数为

$$G(s) = \frac{K}{s(s+1)(s+2)}$$

求根轨迹的渐近线。

解：开环有三个极点：$p_1=0$，$p_2=-1$，$p_3=-2$。开环没有零点，即 $n=3$，$m=0$。故三条根轨迹均趋向于无穷远处。其渐近线与实轴交点的坐标为

$$\sigma_a = \frac{\prod_{i=1}^{n} p_i - \prod_{i=1}^{m} z_i}{n-m} = \frac{0-1-2-0}{3-0} = -1$$

渐近线与实轴正方向的夹角为

$$\varphi_a = \frac{(2k+1)\pi}{(n-m)} = \frac{(2k+1)\pi}{3}$$

取 $k=0$，$\varphi_a=60°$；取 $k=1$，$\varphi_a=180°$；取 $k=2$，$\varphi_a=-60°$；三条渐近线如图 4-5 所示。

规则 6：根轨迹的出射角与入射角

在开环复数极点处根轨迹的出射角（即根轨迹起点处的切线与水平线正方向的夹角）为

$$\varphi_p = (2k+1)\pi + \varphi \tag{4-15}$$

在开环复数零点处根轨迹的入射角（即根轨迹终点处的切线与水平线正方向的夹角）为

$$\varphi_z = (2k+1)\pi - \varphi \tag{4-16}$$

式中 φ 为其他开环零极点对出射点或入射点所提供的相角，即

$$\varphi = \sum_{i=1}^{m} \theta_{z_i} - \sum_{i=1}^{m} \theta_{p_i} \tag{4-17}$$

证明：下面以图 4-6 所示的开环零极点分布为例，对规则 6 加以证明。

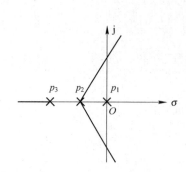 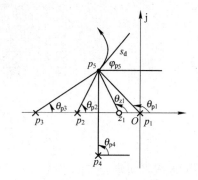

图 4-5 例 4-3 渐进线　　　　图 4-6 根轨迹的出射角

规则 6 是根据相角条件式（4-12）得到的。现以求图 4-6 中开环极点 p_5 处的出射角为例。

设 s_d 为距 p_5 很近的根轨迹上的一点，由相角条件可得

$$\arg(s_d-z_1)-\arg(s_d-p_1)-\arg(s_d-p_2)-\arg(s_d-p_3)-\arg(s_d-p_4)-\arg(s_d-p_5)=(2k+1)\pi$$

当 $s_d \to p_5$ 时，除可用 p_5 代替上式中的 s_d 外，还有

$$\arg(s_d-p_3)=\varphi_{p_5}$$

即为 p_5 处的出射角。因此上式可写为

$$\varphi_{p_5}=(2k+1)\pi+\arg(p_5-z)-\arg(p_5-p_1)-\arg(p_5-p_2)-\arg(p_5-p_3)-\arg(p_5-p_4)$$
$$=(2k+1)\pi+\theta z_1-\theta p_1-\theta p_2-\theta p_3-\theta p_4$$
$$=(2k+1)\pi+\varphi$$

推广之，同理可证 φ_z。

[例 4-4] 设单位负反馈系统的开环传递函数

$$G(s)=\frac{K(s+1.5)(s+2+\mathrm{j})(s+2-\mathrm{j})}{s(s+2.5)(s+0.5+\mathrm{j}1.5)(s+0.5-\mathrm{j}1.5)}$$

试绘制系统的根轨迹图。

解： 由单位负反馈系统的开环传递函数得

开环极点：$p_1=0$，$p_{2,3}=-0.5\pm \mathrm{j}1.5$，$p_4=-2.5$，$n=4$。

开环零点：$z_1=-1$，$z_{2,3}=-2\pm \mathrm{j}$，$m=3$。

由规则 4，实轴上（0，-1.5）和（-2.5，-∞）为根轨迹区段。

由规则 5，根轨迹的渐近线为

$$\varphi_a=\frac{(2k+1)\pi}{n-m}=\frac{(2k+1)\pi}{4-3}$$

因为 $n=4$，$m=3$，故只有一条根轨迹趋向无穷远，渐近线亦只有一条。取 $k=0$，则 $\phi_a=180°$，即渐近线与负实轴重合。

由规则 6 求根轨迹的出射角和入射角。

出射角为

$$\varphi_{p_2}=(2k+1)\pi+\varphi$$
$$=(2k+1)\pi+\arg(p_2-z_1)-\arg(p_2-z_2)-\arg(p_2-z_3)-$$
$$\arg(p_2-p_1)-\arg(p_2-p_3)-\arg(p_2-p_4)$$
$$=(2k+1)\pi+56.3°+18.4°+59.0°-108.4°-90°-38.7°$$

各向量如图 4-7(a) 所示。取 $k=0$，得 $\varphi_{p_2}=76.6°$。因为根轨迹对称于实轴，所以 $\varphi_{p_3}=-76.6°$。

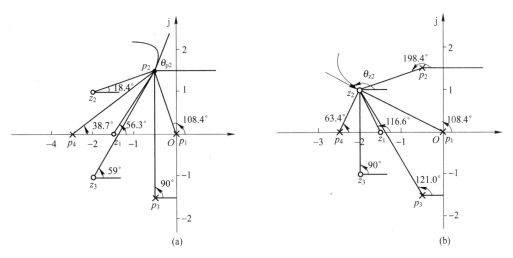

图 4-7 例 4-4 根轨迹的出射角和入射角

入射角为

$$\varphi_{z_2}=(2k+1)\pi+\varphi$$
$$=(2k+1)\pi-\arg(z_2-z_1)-\arg(z_2-z_3)-\arg(z_2-p_1)+$$
$$\arg(z_2-p_2)+\arg(z_2-p_3)+\arg(z_2-p_4)$$
$$=(2k+1)\pi-116.6°-90°+153.4°+198.4°+121.0°+63.4°$$

各向量如图 4-7(b) 所示。取 $k=0$，得 $\varphi_{z_2}=149.6°$。同理，$\varphi_{z_3}=-149.6°$。系统根轨迹如图 4-8 所示。

规则 7：分离点和会合点

几条根轨迹在 s 平面上相遇后又分开的点称为根轨迹的分离点。特别地又把离开实轴的那一点叫分离点，回到实轴的那一点叫会合点。

分离点（或会合点）的坐标 d 可由方程

$$\sum_{i=1}^{n}\frac{1}{d-p_i}=\sum_{i=1}^{m}\frac{1}{d-z_i} \quad (4-18)$$

解出。

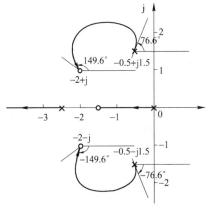

图 4-8 例 4-4 根轨迹图

证明： 由根轨迹方程式（4-5），可写出

$$1+\frac{K^*\prod_{i=1}^{m}(s-z_i)}{\prod_{i=1}^{n}(s-p_i)}=0$$

亦即

$$\frac{\prod_{i=1}^{n}(s-p_i) + K^* \prod_{i=1}^{m}(s-z_i)}{\prod_{i=1}^{n}(s-p_i)} = 0$$

所以闭环特征方程也可写成

$$D(s) = \prod_{i=1}^{n}(s-p_i) + K^* \prod_{i=1}^{m}(s-z_i) = 0$$

根轨迹在 s 平面上相遇，说明闭环特征方程有重根出现。设重根为 d，则根据代数中重根条件，有

$$D(s) = \prod_{i=1}^{n}(s-p_i) + K^* \prod_{i=1}^{m}(s-z_i) = 0 \qquad (4-19)$$

$$D'(s) = \frac{\mathrm{d}}{\mathrm{d}s}\left[\prod_{i=1}^{n}(s-p_i) + K^* \prod_{i=1}^{m}(s-z_i)\right] = 0$$

或

$$\begin{cases} \prod_{i=1}^{n}(s-p_i) = -K^* \prod_{i=1}^{m}(s-z_i) & (4-20) \\ \dfrac{\mathrm{d}}{\mathrm{d}s}\prod_{i=1}^{n}(s-p_i) = -K^* \dfrac{\mathrm{d}}{\mathrm{d}s}\prod_{i=1}^{m}(s-z_i) & (4-21) \end{cases}$$

将式（4-20）除式（4-21），得

$$\frac{\dfrac{\mathrm{d}}{\mathrm{d}s}\prod_{i=1}^{n}(s-p_i)}{\prod_{i=1}^{n}(s-p_i)} = \frac{\dfrac{\mathrm{d}}{\mathrm{d}s}\prod_{i=1}^{m}(s-z_i)}{\prod_{i=1}^{m}(s-z_i)}$$

注意到微分公式

$$\frac{\mathrm{d}}{\mathrm{d}s}[\ln f(s)] = \frac{1}{f(s)}\frac{\mathrm{d}}{\mathrm{d}s}f(s) \qquad (4-22)$$

并设 $f(s) = \prod_{i=1}^{n}(s-p_i)$，或 $f(s) = \prod_{i=1}^{m}(s-z_i)$，得

$$\frac{\mathrm{d}}{\mathrm{d}s}\left[\ln \prod_{i=1}^{n}(s-p_i)\right] = \frac{\mathrm{d}}{\mathrm{d}s}\left[\ln \prod_{i=1}^{m}(s-z_i)\right]$$

又注意到对数的性质

$$\ln \prod_{i=1}^{n}(s-p_i) = \sum_{i=1}^{n} \ln(s-p_i)$$

$$\ln \prod_{i=1}^{m}(s-z_i) = \sum_{i=1}^{m} \ln(s-z_i)$$

有

$$\sum_{i=1}^{n}\frac{\mathrm{d}}{\mathrm{d}s}[\ln(s-p_i)] = \sum_{i=1}^{m}\frac{\mathrm{d}}{\mathrm{d}s}[\ln(s-z_i)]$$

再进一步求导得

$$\sum_{i=1}^{n}\frac{1}{s-p_i} = \sum_{i=1}^{m}\frac{1}{s-z_i}$$

从上式中解出 s，即为分离点 d。

一般情况下，如果根轨迹位于实轴上两相邻开环极点之间，则这两点之间至少存在一个分离点。反之，如果根轨迹位于两相邻开环零点之间（其中一个可在无穷远），那么这两零点之间至少存在一个会合点。

[**例 4-5**] 已知系统开环传递函数

$$G(s)=\frac{K(s+1)}{s^2+3s+3.25}$$

求其根轨迹的分离点坐标。

解：

$$G_K(s)=\frac{K(s+1)}{(s+1.5+j)(s+1.5-j)}$$

由式（4-18），有

$$\frac{1}{d+1.5+j}+\frac{1}{d+1.5-j}=\frac{1}{d+1}$$

解之得 $d_1=-2.12$，$d_2=0.12$。其中，d_1 在根轨迹上，即为所求的分离点；d_2 不在根轨迹上，舍去。

此系统的根轨迹如图 4-9 所示。

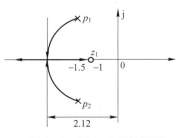

图 4-9　例 4-5 根轨迹图

规则 8：根轨迹与虚轴的交点

根轨迹与虚轴的交点可用 $s=j\omega$ 代入特征方程求解，或者利用劳斯判据确定。

证明： 若根轨迹与虚轴相交，说明此特征根一定是纯虚根。设其为 $s=j\omega$，代入特征方程，即可解出交点的坐标 $(\omega,0)$。

又因为根轨迹与虚轴相交，说明此时特征根正好在虚轴上，系统处于临界稳定状态，其劳斯表的第一列一定有 0 值元素。利用这一特性，也可以解出根轨迹与虚轴的交点坐标。

[**例 4-6**] 已知系统的开环传递函数

$$G(s)=\frac{K}{s(s+1)(s+4)}$$

求系统根轨迹与虚轴的交点

解： 方法一　系统的闭环特征方程为

$$D(s)=s(s+1)(s+4)+K=0$$

令 $s=j\omega$，代入 $D(s)$，得

$$j\omega(j\omega+1)(j\omega+4)+K=0$$

化简为

$$K-5\omega^2+j(4\omega-\omega^3)=0$$

对实部和虚部分别求解

$$K-5\omega^2=0$$

$$4\omega-\omega^3=0$$

得 $\omega=\pm 2$，$K=20$。即根轨迹与虚轴的交点为 $\pm j2$，系统的临界开环增益为 $K=20$。

方法二　根据闭环特征方程

$$D(s) = s(s+1)(s+4) + K$$
$$= s^3 + 5s^2 + 4s + K = 0$$

列劳斯表

s^3	1	4
s^2	5	K
s	$\dfrac{5 \times 4 - K}{5} = 0$	0
s^0	K	

第一列中出现零项，系统才为临界稳定，即

$$\frac{5 \times 4 - K}{5} = 0$$

解得 $K = 20$。

再将 $K = 20$ 代回闭环特征方程

$$s^3 + 5s^2 + 4s + 20 = 0$$

解得 $s_1 = -5$，$s_{2,3} = \pm j2$。其中，s_1 不在虚轴上，不是根轨迹与虚轴的交点；$s_{2,3} = \pm j2$ 在虚轴上，即为根轨迹与虚轴的交点。

根轨迹与虚轴交点处的 K 值，即为系统稳定的临界 K 值。一般地，当开环增益大于这个临界 K 值时，根轨迹进入 s 右半平面，即出现实部为正的闭环特征根，系统不稳定。反之，开环增益小于这个临界 K 值时，根轨迹一定都在 s 左半平面，没有正实部的特征根，系统是稳定的。

表 4-1 中列出了绘制根轨迹的各项基本规则，以便读者参考。

表 4-1 绘制根轨迹的规则

序号	内容	规则
1	分支数	等于闭环特征方程的阶数 n
2	对称性	对称于实轴
3	起点和终点	起始于开环极点，终止于开环零点，另外 $n-m$ 趋向于无穷远
4	实轴上的根轨迹	实轴上根轨迹区段的右侧，开环零极点数目之和为奇数
5	渐近线	交点：$\sigma_a = \dfrac{\sum_{i=1}^{n} p_i - \sum_{i=1}^{m} z_i}{n-m}$；夹角：$\varphi_a = \dfrac{(2k+1)\pi}{n-m}$
6	出射角与入射角	出射角：$\varphi_p = (2k+1)\pi + \varphi$ 入射角：$\varphi_z = (2k+1)\pi - \varphi$，其中 $\varphi = \sum_{i=1}^{m} \theta_{zi} - \sum_{i=1}^{n} \theta_{pi}$
7	分离点（会合点）d	$\sum_{i=1}^{n} \dfrac{1}{d - p_i} = \sum_{i=1}^{m} \dfrac{1}{d - z_i}$
8	与虚轴交点	将 $s = j\omega$ 代入特征方程求解或用劳斯判据

[**例 4-7**] 设一单位负反馈系统的开环传递函数为
$$G(s)=\frac{K}{s(s+3)(s^2+2s+2)}$$
试绘制其根轨迹图。

解： 开环极点：$p_1=0$，$p_2=-3$，$p_{3,4}=-1\pm j1$，$n=4$。无开环零点，$m=0$。根轨迹共有四条分支。在实轴上的（-3,0）区段有根轨迹。四条根轨迹均趋向于无穷远，其渐近线为

$$\sigma_a=\frac{\sum_{i=1}^n p_i-\sum_{i=1}^m z_i}{n-m}=\frac{-3-1-1}{4}=-1.25$$

$$\varphi_a=\frac{(2k+1)\pi}{n-m}$$

$$k=0, \quad \varphi_a=\frac{\pi}{4}$$

$$k=1, \quad \varphi_a=\frac{3\pi}{4}$$

$$k=2, \quad \varphi_a=\frac{5\pi}{4}$$

$$k=3, \quad \varphi_a=\frac{7\pi}{4}$$

求分离点坐标 d。

$$\sum_{i=1}^n \frac{1}{d-p_i}=\sum_{i=1}^m \frac{1}{d-z_i}$$

$$\frac{1}{d}+\frac{1}{d+3}+\frac{1}{d+1+j}+\frac{1}{d+1-j}=0$$

化简得
$$4d^3+15d^2+16d+6=0$$

解得分离点坐标 $d=-2.3$。

p_3、p_4 为复数开环极点，有出射角为

$$\varphi_{p3}=(2k+1)\pi+\varphi$$
$$=(2k+1)\pi+\sum_{i=1}^m \theta_{zi}-\sum_{i=1}^n \theta_{pi}$$
$$=(2k+1)\pi-\arg(p_3-p_1)-\arg(p_3-p_2)-\arg(p_3-p_4)$$
$$=(2k+1)\pi-135°-26.6°-90°$$
$$=-71.6°$$

由对称性 $\varphi_{p4}=71.6°$。

求根轨迹与虚轴的交点：将 $s=j\omega$ 代入闭环特征方程
$$s(s+3)(s^2+2s+2)+K=0$$

得
$$(j\omega)^4+5(j\omega)^3+8(j\omega)^2+6j\omega+K=0$$

分别令实部和虚部为 0，有
$$\omega^4 - 8\omega^3 + K = 0$$
$$5\omega^3 - 6\omega = 0$$
解方程组得
$$\omega_{1,2} = \pm 1.1, \quad 对应的 K = 8.22$$
$$\omega_3 = 0, \quad 对应的 K = 0$$

其中，ω_3 正好是根轨迹的一个起点；$\omega_{1,2}$ 则是根轨迹与虚轴的交点。系统的稳定临界值为 $K = 8.22$。

最后画出的根轨迹图如图 4-10 所示。

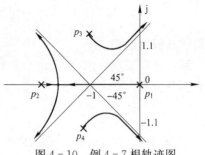

图 4-10 例 4-7 根轨迹图

4.3 特殊根轨迹

4.3.1 参数根轨迹

前面讨论根轨迹的绘制方法时，都是以开环增益 K 作为参变量，这也是实际中最常见的情况，由此画出的根轨迹称为常规根轨迹。从理论上讲，可以选择系统的任何参数作为参变量来绘制根轨迹，这就称为参数根轨迹或广义根轨迹。

用参数根轨迹可以分析系统中各种参数，如开环零极点的位置、时间常数或反馈系数等对系统性能的影响。

在绘制以 K 为参变量的常规根轨迹时，我们是以系统的闭环特征方程

$$1 + G(s)H(s) = 1 + \frac{K\prod_{i=1}^{m}(s - z_i)}{K\prod_{i=1}^{n}(s - p_i)} = 1 + \frac{KN(s)}{D(s)} = 0 \qquad (4-23)$$

为依据的。其中，$N(s)$ 和 $D(s)$ 分别为 s 多项式。

如果选择系统的其他参数为参变量，则只要把特征方程变一下形式，用所选的参变量 a 代替 K 的位置，即变换成

$$1 + \frac{aP(s)}{Q(s)} = 0 \qquad (4-24)$$

式中：$P(s)$、$Q(s)$ 与式（4-23）中的 $N(s)$、$D(s)$ 一样，仍为 s 的多项式。

这样变换后，以前介绍的绘制根轨迹的各项规则仍然适用。可以很容易地绘出参数根轨迹。

[例 4-8] 已知单位负反馈系统的开环传递函数为
$$G(s) = \frac{K}{s(s+a)}$$

试绘制系统以 a 为参变量的根轨迹。

解：给定系统的特征方程为
$$1 + \frac{K}{s(s+a)} = 0$$

经代数变换，化成式（4-24）的形式

$$1+\frac{as}{s^2+K}=0$$

给定 K 值，就可以画出以 a 为参变量的根轨迹。如 $K=1$，则

$$G(s)=\frac{as}{s^2+K}$$

开环零点：$z_1=0$，$m=1$。开环极点：$p_{1,2}=\pm j$，$n=2$。分支数=2。整个负实轴都有根轨迹。

渐近线

$$\sigma_a=\frac{j-j-0}{2-1}=0$$

$$\varphi_a=\frac{(2k+1)\pi}{2-1}=180°$$

会合点

$$\sum_{i=1}^{n}\frac{1}{d-p_i}=\sum_{i=1}^{m}\frac{1}{d-z_i}$$

$$\frac{1}{d-j}+\frac{1}{d+j}=\frac{1}{d}$$

$$d=\pm 1$$

其中 $d=1$ 不在根轨迹上，舍去；$d=-1$ 是会合点。

出射角

$$\varphi_{p1}=(2k+1)\pi+90°-90°$$
$$=180°$$

与虚轴交点

$$\varphi_{p2}=-180°$$

特征方程 $s^2+as+1=0$，代入 $s=j\omega$，再分别令实部、虚部为零

$$-\omega^2+1=0$$
$$a\omega=0$$

解得 $\omega_1=0$，$\omega_{2,3}=\pm 1$。即为根轨迹与虚轴的交点。

最后得到系统以 a 为参变量的根轨迹如图 4-11 所示。

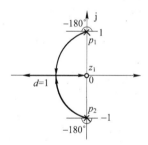

图 4-11 例 4-8 参数根轨迹

4.3.2 正反馈回路的根轨迹

在某些控制系统中，其内环可能是一个正反馈回路，如图 4-12 所示。正反馈回路的闭环传递函数为

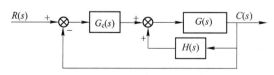

图 4-12 具有局部正反馈的系统

$$\frac{C(s)}{R_1(s)}=\frac{G(s)}{1-G(s)H(s)} \qquad (4-25)$$

相应的特征方程为

$$1-G(s)H(s)=0 \qquad (4-26)$$

或写成根轨迹方程

$$G(s)H(s)=1 \tag{4-27}$$

比较负反馈回路的根轨迹方程式（4-5），不难看出其幅值条件没有改变，但相角条件改变了。相角条件变成了

$$\arg G(s)H(s)=0° \tag{4-28}$$

所以正反馈回路的根轨迹也叫零度轨迹。因此，凡是由幅值条件得出的绘制规则一律不变；凡是由相角条件得出的绘制规则要做相应的变化。这些变化了的规则如下。

规则 4 变为：实轴上存在根轨迹的条件是其右边的开环零极点数目之和为偶数。

规则 5 变为：$(n-m)$ 条渐近线的方向角为

$$\varphi_a = \frac{2k\pi}{n-m} \tag{4-29}$$

规则 6 变为：根轨迹出射角与入射角分别可由下式得出：

出射角

$$\varphi_p = 2k\pi + \varphi \tag{4-30}$$

入射角

$$\varphi_z = 2k\pi - \varphi \tag{4-31}$$

式中 φ 的定义仍为式（4-17）。

这三条改变了的规则的证明方法与前述的完全一样，只是相角条件改变了而已，不再赘述。

[例 4-9] 一单位负反馈系统的开环传递函数为

$$G(s) = \frac{K}{(s+1)^2(s+4)^2}$$

试绘制根轨迹图。如负反馈改为正反馈，根轨迹图会如何改变？

解：（1）负反馈

开环极点：$p_{1,2}=-1$，$p_{3,4}=-4$，$n=4$。无开环零点，$m=0$。分支数 $=4$。实轴上无根轨迹。

渐近线

$$\sigma_a = \frac{\sum_{i=1}^{n} p_i - \sum_{i=1}^{m} z_i}{n-m} = \frac{-1-1-4-4}{4-0} = -2.5$$

$$\varphi_a = \frac{(2k+1)\pi}{n-m} \begin{cases} \dfrac{\pi}{4}, & k=0 \\ \dfrac{3\pi}{4}, & k=1 \\ \dfrac{5\pi}{4}, & k=2 \\ \dfrac{7\pi}{4}, & k=3 \end{cases}$$

与虚轴交点：

将 $s=j\omega$ 代入特征方程

$$(s+1)^2(s+4)^2 + K = 0$$

得

实部： $\omega^4 - 33\omega^3 + 16 + K = 0$

虚部： $-10\omega^3 + 40\omega = 0$

解方程得 $\omega = \pm 2$，$K = 100$。负反馈系统的根轨迹如图 4-13 所示。

(2) 正反馈

开环零极点位置、分支数与负反馈时相同，有区别的是整个实轴上均存在根轨迹。渐近线 σ_a 不变，但 ϕ_a 变为

$$\phi_a = \frac{2k\pi}{n-m} = \frac{2k\pi}{4} = \begin{cases} 0°, & k=0 \\ 90°, & k=1 \\ 180°, & k=2 \\ 270°, & k=3 \end{cases}$$

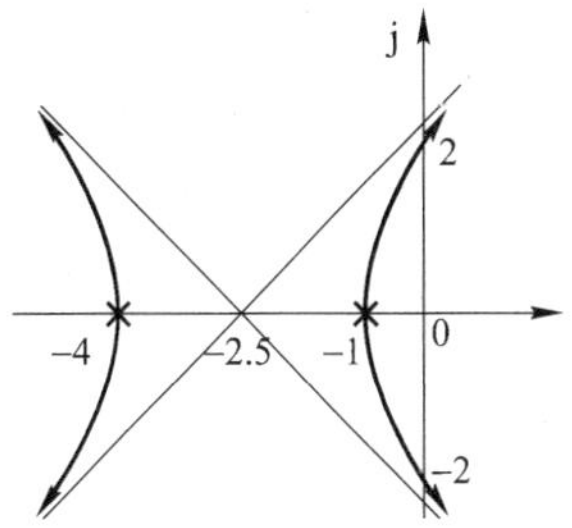

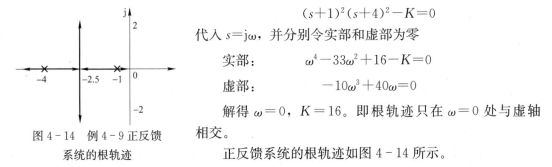

图 4-13 例 4-9 负反馈系统的根轨迹

由于负实轴上有根轨迹，根据开环极点的分布，负实轴上定有一分离点，其坐标 d 可由式（4-18）求得

$$\sum_{i=1}^{n} \frac{1}{d - p_i} = 0$$

$$\frac{1}{d+1} + \frac{1}{d+1} + \frac{1}{d+4} + \frac{1}{d+4} = 0$$

经整理

$$3d^2 + 5d - 4 = 0$$

解得 $d_1 = -2.26$，$d_2 = 0.59$。其中 d_2 不符合存在条件，舍去。$d_1 = -2.26$ 即为分离点的坐标。

由于特征方程改变了，因此根轨迹与虚轴的交点也需重新确定。正反馈系统的特征方程为

$$(s+1)^2(s+4)^2 - K = 0$$

代入 $s = j\omega$，并分别令实部和虚部为零

实部： $\omega^4 - 33\omega^2 + 16 - K = 0$

虚部： $-10\omega^3 + 40\omega = 0$

解得 $\omega = 0$，$K = 16$。即根轨迹只在 $\omega = 0$ 处与虚轴相交。

图 4-14 例 4-9 正反馈系统的根轨迹

正反馈系统的根轨迹如图 4-14 所示。

4.3.3 滞后系统的根轨迹

在自动控制系统中经常会出现纯时间滞后现象，如第 2 章中所述，我们称之为滞后环节，其传递函数为 $e^{-\tau s}$。包含有时间滞后环节的系统称为滞后系统。

设滞后系统的结构图如图 4-15 所示。

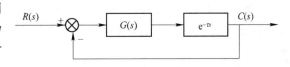

图 4-15 例 4-16 滞后系统根轨迹

系统的闭环传递函数为

$$\frac{C(s)}{R(s)} = \frac{e^{-\tau s}G(s)}{1+e^{-\tau s}G(s)} \quad (4-32)$$

其特征方程

$$1+e^{-\tau s}G(s)=0 \quad (4-33)$$

是复变量 s 的超越函数，特征方程的根不再为有限多个，而是无限多个。因此滞后系统的根轨迹也应为无限多条。这是滞后系统的一个重要特性。

由滞后系统的特征方程，可得其根迹方程为

$$e^{-\tau s}G(s)=-1 \quad (4-34)$$

注意到

$$e^{-\tau s}=e^{-\tau(\sigma+j\omega)}=e^{-\tau\sigma}e^{-j\omega\tau} \quad (4-35)$$

式中

$$e^{-j\omega\tau}=-\omega\tau(\text{rad})=-57.3°\omega\tau \quad (4-36)$$

以及

$$G(s)=\frac{K\prod_{i=1}^{m}(s-z_i)}{\prod_{i=1}^{n}(s-p_i)} \quad (4-37)$$

根轨迹方程可分别写成幅值和幅角两个方程。其幅值条件为

$$\frac{K\prod_{i=1}^{m}|s-z_i|e^{-\tau\sigma}}{\prod_{i=1}^{n}|s-p_i|}=1 \quad (4-38)$$

幅角条件

$$\sum_{i=1}^{m}\arg(s-z_i)-\sum_{i=1}^{n}\arg(s-p_i)=\omega\tau\pm(2k+1)\pi=57.3°\omega\tau\pm(2k+1)\times180°$$

$$(4-39)$$

与常规根轨迹的幅值条件和幅角条件比较，不难发现在幅值条件中多了一项 $e^{-\tau\sigma}$，在幅角条件中多了一项 $57.3°\sigma\tau$。这就构成了滞后系统根轨迹的特殊性。如当 $\tau\neq 0$（即有滞后时间存在）时，相角条件取决于 ω。若取不同的 k 值，则可以得到无限多条根轨迹。

由于幅值和幅角条件的变化，绘制根轨迹的各项规则将会受到影响。

规则1：根轨迹在 s 平面上的分支数不再是 n 条，而是无穷多条。

这是由于滞后系统的特征方程有无穷多个特征根所致。但仍有 n 条分支组成主根轨迹。

规则2：滞后系统的根轨迹仍然对称于实轴。

尽管其特征方程有无穷多个根，但仍然具有与实轴对称的性质，所以根轨迹一定对称于实轴。

规则3：滞后系统根轨迹的起点为开环极点和 $\sigma=-\infty$；终点为开环零点和 $\sigma=\infty$。

滞后系统之幅值条件可写成

$$\frac{\prod_{i=1}^{m}|s-z_i|}{\prod_{i=1}^{n}|s-p_i|}\mathrm{e}^{-\sigma\tau}=\frac{1}{K} \tag{4-40}$$

当 $K=0$ 时（即根轨迹的起点），上式右边为 ∞，只有满足 $s=p_i$ 或 $\sigma=-\infty$ 的条件，等式才能成立。所以开环极点 $s=p_i$ 和 $\sigma=-\infty$ 为根轨迹的起点。同理，当 $K=\infty$ 时（即根轨迹的终点），有满足 $s=z_i$ 或 $\sigma=\infty$，等式才能成立，所以开环零点 $s=z_i$ 和 $\sigma=\infty$，是根轨迹的终点。

规则 4：实轴上根轨迹区段右侧，开环零极点数目之和为奇数。

这一条规则与常规根轨迹相比没有改变。回忆前面证明这条规则时依据的是幅角条件，滞后系统的幅角条件虽然多了一项 $57.3°\omega\tau$，但对实轴而言，$\omega=0$，所以这条规则没有发生变化。

规则 5：滞后系统根轨迹的渐近线有无穷多条，且都平行于实轴，它与虚轴的交点为

$$\omega=\frac{180°N}{57.3°\tau} \tag{4-41}$$

其中 N 值如表 4-2 所示。

表 4-2 N 值

$n-m$	$K=0$ 渐近线	$K=\infty$ 渐近线
奇数	$N=0, \pm 2, \pm 4, \cdots$	$N=\pm 1, \pm 3, \pm 5, \cdots$
偶数	$N=\pm 1, \pm 3, \pm 5, \cdots$	$N=\pm 1, \pm 3, \pm 5, \cdots$

因为滞后系统的根轨迹有无穷多条，因此它的渐近线也定为无穷多条。在渐近线上取一点 $s=\infty$，又知根轨迹上 $s=\infty$ 的点不是根轨迹的起点就是终点。如为起点，由规则三，这一点应在 $\sigma=-\infty$；如为终点，这一点应在 $\sigma=\infty$。这相当于说，渐近线与有限的实轴不存在交点。由幅角条件式（4-39），当 $n-m$ 为奇数时，对 $K=0$（即起点）的渐近线

$$m\times 180°-n\times 180°=57.3°\omega\tau+(2k+1)\times 180°$$

或写成

$$57.3°\omega\tau=(n-m)\times 180°+(2k+1)\times 180°$$

由奇数+奇数=偶数的原则，上式又可写成

$$57.3°\omega\tau=2k\times 180°$$

即

$$\omega=\frac{2k\times 180°}{57.3°\tau}$$

或

$$\omega=\frac{180°N}{57.3°\tau}$$

其中 N 如表 4-2 所示。

同理可证其他情况。

规则 6：滞后系统根轨迹的出射角与入射角分别为

出射角

$$\theta_{p_1}=(2k+1)\times 180°+57.3°\omega\tau+\varphi \tag{4-42}$$

入射角
$$\theta_{z_1}=(2k+1)\times 180°+57.3°\omega\tau-\varphi \qquad (4-43)$$

式中
$$\varphi=\sum_{i=1}^{m}\theta_{z_i}-\sum_{i=1}^{n}\theta_{p_i} \qquad (4-44)$$

这个规则也是由幅角条件式（4-39）得到的，证明的方法与前述常规根轨迹的完全相同，只是由于幅角条件中多了一项 $57.3°\omega\tau$，因而式（4-42）和式（4-43）比常规根轨迹的出射角、入射角的公式也都多了这一项。

规则 7：滞后系统根轨迹的分离点（或会合点）可由下面的方程求出
$$\frac{\mathrm{d}K}{\mathrm{d}s}=0 \qquad (4-45)$$

这里讨论的只是实轴上根轨迹的分离点或会合点。这些分离点（或会合点）一定对应着该段实轴上 K 的最大值（或最小值）。因此，在特征方程式（4-33）中，求 K 对 s 的导数，并令其等于零，即可解出分离点（或会合点）的坐标。需要指出的是，由方程式（4-45）解出的 s 值，只是分离点（或会合点）的必要条件不是充分条件。分离点（或会合点）的最后确定，还要考虑实轴上根轨迹的具体情况。

规则 8：确定滞后系统与虚轴交点时，可用 $s=j\omega$ 代入根迹方程求解。

由于滞后系统的特征方程是复变量 s 的超越方程，不是 s 的代数方程，故不能用劳斯判据求解根轨迹与虚轴的交点。另外，因为滞后系统的根轨迹有无穷多条分支，要确定根轨迹与虚轨的所有交点是困难的。分析表明，只有最靠近实轴处根轨迹的分支（主根轨迹）与虚轴的交点，才是研究稳定性的关键。

[例 4-10] 设滞后系统的开环传递函数为
$$G(s)=\frac{K\mathrm{e}^{-\tau s}}{s+1}$$

试绘制系统的根轨迹。

解：系统的特征方程为
$$1+\frac{K\mathrm{e}^{-\tau s}}{s+1}=0$$

由规则 3，根轨迹的起点为 $p_1=-1$ 和 $\sigma=-\infty$。由规则 4，实轴上 $(-1,-\infty)$ 区段存在根轨迹。由规则 5，渐近线有无穷多条，且都平行于实轴。

这里 $n-m=1$ 是奇数，由表 4-2 查得 N 值，画出渐近线如图 4-16 所示。其中终点渐近线为
$$\pm\frac{180°}{57.3°\tau},\ \pm\frac{3\times 180°}{57.3°\tau},\ \pm\frac{5\times 180°}{57.3°\tau},\ \cdots$$

起点渐近线为
$$\pm\frac{2\times 180°}{57.3°\tau},\ \pm\frac{4\times 180°}{57.3°\tau},\ \pm\frac{6\times 180°}{57.3°\tau},\ \cdots$$

由规则 7，根轨迹在实轴上的分离点可用以下方法求得。

由系统的特征方程可得
$$K=-(s+1)\mathrm{e}^{\tau s}$$

求 K 对 s 的导数

$$\frac{\mathrm{d}K}{\mathrm{d}s} = -\mathrm{e}^{\tau s} - \tau s \mathrm{e}^{\tau s} - \tau \mathrm{e}^{\tau s}$$

令 $\dfrac{\mathrm{d}K}{\mathrm{d}s}=0$，有

$$-\mathrm{e}^{\tau s}(1+\tau s+\tau)=0$$

解之得

$$s=-\frac{1+\tau}{\tau}$$

即分离点在

$$d=-\frac{1+\tau}{\tau}$$

由规则 8，主根轨迹与虚轴的交点计算如下。

设 $\tau=1$，且根轨迹与虚轴的交点为 $\mathrm{j}\omega_0$，将它们代入幅角条件式

$$-\arg(\mathrm{j}\omega_0+1)=57.3°\omega_0\tau\pm180°$$

即

$$\arctan\omega_0+57.3°\omega_0\tau=\pm180°$$

当 $\tau=1$ 时，解之得 $\omega=\pm2.03$。即主根轨迹与虚轴的交点为 $\pm\mathrm{j}2.03$。

最后画得根轨迹如图 4-16 所示。

如果开环传递函数中没有滞后环节 $\mathrm{e}^{-\tau s}$，根据 $G_\mathrm{K}(s)=\dfrac{K}{s+1}$，可画出其根轨迹如图 4-17 所示。可见无滞后环节时，系统根轨迹全部处于 s 左半平面，系统无条件稳定；加入滞后环节后，当 K 较大时，根轨迹进入 s 右半平面，即系统是有条件稳定的。总的来说，增加滞后环节将对系统的稳定性带来不利的影响。

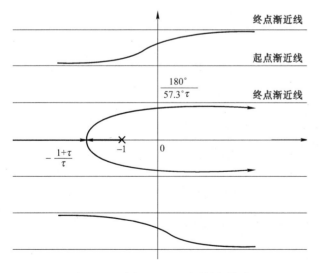

图 4-16 例 4-10 迟后系统根轨迹

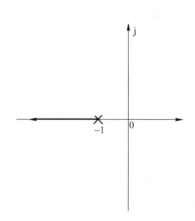

图 4-17 例 4-10 非滞后系统根轨迹

4.4 系统闭环零极点分布与阶跃响应的关系

根轨迹描述的是系统闭环极点的分布，而系统的控制性能一般都由其阶跃响应来直接表达，因此这一节所讨论的系统闭环零极点分布与阶跃响应的关系，也可以理解成是根轨迹与系统控制性能的关系。

4.4.1 用闭环零极点表示的阶跃响应解析式

设 n 阶系统的闭环传递函数为

$$\phi = \frac{C(s)}{R(s)} = \frac{K\prod\limits_{i=1}^{m}(s-z_i)}{\prod\limits_{i=1}^{n}(s-s_i)} \tag{4-46}$$

式中：z_i——闭环零点；
　　　s_i——闭环极点。

在单位阶跃 $r(t)=I(t)$ 的输入下，$R(s)=1/s$，其输出的拉氏变换为

$$C(s) = \phi(s)R(s)$$

$$= \frac{K\prod\limits_{i=1}^{m}(s-z_i)}{\prod\limits_{i=1}^{n}(s-s_i)} \cdot \frac{1}{s} \tag{4-47}$$

设 $\phi(s)$ 中无重极点（此假设只是为了推导过程简单，若无此假设，也不影响结论），则用部分分式法可将 $C(s)$ 分解成

$$C(s) = \frac{A_0}{s} + \frac{A_1}{s-s_1} + \cdots + \frac{A_n}{s-s_n}$$

$$= \frac{A_0}{s} + \sum_{k=1}^{n} \frac{A_k}{s-s_k} \tag{4-48}$$

式中

$$A_0 = \left.\frac{K\prod\limits_{i=1}^{m}(s-z_i)}{\prod\limits_{i=1}^{n}(s-s_i)}\right|_{s=0} = \frac{K\prod\limits_{i=1}^{m}(-z_i)}{\prod\limits_{i=1}^{n}(-s_i)} \tag{4-49}$$

$$A_k = \left.\frac{K\prod\limits_{i=1}^{m}(s-z_i)}{\prod\limits_{i=1}^{n}(s-s_i)}\right|_{s=s_k} = \frac{K\prod\limits_{i=1}^{m}(s_k-z_i)}{\prod\limits_{i=1}^{n}(s_k-s_i)} \tag{4-50}$$

需要注意的是，式（4-50）中的 s_i 不包括 s_k，s_k 是闭环极点，z_i 是闭环零点。最后对式（4-48）进行拉氏反变换，得

$$c(t) = A_0 + \sum_{k=1}^{n} A_k e^{s_k t} \tag{4-51}$$

由式（4-51）可知，系统的单位阶跃响应将由闭环极点 s_k 及系数 A_k 确定，而系数 A_k 也与闭环零极点的分布有关。因此，式（4-51）就是我们要求的用闭环零极点表示的阶跃响应解析式。

4.4.2　闭环零极点分布与阶跃响应的定性关系

下面就以式（4-51）为基础，就闭环零极点分布与阶跃响应的关系（亦即根轨迹与系统控制性能之间的关系）作进一步的分析。

从系统的控制系统性能角度讲，希望系统的输出尽可能的复现输入，即要求系统动态过程的快速性、平稳性要好。那么，要达到这一要求，闭环零极点应该如何分布呢？主要应从下面几点来考虑。

① 要求系统稳定，则必须使所有的闭环极点位于 s 左半平面。

② 要求系统快速性好，则应使阶跃响应式中的每个瞬态分量 $A_k e^{s_k t}$ 衰减得快，这又有两条途径：一是 s_k 的绝对值大，即闭环极点应远离虚轴；二是 A_k 要小，从 A_k 的表达式（4-50）知，应使式（4-50）中的分子小、分母大，即闭环零点与闭环极点应该成对的靠近（使 $s_k - z_i$ 即分子变小），且闭环极点间的距离要大（使 $s_k - s_i$ 即分母变大）。

③ 要求系统平稳性好，即阶跃响应没过大的超调，则要求复数极点最好设置在 s 平面中与负实轴成 $\pm 45°$ 夹角线附近。这是由于，由图 3-18 知，$\cos \theta = \xi$，当 $\theta = 45°$ 时，$\xi = 0.707$，是最佳阻尼比，对应的超调量 $\sigma\% < 5\%$。

这些关于闭环零极点合理分布的结论，为利用闭环零极点直接对系统动态过程的性能进行定性分析提供了有力的依据。

4.4.3　主导极点与偶极子

由上面的分析知道，离虚轴最近的闭环极点对系统动态过程性能的影响最大，起着主要的决定作用。因而，如果满足实部相差 6 倍以上的条件（工程上可更小些），则远离虚轴的闭环极点所产生的影响可以被忽略。称离虚轴最近的一个（或一对）闭环极点为主导极点。在实际中，通常用主导极点来估算系统的动态性能，即将系统近似地看成是一阶或二阶系统。

由上面的分析还知道，当闭环极点 s_k 与闭环零点 z_i 靠得很近时，对应的 A_k 很小，也就是相当于 $c(t)$ 中的这个分量可以忽略。因此，将一对靠得很近的闭环零极点称为偶极子。在实际中，可以有意识地在系统中加入适当的零点，以抵消对动态过程影响较大的不利极点，使系统的动态过程的性能获得改善。

4.4.4　利用主导极点估算系统的性能指标

既然主导极点在动态过程中起主导作用，那么计算性能指标时，在一定条件下就可以只考虑暂态分量中主导极点所对应的分量，把高阶系统近似成一阶或二阶系统，直接应用第 3 章中计算性能指标的公式。

［例 4-11］ 已知系统开环传递函数

$$G(s) = \frac{K}{s(s+1)(0.5s+1)}$$

试应用根轨迹分析系统的稳定性，并计算闭环主导极点具有阻尼比 $\xi=0.5$ 时的性能指标。

解：首先把开环传递函数化成标准形式

$$G(s)=\frac{2K}{s(s+1)(s+2)}=\frac{K^*}{s(s+1)(s+2)}$$

式中：$K^*=2K$ 是根轨迹增益。

1. 作根轨迹图

$p_1=0$，$p_2=-1$，$p_3=-2$，开环极点数 $n=3$；开环零点数 $m=0$。有三条根轨迹，起点分别是 p_1，p_2，p_3，终点均为无穷远。实轴上 $(0, -1)$，$(-2, -\infty)$ 区段存在根轨迹。渐近线与实轴的交点为

$$\sigma_a=\frac{\sum_{i=1}^{n}p_i-\sum_{i=1}^{m}z_i}{n-m}=\frac{-1-2}{3-0}=-1$$

渐近线与实轴正方向的夹角为

$$\varphi_a=\frac{(2k+1)\pi}{n-m}=\{60°, -60°, 180°\}$$

分离点坐标：

$$K^*=-\frac{1}{2}s(s+1)(s+2)=-\frac{1}{2}(s^3+3s^2+2s)$$

$$\frac{dk}{ds}=-\frac{3}{2}s^2-3s-1=0$$

$$s_1=-0.423, \quad s_2=-1.58$$

式中，s_2 不在根轨迹上，舍去。分离点 $d=-0.423$。

与虚轴的交点：

将 $s=j\omega$ 代入特征方程

$$D(s)=s^3+3s^2+2s+K^*=0$$

$$D(j\omega)=(j\omega)^3+3(j\omega)^2+2(j\omega)+K^*=0$$

$$-j\omega^3-3\omega^2+2j\omega+K^*=0$$

实部：$-3\omega^2+K^*=0$

虚部：$-\omega^3+2\omega=0$

解之得

$$\omega_1=0, \quad \omega_{2,3}=\pm1.44$$

$$K^*=0, \quad K^*=6, \quad K=3$$

画出根轨迹如图 4-18 所示。

2. 分析系统稳定性

当开环增益 $K>3$ 时，有两条根轨迹分支进入 s 右半平面，系统变为不稳定的。使系统稳定的开环增益的允许调整范围是 $0<K<3$。

3. 根据对阻尼比的要求，确定闭环主导极点 s_1，s_2 的位置

要求 $\xi=0.5$，那么 $\theta=\arccos\xi=\arccos 0.5=60°$，称为 $\xi=0.5$ 的阻尼线。在图 4-18 中画出阻尼线，并量得

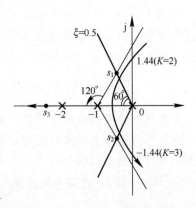

图 4-18 例 4-11 根轨迹图

$$s_1 = -0.33 + j0.57 \quad s_2 = -0.33 - j0.57$$

欲确定 s_1, s_2 是一对主导极点，必须找出同一 K 值下的第三个闭环极点，并确定其实部与 s_1, s_2 的实部相差 6 倍以上。

s_1 点处的 K 值，可由 $s = -0.33 + j0.57$ 代入到幅值条件中求得

$$|s(s+1)(s+2)|_{s=-0.33+j0.57} = 2K$$

$$|-0.33+j0.57| \times |-0.33+j0.57+1| \times |-0.33+j0.57+2| = 2K$$

$$K = 0.516$$

即在 $K = 0.516$ 时，三个闭环极点分别是 s_1, s_2 和 s_3，其中 $s_{1,2} = -0.33 \pm j0.57$，$s_3$ 待求。求 s_3 时，相当于一个三次方程，知道了两个根，求第三个根。由特征方程可得

$$s(s+1)(s+2) + 2K = (s-s_1)(s-s_2)(s-s_3)$$

代入 $K = 0.516$，$s_1 = -0.33 + j0.57$，$s_2 = -0.33 + j0.57$，可有

$$(s - s_3) = \frac{s^3 + 3s^2 + 2s + 1.032}{s^2 + 0.66s + 0.4438}$$

用多项式除法，求得

```
                                    s+2.34
                    ┌─────────────────────────────
s²+0.66s+0.443 8    │ s³+2s²+2s+1.032
                      s³+0.66s²+0.443 8s
                      ─────────────────────────
                              2.34s²+1.556 2s+1.032
                              2.34s²+1.554 4s+1.038
                              ─────────────────────
                                      0.011 8s+0.006
```

其中，余数 $0.0118s - 0.006 \approx 0$，是计算误差所致。由此求出第三个闭环极点 $s_3 = -2.34$。

s_3 距虚轴的距离（2.34）是 $s_{1,2}$ 距虚轴距离（0.33）的 7 倍以上，因此可以确认 $s_{1,2}$ 是主导极点。即可只根据 $s_{1,2}$ 来估算系统的性能指标。这时，系统近似为二阶系统可用相应的性能指标计算公式

$$\sigma\% = e^{-\xi\pi/\sqrt{1-\xi^2}}\big|_{\xi=0.5} = 16.3\%$$

又由图 4-18 知，二阶系统闭环极点的位置为

$$s_{1,2} = -\xi\omega_n \pm \omega_n\sqrt{\xi^2 - 1} = -0.33 \pm j0.57$$

$$\overline{\omega_n} = 0.33/\xi\big|_{\xi=0.5} = 0.66$$

$$t_s = \frac{3}{\xi\omega_n} = 9.1 \text{ s} \quad （对应 5\% 误差带）$$

4.5 开环零极点的变化对根轨迹的影响

开环零极点的位置，决定了根轨迹的形状，而根轨迹的形状又与系统的控制性能密切相关，因而在控制系统的设计中，一般就是用改变系统的零极点配置的方法来改变根轨迹的形状，以达到改善系统控制性能的目的。

4.5.1 开环零点的变化对根轨迹的影响

先从两个例子看增加开环零点会对根轨迹产生什么样的影响。

[例 4-12] 设系统的开环传递函数为

$$G(s)=\frac{K}{s^2(s+a)}$$

试绘制根轨迹图并讨论增加零点 $s=-z$ 对根轨迹的影响。

解：对原系统：$p_{1,2}=0$，$p_3=-a$，开环极点数 $n=3$；开环零点数 $m=0$。实轴上根轨迹区段为 $(-\infty,-a)$。

渐近线

$$\sigma_a=\frac{\prod_{i=1}^{n}p_i-\prod_{i=1}^{m}z_i}{n-m}=\frac{-a}{3}$$

$$\varphi_a=\frac{(2k+1)\pi}{n-m}=\{60°,-60°,180°\}$$

与虚轴只有一个交点 $\omega=0$。其根轨迹如图 4-19 所示。

增加开环零点后，开环传递函数变为

$$G_K(s)=\frac{K(s+z)}{s^2(s+a)}$$

分两种情况讨论。

(1) 当 $|z|>|a|$ 时

$p_{1,2}=0$，$p_3=-a$，开环极点数 $n=3$；$z_1=-z$，开环零点数 $m=1$。实轴上根轨迹区段为 $(-z,-a)$。渐近线

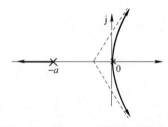

图 4-19 例 4-12 原系统的根轨迹

$$\sigma_a=\frac{-a+z}{2}>0$$

$$\varphi_a=\{90°,-90°\}$$

与虚轴只有一个交点 $\omega=0$。其根轨迹如图 4-20 所示。

(2) 当 $|z|<|a|$ 时

$p_{1,2}=0$，$p_3=-a$，开环极点数 $n=3$；$z_1=-z$，开环零点数 $m=1$。实轴上根轨迹区段为 $(-a,-z)$。渐近线

$$\sigma_a=-\frac{-a+z}{2}<0$$

$$\varphi_a=\{0°,-90°\}$$

与虚轴只有一个交点 $\omega=0$。其根轨迹如图 4-21 所示。

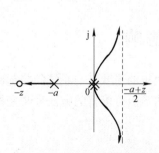

图 4-20 例 4-12 增开环零点
($|z|>|a|$) 后的根轨迹

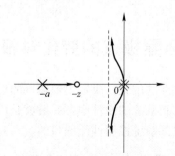

图 4-21 例 4-12 增开环零点
($|z|>|a|$) 后的根轨迹

从此例可以看出，若增加开环零点，且使 $|z|<|a|$，则可使原来对任何 K 值均不稳定的系统变成对任何 K 值均稳定的系统。

[**例 4-13**] 系统的开环传递函数为

$$G(s) = \frac{K}{s(s^2+2s+2)}$$

讨论增加开环零点 $s=-z$ 对根轨迹的影响。

解：原系统：$p_1=0$，$p_{2,3}=-1\pm j$，开环极点数 $n=3$；开环零点数 $m=0$。实轴上的根轨迹区段为 $(-\infty, 0)$。渐近线

$$\sigma_a = \frac{-1+j-1-j}{3} = \frac{-2}{3}$$

$$\varphi_a = \{60°, -60°, 180°\}$$

出射角

$$\theta_{p_2} = 180° - 135° - 90° = -45°$$

$$\theta_{p_3} = +45°$$

与虚轴交点：将 $s=j\omega$ 代入特征方程

$$s(s^2+2s+2)+K=0$$

$$-j\omega^3 - 2\omega^2 + j2\omega + K = 0$$

实部：$-2\omega^2 + K = 0$

虚部：$-\omega^3 + 2\omega = 0$

解方程得 $\omega_1=0$，$\omega_{2,3}=\pm\sqrt{2}$，即为与虚轴的交点。其根轨迹如图 4-22 所示。从图中可见，$K>$ 临界值 4 时，系统不稳定。也就是说，系统是有条件稳定的。

增加开环零点后，系统的开环传递函数为

$$G(s) = \frac{K(s+z)}{s(s^2+2s+2)}$$

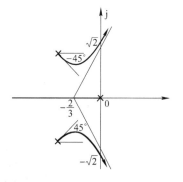

图 4-22 例 4-13 原系统的根轨迹

下面也分两种情况进行讨论。

(1) 当 $|z|>2$ 时

$p_1=0$，$p_{2,3}=-1\pm j$，开环极点数 $n=3$；$z_1=-z$，开环零点数 $m=1$。实轴上的根轨迹区段为 $(-z, 0)$。渐近线

$$\sigma_a = \frac{-1+j-1-j+z}{2} > 0$$

$$\varphi_a = \{90°, -90°\}$$

与虚轴的交点：将 $s=j\omega$ 代入特征方程

$$s^3 + 2s^2 + (s+K)s + Kz = 0$$

$$-j\omega^3 - 2\omega^2 + 2j(2+k)\omega + Kz = 0$$

实部：$-2\omega^2 + Kz = 0$

虚部：$-\omega^3 + (2+K)\omega = 0$

解方程得 $\omega_1=0$，$\omega_{2,3}=\pm\sqrt{\dfrac{2z}{z-2}}$，即为与虚轴的交点。

出射角

$$\theta_{p_2} = 180° - 135° - 90° + \arctan\frac{1}{z-1}$$

$$\theta_{p_3} = -\theta_{p_2}$$

式中，$0° > \theta_{p_2} > -45°$。

其根轨迹如图 4-23 所示。可见，系统仍然是有条件稳定的。但其根轨迹比起未加开环零点时，有向左弯曲的倾向。

(2) 当 $|z| < 2$ 时

$p_1 = 0$，$p_{2,3} = -1 \pm j$，开环极点数 $n = 3$；$z_1 = -z$，开环零点数 $m = 1$。实轴上的根轨迹区段为 $(-z, 0)$。渐近线

$$\sigma_a = \frac{-1+j-1-j+z}{2} < 0$$

$$\varphi_a = \{90°, -90°\}$$

与虚轴交点只有一个 $\omega = 0$。

出射角

$$\theta_{p_2} = 180° - 135° - 90° + \arctan\frac{1}{z-1}$$

$$\theta_{p_3} = -\theta_{p_2}$$

式中，$0° < \theta_{p_2} < 90°$。

其根轨迹如图 4-24 所示。这时系统成为无条件稳定的。

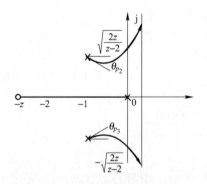

图 4-23　例 4-13 增加开环零点
（$|z| > 2$）后的根轨迹

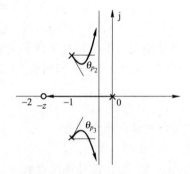

图 4-24　例 4-13 增加开环零点
（$|z| < 2$）后的根轨迹

总的来说，系统增加开环零点，将使根轨迹产生向左弯曲的倾向，因而对稳定性产生有利的影响。这个结论也可以由渐近线的夹角公式定性的看出。由

$$\varphi_a = \frac{(2k+1)\pi}{n-m}$$

可以看出，增加开环零点，相当于 m 增大，渐近线与实轴正方向的夹角 φ_a 将增大，即根轨迹将向左弯曲。

4.5.2　开环极点的变化对根轨迹的影响

增加开环极点可能对根轨迹产生的影响，仍用一个例子加以说明。

[**例 4-14**] 系统的开环传递函数为
$$G(s)=\frac{K}{s(s+2)}$$
讨论增加一个开环极点 $s=-p$ 对根轨迹的影响。

解：先画原系统的根轨迹。

原系统：$n=2$，$p_1=0$，$p_2=-2$，$m=0$。实轴上根轨迹区段为 $(-2,0)$。渐近线
$$\sigma_a=\frac{-2}{2}=-1$$
$$\varphi_a=\{90°,-90°\}$$

分离点：由特征方程可得
$$K=-s(s+2)$$
$$\frac{\mathrm{d}K}{\mathrm{d}s}=-(2s+2)=0$$

解之得 $s=-1$，即为分离点坐标。其根轨迹如图 4-25 所示。可见，未增加开环极点前，是一个无条件稳定的系统。

增加一个开环极点，开环传递函数变为
$$G(s)=\frac{K}{s(s+2)(s+p)}$$

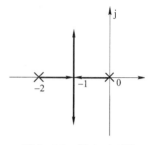

图 4-25 例 4-14 原系统的根轨迹

若令 $p=4$，则其根轨迹为：$n=3$，$p_1=0$，$p_2=-2$；$p_3=-4$；$m=0$。

实轴上根轨迹区段为 $(-\infty,-4)$，$(-2,0)$。渐近线
$$\sigma_a=\frac{-2-4}{3}=-2$$
$$\varphi_a=\{60°,-60°,180°\}$$

分离点：由特征方程可得
$$K=-s(s+2)(s+4)=-(s^3+6s^2+8s)$$
$$\frac{\mathrm{d}k}{\mathrm{d}s}=-(3s^2+12s+8)=0$$
$$s_1=-0.84,\quad s_2=-3.15$$

其中，s_2 不在根轨迹上，弃之。分离点的坐标为 $s=-0.84$。

与虚轴的交点：将 $s=\mathrm{j}\omega$ 代入特征方程式
$$s(s+2)(s+4)+K=0$$
$$-\mathrm{j}\omega^3-6\omega^2+\mathrm{j}8\omega+K=0$$

实部：$-6\omega^2+K=0$

虚部：$-\omega^3+8\omega=0$

解之得 $\omega_1=0$，$\omega_{2,3}=\pm\sqrt{8}$，为根轨迹与虚轴的交点。其根轨迹如图 4-26 所示。这时系统是有条件稳定的。

若令 $p=0$，则其根轨迹为 $n=3$，$p_1=0$，$p_2=0$；$p_3=-2$；$m=0$。实轴上根轨迹区段为 $(-\infty,-2)$。渐近线

$$\sigma_a = \frac{-2}{3}$$

$$\varphi_a = \{60°, -60°, 180°\}$$

与虚轴只有一个交点 $\omega=0$。其根轨迹如图 4-27 所示。这时系统是无条件不稳定的，即不论 K 取何值，系统均不稳定。

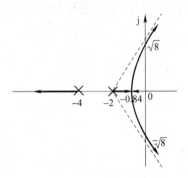
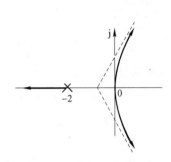

图 4-26　例 4-14 增加开环极点（$p=4$）后的根轨迹　　图 4-27　例 4-14 增加开环极点（$p=0$）后的根轨迹

总之，增加开环极点，将使根轨迹产生向右弯曲的倾向，对稳定性产生不利的影响。这一结论，也可以由渐近线与实轴正方向的夹角的公式中看出，增加开环极点，n 变大，ϕ_a 角变小，根轨迹必向右弯曲。

4.6　用 MATLAB 作根轨迹图

本节介绍如何用 MATLAB 方法产生根轨迹图及通过根轨迹图获取相关信息。

4.6.1　画根轨迹图

在用 MATLAB 画根轨迹图时，需要对应系统的数学模型。由前述可知，根轨迹方程为 $1+G(s)H(s)=0$，即

$$G(s)H(s) = -1$$

其中

$$G(s)H(s) = K \cdot \frac{M(s)}{N(s)}。$$

上式中，分子多项式为 $M(s)$，在 MATLAB 中用 num 表示，并按 s 的阶次降幂排列，分母多项式为 $N(s)$，在 MATLAB 中用 den 表示，并写成 s 的降幂形式。

通常采用下列 MATLAB 命令画根轨迹：

rlocus(num, den)

或

r=rlocus(num, den)

［例 4-15］　系统的开环传递函数为

$$G(s) = \frac{K}{s(0.5s+1)(0.05s^2+0.2s+1)}$$

采用 MATLAB 命令绘制系统的根轨迹。

解：MATLAB 程序如下。

```
num=[1];
p=[0.5 1 0];
q=[0.05 0.2 1];
%分母为两式的乘积
den=conv(p,q);
rlocus(num,den)
```

根轨迹图如图 4-28 所示。

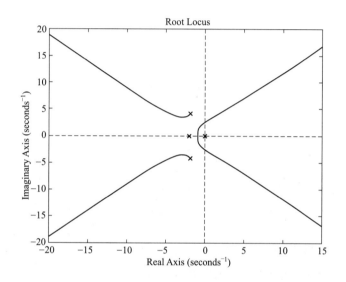

图 4-28 例 4-15 系统根轨迹图

也可采用如下命令。

```
num=[1];
p=[0.5 1 0];
q=[0.05 0.2 1];
den=conv(p,q);
r=rlocus(num,den);
plot(r,'o');
%选定坐标范围
v=[-6 6 -6 6];
axis(v);
grid;
title('Root-locus plot of G(S)=K/[S(S+0.5)(S^2+0.5S+10)]');
xlabel('Real Axis');
ylabel('Imag Axis');
```

根轨迹图如图 4-29 所示。

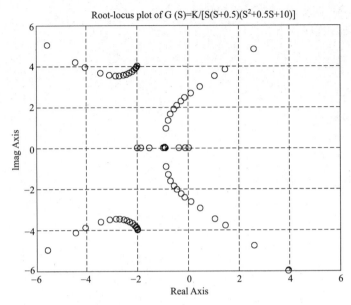

图 4-29 例 4-15 系统根轨迹图

4.6.2 求根轨迹上任意点的增益值

在闭环系统的 MATLAB 分析中，经常需要求根轨迹上任意点对应的增益 K 值，这可以通过命令 [K, r] = rlocfind(num, den) 来实现。该命令把可移动的 $x-y$ 坐标覆盖到屏幕上，利用鼠标可以把 $x-y$ 坐标的原点配置到根轨迹希望的点上，按压右键，MATLAB 就会在屏幕上显示出该点的坐标、该点上的增益值及对应于该增益值的闭环极点。注意，rlocfind 命令必须跟随在 rlocus 命令之后。

如例 4-15 中当执行 [K, r] = rlocfind(num, den) 后，此时屏幕上会出现一个移动的 $x-y$ 坐标，移动鼠标选定根轨迹点与虚轴交点作为 $x-y$ 坐标的原点，并按下鼠标右键，此时 MATLAB 显示结果为

```
K=
    3.5004
r=
  -19.7871
  -4.2321
   0.0096+4.0890i
   0.0096-4.0890i
```

其中，K 为选定点所对应的增益值，r 为该增益值对应的闭环极点。

也可直接用命令 rlocfind(num, den)，此时移动鼠标，选定根轨迹上一点后按下鼠标右键，屏幕上会显示出该点的增益值及该点的坐标。

4.6.3 对根轨迹指定区域进行放大

[例 4-16] 考虑具有如下开环传递函数 $G(s)H(s)$ 的系统

$$G(s)H(s) = \frac{K}{s(s+0.5)(s^2+0.6s+10)} = \frac{K}{s^4+1.1s^3+10.3s^2+5s}$$

应用 MATLAB 程序绘制系统的根轨迹图。

解：MATLAB 程序如下。

```
num=[1];
den=[1 1.1 10.3 5 0];
r=rlocus(num,den);
plot(r,'o');
v=[-6 6 -6 6];
axis(v);
grid;
title('Root-locus plot of G(S)=K/[S(S+0.5)(S^2+0.6S+10)]');
xlabel('Real Axis');
ylabel('Imag Axis');
```

根轨迹图如图 4-30 所示。

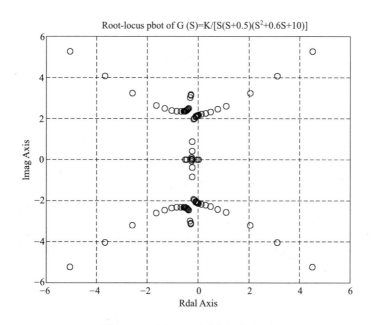

图 4-30 例 4-16 系统根轨迹图

从图中可以发现在 $x=-0.3$，$y=2.3$ 和 $x=-0.3$，$y=-2.3$ 附近的区域内，两条根轨迹互相趋于重合。为了进一步观察该处根轨迹的图形，首先用 rlocfind 命令确定待放大的根轨迹范围对应的 K 值范围是 $20 \leqslant K \leqslant 30$，然后在这一范围内设定足够小的步阶量值，如将 K 的范围分割如下。

$$K_1=[0:0.2:20], \quad K_2=[20:0.1:30], \quad K_3=[30:5:1\,000]$$

即 0~20 之间以 0.2 作为步阶量值，20~30 之间以 0.1 作为步阶量值，30~1 000 之间以 5 作为步阶量值，则 MATLAB 程序如下。

```
num=[1];
den=[1 1.1 10.3 5 0];
k1=[0:0.2:20];
k2=[20:0.1:30];
k3=[30:5:1000];
k=[k1,k2,k3];
r=rlocus(num,den,k);
plot(r,'o');
v=[-4 4 -4 4];
axis(v);
grid;
title('Root-locus plot of G(S)=K/[S(S+0.5)(S^2+0.6S+10)]');
xlabel('Real Axis');
ylabel('Imag Axis');
```

根轨迹图如图 4-31 所示。

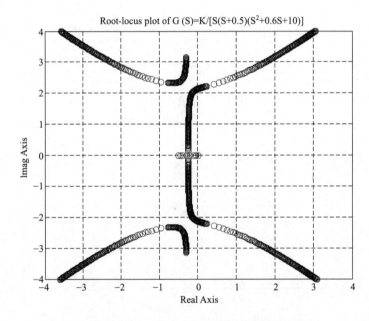

图 4-31 例 4-16 局部放大后的系统根轨迹图

由图 4-31 可见，通过对局部范围内步阶量值的设定，可以放大根轨迹的指定部分区域。

本 章 小 结

根轨迹法的基本思路是在已知开环传递函数的基础上，确定闭环零极点的分布，并利用主导极点或偶极子的概念，对系统的阶跃响应进行分析和计算。本章的主要内容如下。

> 1. 当系统某个参数从 0 到 ∞ 变化时，闭环特征根在 s 平面上运动的轨迹称之为根轨迹。
> 2. 根据根轨迹绘制规则，可由开环传递函数画出以开环增益 K 为参变量的常规根轨迹。而这些规则的基础则是根轨迹方程的幅值条件和幅角条件。
> 3. 特殊根轨迹包括参数根轨迹、正反馈回路的根轨迹和滞后系统的根轨迹，各有各的"规则"。而这些"规则"的推导，均离不开相应的根轨迹方程。
> 4. 利用根轨迹法，能较方便地确定高阶系统中某个参数变化闭环极点分布的规律，形象地看出参数对系统动态过程的影响。
> 5. 用 MATLAB 命令可以产生系统的根轨迹图，同时还可通过根轨迹图在屏幕上获取与特征根及特征根对应的相关信息。

习 题

基本题

4-1 已知开环零极点分布如图 4-32 所示。试概略绘出相应闭环根轨迹图。

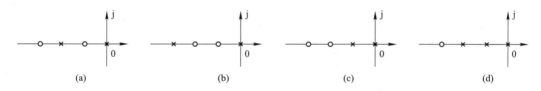

图 4-32 题 4-1 图

4-2 概略绘出

$$G(s)=\frac{K}{s(s+1)(s+2)(s+3+\mathrm{j}2)(s+3-\mathrm{j}2)}$$

时的闭环根轨迹图。

4-3 设控制系统的开环传递函数为 $G(s)H(s)$，其中

$$G(s)=\frac{K}{s^2(s+1)}$$

$$H(s)=1$$

试用根轨迹法证明该系统对于 K 为任何正值均不稳定。

4-4 已知系统结构如图 4-33 所示。试绘制其根轨迹图。

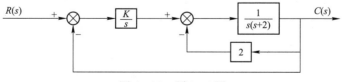

图 4-33 题 4-4 图

4-5 作 $G(s)=\dfrac{K}{s(s+1)(s+2)(s+5)}$ 根轨迹图。

4-6 设单位负反馈系统的开环传递函数为
$$G(s)=\dfrac{K}{s(0.1s+1)(s+1)}$$
试绘制该系统的根轨迹图。K 为何值时系统才不稳定？

4-7 系统的开环传递函数为
$$G(s)=\dfrac{K(s+1)}{s(s+2)}$$
试用相角条件和幅值条件证明 $s_1=-1+j\sqrt{8}$ 是否是 $K=1.5$ 时系统的特征根。

4-8 系统的开环传递函数 $G(s)$ 有如下形式

(1) $G(s)=\dfrac{K}{s(s+3)^2}$

(2) $G(s)=\dfrac{K(s+2)}{(s+1+j\sqrt{3})(s+1-j\sqrt{3})}$

(3) $G(s)=\dfrac{K}{s(s+1)(s+4)(s+3)}$

试求各系统根轨迹的分离点、会合点，并绘制根轨迹的大致图形。

4-9 试绘制具有下列开环传递函数控制系统的根轨迹图。

(1) $G(s)=\dfrac{K}{s^2}$

(2) $G(s)=\dfrac{K(s+2)}{s^2(0.1s+1)}$

(3) $G(s)=\dfrac{K(s+1)}{s(s^2+8s+16)}$

(4) $G(s)=\dfrac{K(s+0.1)^2}{s^2(s^2+9s+20)}$

(5) $G(s)=\dfrac{K}{s(s^2+2s+5)}$

4-10 设系统如图 4-34 所示，研究改变系统参数 a 和 K 对闭环极点的影响。

4-11 用根轨迹法确定图 4-35 所示系统无超调的 K 值范围。

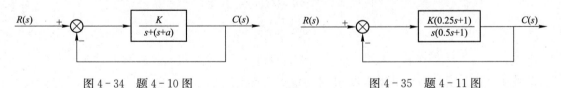

图 4-34 题 4-10 图　　　　　　　图 4-35 题 4-11 图

4-12 设负反馈系统的开环传递函数
$$G(s)=\dfrac{K^*(s+2)}{s(s+1)(s+3)}$$
(1) 作 K^* 从 $0\to\infty$ 的闭环根轨迹图。

(2) 求当 $\xi=0.5$ 时的一对闭环主导极点，并求其对应的 K 值。

4-13 已知单位负反馈系统的开环传递函数

$$G(s)=\frac{2.6}{s(1+0.1s)(1+Ts)}$$

作以 T 为参变量的根轨迹图（$0<T<\infty$）。

4-14 已知单位负反馈系统的开环传递函数

$$G(s)=\frac{\frac{1}{4}(s+a)}{s^2(s+1)}$$

作以 a 为参变量的根轨迹图（$0<a<\infty$）。

4-15 设单位负反馈系统的开环传递函数

$$G(s)=\frac{K^*(1-s)}{s(s+2)}$$

试绘制 K^* 从 $0\to\infty$ 变化时的闭环根轨迹图，并求出使系统产生重根和纯虚根的 K^* 值。

4-16 某一位置随动系统，其开环传递函数

$$G(s)=\frac{5}{s(5s+1)}$$

为了改善系统性能，分别采用在原系统中加比例＋微分串联校正和速度反馈校正两种不同方案，校正前后系统的具体结构参数如图 4-36 所示。

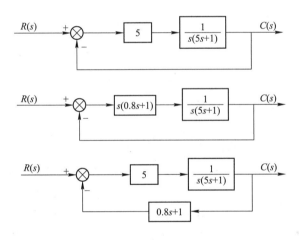

图 4-36 题 4-16 图

(1) 试分别绘制这三个系统 K 从 $0\to\infty$ 的闭环根轨迹图；
(2) 比较两种校正方案对系统阶跃响应的影响。

4-17 设系统结构如图 4-37 所示。
(1) 绘制 $K_h=0.5$ 时 K 从 $0\to\infty$ 的闭环根轨迹图；
(2) 求 $K_h=0.5$，$K=10$ 时系统的闭环极点与对应的 ξ 值；
(3) 绘制 $K=1$ 时，K_h 从 $0\to\infty$ 的参数根轨迹图；
(4) 当 $K=1$ 时，分别求 $K_h=0$、0.5、4 的阶跃响应指标 $\sigma\%$ 和 t_s，并讨论 K_h 的大小对系统动态性能的影响。

4-18 绘出如图 4-38 所示滞后系统的主根轨迹，并确定能使系统稳定的 K 值范围。

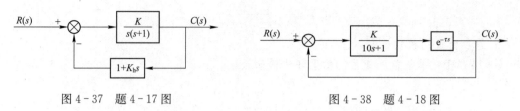

图 4-37 题 4-17 图　　　　图 4-38 题 4-18 图

4-19 根据下列正反馈回路的开环传递函数，绘出其根轨迹的大致图形。

(1) $G(s)=\dfrac{K}{(s+1)(s+2)}$

(2) $G(s)=\dfrac{K}{s(s+1)(s+2)}$

(3) $G(s)=\dfrac{K(s+2)}{s(s+1)(s+3)(s+4)}$

4-20 设单位负反馈系统的开环传递函数为

$$G(s)=\dfrac{K}{s^2(s+2)}$$

(1) 试绘制系统闭环根轨迹的大致图形，并对系统的稳定性进行分析；

(2) 若增加一个零点 $z=-1$，试问根轨迹图有何变化？对系统稳定性有何影响？

提高题

4-21 系统结构图如图 4-39 所示。

(1) 画出 K 在 $0\to\infty$ 变化时的根轨迹；

(2) 证明在复平面上的根轨迹为圆；

(3) 求出使闭环系统稳定的 K 值范围。

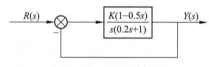

图 4-39 系统结构图

4-22 控制系统的结构图如图 4-40 所示。

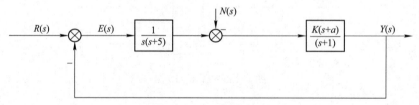

图 4-40 系统结构图

(1) 求闭环系统的特征多项式 $f(s)$；

(2) 设 $a=\dfrac{8}{7}$，确定根轨迹的会合点并画出根轨迹，同时请回答在会合点处 $K=?$，有几条根轨迹分支在这里会合，请说明理由；

(3) 设 $\dfrac{8}{7}<a<5$，画出 $f(s)$ 的根轨迹，并确定闭环系统稳定的 K 的取值范围；

(4) 设 $0<a<1$，画出 $f(s)$ 的根轨迹。

4-23 控制系统的结构图如图 4-41 所示，其中 $K>0$，$G_0(s)=\dfrac{s+\beta}{s^2(s+3)}$　$\beta>0$，记闭

环系统的特征多项式为 $f(s)$。

(1) 设 $\beta=\dfrac{1}{3}$，确定根轨迹的汇合点并画出根轨迹，同时请回答在汇合点处 K 的值，有几条分支在这里会合，说明理由。（提示：汇合点为重根点）

(2) 设 $\beta=1$，画出 $f(s)$ 的根轨迹，并确定闭环系统稳定时 K 的取值范围。

(3) 设 $\beta=4$，画出 $f(s)$ 的根轨迹，并确定闭环系统稳定时 K 的取值范围。

(4) 令 $G_0(s)=\dfrac{s+\beta}{s^2(s+a)}$，讨论 a,β 都是正数的情况下闭环系统稳定的充分必要条件。

4-24 控制系统的结构图如图 4-42 所示。

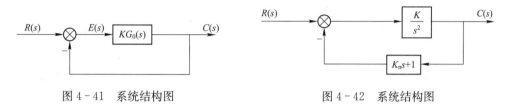

图 4-41 系统结构图   图 4-42 系统结构图

(1) 为使闭环极点为 $s=-1+\mathrm{j}\sqrt{3}$，试确定增 K 和速度反馈系数 K_n 的数值；

(2) 利用求出的 K_n 值画出参数 K 的根轨迹，并证明根轨迹为圆；

(3) 同时利用求出的 K 值，画出 K_n 的根轨迹。

4-25 设系统如图 4-43 所示，该系统具有一个不稳定的前向传递函数。

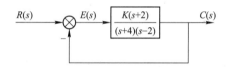

图 4-43 系统结构图

(1) 试画出系统的根轨迹图；

(2) 确定使系统稳定的 K 的取值范围；

(3) 确定闭环特征方程的根的是不均小于 -1 时 K 的取值范围。

4-26 已知系统结构图如图 4-44 所示。

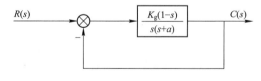

图 4-44 系统结构图

(1) 当 $a=3$ 时，画出 $K_g: 0\to+\infty$ 时的根轨迹，确定系统无超调时 K_g 的取值范围及系统临界稳定时的 K_g 值。

(2) 当 $K_g=3$ 时，画出 $a: 0\to+\infty$ 的根轨迹，确定系统 $\xi=\dfrac{\sqrt{2}}{2}$ 时 a 的值。

4-27 已知控制系统结构图如图 4-45 所示。

(1) 画出 $K_g: 0\to+\infty$ 变化时的根轨迹。

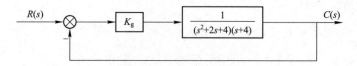

图 4-45　系统结构图

（2）能否通过选择 K_g 使最大超调量 $\sigma\% \leqslant 5\%$，说明理由。
（3）能否通过选择 K_g 使调节时间 $t_s \leqslant 2\text{s}$，说明理由。
（4）能否通过选择 K_g 使位置误差系数 $K_p \geqslant 5$，说明理由。
（5）若 $G_1(s) = K_g(s+3)^2$ 时，能否通过选择 K_g 满足（2）（3）（4）要求。

4-28　火箭姿势控制的线性模型（忽略发动机的转动惯量）具有如下传递函数

$$G(s) = \frac{k}{s^2 - a^2}$$

设 $k=1$，$a=1$，开环系统很显然不稳定，所以需要设计控制器 $G_c(s)$ 来使系统稳定，其结构图如图 4-46 所示。（输入 δ 为推力的角度，输出 θ 是火箭的倾角）。

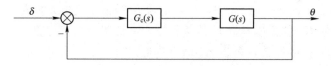

图 4-46　系统结构图

（1）若应用比例控制：$G_c(s) = k_c$，画出闭环系统的根轨迹，试问能够通过这种控制器来控制火箭倾角吗？
（2）运用比例微分控制 $G_c(s) = k_p + k_d s$，用根轨迹的方法，求出 k_p 和 k_d 的值，使闭环系统的误差带为 2% 时调节时间为 4 秒，且阻尼比 $\xi = 0.707$。

第5章 频 率 法

由第3章时域分析法知道，描述系统性能最直观最逼真的办法是用它的时域响应。然而，用解析方法求解系统的时域响应有时候是很困难的，特别是对高阶系统。因此，人们想到了首先在通信领域发展起来的频率法。

频率法所研究的问题，仍然是自动控制系统控制过程的性能，即稳定性、快速性及稳态精度等。而研究的依据是系统的又一种数学模型——频率特性。在研究方法上，频率法与根轨迹法相像，也是不必直接求解系统的微分方程，而间接地利用系统的开环特性分析闭环的响应。它也是一种图解的方法，其特点是不但可以根据系统的开环频率特性去判断闭环系统的性能，并且能较方便地分析系统中的参量对系统暂态响应的影响，从而进一步指出改善系统性能的途径。

频率特性有明确的物理意义，许多元件和稳定系统的频率特性都可以用实验方法测定。对于一些难于采用分析方法的情况，这一点具有特别重要的意义。频率法已发展成为一种实用的工程方法，应用十分广泛。

5.1 频率特性

一般地讲，在正弦输入信号的作用下，系统输出的稳态分量称为频率响应，而系统频率响应与正弦输入信号之间的关系称之为频率特性。即频率特性是一种在正弦输入下输出信号与输入信号的关系。那么到底什么是这种关系呢？下面先从一个简单的例子看起。

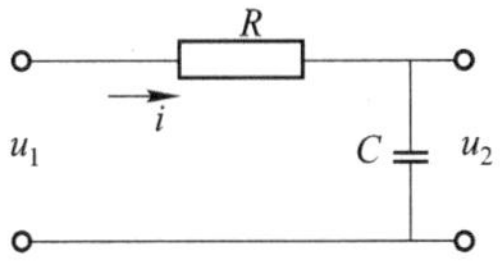

对如图5-1所示电路，当输出阻抗足够大时，可以列出以下方程。

图5-1 RC电路

$$u_1 = Ri + u_2$$
$$u_2 = \frac{1}{C}\int i \, dt$$

从上两式中消去中间变量 i 后可得

$$\tau \frac{du_2}{dt} + u_2 = u_1 \tag{5-1}$$

式中，$\tau = RC$。对上式进行拉氏变换，可得此电路的传递函数

$$\frac{U_2(s)}{U_1(s)} = \frac{1}{\tau s + 1} \tag{5-2}$$

设输入电压 u_1 为正弦信号，即

$$u_1 = U_{1m} \sin \omega t$$

其拉氏变换为

$$U_1(s) = \frac{U_{lm}\omega}{s^2+\omega^2}$$

将 $U_1(s)$ 代入到式 (5-2), 可以得到

$$U_2(s) = \frac{1}{\tau s+1} \cdot \frac{U_{lm}\omega}{s^2+\omega^2} \tag{5-3}$$

对上式进行拉氏反变换, 可得

$$u_2 = \frac{U_{lm}\tau\omega}{1+\tau^2\omega^2} e^{-\frac{t}{\tau}} + \frac{U_{lm}}{\sqrt{1+\tau^2\omega^2}} \sin(\omega t+\varphi) \tag{5-4}$$

式中, $\varphi = -\arctan\tau\omega$。上式中, 第一项是输出的暂态分量, 第二项是输出的稳态分量。当时间 $t \to \infty$ 时暂态分量趋于零, 所以上述电路的稳态响应可以表示为

$$\lim_{t \to \infty} u_2 = \frac{U_{lm}}{\sqrt{1+\tau^2\omega^2}} \sin(\omega\tau+\varphi)$$

$$= U_{lm} \left| \frac{1}{1+j\omega\tau} \right| \sin\left(\omega\tau + \arg\frac{1}{1+j\omega\tau}\right) \tag{5-5}$$

以上分析表明, 当电路的输入为正弦信号时, 其输出的稳态响应（频率响应）也是一个正弦信号, 其频率和输入信号的频率相同, 但幅值和相角发生了变化, 其变化取决于 ω。

若把输出的稳态响应和输入正弦信号用复数表示, 并求它们的复数比, 可以得到

$$G(j\omega) = \frac{\dot{U}_2}{\dot{U}_1} = \frac{1}{1+j\omega\tau} \tag{5-6}$$

这个复数比不仅与电路参数 τ 有关, 还与输入电压的频率 ω 有关, 称之为系统的频率特性。频率特性 $G(j\omega)$ 仍然是一个复数, 它可以写成

$$G(j\omega) = A(\omega) e^{j\varphi(\omega)} \tag{5-7}$$

其中

$$A(\omega) = |G(j\omega)| = \frac{1}{\sqrt{1+\tau^2\omega^2}} \tag{5-8}$$

又称为幅频特性, 即表示频率特性的幅值与频率的关系, 是输出与输入信号的幅值之比。

$$\varphi(\omega) = \arg G(j\omega) = -\arctan\tau\omega \tag{5-9}$$

又称为相频特性, 即表示频率特性的相角与频率的关系, 是输出与输入信号的相角之差。

从这个例子推广开来, 可以定义频率特性为: 线性系统或环节在正弦函数作用下稳态输出与输入之比。频率特性分为幅频特性和相频特性。

从式 (5-6) 可以看出, 系统的频率特性 $G(j\omega)$ 与其传递函数 $G(s)$ 在结构上很相似, 不难证明, 频率特性与传递函数之间有着确切的简单关系。即

$$G(s)\Big|_{s=j\omega} = G(j\omega) = |G(j\omega)| e^{j\arg G(j\omega)} \tag{5-10}$$

频率特性为传递函数中以 $j\omega$ 代换 s 的结果。下面来证明这种本质联系。

证明: 系统在正弦输入 $r(t) = A\sin\omega t$ 作用下的动态过程, 可用拉氏变换法求解。设系统的闭环传递函数为

$$G(s) = \frac{C(s)}{R(s)} = \frac{b_0 s^m + \cdots + b_m}{a_0 s^n + \cdots + a_n} \tag{5-11}$$

则系统输出量的象函数

$$C(s)=G(s)R(s)=\frac{b_0 s^m+\cdots+b_m}{a_0 s^n+\cdots+a_n}\cdot R(s) \qquad (5\text{-}12)$$

又 $r(t)=A_r\sin\omega t$，其拉氏变换为

$$R(s)=\frac{A_r\omega}{s^2+\omega^2} \qquad (5\text{-}13)$$

代入式（5-12）得

$$C(s)=\frac{b_0 s^m+\cdots+b_m}{a_0 s^n+\cdots+a_n}\cdot \frac{A_r\omega}{s^2+\omega^2} \qquad (5\text{-}14)$$

再对上式进行部分分式的分解

$$C(s)=\sum_{i=1}^{n}\frac{C_i}{s-s_i}+\left(\frac{B}{s+j\omega}+\frac{D}{s-j\omega}\right) \qquad (5\text{-}15)$$

式中，s_i 为闭环特征根（设无重根）；C_i，B，D 均为待定系数。

将上式进行拉氏反变换，可得系统的输出为

$$C(t)=\sum_{i=1}^{n}C_i e^{s_i t}+(Be^{-j\omega t}+De^{j\omega t}) \qquad (5\text{-}16)$$

对于稳定的系统，特征根 s_i 具有负实部，则 $c(t)$ 的第一部分瞬态分量，将随时间 t 的延续逐渐消失，系统最终以

$$C_s(t)=Be^{-j\omega t}+De^{j\omega t} \qquad (5\text{-}17)$$

作稳态运动。即 $C_s(t)$ 是系统输出中的稳态分量。其中 B、D 可由式（5-15）经待定系数法求

$$B=G(s)\cdot\frac{A_r\omega}{s^2+\omega^2}(s+j\omega)\bigg|_{s=-j\omega}$$

$$=\frac{|G(j\omega)|}{2}\cdot A_r \cdot e^{-j\left[\arg G(j\omega)-\frac{\pi}{2}\right]} \qquad (5\text{-}18)$$

同理可得

$$D=\frac{|G(j\omega)|}{2}\cdot A_r \cdot e^{+j\left[\arg G(j\omega)-\frac{\pi}{2}\right]} \qquad (5\text{-}19)$$

将式（5-18）和式（5-19）代入式（5-17），则

$$C_s(t)=\frac{|G(j\omega)|}{2}\cdot A_r \cdot \{e^{-j\left[\omega t+G(j\omega)-\frac{\pi}{2}\right]}+e^{+j\left[\omega t+G(j\omega)-\frac{\pi}{2}\right]}\}$$

$$=A_c\sin(\omega t+\phi) \qquad (5\text{-}20)$$

可见，系统的稳态输出是和输入同频率的正弦振荡，其中

振幅：$A_c=|G(j\omega)|\cdot A_r$

相位：$\omega t+\varphi=\omega t+\arg G(j\omega)$

故输出、输入稳态振荡的振幅比（即幅频特性）为

$$A(\omega)=\frac{A_c}{A_r}=|G(j\omega)|=|G(s)|_{s=j\omega} \qquad (5\text{-}21)$$

输出、输入稳态振荡的相位差（即相频特性）为

$$\varphi(\omega)=[\omega t+\arg\cdot G(j\omega)]-\omega t=\arg G(j\omega)$$

$$=\arg G(s)|_{s=j\omega} \qquad (5\text{-}22)$$

因而系统的频率特性（又称幅相特性）为

$$|G(\mathrm{j}\omega)|\mathrm{e}^{\mathrm{jarg}\,G(\mathrm{j}\omega)}=A(\omega)\mathrm{e}^{\mathrm{j}\varphi(\omega)}=G(\mathrm{j}\omega)=G(s)\big|_{s=\mathrm{j}\omega}$$

故式 (5-10) 得证。

对于系统的频率特征，还有以下几点需要明确。

① 频率特性不只是对系统而言，其概念对控制元件、部件、控制装置也都是适用的。

② 频率特性的概念，只适用于线性定常系统，否则不能用拉氏变换求解，也就不存在由式 (5-10) 确定的特殊稳态对应关系。

③ 关于对式 (5-10) 的理论证明，是在假定线性系数稳定的条件下导出的。如果不稳定，则动态过程 $c(t)$ 最终不可能趋于稳态振荡 $C_s(t)$，当然也就无法由实际系统直接观察到这种稳态响应。但是从理论上动态过程中的稳态分量总是可以分离出来的，而且其规律性并不依赖于系统的稳定性。因此，频率特性的概念也可以扩展到不稳定的系统。

④ 由于频率特性的表达式包含了系统或元部件的全部动态结构和参数，故尽管频率特性是一种稳态响应，但动态过程的规律性必将寓于其中。和微分方程及传递函数一样，频率特性也是系统的一种动态数学模型。

频率特性法是一种图解法，表示频率特性的方法很多，其本质都是一样的，只是形式不同而已，最常用的有以下两种。

5.1.1 幅相频率特性

可以把频率特性

$$G(\mathrm{j}\omega)=A(\omega)\mathrm{e}^{\mathrm{j}\varphi(\omega)}$$

看作是极坐标中的一个矢量，这里 $A(\omega)$ 表示矢量的长度；$\varphi(\omega)$ 表示极坐标与矢量间的夹角。当频率 ω 由零到无穷大变化时，$G(\mathrm{j}\omega)$ 矢量的终端将描绘出一条曲线。这条曲线就称为幅相频率特性曲线，也称为奈奎斯特（Nyquist）曲线。顾名思义，频率特性的幅值及相位与频率之间关系，都包含在这条曲线之中。

幅相频率特性在绘制时有两种方法，第一种方法是根据

$$G(\mathrm{j}\omega)=A(\omega)\mathrm{e}^{\mathrm{j}\varphi(\omega)}$$

给 ω 以不同的值（由 $0\to\infty$），分别算出矢量的长度 $A(\omega)$ 和方向角 $\varphi(\omega)$，并绘于 $G(\mathrm{j}\omega)$ 复平面上，再按 ω 增加的方向，顺序联结成连续的矢端曲线，即为幅相频率特性。

第二种方法是把频率特性 $G(\mathrm{j}\omega)$ 分为实部和虚部，即

$$G(\mathrm{j}\omega)=P(\omega)+\mathrm{j}Q(\omega) \tag{5-23}$$

式中 $P(\omega)$ 亦称为实频特性；$Q(\omega)$ 亦称为虚频特性。与第一种方法一样，也是给 ω 以不同的值，分别算出矢量的实部 $P(\omega)$ 与虚部 $Q(\omega)$，并画在 $G(\mathrm{j}\omega)$ 复平面上，再按 ω 增加的方向，顺序联结成连续的矢端曲线。

两种方向各有长短，第一种按幅值和幅角考虑时，计算相对容易一些，但在计算幅角时，有时由于反正切 $\arctan x$ 的多值性，出现幅角不易确定的问题。第二种按实部和虚部考虑，计算较繁，但不会出现实部或虚部的不易确定问题。

5.1.2 对数频率特性

在工程实际中，又常常将频率特性画成对数坐标的形式。这种对数坐标图又称伯德（Bode）图，由对数幅频特性和对数相频特性两张图组成。

先看对数幅频特性，将幅频 $A(\omega)$ 取常用对数后再乘以 20，作为纵坐标，用 $L(\omega)$ 表示

$$L(\omega)=20\lg|G(\mathrm{j}\omega)|=20\lg A(\omega) \qquad (5-24)$$

纵坐标的单位是分贝（或 dB）。对 $L(\omega)$ 而言，按线性分度，如图 5-2（a）所示。$A(\omega)$ 每变化 10 倍，$L(\omega)$ 变化 20 dB。横坐标为频率 ω，单位为 1/s，特别之处是按对数分度。即 ω 每变化 10 倍，横坐标增加一个单位长度，如图 5-2 所示。这里的 ω 每变化 10 倍，我们通常称之为十倍频程，用 dec 表示。

再看对数相频特性，它的纵坐标取相移 $\varphi(\omega)$，单位是度，按线性分度。横坐标与对数幅频特性的一样是 ω，按对数分度，如图 5-2（b）所示。一般要将对数幅频特性与对数相频特性画到一起，用同一个横坐标。

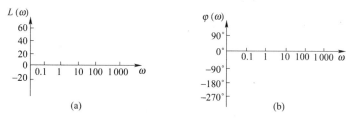

图 5-2 对数频率特性坐标

这样的纵坐标按线性分度，横坐标按对数分度的坐标，称半对数坐标。因此，对数频率特性又是通过半对数坐标分别表示的幅频和相频特性。

对数频率特性的主要优点在于，利用对数运算的性质可将幅值的乘除运算（相对于环节的串联）化为加减运算；并且可以用简便的方法绘制近似的对数幅频特性，使频率特性的绘制过程大为简化；最后，横坐标采用对数分度，既可使低频段较为精细，又可使高频范围较宽，达到了高低频兼顾的目的。

5.2 基本环节的频率特性

控制系统通常由若干环节组成。根据它们的数学模型的特点，可以划分为几种基本典型环节。下面就介绍这些典型环节的频率特性。

5.2.1 比例环节

比例环节的传递函数 $G(s)=K$，其特点是输出能够无滞后、无失真地复现输入信号。

(1) 幅相频率特性

$$G(\mathrm{j}\omega)=K \qquad (5-25)$$

显然，它与频率无关。因此，它的幅相频率特性不随频率 ω 而变，只是一个定点（K，j0），如图 5-3 所示。

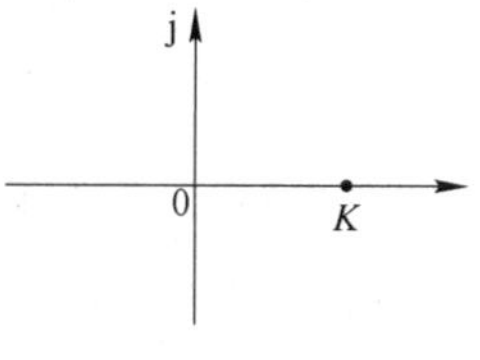

(2) 对数频率特性

由式（5-24）也可以很方便地画出对数频率特性，其对数幅频和对数相频特性分别为

$$L(\omega)=20\lg K \qquad (5-26)$$

图 5-3 比例环节的幅相频率特性

$$\varphi(\omega)=0 \tag{5-27}$$

比例环节的伯德图如图 5-4 所示。图中假设 $K>1$，因而 $20\lg K>0$ dB；若 $K<1$，则 $20\lg K<0$ dB，即在 0 dB 线的下方。$\varphi(\omega)=0°$ 和横轴重合。

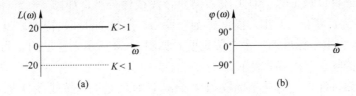

图 5-4 比例环节的对数频率特性

5.2.2 惯性环节

惯性环节的传递函数为

$$G(s)=\frac{1}{Ts+1} \tag{5-28}$$

（1）幅相频率特性

$$G(j\omega)=\frac{1}{j\omega T+1}=A(\omega)e^{j\varphi(\omega)} \tag{5-29}$$

式中，

$$A(\omega)=\frac{1}{\sqrt{1+T^2\omega^2}} \tag{5-30}$$

$$\varphi(\omega)=-\arctan T\omega \tag{5-31}$$

或用实频或虚频特性表示，即

$$G(j\omega)=P(\omega)+jQ(\omega) \tag{5-32}$$

式中，

$$P(\omega)=\frac{1}{1+T^2\omega^2}, \quad Q(\omega)=\frac{-T\omega}{1+T^2\omega^2} \tag{5-33}$$

给出 ω（由 0 至 ∞）不同的值，求得相应的 $P(\omega)$ 和 $Q(\omega)$，如表 5-1 所示，然后绘于 $G(j\omega)$ 平面上，再按 ω 增加的顺序联结成连续的矢端曲线，即为 Nyquist 曲线，如图 5-5 所示。

表 5-1 不同 ω 下的 $P(\omega)$ 和 $Q(\omega)$

ω	$P(\omega)$	$Q(\omega)$
0	1	0
$\frac{1}{T}$	$\frac{1}{2}$	$-\frac{1}{2}$
∞	0	0

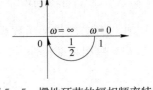

图 5-5 惯性环节的幅相频率特性

可以证明，惯性环节的幅相频率特性曲线（Nyquist 曲线）是以 $\left(\frac{1}{2},j0\right)$ 为圆心，$\frac{1}{2}$ 为半径的半圆轨迹。

（2）对数频率特性曲线

惯性环节的对数频率特性曲线（Bode 图）可由

$$L(\omega)=20\lg A(\omega)=20\lg \frac{1}{\sqrt{1+T^2\omega^2}} \quad (5-34)$$

和式（5-31）用逐点描绘的方法确定下来，但需要计算许多点才能精确。而在实际中，常常对 $L(\omega)$ 采用简便的近似画法。

由式（5-34）可得

$$L(\omega)=-20\lg\sqrt{1+T^2\omega^2} \quad (5-35)$$

而当 $\omega \ll 1/T$，即 $\omega T \ll 1$ 时，根号中的后一项可以略去，近似得

$$L(\omega)\approx -20\lg\sqrt{1}=0 \text{ dB} \quad (5-36)$$

当 $\omega \gg 1/T$，即 $\omega T \gg 1$ 时，根号中的前一项可以略去，近似得

$$L(\omega)\approx -20\lg\sqrt{T^2\omega^2}=-20\lg T\omega \quad (5-37)$$

$-20\lg T\omega$ 是 $\lg \omega$ 的一次函数，在对数坐标里应为直线。当 $\omega=1/T$ 时，$-20\lg T\omega=0$，因而此直线在 $\omega=1/T$ 处过横轴。

再看这条直线的斜率。设 $\omega_2=10\omega_1$，则

$$-20\lg T\omega_2 = -20\lg T \cdot 10\omega_1$$
$$= -20\lg 10 - 20\lg T\omega_1$$
$$= -20 - 20\lg T\omega_1$$

这说明当频率增加 10 倍时，$L(\omega)$ 增加了 -20 dB，即这条直线斜率是 -20 分贝/十倍频程（或写成 -20 dB/dec）。

最后可得惯性环节的对数频率特性曲线的近似线是由两条直线组成的一条折线。转折发生在 $\omega=1/T$ 处（$\omega=1/T$ 又称为转折频率）。当 $\omega<1/T$ 时，取 0 dB 水平线；$\omega>1/T$ 时，取斜率为 -20 dB/dec 且过（$\omega=1/T$，0 dB）点的斜线，如图 5-6（a）所示。

以直线代替曲线，作图极为简便，但也肯定会产生误差。在作这两条直线时，近似的条件分别是 $\omega \ll 1/T$ 和 $\omega \gg 1/T$，因而在 $\omega=1/T$ 处，误差应该是最大的。当 $\omega=1/T$ 时，$L(\omega)$ 的精确值应为

$$L\left(\frac{1}{T}\right)=-20\lg\sqrt{1+T^2\left(\frac{1}{T}\right)^2}=-3 \text{ dB}$$

而 $\omega=1/T$ 处 $L(\omega)$ 的近似值是 0 dB，因而此处的误差为

$$误差 = 精确值 - 近似值 = -3 \text{（dB）}$$

离 $\omega=1/T$ 越远，误差越小，因为越满足 $\omega \ll 1/T$ 和 $\omega \gg 1/T$ 的近似条件。有误差修正曲线如图 5-7 所示，必要时可对近似曲线加以修正。

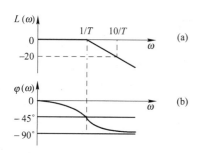

图 5-6 惯性环节的对数频率特性

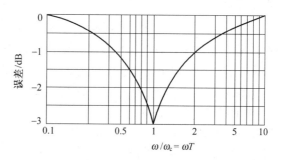

图 5-7 惯性环节对数频率特性误差曲线

为了绘制对数相频特性曲线，没有更简单的近似画法，需要计算若干点，如表 5-2 所示，然后用平滑曲线将其连接，如图 5-6（b）所示。

表 5-2　惯性环节相频特性的计算

$\omega/\frac{1}{T}$	0	0.25	0.5	0.75	1	1.5	2	4	∞
$\phi(\omega)$	0°	−14°	−26.6°	−36.87°	−45°	−56.31°	−63.4°	−75.96°	−90°

在一些要求不严的场合，可以只标出三个特征点：$\omega=0$ 时，$\phi(\omega)=0°$；$\omega=1/T$ 时，$\phi(\omega)=-45°$；$\omega=\infty$ 时，$\phi(\omega)=-90°$，然后将其用曲线光滑连接。

由图 5-6 可见，惯性环节的幅频特性随着角频率的增加而衰减，呈低通滤波特性。而相频特性呈迟后特性，即输出信号的相位滞后于输入信号的相位。角频率越高，则相角滞后越大，最后滞后角趋向 −90°。

5.2.3　积分环节

积分环节的传递函数为

$$G(s)=\frac{1}{s}$$

（1）幅相频率特性

$$G(j\omega)=\frac{1}{j\omega}=\frac{1}{\omega}e^{-j\frac{\pi}{2}} \tag{5-38}$$

对这样的幅相频率特性，画 Nyquist 曲线时把它分解成实部和虚部是比较方便的，即

$$G(j\omega)=0-j\frac{1}{\omega} \tag{5-39}$$

相当于

实部：$P(\omega)=0$

虚部：$Q(\omega)=-1/\omega$

对应地画出 Nyquist 曲线如图 5-8 所示。

从图 5-8 可见，积分环节的幅频特性与 ω 成反比，而相频特性与 ω 无关，恒为 −90°。

（2）对数频率特性

由 $A(\omega)=1/\omega$ 有

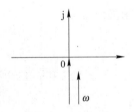

图 5-8　积分环节的幅相频率特性

$$L(\omega)=20\lg A(\omega)=-20\lg\omega \tag{5-40}$$

与惯性环节一样，在对数坐标里也是一条直线，当 $\omega=1$ 时，$20\lg\omega=0$，即在 $\omega=1$ 处过横轴。斜率也是 −20 dB/dec，也可以说 ω 每增加 10 倍，$L(\omega)$ 增加 −20 dB。由一确定点 $[\omega=1, L(\omega)=0]$ 和确定斜率（−20 dB/dec）就确定了这条直线［即为对数幅频特性 $L(\omega)$］，如图 5-9（a）所示。

由于 $\varphi(\omega)$ 恒等于 −π/2，因此对数相频特性非常简单，是一条平行于横轴的直线，其纵坐标为 −π/2 或 −90°，如图 5-9（b）所示。

5.2.4 振荡环节

振荡环节即为典型二阶系统，其传递函数为

$$G(s) = \frac{\omega_n^2}{s^2 + 2\xi\omega_n s + \omega_n^2}$$

$$= \frac{1}{T^2 s^2 + 2\xi T s + 1} \qquad (5-41)$$

式中，$T = 1/\omega_n$。

(1) 幅相频率特性

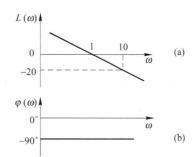

图 5-9 积分环节对数频率特性

$$G(j\omega) = \frac{1}{1 - T^2\omega^2 + j2\xi T\omega} = A(\omega)e^{j\varphi(\omega)} \qquad (5-42)$$

其中幅频特性

$$A(\omega) = \frac{1}{\sqrt{(1-T^2\omega^2)^2 + (2\xi T\omega)^2}} \qquad (5-43)$$

相频特性

$$\varphi(\omega) = -\arctan\left(\frac{2\xi T\omega}{1 - T^2\omega^2}\right) \qquad (5-44)$$

给 ω（由 0 至 ∞）一系列数值，可求得相应的 $A(\omega)$ 和 $\varphi(\omega)$，如

$\omega = 0$，$A(\omega) = 1$，$\varphi(\omega) = 0°$

$\omega = 1/T$，$A(\omega) = 1/(2\xi)$，$\varphi(\omega) = -90°$

$\omega = \infty$，$A(\omega) = 1$，$\varphi(\omega) = -180°$

从而可绘出不同 ξ 值下振荡环节的 Nyquist 曲线，如图 5-10 所示。

(2) 对数幅频特性

$$L(\omega) = 20\lg A(\omega)$$

$$= -20\lg\sqrt{(1-T^2\omega^2)^2 + (2\xi T\omega)^2} \qquad (5-45)$$

在 $\omega \ll 1/T$ 的低频段，$A(\omega) \approx 1$，$L(\omega) \approx 0$。即低频段的近似线是一与横轴重合的直线。

在 $\omega \gg 1/T$ 的高频段，$A(\omega) \approx 1/(T^2\omega^2)$，$L(\omega) \approx -40\lg T\omega$。即高频段的近似线是一条斜率为 $-40\ \text{dB/dec}$ 的直线。而总的振荡环节对数幅频特性的近似线就是由这两条直线组成的折线，如图 5-11 (a) 所示。

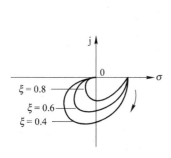

图 5-10 不同 ξ 值下振荡环节的幅相频率特性

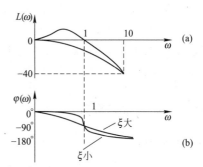

图 5-11 振荡环节的对数频率特性

两条直线相交处所对应的 ω 值称为转折频率，为 $1/T$。同样道理，在转折频率处近似线与精确线的误差为

$$-20\lg\sqrt{(1-T^2\omega^2)^2+(2\xi T\omega)^2}-0\bigg|_{\omega=\frac{1}{T}}$$
$$=-20\lg(2\xi)\ (\text{dB}) \tag{5-46}$$

可见，误差除了与 ω 有关外（距 $\omega=1/T$ 越远，误差越小），还与阻尼比 ξ 有关。当 $\xi>0.5$ 时，为负误差，当 $\xi<0.5$ 时，为正误差。其误差修正曲线如图 5-12 所示。

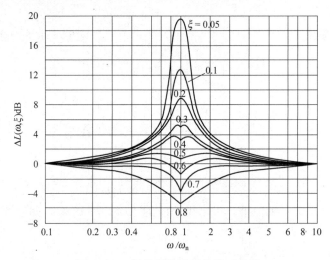

图 5-12 振荡环节的误差修正曲线

当 $\xi<0.707$ 时，在对数幅频特性上将出现峰值，其峰值频率可通过求 $A(\omega)$ 的最大值 [亦即 $L(\omega)$ 的最大值] 来确定。令

$$\frac{\mathrm{d}A(\omega)}{\mathrm{d}\omega}=0$$

可得峰值频率为

$$\omega_{\mathrm{m}}=\omega_{\mathrm{n}}\sqrt{1-2\xi^2} \tag{5-47}$$

当 $\xi>0.707$ 时，ω_{m} 无实数值，即 $L(\omega)$ 曲线无峰值出现，呈单调衰减；当 $\xi<0.707$ 时，$\omega_{\mathrm{m}}<\omega_{\mathrm{n}}$，即在转折频率前出现峰值。当 $\xi=0$ 时，$\omega_{\mathrm{m}}=\omega_{\mathrm{n}}$，相当于外加信号的频率（也就是所谓的峰值频率 ω_{m} 与振荡环节的自然振荡频率 ω_{n} 相同，这将引起共振，环节处于临界稳定状态。这与第 3 章的分析结果是相一致的。）

由式（5-44）可画出振荡环节的对数相频特性曲线如图 5-11（b）所示。其精确曲线的形状也与 ξ 有关，ξ 越小，曲线的斜率变化越大。

5.2.5 微分环节

理想微分环节的传递函数为

$$G(s)=s$$

(1) 幅相频率特性

$$G(\mathrm{j}\omega)=\mathrm{j}\omega=\omega\mathrm{e}^{\mathrm{j}\frac{\pi}{2}}=A(\omega)\mathrm{e}^{\mathrm{j}\varphi(\omega)} \tag{5-48}$$

上式表明，理想微分环节的幅频特性 $A(\omega)$ 等于角频率 ω，相频特性 $\varphi(\omega)$ 恒等于 $\dfrac{\pi}{2}$

(即 90°)，其 Nyquist 曲线如图 5-13 所示。

(2) 对数幅频和相频特性

$$L(\omega)=20\lg\omega \tag{5-49}$$

$$\varphi(\omega)=90° \tag{5-50}$$

不难看出，微分环节与积分环节的对数幅频和相频特性只差一个负号，因而它们的曲线是以 0 dB 和 0°线互为镜像的。即理想微分环节的对数频率特性为一直线，斜率为 +20 dB/dec，在 $\omega=1$ 处过 0 dB 线；相频特性不随 ω 而变，恒等于 90°，如图 5-14 所示。

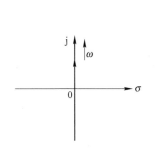

图 5-13 理想微分环节的幅相频率特性

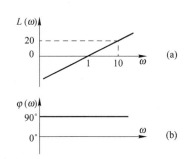

图 5-14 理想微分环节的对数频率特性

另外，一阶微分环节和二阶微分环节的频率特性分别为

$$G(j\omega)=1+jT\omega \tag{5-51}$$

$$G(j\omega)=1+2\xi T(j\omega)+T^2(j\omega)^2 \tag{5-52}$$

它们的 Nyquist 曲线分别如图 5-15 和图 5-16 所示。

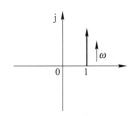

图 5-15 一阶微分环节的幅相频率特性

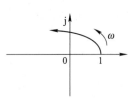

图 5-16 二阶微分环节的幅相频率特性

同样道理，一阶微分及二阶微分环节的对数幅频、相频特性分别是惯性及振荡环节的镜像，分别如图 5-17 和图 5-18 所示。

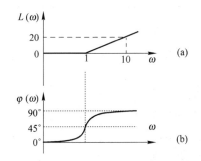

图 5-17 一阶微分环节的对数频率特性

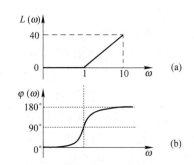

图 5-18 二阶微分环节的对数频率特性

5.2.6 一阶不稳定环节

所谓不稳定环节，就是指具有正实部特征根（即不稳定根）的环节。一阶不稳定环节的传递函数为

$$G(s) = \frac{1}{Ts-1}$$

幅相频率特性为

$$G(j\omega) = \frac{1}{Tj\omega - 1} \qquad (5-53)$$

其幅频特性为

$$A(\omega) = |G(j\omega)| = \frac{1}{\sqrt{T^2\omega^2 + 1}} \qquad (5-54)$$

相频特性为

$$\varphi(\omega) = \arg G(j\omega) = -\arctan\left(\frac{T\omega}{-1}\right) \qquad (5-55)$$

可见，一阶不稳定环节的幅频特性与惯性环节的完全相同，但相频大不一样。在绘制其 Nyquist 曲线的过程中，由于 $\arctan x$ 的多值性，单由式（5-55）往往不容易作出正确的判断。这时可以把 $G(j\omega)$ 分成实频特性和虚频特性，其实频特性为

$$P(\omega) = \frac{-1}{1+T^2\omega^2} \qquad (5-56)$$

虚频特性为

$$Q(\omega) = \frac{-T\omega}{1+T^2\omega^2} \qquad (5-57)$$

再给 ω 以不同的值，分别算出对应的 $P(\omega)$ 和 $Q(\omega)$，如表 5-3 所示。最后画出 Nyquist 曲线如图 5-19 所示。

表 5-3　一阶不稳定环节的 $P(\omega)$ 和 $Q(\omega)$

ω	$P(\omega)$	$Q(\omega)$
0	-1	0
$\frac{1}{T}$	$-\frac{1}{2}$	$-\frac{1}{2}$
∞	0	0

比较惯性环节的 Nyquist 曲线可以看出：当 ω 由 $0 \to \infty$ 变化时，惯性环节的相频由 $0°$ 趋向于 $-90°$；一阶不稳定环节的相频则由 $-180°$ 趋向 $-90°$。前者相位角的绝对值小，后者相位角的绝对值大，故（稳定的）惯性环节又常称为最小相位环节。而一阶不稳定环节又称为非最小相位环节。推广之，传递函数中有右极点、右零点的环节（或系统）称为非最小相位环节（或系统），而传递函数中没有右极点、右零点的环节（或系统）则称为最小相位环节（或系统）。

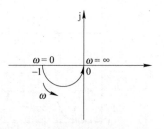

图 5-19　一阶不稳定环节的幅相频率特性

一阶不稳定环节的对数幅频特性与惯性环节的完全一样；相频则有所不同，是在 $-180°$ 至 $-90°$ 范围内变化。其 Bode 图如图 5-20 所示。

5.2.7 时滞环节

在工程实际中，有些部件具有"时间滞后"的特性，即输出量与输入量的变化规律相像，只是时间上有所滞后。若输入量为 $r(t)$，则输出

$$c(t)=r(t-\tau) \tag{5-58}$$

式中，τ 为滞后时间或称延迟时间，少则几毫秒，长则数分钟。具有这样性质的部件称之为时滞环节。

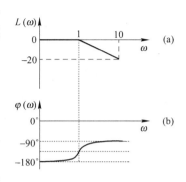

图 5-20 一阶不稳定环节的对数频率特性

设输入 $r(t)$ 的象函数为 $R(s)$，则由拉氏变换的延迟定理可得 $c(t)$ 的象函数

$$C(s)=R(s)\mathrm{e}^{-\tau s} \tag{5-59}$$

因此时滞环节的传递函数

$$G(s)=\frac{C(s)}{R(s)}=\mathrm{e}^{-\tau s} \tag{5-60}$$

(1) 幅相频率特性

$$G(\mathrm{j}\omega)=\mathrm{e}^{-\mathrm{j}\tau\omega}=A(\omega)\mathrm{e}^{\mathrm{j}\varphi(\omega)} \tag{5-61}$$

上式表明，时滞环节的幅频特性 $A(\omega)=1$，与角频率 ω 无关；而相频特性 $\varphi(\omega)=-\tau\omega$，随 ω 的增大而顺时针方向变化。因而 Nyquist 曲线是一个以坐标原点为中心，以 1 为半径的单位圆，如图 5-21 所示。

(2) 时滞环节的对数幅频和相频特性

$$L(\omega)=0 \tag{5-62}$$

$$\varphi(\omega)=-\tau\omega \tag{5-63}$$

由此可见，时滞环节的对数幅频特性恒为 0 dB，而滞后相角与 ω 成正比，随 ω 按线性关系增长，当 $\omega\to\infty$ 时，滞后相角也趋向无穷大。这对于系统的稳定性是很不利的。时滞环节的 Bode 图如图 5-22 所示。需要说明的是，$\varphi(\omega)$ 是与 ω 成正比，但如果 ω 不是按线性分度，则 $\varphi(\omega)$ 就不是一条直线，而是一条曲线了。

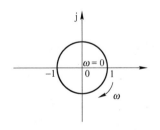

图 5-21 时滞环节的幅相频率特性

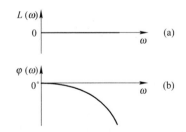

图 5-22 时滞环节的对数频率特性

5.3 系统开环频率特性的绘制

控制系统一般总是由若干个环节所组成的。直接绘制系统的开环幅相频率特性（Nyquist 曲线）比较烦琐（无简便方法），但熟悉了典型环节的特性后，就不难绘制系统的开环对数频率特性（Bode 图）。这里着重介绍它的绘制方法。

设开环系统由 n 个环节串联组成，其传递函数为

$$G(s)=G_1(s)G_2(s)\cdots G_n(s)$$

相应的频率特性为

$$G(j\omega)=G_1(j\omega)G_2(j\omega)\cdots G_n(j\omega) \tag{5-64}$$

或

$$A(\omega)e^{j\varphi(\omega)}=A_1(\omega)e^{j\varphi_1(\omega)}A_2(\omega)e^{j\varphi_2(\omega)}\cdots A_n(\omega)e^{j\varphi_n(\omega)}$$

式中，

$$A(\omega)=A_1(\omega)A_2(\omega)\cdots A_n(\omega)$$

$$\varphi(\omega)=\varphi_1(\omega)+\varphi_2(\omega)+\cdots+\varphi_n(\omega)$$

取对数后，系统的开环对数频率特性为

$$L(\omega)=L_1(\omega)+L_2(\omega)+\cdots+L_n(\omega) \tag{5-65}$$

$$\varphi(\omega)=\varphi_1(\omega)+\varphi_2(\omega)+\cdots+\varphi_n(\omega) \tag{5-66}$$

其中，$A_i(\omega)(i=1, 2\cdots, n)$ 表示各典型环节的幅频特性；$L_i(\omega)$ 和 $\varphi_i(\omega)$ 分别为各典型环节的对数幅频特性和相频特性。

由式 (5-65) 和 (5-66) 可见，系统开环对数幅频和相频特性分别为各环节的对数幅频和相频特性之和。且典型环节的对数幅频又可近似表示为直线（包括折线），对数相频又具有奇对称性质，再考虑到曲线的平移和互为镜像等特点，故系统开环对数频率特性曲线（Bode 图）是比较容易绘制的。

[**例 5-1**] 已知系统的开环传递函数

$$G(s)=\frac{10(s+2)}{(s+1)(s+10)}$$

要求绘制系统的开环频率特性的 Bode 图。

解：首先将开环传递函数 $G(s)$ 中的各因式换写成典型环节的标准形式（常数项为 1 的形式）

$$G(s)=\frac{2\left(\frac{1}{2}s+1\right)}{(s+1)\left(\frac{1}{10}s+1\right)}$$

系统可看作四个典型环节串联，即

比例环节：$G_1(s)=2$

一阶微分环节：$G_2(s)=\frac{1}{2}s+1$

惯性环节：$G_3(s)=\frac{1}{s+1}$

$$G_4(s) = \cfrac{1}{\cfrac{1}{10}s+1}$$

这四个典型环节的对数幅频和相频特性曲线分别如图 5-23 的曲线 1，2，3，4 所示。

将以上各环节的幅频和相频曲线绘出后，再分别相加即得系统的开环对数幅频 $L(\omega)$ 和相频 $\varphi(\omega)$ 曲线，如图 5-23 中曲线 5 所示。可以看出对数幅频特性曲线从 $\lg 2 \approx 0.3$ dB 开始，由四段直线（斜率按顺序分别为 0，-20 dB/dec，0，-20 dB/dec）组成，转折频率分别为 1（rad/s），2（rad/s）和 10（rad/s），而在 $\omega \approx 1.1$（rad/s）处过 0 dB 线。对数相频曲线由 $0°$ 开始，随着 ω 的增加，最终趋向于 $-90°$。

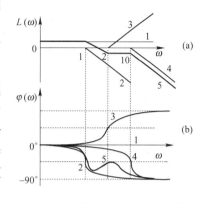

图 5-23 例 5-1 开环频率特性

[**例 5-2**] 设系统的开环传递函数为

$$G(s) = \frac{100}{s(0.1s+1)}$$

试绘制系统开环频率特性的 Bode 图。

解： 系统由三个典型环节（一个比例环节、一个积分环节和一个惯性环节）组成。由开环传递函数可直接写出对数幅频和相频特性为

$$L(\omega) = 20\lg 100 - 20\lg \omega - 20\lg \sqrt{1+0.1^2\omega^2}$$

$$\varphi(\omega) = -90° - \arctan 0.1\omega$$

不难看出，在对数幅频特性的低频段（第一个转折频率 $\omega = 10$ 之前），$L(\omega)$ 中的最后一项近似为 0，即惯性环节对低频段的 $L(\omega)$ 没有影响（如果存在振荡、一阶微分、二阶微分环节，同样道理也会对低频段的 $L(\omega)$ 不产生影响）。$L(\omega)$ 的低频段将只取决于比例环节和积分环节，即在积分环节的 $L(\omega)$ 曲线的基础上，向上平移 $20\lg 100 = 40$ dB。

在对数相频特性曲线方面，相当于是惯性环节的 $\varphi(\omega)$ 曲线向下平移 $90°$。

系统开环频率特性的 Bode 图如图 5-24 所示。

通过这个例子，可以总结出绘制对数幅频特性曲线的一种更为简便的方法。

第一步，确定低频段的曲线。低频段的 $L(\omega)$ 曲线只取决于比例环节、微分环节或积分环节（微分和积分环节不可能同时存在）。更具体地说，就是在微分或积分的基础上向上平移一个 $20\lg K$。

第二步，每遇一转折频率，改变一次斜率。当转折频率对应的是惯性环节时，增加 -20 dB/dec；是振荡环节时，增加 -40 dB/dec；是一阶微分环节时，增加 $+20$ dB/dec；是二阶微分环节时，增加 $+40$ dB/dec。

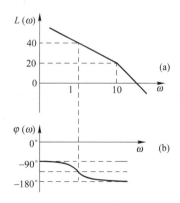

图 5-24 例 5-2 开环频率特性

在上述两个例子中,系统传递函数的极点和零点都位于 s 平面左半部,即系统都是最小相位系统。若单回路系统中只包含比例、积分、微分、惯性和振荡环时,系统一定是最小相位系统。如果在系统中存在滞后环节或者不稳定的环节时,系统就成为非最小相位系统。对于最小相位系统,对数幅频特性与相频特性之间存在着唯一的对应关系。这就是说,根据系统的对数幅频特性,可以唯一地确定相应的相频特性和传递函数。

[例 5-3] 某最小相位系统的开环对数幅频特性曲线如图 5-25 所示。求系统的开环传递函数。

解:因为是最小相位系统,所以对数幅频特性一定唯一地对应着开环传递函数。

首先看低频段,斜率 -20 dB/dec,说明一定有一积分环节存在。在 $\omega=1$ 处所对应的 dB 值是 40,相当于把典型积分环节的曲线向上平移了 40 dB,即应当有一比例环节使 $20\lg K=40$ dB,解得 $K=100$。这就确定了决定低频段的两个环节:积分环节 $\frac{1}{s}$ 和比例环节 100。

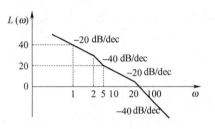

图 5-25 例 5-3 图

再看转折频率,曲线在 $\omega=2$ 处发生转折,斜率从 -20 dB/dec 变化到 -40 dB/dec,增加了 -20 dB/dec,对应地一定有一惯性环节 $\dfrac{1}{\frac{1}{2}s+1}$ 存在。曲线在 $\omega=5$ 处发生转折,斜率从 -40 dB/dec 变化到 -20 dB/dec,增加了 $+20$ dB/dec,肯定存在着一个微分环节 $\frac{1}{5}s+1$。

曲线在 $\omega=20$ 处斜率又发生变化,斜率净增加了 -20 dB/dec,又存在一惯性环节 $\dfrac{1}{\frac{1}{20}s+1}$。

最后系统的开环传递函数是这些典型环节的串联(相乘),为

$$G(s)=\frac{100\left(\frac{1}{5}s+1\right)}{s\left(\frac{1}{2}s+1\right)\left(\frac{1}{20}s+1\right)}$$

$$=\frac{800(s+5)}{s(s+2)(s+20)}$$

对于非最小相位系统,这种对数幅频特性与传递函数之间的一一对应关系就不存在。例如有一最小相位系统,其传递函数和频率特性分别为

$$G_1(s)=\frac{1+\tau_2 s}{1+\tau_1 s} \quad (0<\tau_2<\tau_1)$$

$$G_1(j\omega)=\frac{1+j\omega\tau_2}{1+j\omega\tau_1}$$

另有一非最小相位系统,其传递函数和频率特性如下。

$$G_2(s) = \frac{1-\tau_2 s}{1+\tau_1 s}$$

$$G_2(j\omega) = \frac{1-j\omega\tau_2}{1+j\omega\tau_1}$$

不难看出，这两个系统的对数幅频特性是完全相同的，而相频特性却根本不同。前一系统的相角 $\varphi_1(\omega)$ 的变化范围很小，而后一系统的相角 $\varphi_2(\omega)$ 随着角频率 ω 的增加从 $0°$ 变到趋于 $-180°$，如图 5-26 所示。

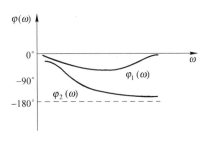

图 5-26 两系统的对数频率特性

5.4 用频率法分析控制系统的稳定性

在系统的开环模型中已经包含了闭环系统的所有元部件，或者说开环传递函数包含了所有环节的动态结构和参数，所以闭环系统的稳定性是应该可以由系统的开环特性来判别的。本节所讨论的就是如何用系统的开环频率特性来判断闭环系统的稳定性。

5.4.1 开环频率特性与闭环特征方程的关系

由于闭环系统的稳定性取决于闭环特征根的性质，因此用开环特性来研究闭环稳定性时，应首先明确开环频率特性和闭环特征方程的关系，进而寻找和闭环特征根之间的规律性。

下面以单位反馈系统为例进行讨论。如果系统的开环传递函数为 $G_K(s)$，那么系统的闭环传递函数为

$$\phi(s) = \frac{G(s)}{1+G(s)}$$

假设系统的开环传递函数可以写成两个多项式之比

$$G(s) = \frac{M(s)}{N(s)} \tag{5-67}$$

式中，$N(s)$ 称之为开环特征式。则系统的闭环传递函数就可以写成

$$\phi(s) = \frac{M(s)}{N(s)+M(s)} \tag{5-68}$$

式中，$N(s)+M(s)$ 为闭环特征式。

再取辅助函数 $F(s)$，令

$$F(s) = 1+G(s) \tag{5-69}$$

$$F(s) = 1+\frac{M(s)}{N(s)}$$

则

$$F(s) = \frac{N(s)+M(s)}{N(s)} = \frac{闭环特征式}{开环特征式}$$

以 $j\omega$ 代替 s，有

$$F(j\omega) = 1+G(j\omega) = \frac{N(j\omega)+M(j\omega)}{N(j\omega)} \tag{5-70}$$

式(5-70)就是我们所要求的开环频率特性与闭环特征式的关系式。

5.4.2 奈奎斯特稳定判据

下面以式(5-70)作为基础,进一步寻求用开环频率特性判别闭环系统稳定性的方法。

奈奎斯特(Nyquist)稳定判据:如果系统满足下式

$$\Delta_{\omega:0\to\infty}\arg[1+G(j\omega)]=p\pi \tag{5-71}$$

则闭环稳定。

式(5-71)可解释为,当角频率 ω 由 0 至 ∞ 变化时,辅助向量函数 $[1+G(s)]$ 在其复数平面中的幅角增量为 $p\pi$ 角,则闭环系统是稳定的。其中 p 为系统开环特征方程 $N(s)=0$ 中右根(实部为正的根)的个数。

大多数情况下,直接运用式(5-71)判稳似乎还是不大方便。可以继续推导,导出直接用 $G(j\omega)$ 曲线(即开环频率特性的 Nyquist 曲线)来判稳的方法。由式(5-69)可知:辅助向量函数 $F(j\omega)$ 所在 F 的平面的坐标原点,相当于 G 平面的 $(-1,j0)$ 点,这一点可由图 5-27 中清楚地看出。

图 5-27 F 平面和 G 平面

因而 $[1+G(j\omega)]$ 向量对其原点的幅角增量就相当于 $G(j\omega)$ 向量对 $(-1,j0)$ 点的幅角增量,而后者又是 $G(j\omega)$ 的 Nyquist 曲线对 $(-1,j0)$ 点的转角。这样,Nyquist 稳定判据可进一步改写为:当 ω 由 0 至 ∞ 变化时,开环幅相特性曲线绕 $(-1,j0)$ 点转 $p\pi$ 角,则闭环系统稳定。

若开环是稳定的($p=0$,或称是最小相位系统),当 ω 由 0 至 ∞ 变化时,$G(j\omega)$ 曲线绕 $(-1,j0)$ 点的转角为零[或简单地看 $G(j\omega)$ 曲线不包围 $(-1,j0)$ 点],则闭环稳定。

依据上述条件,即可由系统的开环幅相频率特性曲线判别闭环的稳定性。该判别方法即奈奎斯特稳定判据,简称奈氏判据。下面对奈氏判据式(5-71)予以证明。

证明: 把开环频率特性与闭环特征式的关系式,即式(5-70)重写如下

$$1+G(j\omega)=\frac{N(j\omega)+M(j\omega)}{N(j\omega)}$$

又有

$$G(s)=\frac{M(s)}{N(s)}$$

由于实际中传递函数分子的阶次总是不高于分母的阶次,即 $M(s)$ 的阶次不高于 $N(s)$ 的阶次,因此式(5-72)中分子分母一定是同阶次的[同为 $N(s)$ 的阶次——n 阶],可写成

$$1 + G(j\omega) = K \frac{\prod_{i=1}^{n}(j\omega - s_i)}{\prod_{i=1}^{n}(j\omega - p_i)} \tag{5-72}$$

式中：s_i——闭环特征根，共有 n 个；

p_i——开环特征根，也是 n 个；

K_i——闭环和开环特征式最高阶项系数之比。

上式是一复数方程，由于复数相乘（除）时，幅角相加（减），所以其幅角当 ω 由 0 至 ∞ 变化时的增量为

$$\underset{\omega:0\to\infty}{\Delta\arg}[1+G(j\omega)] = \sum_{i=1}^{n}\underset{\omega:0\to\infty}{\Delta\arg}(j\omega - s_i) - \sum_{i=1}^{n}\underset{\omega:0\to\infty}{\Delta\arg}(j\omega - p_i) \tag{5-73}$$

式中各子项$(j\omega - s_i)$、$(j\omega - p_i)$ 幅角增量和特征根 s_i、p_i 的性质密切相关。现设 a_i 为特征根（包括开环特征根 p_i 和闭环特征根 s_i），分以下面四种情况讨论。

① a_i 为负实根，如图 5-28（a）所示。

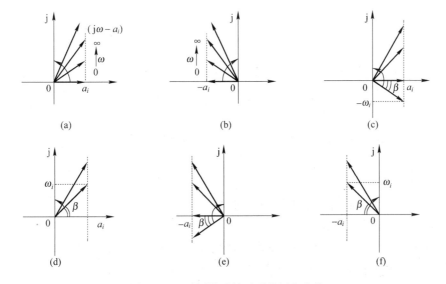

图 5-28 不同性质的子项的幅角变化

当 ω 由 0 至 ∞ 变化时，子项 $(j\omega - s_i)$ 的幅角增量为

$$\underset{\omega:0\to\infty}{\Delta\arg}(j\omega - a_i) = \underset{\omega:0\to\infty}{\Delta\arg}(j\omega + |a_i|) = \frac{\pi}{2} \tag{5-74}$$

② a_i 为负实根，如图 5-28（b）所示。此时有

$$\underset{\omega:0\to\infty}{\Delta\arg}(j\omega - a_i) = -\frac{\pi}{2} \tag{5-75}$$

③ a_i 为负实部的共轭复根 $a_i \pm j\omega_i$，如图 5-28（c）、（d）所示。对这两个特征根$(a_i + j\omega_i$ 和 $a_i - j\omega_i)$，所对应的子项的幅角增量之和为

$$\underset{\omega:0\to\infty}{\Delta\arg}[j\omega - (a_i + j\omega_i)] + \underset{\omega:0\to\infty}{\Delta\arg}[j\omega - (a_i - j\omega_i)]$$
$$= \underset{\omega:0\to\infty}{\Delta\arg}[j(\omega - \omega_i) + |a_i|] + \underset{\omega:0\to\infty}{\Delta\arg}[j(\omega - \omega_i) + |a_i|]$$

$$= \frac{\pi}{2} + \beta + \frac{\pi}{2} - \beta$$
$$= 2 \times \frac{\pi}{2} \tag{5-76}$$

④ a_i 为正实部的共轭复根，如图 5-28（e）、(f) 所示。同理有：

$$\underset{\omega:0\to\infty}{\Delta\arg}[\mathrm{j}\omega-(a_i+\mathrm{j}\omega_i)] + \underset{\omega:0\to\infty}{\Delta\arg}[\mathrm{j}\omega-(a_i-\mathrm{j}\omega_i)] = -2\times\frac{\pi}{2} \tag{5-77}$$

从式（5-74）至式（5-77）可以看出，若特征根的实部为负，则子项 $(\mathrm{j}\omega-a_i)$ 的幅角增量平均为 $\frac{\pi}{2}$（对应于情况 a、c、d）；若特征根的实部为正，则子项 $(\mathrm{j}\omega-a_i)$ 的幅角增量平均为 $-\frac{\pi}{2}$（对应于 b、e、f）。注意这里说的幅角增量的平均值，情况 c、d、e、f 中是两个子项的幅角增量为 $\pm 2\times\frac{\pi}{2}$，平均一个子项的幅角增量仍为 $\pm\frac{\pi}{2}$。

闭环系统要稳定，必须使其 n 个闭环特征根 s_i 的实部均为负。故对闭环稳定的系统，式 (5-73) 应写为

$$\underset{\omega:0\to\infty}{\Delta\arg}[1+G(\mathrm{j}\omega)] = n\frac{\pi}{2} - \left[(n-p)\frac{\pi}{2} - p\cdot\frac{\pi}{2}\right] = p\pi \tag{5-78}$$

上式等号右边第一项表示 n 个闭环特征根全部为负实部根，每个对应的子项的平均幅角增量均为 $\frac{\pi}{2}$。中括号中的第一项表示 $(n-p)$ 个开环特征根的实部为负，每个根对应的子项的平均幅角增量均为 $\frac{\pi}{2}$；第二项表示 p 个开环特征根的实部为正，每个根对应的子项的平均幅角增量均为 $-\frac{\pi}{2}$。

式 (5-78) 即为我们所要证明的奈氏判据式 (5-71)。

下面看看奈氏判据的应用。

[**例 5-4**] 系统的开环幅相频率特性曲线及开环右根数 p 分别如图 5-29 中 (a)、(b)、(c)、(d) 所示，分别判断这四种情况下闭环系统的稳定性。

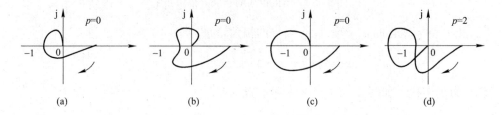

图 5-29 例 5-4 图各系统的 $G_K(\mathrm{j}\omega)$ 曲线

解：

(a) 当 ω 由 0 至 ∞ 变化时曲线对 $(-1,\mathrm{j}0)$ 点的幅角增量为 0 [不包围 $(-1,\mathrm{j}0)$]，且 $p=0$，故闭环系统是稳定的。

(b) 同 (a) 一样，满足奈氏判据的稳定条件，闭环系统稳定。

(c) 当 ω 由 0 至 ∞ 变化时，曲线对（-1，j0）点的幅角增量为 -2π[顺时针方向包围（-1，j0）点]；且 $p=0$，不满足奈氏判据的稳定条件，故系统闭环不稳定。

若 Nyquist 曲线顺时针方向包围（-1，j0）点，则系统闭环肯定不稳定，这是因为右根的个数 p 不可能是负值。

(d) 当 ω 由 0 至 ∞ 变化时，曲线对（-1，j0）点的幅角增量为 2π，且 $p=2$，正好满足奈氏判据的稳定条件，故系统闭环稳定。

由此例也可以看出，开环稳定与闭环稳定并不是完全一致的。系统开环稳定，但各部件及受控对象的参数匹配不当，很可能保证不了闭环的稳定性；而开环不稳定，只要合理的选择控制装置，完全能调试出稳定的闭环系。开环稳定性和闭环稳定性这是两个概念，二者不能混淆。

5.4.3 虚轴上有开环特征根时的奈奎斯特判据

虚轴上有开环特征根的情况通常出现在系统中有串联积分环节的时候，即 s 平面的坐标原点有开环特征根。这时若直接应用奈氏稳定判据，首先遇到的问题是 p 如何取值，或者是零根算作左根还是右根。

这时可作如下处理：首先将零根视为稳定根（左根）。

但由前面的证明已知，稳定根构成的子项 $(j\omega-a_i)$，当 ω 由 $0\to\infty$ 变化时，其幅角增量应为 $\frac{\pi}{2}$。而零根所构成的子项 $(j\omega-0)=0$，当 ω 由 $0\to\infty$ 变化时，其幅角始终是 $\frac{\pi}{2}$，增量为零。为了使二者的幅角增量一致，换句话说，为了使"将零根视为稳定根"是合理的，可作如下的假设：零根所构成的子项 $(j\omega-0)$ 在 $\omega=0$ 时从正实轴开始，以无穷小的半径逆时针转至虚轴，之后再随 ω 的增加沿虚轴趋向于无穷。这样相当于补充了一个 $\frac{\pi}{2}$ 的小圆弧，使零根所对应的幅角增量也为 $\frac{\pi}{2}$，与稳定根的相一致。如图 5-30 所示。

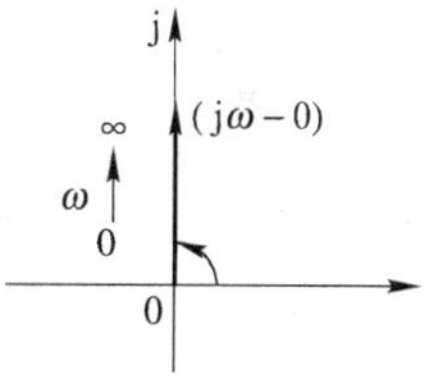

图 5-30 $(j\omega-0)$ 的幅角增量

如果从 $G(j\omega)$ 曲线上去看，零根所构成的子项 $j\omega$ 是在 $G(j\omega)$ 的分母上，即 $j\omega$ 与 $G(j\omega)$ 成倒数关系，那么在图 5-30 中给子项 $(j\omega-0)$ 所补充的以无穷小半径正转 $\frac{\pi}{2}$ 的小圆弧，到了 $G(j\omega)$ 曲线就变成了以无穷大半径负转 $\frac{\pi}{2}$ 的大圆弧，即前述的假设相当于 $\omega=0$ 时，给 $G(j\omega)$ 幅相频率特性补充一个半径为无穷大、负转 $\frac{\pi}{2}$ 的大圆弧，之后再随 ω 的增加按原特性曲线变化。这一补充也称之为增补频率特性。

[**例 5-5**] 已知系统的开环频率特性为

$$G(j\omega)=\frac{K}{(j\omega)^2(jT\omega+1)}$$

试用奈氏判据判断闭环系统的稳定性。

解：由开环频率特性知，系统有两个开环零根，可将其视为稳定根，$p=0$。由 $G(j\omega)$ 可得

$$A(\omega)=\frac{K}{\omega^2\sqrt{1+T^2\omega^2}}$$

$$\varphi(\omega)=-180°-\arctan\omega T$$

$$\omega=0, \quad A(\omega)=\infty, \quad \varphi(\omega)=-180°$$

$$\omega=1/T, \quad A(\omega)=\frac{K}{\sqrt{2}}T^2, \quad \varphi(\omega)=-225°$$

$$\omega=\infty, \quad A(\omega)=0, \quad \varphi(\omega)=-270°$$

绘出 Nyquist 曲线如图 5-31 中实线所示。

一个零根增补半径无穷大、负转 $\frac{\pi}{2}$ 的大圆弧，两个零根则应增补半径无穷大、负转 $2\times\frac{\pi}{2}=\pi$ 的大圆弧。增补频率特性如图 5-31 中虚线所示。

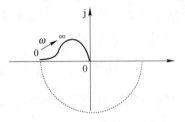

图 5-31 例 5-5 幅相频率特性及增补频率特性

增补频率特性后，可应用奈氏稳定判据进行判断；当 ω 由 $0\to\infty$ 变化时，整个曲线对（-1，j0）点的幅角增量为 -2π，且 $p=0$，不满足奈氏判据的稳定条件，故系统闭环不稳定。

5.4.4 用对数频率特性判断系统的稳定性

系统开环频率特性的 Nyquist 曲线与 Bode 图之间存在着一定的对应关系。Nyquist 图上的单位圆与 Bode 图上的 0 dB 线相对应，因为二者都对应于 $A(\omega)=1$。或者说，单位圆以内对应 $L(\omega)<0$ dB，单位圆以外对应 $L(\omega)>0$ dB。Nyquist 图上的负实轴对应于 Bode 图中的 $-180°$ 线，因为二者都对应于 $\varphi(\omega)=-\pi$。根据这两点对应关系，可以把奈氏稳定判据由幅相频率特性（Nyquist 曲线）移植到对数频率特性（Bode 图）中去。

如开环幅相频率特性按逆时针方向包围（-1，j0）点一周，则其 Nyquist 曲线必然从上而下穿过负实轴上-1点以左的区段一次。这种穿越伴随着相角增加，称为正穿越。反之，若开环幅相频率特性按顺时针方向包围（-1，j0）点一周，其 Nyquist 曲线必然从下而上穿过负实轴的（-1，$-\infty$）区段一次。这种伴随着相角减少的穿越称为负穿越。在图 5-32（a）中，以"＋"号表示正穿越，"－"号表示负穿越。

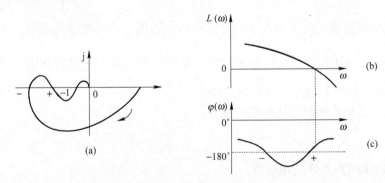

图 5-32 奈氏图和伯德图的对应关系

上述正、负穿越在 Bode 图上反映为，在 $L(\omega)>0$ 的频段内（相当于在单位圆外，亦即负实轴上 -1 点以左），随着 ω 的增加，相频特性由上而下穿过 $-180°$线为负穿越，它表示相角的减少（或者说滞后相角的增大）。反之，$\varphi(\omega)$ 由下而上穿过 $-180°$线为正穿越，它意味着相角的增加（或滞后相角的减少）。Bode 图上的正、负穿越仍用"+"、"-"号来表示，如图 5 - 32（c）所示。

若 $p=0$，根据奈氏稳定判据，系统闭环稳定的条件应为正负穿越的次数之差为零 [相当于对 $(-1,j0)$ 点的幅角增量为零，如图 5 - 32（a）、（c）所示。若 $p\neq 0$，则系统闭环稳定的条件是对 $(-1,j0)$ 点幅角增量为 $p\pi$。当 $p=2$ 时参见图 5 - 33，相当于正负穿越的次数之差为 $\dfrac{p}{2}$。由此可得采用对数频率特性时的奈奎斯特判据为：闭环系统稳定的充要条件为当 ω 由 0 变到 ∞ 时，在开环对数频率特性 $L(\omega)\geqslant 0$ 的频段内，相频特性 $\varphi(\omega)$ 穿越 $-\pi$ 线的次数（正穿越与负穿越次数之差）为 $\dfrac{p}{2}$。p 为开环右根数。若 $p=0$，闭环系统稳定的充要条件为当 ω 由 0 变到 ∞ 时，在 $L(\omega)>0$ 的频段内，$\varphi(\omega)\geqslant -\pi$ [或者说在 $-\pi$ 线的上方，$\varphi(\omega)$ 不穿越 $-\pi$ 线]。

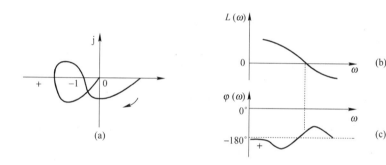

图 5 - 33　$p=2$ 时的奈氏图和伯德图

[**例 5 - 6**] 若系统的开环传递函数为

$$G(s)=\dfrac{K}{s(\tau+1)}$$

试用 Bode 图判断系统在闭环时的稳定性。

解：此系统的开环传递函数是由一个比例环节、一个积分环节和一个惯性环节串联组成，对应的 Bode 图如图 5 - 34 所示。

此系统的开环传递函数在 s 平面右半部无极点，即 $p=0$；而在 $L(\omega)\geqslant 0$ 的频段内，相频特性 $\varphi(\omega)$ 又不穿越 $-\pi$ 线，故系统在闭环时必然稳定。

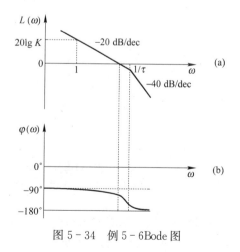

图 5 - 34　例 5 - 6 Bode 图

5.4.5 控制系统的相对稳定性

用系统的开环频率特性不仅可以判断系统闭环时的稳定性，而且还可以定量地反映系统的相对稳定性,即稳定的程度。

如前所述,若系统开环稳定（$p=0$）,则闭环系统稳定的充要条件是开环频率特性不包围（-1,j0）点,如果开环频率特性正好穿过（-1,j0）点,则意味着系统处于稳定的临界状态。因此,系统开环频率特性靠近（-1,j0）的程度表征了系统的相对稳定性,它距离（-1,j0）点越远,闭环系统的相对稳定性越高。

系统的相对稳定性通常用相角裕度和幅值裕度来衡量。

1. 相角裕度

在 $|G(j\omega)|=1$ 的频率上,使闭环系统达到临界状态[即 $G(j\omega)$ 曲线过（-1,j0）点]所需附加的相移量称为相角裕度。

从系统的开环幅相频率特性上看,$|G(j\omega)|=1$ 的频率为 Nyquist 曲线与单位圆交点处的频率,闭环系统达到临界状态时的相移量应为 $180°$[相当于"交点"正好在（-1,j0）点],因此相角裕度 γ 的表达式为

$$\gamma = 180° - \arg G(j\omega_c) \qquad (5-79)$$

通常计算出的 $\arg(j\omega_c)$ 为负值,因此经常把式（5-80）改写为

$$\gamma = \arg G(j\omega_c) + 180° \qquad (5-80)$$

式中,ω_c 即为当 $|G(j\omega)|=1$ 时所对应的频率,也称为剪切频率。

相角裕度 γ 图示于图 5-35。

由图中可见,当 $\gamma=0$,系统闭环处于临界稳定状态；$\gamma>0$[相当于曲线不包围（-1,j0）点],系统闭环稳定；$\gamma<0$[相当于曲线包围（-1,j0）点],系统闭环不稳定。

在对数频率特性上,$|G(j\omega)|=1$ 的频率即为 $L(\omega)$ 曲线与 0 dB 线交点处的频率,也就是剪切频率 ω_c。相角裕量 γ 就是 ω_c 处的 $\varphi(\omega_c)$ 与 $-180°$ 线的差值,如图 5-36（a）、（b）所示。

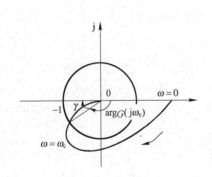

图 5-35 相角裕度在幅相频率特性中的表示

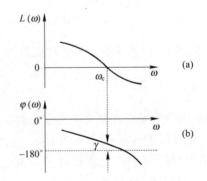

图 5-36 相角裕度在对数频率特性中的表示

闭环不稳定系统的相角裕度在幅相频率特性和对数频率特性中的位置分别如图 5-37 中（a）、（c）所示,此时的 γ 为负值。

2. 幅值裕度

在 $\arg G(j\omega)=-180°$ 的频率上,$|G(j\omega)|$ 的倒数称为幅值裕度。

$\arg G(j\omega)=-180°$ 的频率即为 Nyquist 曲线与负实轴交点处的频率,用 ω_g 表示,如

图 5-38 所示。

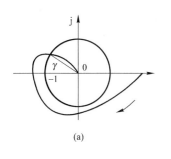

图 5-37 不稳定系统的相角裕度

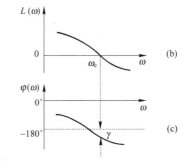

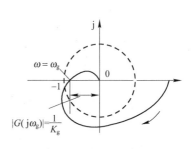

图 5-38 幅值裕度在幅相频率特性中的表示

幅值裕度一般用符号 K_g 表示。

$$K_g = \frac{1}{|G(\omega_g)|} \tag{5-81}$$

在对数频率特性中,幅值裕度定义为在 $\varphi(\omega) = -180°$ 的频率上(即 $\omega = \omega_g$ 时),对数幅频特性 $L(\omega_g)$ 的负值,即

$$K_g = -L(\omega_g) = -20\lg|G(j\omega_g)| \tag{5-82}$$

此时 K_g 的单位为 dB,如图 5-39 (a)、(b) 所示。

从图 5-38 或图 5-39 可见,当 $K_g = 1$(或 $K_g = 0$ dB)时,系统处于临界稳定状态。若 $K_g > 1$(或 $K_g > 0$ dB),则系统闭环稳定;反之,若 $K_g < 1$(或 $K_g < 0$ dB),则系统闭环不稳定。

闭环不稳定系统的幅值裕度在幅相频率特性和对数频率特性中的位置分别如图 5-40 (a)、(b)、(c) 所示。

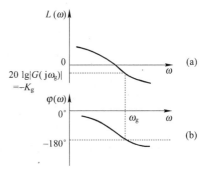

图 5-39 幅值裕度在对数频率特性中的表示

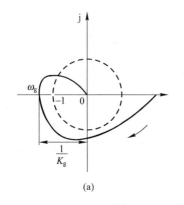

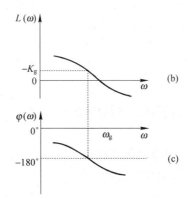

图 5-40 不稳定系统的幅角裕度

当 $\gamma > 0$,$K_g > 0$ dB(或 $K_g > 1$)都成立时,闭环系统是稳定的。二者中有一项不成立,则闭环系统不稳定。γ 和 K_g 越大,系统的稳定程度越高,一般要求 $\gamma \not< 40°$,$K_g \not< 2$

或（$\not> 6$ dB）。

[例 5-7] 系统如图 5-41 所示。试求当 $K=10$ 和 $K=100$ 时，相角裕度 γ 和幅值裕度 K_g 的 dB 值。

解：（方法一）图解法。首先写出系统的开环传递函数并绘制成 Bode 图时的标准形式

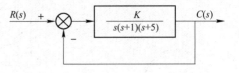

图 5-41　例 5-7 系统结构图

$$G(s)=\frac{\frac{1}{5}K}{s(s+1)\left(\frac{1}{5}s+1\right)}$$

可见系统的开环传递函数由一个比例环节、一个积分环节、两个惯性环节串联而成，当 $K=10$ 和 $K=100$ 时，可分别做出开环对数频率特性如图 5-42 和图 5-43 所示。

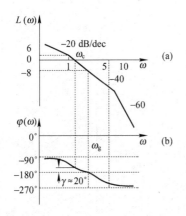

图 5-42　例 5-7 $K=10$ 时的 Bode 图

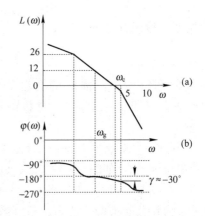

图 5-43　例 5-7 $K=100$ 时的 Bode 图

在图 5-42 中，即 $K=10$ 时，可测量出相角裕量 $20°$，幅值裕量 $K_g\approx 8$ dB。由于满足 $\gamma>0$，$K_g>0$ dB 的条件，故系统是闭环稳定的。

在图 5-43 中，即 $K=100$ 时，可测量出相角裕量 $\gamma\approx -30°$，幅值裕量 $K_g\approx -12$ dB。不满足 $\gamma>0$，$K_g>0$ dB 的条件，故系统闭环不稳定。

一般要求 $\gamma\not< 40°$，$K_g\not< 6$ dB，这可以通过减小 K 值来达到。但 K 值的下降会造成斜坡输入时稳态误差的增加，因此有时只能通过增加校正环节来解决这个稳定性与稳态精度之间的矛盾。

（方法二）计算法。系统的开环频率特性为

$$G(j\omega)=G(s)|_{s=j\omega}$$

计算相角裕量 γ 和幅值裕量 K_g 的基本思路为：首先令 $|G(j\omega)|=1$，解出 ω_c，然后用式（5-81）计算出相位裕量 γ

$$\gamma=180°+\arg G(j\omega_c)$$

再令 $G(j\omega)$ 的虚部 $=0$，解出 ω_g，然后用式（5-82）计算出幅值裕量 K_g

$$K_g=-20\lg|G(j\omega)|$$

具体地，当 $K=10$ 时

$$|G(j\omega g)| = \frac{10}{\omega \cdot \sqrt{1+\omega^2} \cdot \sqrt{25+\omega^2}} = 1$$

解得
$$\omega_c = 1.23$$
$$\gamma = 180° + \left(-90° - \arctan 1.23 - \arctan \frac{1.23}{5}\right) = 25.3°$$

又
$$G(j\omega) = \frac{10}{j\omega(j\omega+1)(j\omega+5)}$$
$$= \frac{10}{-6\omega^2 + j(5\omega - \omega^3)}$$
$$\text{I}_m[G(j\omega)] = 5\omega - \omega^3 = 0$$

解得
$$\omega_g = \sqrt{5}$$
$$K_g = -20\lg|G(j\sqrt{5})| = -20\lg \frac{10}{\sqrt{5} \cdot \sqrt{5+1} \cdot \sqrt{5+25}} = 9.54 \text{ dB}$$

用样的方法，当 $K=100$ 时，可能得出
$$\omega_c = 3.91, \quad \gamma = -23.68°$$
$$\omega_g = \sqrt{5}, \quad K_g = -10.46 \text{ dB}$$

可见，计算结果与作图得出的结果基本吻合，所差部分为近似作图所产生的误差。

在工程实际中，常常是根据对相对稳定性的要求而确定相应的 K 值，下面再举一例。

[**例 5-8**] 已知系统的开环传递函数为
$$G(s) = \frac{K}{(1+s)(1+3s)(1+7s)}$$

要求闭环后幅值裕量 $K_g = 20 \text{ dB}$，求相应的 K 值。

解：首先求 ω_g。
$$G(j\omega) = \frac{K}{(1+j\omega)(1+3j\omega)(1+7j\omega)}$$
$$= \frac{K[(1-31\omega^2) - j\omega(11-21\omega^2)]}{(1-31\omega^2)^2 + \omega^2(11-21\omega^2)^2}$$

当 $\omega = \omega_g$ 时，根据 ω_g 的定义，令上式虚部为 0，即 $11-21\omega^2 = 0$，解得
$$\omega_g = \sqrt{\frac{11}{21}} \text{（负根无意义，舍之）}$$

由幅值裕量 K_g 的定义式 (5-82)，可解出相应的 K 值
$$K_g = -20\lg|G(j\omega g)| = 20 \text{ dB}$$
$$-20\lg \frac{K\left(1-31 \times \frac{11}{21}\right)}{\left(1-31 \times \frac{11}{21}\right)} = 20$$

$$\lg \frac{15.24}{K} = 1$$
$$K = 1.524$$

即为所求。

5.5 开环频率特性与系统动态性能的关系

对于单位负反馈系统,其开、闭环传递函数之间的关系为

$$\phi(s) = \frac{G(s)}{1+G(s)} \tag{5-83}$$

系统的动态结构及所有参数,唯一地取决于开环传递函数,即使不是单位负反馈系统,系统的开环传递函数也包含了系统中的所有元部件,因此系统的开环频率特性对系统闭环后的动态性能,肯定应有所表现。下面仅就这个问题作定性的讨论,介绍"三个频段"的概念。

5.5.1 低频段

低频段通常是指 $20\lg|G(j\omega)|$ 的近似线在第一个转折频率以前的区段。这一区段的特性完全由积分环节和开环增益决定。

设低频段对应的传递函数

$$G(s) = \frac{K}{s^V} \tag{5-84}$$

则其对应的对数幅频特性为

$$20\lg|G(j\omega)| = 20\lg\frac{K}{\omega^V} = 20\lg K - V20\lg\omega \tag{5-85}$$

V 为不同值时,低频段对数幅频特性曲线的形状分别如图 5-44 所示,它们为一些斜率不等的直线,斜率值为 $-20V$ dB/dec。

对于常见的 I 型系统,要求开环传递函数中串联有一个积分环节,即 $V=1$。为了保证系统跟踪斜坡信号的精度,开环增益 K 应足够大,这就限定了低频率段的斜率和高度。斜率应为 -20 dB/dec,高度将由 K 值决定。

开环增益 K 和低频段高度的关系可以用多种方法确定。例如将低频段对数幅频的延长线交于 0 dB 线,则由式(5-85)得

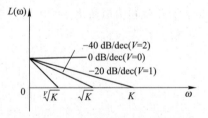

图 5-44 低频段对数幅频曲线

$$20\lg\frac{K}{\omega^V} = 0 \tag{5-86}$$

故

$$K = \omega^V \tag{5-87}$$

或者说交点处的角频率等于 $\sqrt[V]{K}$。

若 $V=1$,则交点处的 $\omega=K$。可在对数坐标的 0 dB 线上找出数值为 K 的点,过此点作 -20 dB/dec 斜率的直线,即为 I 型系统的低频段对数幅频特性。

对 II 型系统,$V=2$,低频段的斜率为 -40 dB/dec,其延长线与 0 dB 线的交点频率则为 $\sqrt{K}$。

可见，低频段斜率的绝对值越大，位置越高，对应于串联的积分环节的数目越多（型别越高），开环增益越大。故闭环系统在满足稳定的条件下，低频段斜率的绝对值越大，其稳态误差越小，动态响应的最终精度越高。

5.5.2 中频段

中频段是指开环对数幅频特性曲线 $20\lg|G(j\omega)|$ 在剪切频率 ω_c [$L(\omega)$ 曲线过 0 dB 线时的频率] 附近的区段。这一区段的特性集中反映闭环系统动态响应的稳定性和快速性。下面在假定闭环系统稳定的条件下，对两种典型情况讨论如下。

① 如果 $L(\omega)$ 曲线的中频段斜率为 -20 dB/dec，而且占据的频率区间较宽 [如图 5-45（a）中所示]，则只从平稳性和快速性着眼，可近似认为开环的整个特性为 -20 dB/dec 的直线。其对应的开环传递函数

$$G(s) \approx \frac{K}{s} = \frac{\omega_c}{s} \tag{5-88}$$

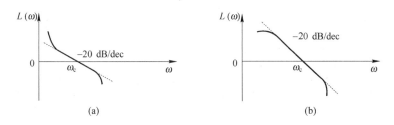

图 5-45 中频段对数幅频曲线

对于单位负反馈系统，闭环传递函数

$$\phi(s) = \frac{G(s)}{1+G(s)} \approx \frac{\omega_c/s}{1+\omega_c/s} = \frac{1}{\frac{1}{\omega_c}s+1} \tag{5-89}$$

这相当于一阶系统，阶跃响应没有振荡，有较好的稳定性。其调节时间为 $t_s = 3/\omega_c$（5% 误差带），剪切频率 ω_c 越高，调节时间 t_s 越小，系统的快速性越好。

因此，若将中频段配置较宽的 -20 dB/dec 斜率线，且截止频率高一些，系统将具有近似一阶模型的动态过程，超调 $\sigma\%$ 及调节时间 t_s 都可以很小。

② 如果 $L(\omega)$ 曲线的中频段斜率为 -40 dB/dec，而且占据的频率区间较宽 [如图 5-45（b）所示]，则只从平稳性和快速性着眼，可近似认为整个开环特性为 -40 dB/dec 的直线。其对应的开环传递函数为

$$G(s) \approx \frac{K}{s^2} = \frac{\omega_c^2}{s^2} \tag{5-90}$$

对于单位负反馈系统，闭环传递函数

$$\phi(s) = \frac{G(s)}{1+G(s)} \approx \frac{\omega_c^2}{s^2+\omega_c^2} \tag{5-91}$$

这相当于零阻尼（$\xi=0$）的二阶系统。系统处于临界稳定状态，动态过程持续等幅振荡。

因此，中频段的斜率如果为 -40 dB/dec，则所占频率区间不宜过宽，否则 $\sigma\%$ 及 t_s 将会显著增大。

中频段的斜率若在 -40 dB/dec 以上,则闭环系统将难以稳定。故通常取 $L(\omega)$ 曲线在剪切频率 ω_c 附近的斜率为 -20 dB/dec,以期得到良好的平稳性;而以提高 ω_c 来保证要求的快速性。

5.5.3 高频段

高频段是指开环对数幅频特性曲线 $20\lg|G(j\omega)|$ 在中频段以后($\omega > \omega_c$)的区段。由于远离 ω_c,一般分贝值较低,故对系统的动态响应影响不大。但从系统抗干扰性的角度看,高频段是很重要的。由于高频段的开环幅频特性的分贝值较低,有

$$20\lg|G(j\omega)| \ll 0$$

即

$$|G(j\omega)| \ll 1$$

故对单位负反馈系统,有

$$|\phi(j\omega)| = \frac{|G(j\omega)|}{|1+|G(j\omega)||} \approx |G(j\omega)| \tag{5-92}$$

即闭环幅频特性约等于开环幅频特性。

因此,系统开环对数幅频特性在高频段的幅值,直接反映了对输入端高频干扰信号的抑制能力。这部分特性的分贝值越低,系统的抗干扰能力越强。

总之,在开环对数频率特性的三个频段中,低频段决定了系统的稳态精度;中频段决定了系统的平稳性和快速性;高频段决定了系统的抗干扰能力。三个频段的划分并没有严格的确定性准则,但是三个频段的概念,为直接运用开环特性判别稳定的闭环系统的动态性能,指出了原则和方向。

5.6 系统的闭环频率特性

在已知系统开环频率特性的情况下,采用图解的方法可以求出系统的闭环频率特性。对于单位反馈系统,开环频率特性与闭环频率特性的关系为

$$|\phi(j\omega)| = \frac{C(j\omega)}{R(j\omega)} = \frac{G(j\omega)}{1+G(j\omega)} \tag{5-93}$$

根据此式,可以用图解法求得闭环频率特性曲线。

设系统的开环幅相频率特性如图 5-46 所示。

当 $\omega = \omega_1$ 时,由图可见

$$G(j\omega_1) = \overline{OA} = |\overline{OA}| e^{j\varphi} \tag{5-94}$$

根据矢量相加的图解法则,可有

$$1 + G(j\omega_1) = 1 + \overline{OA} = \overline{PA} = |\overline{PA}| e^{j\theta} \tag{5-95}$$

因此,系统的闭环频率特性可写成

$$\phi(j\omega_1) = \frac{G_K(j\omega_1)}{1+G_K(j\omega_1)} \frac{\overline{OA}}{\overline{PA}} = \left|\frac{\overline{OA}}{\overline{PA}}\right| e^{j(\varphi-\theta)} \tag{5-96}$$

上式表示 $\omega = \omega_1$ 时,闭环频率特性的幅值等于向量 $\overline{OA}$ 与 $\overline{PA}$ 幅值之比,相角等于向量 $\overline{OA}$ 与 $\overline{PA}$ 相角之差,只要分别测出

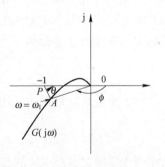

图 5-46 用图解法求闭环频率特性

不同频率处向量的幅值和相角，就可以逐点地画出闭环频率特性曲线。

上述图解法虽能说明 $\phi_K(j\omega)$ 和 $G(j\omega)$ 的几何关系，但在工程中使用并不方便。实际上比较常用的是等 M 圆图和等 N 圆图。

5.6.1 等 M 圆图

设单位反馈系统的开环频率特性 $G(j\omega)$ 为

$$G(j\omega) = X(\omega) + jY(\omega) \tag{5-97}$$

则闭环频率特性

$$\phi(j\omega) = \frac{G(j\omega)}{1+G(j\omega)} = \frac{X+jY}{1+X+jY} = M(\omega)e^{ja(\omega)} \tag{5-98}$$

式中

$$M = \frac{|X+jY|}{|1+X+jY|} = \sqrt{\frac{|X^2+Y^2|}{|(1+X)^2+Y^2|}} \tag{5-99}$$

为闭环频率特性的幅值。

式 (5-99) 可改写为

$$M^2 = \frac{X^2+Y^2}{(1+X)^2+Y^2} \tag{5-100}$$

或进一步改写为

$$Y^2 + \left(X + \frac{M^2}{M^2-1}\right)^2 = \frac{M^2}{(M^2-1)^2} \tag{5-101}$$

式 (5-101) 是一个圆的方程，其圆心坐标和半径分别为

$$X_0 = \frac{-M^2}{M^2-1}, \quad Y_0 = 0, \quad \gamma_0 = \frac{M}{M^2-1} \tag{5-102}$$

给出不同的 M 值，便可以得到一簇圆，如图 5-47 所示。

由图可见，当 $M>1$ 时，M 圆的半径随着 M 值的增大而减小，位于负实轴上的圆心不断向 $(-1, j0)$ 点靠近；$M=\infty$ 时，$r_0=0$，$x_0=-1$，最后收敛于 $(-1, j0)$ 点。

当 $M=1$ 时，$r_0=\infty$，$x_0=-\infty$；故 $M=1$ 的圆为一个圆心在无穷远处、半径为 ∞ 的圆。它实际上是一条平行于 Y 轴的直线，其与 X 轴交点可由式 (5-101) 求得

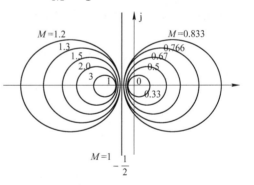

图 5-47 等 M 圆图

$$X\Big|_{Y=0} = \left[-\frac{M^2}{M^2-1} + \frac{M}{M^2-1}\right]_{M=1} = -\frac{1}{2}$$

当 $M<1$ 时，随着 M 值的减小，M 圆的半径越来越小，其位于正实轴上的圆心不断向坐标原点靠近。当 $M=0$ 时，$r_0=0$，$x_0=0$，最后收敛于原点。

等 M 圆的作用在于，可以事先画出 M 为不同值的一族等 M 圆，制成等 M 圆图（不论对任何不同的系统，其等 M 圆图都是相同的）。再在等 M 圆图上画出具体系统的开环幅相频率特性曲线。曲线与各圆交点，表示在这一频率下所对应的 M 值，亦即为这一频率所对

应的闭环频率特性的幅值。因此，根据不同的各个交点即可绘出闭环幅频特性。

[**例 5-9**] 若系统的开环频率特性为

$$G(j\omega) = \frac{10}{j\omega(0.2j\omega+1)(0.05j\omega+1)}$$

求单位反馈后的闭环幅频特性。

解：将系统的开环频率特性（Nyquist 曲线）画在等 M 圆图上，如图 5-48 所示。

根据 $G(j\omega)$ 曲线与各圆的交点，求出各 ω 值所对应的 M 值，即可绘出闭环幅频特性曲线，如图 5-49 所示。

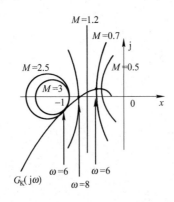

图 5-48 利用等 M 圆图求闭环幅频特性

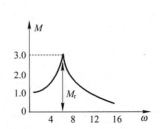

图 5-49 闭环频率特性幅曲线

5.6.2 等 N 圆图

根据式（5-98），闭环频率特性 $G_B(j\omega)$ 的相角可用下式表示

$$\arg \phi_B(j\omega) = a(\omega) = \arg\left(\frac{X+jY}{1+X+jY}\right)$$

$$= \arctan\left(\frac{Y}{X}\right) - \arctan\left(\frac{Y}{1+X}\right)$$

$$= \arctan\left(\frac{Y}{X^2+X+Y}\right) \tag{5-103}$$

令

$$N = \tan a = \frac{Y}{X^2+X+Y} \tag{5-104}$$

则有

$$\left(X+\frac{1}{2}\right)^2 + \left(Y-\frac{1}{2N}\right)^2 = \frac{1}{4}\frac{N^2+1}{N^2} \tag{5-105}$$

当 N 为常数时，上式为一个圆的方程，圆心和半径分别为

$$X_0 = -\frac{1}{2}, \quad Y_0 = \frac{1}{2N}, \quad r_0 = \frac{1}{2N}\sqrt{N^2+1} \tag{5-106}$$

给出不同的 N 值，可以画出一簇等 N 圆，如图 5-50 所示。由图可见，无论 N 的值如何变化，所有的等 N 圆都通过坐标原点和（-1，j0）点。

为了应用时方便，等 N 圆上标出的并不是对应的 N 值，而是与 N 值相应的 a 值，即闭环频率特性的相角。

等 N 圆的作用与等 M 圆相同，也是事先制成标准的等 N 圆图，然后在等 N 圆图上画具体系统的开环 Nyqist 曲线，其交点就表示在这一频率下所对应的闭环频率特性的相角。最后，根据各交点的频率及 a 值，即可得到闭环相频特性曲线。

利用等 M 圆图和等 N 圆图，可以从开环幅相频率特性求得闭环频率特性。

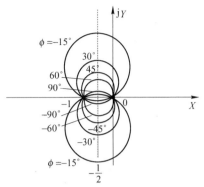

图 5-50 等 N 圆图

5.6.3 根据闭环频率特性分析系统的时域响应

这里进一步探讨频域响应和时域响应之间的关系，也就是用系统的闭环频率特性来求取系统时域响应的性能指标。

1. 二阶系统

对于二阶系统，其阶跃响应与频率特性之间存在着较为简单直观的数学关系。设二阶单位反馈系统如图 5-51 所示。此系统的开环传递函数为

$$G(s)=\frac{\omega_n^2}{s(s+2\xi\omega_n)}$$

相应的闭环传递函数为

$$\phi(s)=\frac{\omega_n^2}{s^2+2\xi\omega_n s+\omega_n^2}$$

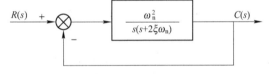

图 5-51 二阶系统

令 $s=j\omega$ 代入上式，可得系统的闭环频率特性

$$\phi(j\omega)=\frac{1}{\left(1-\frac{\omega^2}{\omega_n^2}\right)+j2\xi\frac{\omega}{\omega_n}}=Me^{ja} \tag{5-107}$$

式中，

$$M=\frac{1}{\sqrt{\left(1-\frac{\omega^2}{\omega_n^2}\right)^2+\left(2\xi\frac{\omega}{\omega_n}\right)^2}},\quad a=-\arctan\frac{2\xi\frac{\omega}{\omega_n}}{1-\frac{\omega^2}{\omega_n^2}} \tag{5-108}$$

令 $\frac{dM}{d\omega}=0$，可求出闭环幅频特性的峰值频率为

$$\omega_r=\omega_n\sqrt{1-\xi^2} \tag{5-109}$$

当 $\xi=0$ 时，$\omega_r=\omega_n$，相应的系统处于临界稳定状态，所以峰值频率又称为谐振频率。对应于谐振频率的闭环幅频特性的最大值为

$$M_r=\frac{1}{2\xi\sqrt{1-\xi^2}} \tag{5-110}$$

二阶系统的闭环频率特性如图 5-52 (a)、(b) 所示。其中在闭环幅频特性中,只有当 $0<\xi\leqslant 0.707$ 时,才有峰值出现;当 $\xi>0.707$ 时,没有峰值,谐振频率亦无意义。

因此,对于二阶系统,当 $0<\xi\leqslant 0.707$ 时,频率特性的峰值 M_r 可以反映系统的阻尼系数 ξ,其谐振频率 ω_r 可以反映给定 ξ 下的自然振荡频率 ω_n,而时域性能指标都是由 ξ 和 ω_n 确定的。

这样,只要知道了 M_r 和 ω_r,就不难确定时域的性能指标,也就是说可以把二阶系统闭环频率特性的 M_r 和 ω_r 当作性能指标来用。

由图 5-52 (a) 可见,当 $\omega>\omega_r$ 时,M 将单调下降。这里 $M=0.707$ 时对应的频率值 ω_b 具有特别重要的意义,称为截止频率(又称带宽频率)。从零到截止频率 ω_b 的频段称为系统的带宽。控制系统一般具有低通滤波器特性,带宽反映了它在一定频带范围内比较满意地复现输入信号的能力。

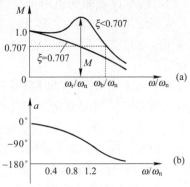

图 5-52 二阶系统的闭环频率特性

在第 3 章中曾经定义,在 $0<\xi\leqslant 1$ 时,系统的阻尼振荡角频率为

$$\omega_d = \omega_n\sqrt{1-\xi^2} \tag{5-111}$$

阶跃响应的超调量为

$$\sigma\% = e^{-\pi\xi/\sqrt{1-\xi^2}} \tag{5-112}$$

M_r、$\sigma\%$ 与 ξ 的关系曲线如图 5-53 所示。由图可见,ξ 越小,M_r 和 $\sigma\%$ 的值越大。在 $0<\xi<0.707$ 的情况下,M_r 和 $\sigma\%$ 的值是逐一对应的。当 $\xi>0.707$ 时,峰值 M_r 不再存在。

谐振频率 ω_r 和阻尼振荡频率 ω_d 之间存在一定的关系

$$\frac{\omega_r}{\omega_d} = \sqrt{\frac{1-2\xi^2}{1-\xi^2}} \tag{5-113}$$

其关系曲线如图 5-54 所示。

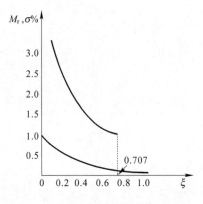

图 5-53 M_r、$\sigma\%$ 与 ξ 的关系曲线

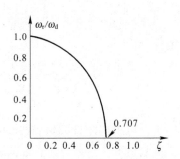

图 5-54 ω_r 与 ω_d 的关系曲线

为了求二阶系统的相角裕度和阻尼比之间的关系,可令 $s=j\omega$ 代入开环传递函数

$$G(j\omega) = \frac{\omega_n^2}{j\omega(j\omega+2\xi\omega_n)} \tag{5-114}$$

再令 $G(j\omega)=1$，求出剪切频率 ω_c

$$\frac{\omega_n^2}{\omega_c\sqrt{(\omega_c^2+4\xi^2\omega_n^2)}}=1$$

$$\left(\frac{\omega_c}{\omega_n}\right)^2=\sqrt{4\xi^4+1}-2\xi^2$$

进而得到二阶系统的相角裕度

$$\gamma=180°-90°-\arctan\frac{\omega_c}{2\xi\omega_n}=\arctan\frac{2\xi\omega_n}{\omega_c}=\arctan\left[2\xi\left(\frac{1}{\sqrt{4\xi^4+1}-2\xi^2}\right)^{\frac{1}{2}}\right] \quad (5-115)$$

二阶欠阻尼系统的 γ 与 ξ 之间的关系曲线如图 5-55 所示。

在 $\xi\leqslant 0.7$ 的范围内，它们的关系可以近似地表示为

$$\xi\approx 0.01\gamma \quad (5-116)$$

上式表明，当相角裕度为 30°～60° 时，对应二阶系统的阻尼比为 0.3～0.6。

2. 高阶系统

系统的时域响应与频率响应之间存在着一定的数学关系，这种关系可以表示为

$$c(t)=\frac{1}{2\pi}\int_{-\infty}^{\infty}C(j\omega)e^{j\omega t}d\omega \quad (5-117)$$

这是一个傅里叶积分式。对于高阶系统，进行上述变换是非常烦琐费时的，直接应用十分困难。实际上应用较多的还是一些近似估计方法。

高阶系统的典型闭环幅频特性如图 5-56 所示。

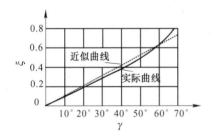
图 5-55 γ 与 ξ 的关系曲线

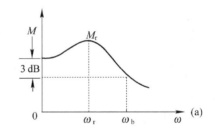
图 5-56 高阶系统的典型闭环幅率特性

实用中常用下列频域指标表征系统的性能。

① 谐振峰值（也称峰值）M_r。闭环幅频特性 $M(\omega)$ 的最大值 M_r 称为谐振峰值，它反映了系统的平稳性或相对稳定性。一般而言，M_r 的值越大，说明系统对某一频率的输入信号反应强烈，即系统阶跃响应的超调量也越大。通常希望系统的谐振值在 1～1.4 之间，相当于 $0.4<\xi<0.7$。

② 谐振频率 ω_r。谐振峰值出现时的频率称为谐振频率，它在一定程度上反映了系统暂态响应的速度。ω_r 值越大，则暂态响应越快。对于弱阻尼系统，ω_r 很接近下面一个指标 ω_b。

③ 截止频率（也称带宽频率）ω_b。当系统闭环幅频特性的幅值 $M(\omega)$ 降到零频率幅值的 0.707（或零频率分贝值以下 3 dB）时，对应的频率 ω_b 称为截止频率。0 至 ω_b 的频率范围称为系统的带宽，它反映了系统对噪声的滤波特性，同时也反映了系统的响应速度。带宽越大，说明系统对快速变化信号的反应能力越强，即暂态响应速度越快；反之，带宽越小，只有较低频率的信号才易通过，则时域响应往往比较缓慢。

④ 剪切率。在剪切频率 ω_c 附近开环数幅特性的斜率称为剪切率，它既能反映系统的相角裕度，又能表征系统从噪声中辨别信号的能力。而这两方面的要求是有矛盾的。当希望系统有较大的相角裕度时，要求对数幅频特性的剪切率比较平缓，然而这对于抑制系统的噪声却不利。这时，就要根据具体情况折中考虑。

上述几个频域指标是评价系统性能时比较常用的。另外，当高阶系统具有一对共轭复数的主导闭环极点时，一般近似地看成二阶系统来进行分析，可以应用对二阶系统的结论。实践证明，这种根据一对主导极点分析和校正系统的方法，在应用得当时是比较有效而且省时的。

5.7 用 MATLAB 进行频域分析

应用 MATLAB 命令可以绘制系统的 Bode 图和 Nyquist 曲线，并可求出系统的相角裕度和幅值裕度，为采用频域法分析控制系统性能提供了方便。

5.7.1 绘制系统的 Bode 图

应用 bode 命令可以计算连续线性定常系统频率响应的幅值和相角。常用的有两种形式：一为带左边变量的 Bode 命令；二为不带左边变量的 Bode 命令。使用不带左边变量的 Bode 命令可以在屏幕上生成波特图。命令形式为 bode（num，den），其应用如例 5-10 所示。

[例 5-10] 系统的开环传递函数 $G(s)=\dfrac{20}{4s^3+22.4s^2+12.2s+1}$，用 MATLAB 绘出该系统的波特图。

解：MATLAB 程序如下。

```
num=[20];
den=[4 22.4 12.2 1];
bode(num,den);
title('Bode Diagram of G(s)=20/(4s^3+22.4s^2+12.2s+1)');
```

执行后得到的波特图如图 5-57 所示。

本例中，Bode 图的频率范围是系统自动生成的，如果需求绘制特定频率范围内的波特图，则应采用命令 bode（num，den，w），并且用命令 Logspace（d_1，d_2）或 Logspace（d_1，d_2，n）来指定频率范围。Logspace（d_1，d_2）是在两个十进制数 10^{d_1} 和 10^{d_2} 之间产生一个由 50 个点组成的向量，这 50 个点彼此在对数上有相等的距离（50 个点中包括两个端点，实际在两个端点之间有 48 个点）。如，在 0.1 弧度/秒和 100 弧度/秒之间产生 50 个点，做为绘制 Bode 图的频率范围，则用命令 w=Logspace（-1，2）即可指定该范围。

Logspace（d_1，d_2，n）是在十进制数 10^{d_1} 和 10^{d_2} 之间产生 n 个在对数上相等距离的点（n 中包括两个端点）。如，在 1 弧度/秒和 1000 弧度/秒之间产生 100 个点，则输入命令 w=Logspace（0，3，100）即可实现。

例 5-10 中如果指定频率范围为 0.1 弧度/秒到 100 弧度/秒，且产生 100 个点，则 MATLAB 程度如下。

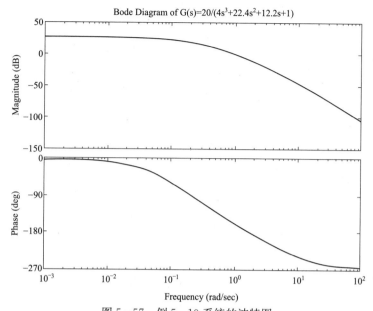

图 5-57　例 5-10 系统的波特图

```
w=logspace(-2,3,100);
num=[20];
den=[4  22.4  12.2  1];
bode(num,den,w);
title('Bode Diagram of G(s)=20/(4s^3+22.4s^2+12.2s+1)');
```

此时得到的波特图如图 5-58 所示。

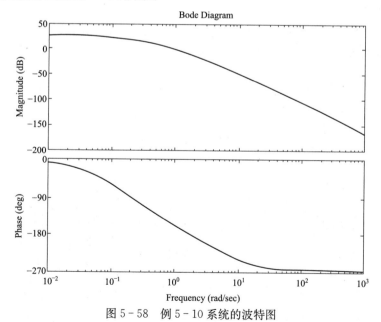

图 5-58　例 5-10 系统的波特图

当使用包含左边变量的 bode 命令时，其形式如下。

$$[\mathrm{mag}, \mathrm{phase}, \mathrm{w}] = \mathrm{bode}(\mathrm{num}, \mathrm{den}, \mathrm{w})$$

此时，bode 命令将把系统的频率响应转变为 mag，phase 和 w 三个矩阵，这时在屏幕上不显示频率响应图。矩阵 mag 和 phase 包含频率响应的幅值和幅角，这些幅值和幅角值是在用户指定的频率点上计算得到的。幅角以度来表示，若把幅值转变为分贝。可用以下命令得到。

$$\text{magdB} = 20 * \lg 10(\text{mag})$$

如例 5-10 所示，绘制系统波特图的 MATLAB 程序如下。

```
num=[20];
den=[4 22.4 12.2 1];
w=logspace(-2,3,100);
[mag,phase,w]=bode(num,den,w);
magdB=20*log10(mag);
% 绘制系统的幅频特性曲线
figure(1);
semilogx(w,magdB,'-');
grid;
title('Bode Diagram of G(s)=20/(4s^3+22.4s^2+12.2s+1)');
xlabel('Frequency (rad/sec)');
ylabel('Gain dB');
% 绘制系统的相频特性曲线
figure(2)
semilogx(w,phase,'-');
grid;
xlabel('Frequency (rad/sec)');
ylabel('Phase deg');
```

此时得到系统的波特图如图 5-59 所示，其中 5-59（a）图为幅频特性曲线图，5-59（b）图为相频特性曲线图。

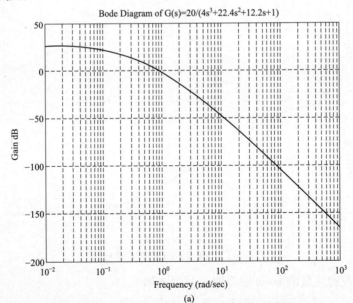

(a)

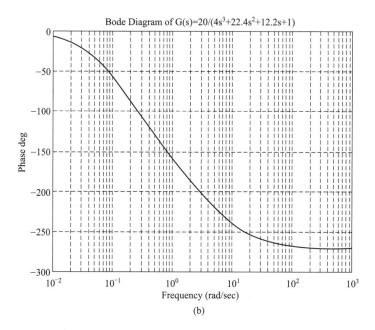

图 5-59 系统的波特图

5.7.2 绘制系统的 Nyquist 图

Nyquist 命令可以计算连续时间线性定常系统的频率响应。和 bode 命令一样，Nyquist 命令也分为有左端变量和无左端变量两种。当命令中不包含左端变量时，Nyquist 命令仅在屏幕上产生奈奎斯特图，此时的奈奎斯特图既包含 $w>0$ 的轨迹，又包含 $w<0$ 时的轨迹，如例 15-11 所示。

[**例 5-11**] 系统的传递函数为 $G(s)=\dfrac{20}{4s^3+22.4s^2+12.2s+1}$，试用 MATLAB 绘制系统的奈奎斯特图。

解：MATLAB 程序如下。

```
num=[20];
den=[4  22.4  12.2  1];
nyquist(num,den);
title('Nyquist Plot of G(s)=20/(4s^3+22.4s^2+12.2s+1)');
```

系统的奈奎斯特图绘制如图 5-60 所示。

在这幅图上，实轴的范围和虚轴的范围都是自动确定的，和（-1，j0）点的相对关系不够清楚，需要对局部进行放大，此时可以采用手工确定的范围画奈奎斯特图。例如在实轴上从-2 到 2，在虚轴上也从-2 到 2，则可以把下列命令输入计算机：

```
v=[-2  2  -2  2];
axis(v);
```

或者将这两行命令合成一行，即 axis([-2 2 -2 2])；此时 MATLAB 程序将产生规定

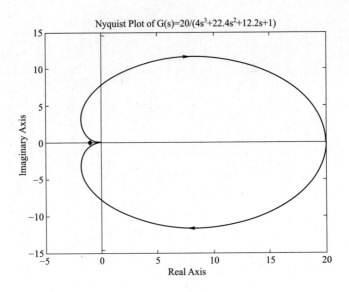

图 5-60 系统的奈奎斯特图

范围的奈奎斯特图。MATLAB 程序如下。

```
num=[20];
den=[4 22.4 12.2 1];
nyquist(num,den);
title('Nyquist Plot of G(s)=20/(4s^3+22.4s^2+12.2s+1)');
v=[-2 2 -2 2];
axis(v);
```

此时绘制的奈奎斯特图如图 5-61 所示。

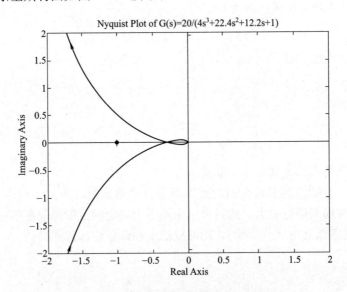

图 5-61 指定坐标轴范围的奈奎斯特图

若想指定频率向量 w 的范围，则采用 nyquist(num，den，w) 命令，该命令可以在指定的频率点上计算频率响应。

如例 5-11 中，指定频率范围为 0.1 弧度/秒至 10 弧度/秒，间隔 0.01 弧度/秒取点，则 MATLAB 程序如下。

```
num=[20];
den=[4 22.4 12.2 1];
w=[0.1:0.01:10];
nyquist(num,den,w);
title('Nyquist Plot of G(s)=20/(4s^3+22.4s^2+12.2s+1)');
```

系统的奈奎斯特图绘制如图 5-62 所示。

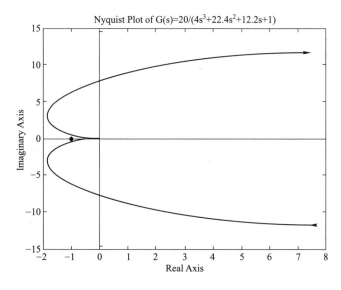

图 5-62 指定频率范围的奈奎斯特图

此处值得注意的是，指定频率范围为 0.1 弧度/秒至 10 弧度/秒，但系统绘制的是从 -0.1 弧度/秒至 -10 弧度/秒及 0.1 弧度/秒至 10 弧度/秒的对称图形。

当采用包含左端变量的 Nyquist 命令时，MATLAB 命令如下。

[re, im, w] = nyquist (num, den) 或

[re, im, w] = nyquist (num, den, w)

这时 MATLAB 将把系统的频率响应表示成矩阵 re，im 和 w，在屏幕上不产生图形。矩阵 re 和 im 包含系统频率响应的实部和虚部，它们都是在向量 w 中指定的频率点上计算得到的。

例如，例 5-11 也可采用如下 MATLAB 程序实现。

```
num=[20];
den=[4 22.4 12.2 1];
w= [0.1:0.01:50];
[re,im,w]=nyquist(num,den,w);
```

```
plot(re,im);
grid;
title('Nyquist Plot of G(s)=20/(4s^3+22.4s^2+12.2s+1)');
xlabel('Real Axis');
ylabel('Imag Axis');
```

系统的奈奎斯特图绘制如图 5-63 所示。

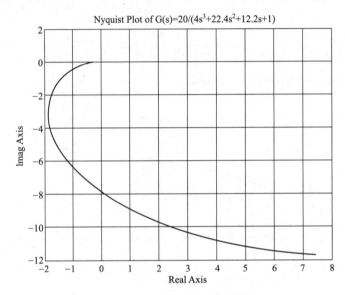

图 5-63 系统的奈奎斯特图

此时的频率范围是 0.1 弧度/秒到 50 弧度/秒，每隔 0.01 弧度/秒取点。

5.7.3 绘制包含有数值为零的极点的系统的 Nyquist 图

采用 Nyquist 命令绘制奈奎斯特图时，如果系统中包含数值为零的极点，须对奈奎斯特图进行修正，如例 5-12 所示。

[**例 5-12**] 已知系统传递函数为

$$G(s)=\frac{20}{s(s+1)(0.1s+1)}$$

采用 MATLAB 命令绘制系统的奈奎斯特图。

解：MATLAB 程序如下。

```
num=[20];
den=[0.1 1.1 1 0];
nyquist(num,den);
```

系统的奈奎斯特图如图 5-64 所示。

由图 5-64 可见，从图中无法判断与 (-1,j0) 点的相对位置，因此无法判断系统的稳定性。此时须给定 axis(v)，对该奈奎斯特图进行修正。如设定 v=[-5 5 -2 2]；axis(v)；则可以获得与 (-1,j0) 点相对位置较明确的奈奎斯特图，此时 MATLAB 命令

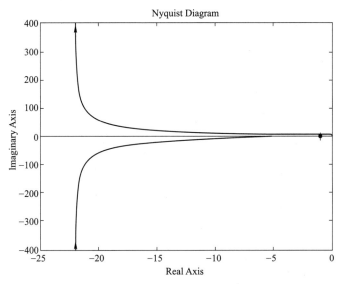

图 5-64 系统的奈奎斯特图

如下。

```
num=[20];
den=[0.1 1.1 1 0];
nyquist(num,den);
v=[-5 5 -2 2];
axis(v);
title('Nyquist Plot of G(s)=20/([s(s+1)(0.1s+1)]');
```

绘制的奈奎斯特图如图 5-65 所示。

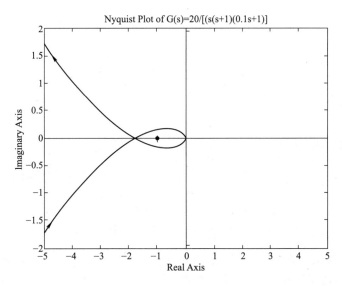

图 5-65 系统的奈奎斯特图

5.7.4 求幅值裕量、相角裕量、剪切频率和增益交界频率

利用 MATLAB 可以很容易地求出系统的幅值裕量、相角裕量、剪切频率和增益交界频率，其命令为

margin（num，den）或 [Gm，pm，wcp，wcg]=margin（num，den）

采用不包含左端分量的 margin（）命令时，可以在 Bode 图中显示出幅值裕量 G_m 及对应的增益交界频率 w_g、相角裕量 p_m 及对应的剪切频率 w_c，如例 5-13 所示。

[例 5-13] 系统的传递函数为

$$G(s)=\frac{20}{4s^3+22.4s^2+12.2s+1}$$

试用 MATLAB 画出系统开环传递函数的 Bode 图，并确定其幅值裕量、相角裕量、剪切频率及增益交界频率。

解：MATLAB 程序如下。

```
num=[20];
den=[4 22.4 12.2 1];
w=logspace(-1,2,100);
bode(num,den,w);
margin(num,den);
```

此时的 Bode 图如图 5-66 所示。

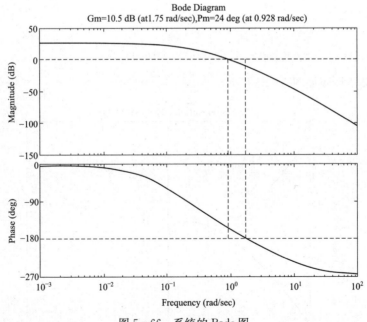

图 5-66 系统的 Bode 图

如果采用包含左端分量的命令 [Gm，pm，wcp，wcg]=margin（num，den），可以求出幅值裕量 G_m 及对应的增益交界频率 w_g，相角裕量 p_m 及对应的剪切频率 w_c 的数值。如例 5-13，此时的 MATLAB 程序如下。

```
num=[20];
den=[4  22.4  12.2  1];
w=logspace(-1,2,100);
bode(num,den,w);
[Gm,pm,wcp,wcg]=margin(num,den);
% 将幅值裕量以分贝值表示
GmdB=20*log10(Gm);
[GmdB pm wcp wcg]
```

显示数值如下。

```
ans=
    10.5423   23.9670    1.7464   0.9276
```

Bode 图如图 5-67 所示，图上没有显示裕度的信息。

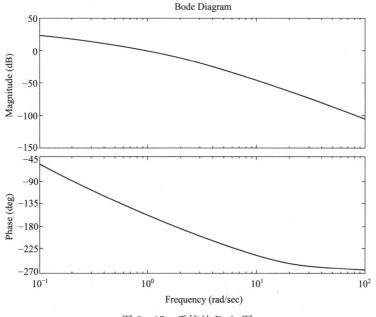

图 5-67　系统的 Bode 图

本 章 小 结

  频率法是一种常用的图解分析法，其特点是可以根据系统的开环频率特性去判断闭环系统的性能，并能较方便地分析参量对时域响应的影响。本章介绍的主要内容如下。

  1. 频率特性是线性系统（或部件）在正弦输入下的稳态响应，但是它能够反映动态过程的性能，频率特性与传递函数之间有着确切的简单关系。

> 2. 系统是由若干环节所组成。熟悉了典型环节的频率特性以后，不难绘制系统的开环对数频率特性。系统的开环频率特性，无论是对数幅频特性还是对数相频特性，都是由典型环节的频率特性叠加而成的。
>
> 3. 应用奈奎斯特稳定判据，不仅可以从系统开环频率特性判别闭环系统的稳定性，而且可以定量地反映系统的相对稳定性。
>
> 4. 把系统的开环频率特性画在等 M 圆图上，可以求得闭环频率特性。根据闭环频率特性的谐振峰值 M_r、谐振频率 ω_r 和截止频率 ω_b 的数值可以粗略估计系统时域响应的一些性能指标。
>
> 5. 应用 MATLAB 命令可以绘制系统的 Bode 图和 Nyquist 曲线并可求出系统的相角裕度和幅值裕度，为采用频域法分析控制系统性能提供了方便。

习 题

基本题

5-1 设单位负反馈系统的闭环传递函数为

$$G(s)=\frac{1}{Ts+1}=\frac{1}{0.5s+1}$$

求信号频率为 $f=1$ Hz，振幅 $A_r=10$ 时系统的稳态输出。

5-2 某放大器的传递函数

$$G(s)=\frac{K}{Ts+1}$$

今测得其频率响应当 $\omega=1$ rad/s 时，幅频 $A=12/\sqrt{2}$，相频 $\varphi=-\pi/4$。问放大系数 K 及时间常数 T 各为多少？

5-3 设单位负反馈系统的开环传递函数

$$G(s)=\frac{10}{s+1}$$

当把下列输入信号作用在闭环系统上时，试求系统的稳态输出。

(1) $r(t)=\sin(t+30°)$

(2) $r(t)=2\cos(2t-45°)$

(3) $r(t)=\sin(t+30°)-2\cos(2t-45°)$

5-4 已知一 RLC 无源网络如图 5-68 所示。当 $\omega=10$ rad/s 时，其幅频 $A(\omega)=1$，相频 $\varphi(\omega)=-90°$。求其传递函数。

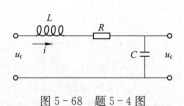

图 5-68 题 5-4 图

5-5 若系统的单位阶跃响应

$$h(t)=1-1.8e^{-4t}+0.8e^{-9t} \quad (t\geqslant 0)$$

试求系统的频率特性。

5-6 系统的开环传递函数为
$$G(s)=\frac{K}{(0.2s+1)(0.04s+1)(0.08s+1)}$$
试绘制系统的开环幅相频率特性。

5-7 画出下列开环传递函数的幅相特性,并判断其单位负反馈闭环时的稳定性。

(1) $G(s)=\dfrac{250}{s^2(s+5)(s+15)}$

(2) $G(s)=\dfrac{250(s+10)}{s^2(s+5)(s+15)}$

5-8 已知单位负反馈系统的开环传递函数,试绘制其 Nyquist 曲线。

(1) $G(s)=\dfrac{1}{s(1+s)}$

(2) $G(s)=\dfrac{1}{(1+s)(1+2s)}$

(3) $G(s)=\dfrac{1}{s(1+s)(1+2s)}$

(4) $G(s)=\dfrac{1}{s^2(s+1)(2s+1)}$

5-9 试绘制题 5-8 中各系统的开环对数频率特性。

5-10 设单位负反馈系统的开环传递函数为
$$G(s)=\frac{5}{s(0.1s+1)(0.5s+1)}$$
试绘制系统的 Nyquisy 曲线和 Bode 图,并求相角裕度和幅值裕度。

5-11 一环节的传递函数为
$$G(s)=\frac{1+T_1 s}{-1+T_2 s} \quad (1>T_1>T_2>0)$$
试绘制该环节幅相频率特性和对数频率特性。

5-12 系统开环传递函数为
$$G_K(s)=\frac{20}{s(0.2s+1)(0.04s+1)}$$
试绘制系统的开环对数频率特性曲线,并判断闭环系统的稳定性。

5-13 已知一些元件的对数幅频特性曲线如图 5-69 所示,试写出它们的传递函数 $G(s)$。

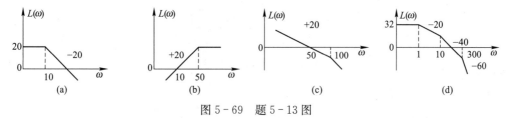

图 5-69 题 5-13 图

5-14 三个最小相位传递函数的对数幅频曲线如图 5-70 所示,要求
(1) 写出对应的传递函数表达式;
(2) 概略地画出每一个传递函数对应的对数相频和幅相频率特性曲线。

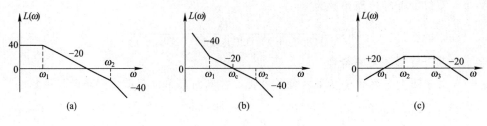

图 5-70 题 5-14 图

5-15 画出下列传递函数对数幅频特性和对数相频特性曲线。

(1) $G(s) = \dfrac{2}{(2s+1)(8s+1)}$

(2) $G(s) = \dfrac{50}{s^2(s^2+s+1)(6s+1)}$

(3) $G(s) = \dfrac{8(s+0.1)}{s(s^2+s+1)(s^2+4s+25)}$

(4) $G(s) = \dfrac{10(s+0.2)}{s^2(s+1)}$

5-16 图 5-71(a) 和 5-71(b) 分别为某 I 型和某 II 型系统对数幅频特性曲线，试证明

(1) $\omega_1 = K_V$

(2) $\omega_2 = \sqrt{K_a}$

其中，K_V 和 K_a 分别为静态速度误差系数和静态加速度误差系数。

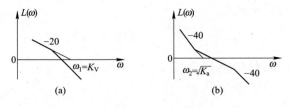

图 5-71 题 5-16 图

5-17 控制系统如图 5-72 所示

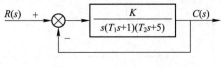

图 5-72 题 5-17 图

(1) 分析不同 K 值时系统的稳定性；

(2) 确定当 $T_1=1$，$T_2=0.5$ 和 $K=0.75$ 时系统的幅值裕度。

5-18 已知最小相位系统的开环传递函数为

$$G_K(s) = \dfrac{2\times 10^8(s+60)}{3s(s+20)(s+400)(s+1000)}$$

求系统的相角裕度和幅值裕度，并判断系统的稳定性。

5-19 设系统开环频率特性如图 5-73 所示，试判别系统的稳定性。其中 p 为开环不稳定极点个数，V 为开环积分环节的个数。

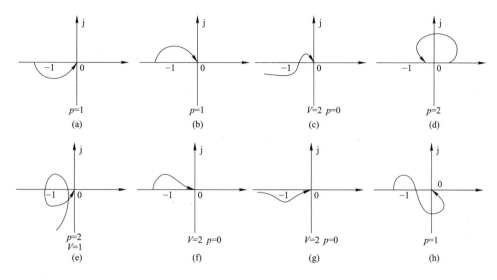

图 5-73 题 5-19 图

5-20 画出下列开环传递函数的幅相特性，并判断其闭环（负反馈）系统的稳定性。

(1) $G(s) = \dfrac{250}{s(s+50)}$

(2) $G(s) = \dfrac{250}{s^2(s+50)}$

(3) $G(s) = \dfrac{250}{s(s+5)(s+15)}$

(4) $G(s) = \dfrac{250}{s^2(s+5)(s+15)}$

5-21 设单位反馈控制系统的开环传递函数

(1) $G(s) = \dfrac{as+1}{s^2}$，试确定使相角裕度等于 $45°$ 的 a 值。

(2) $G(s) = \dfrac{K}{(0.01s+1)^3}$，试确定使相角裕度等于 $45°$ 的 K 值。

5-22 设一单位反馈控制系统的开环传递函数

$$G(s) = \dfrac{K}{s(s+1)(0.1s+1)}$$

(1) 确定使系统的幅值裕度等于 20 dB 的 K 值；
(2) 确定使系统的相角裕度等于 $60°$ 的 K 值。

5-23 设系统的结构如图 5-74 所示。试用奈氏判据判别该系统的稳定性，并求出其稳定裕度。

(1) $K_1 = 0.5$，$G(s) = \dfrac{2}{s+1}$

(2) $K_1 = 0.5$，$G(s) = \dfrac{2}{s}$

(3) 若将增益 K_1 改为 100，重做 (1) 和 (2) 小题。

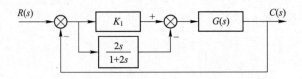

图 5-74 题 5-23 图

5-24 根图 5-75 中所示系统方框图绘制系统的伯德图，并求系统稳定的 K 值范围。

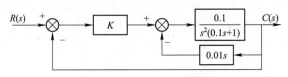

图 5-75 题 5-24 图

提高题

5-25 已知单位负反馈最小相位系统开环对数幅频特性如图 5-76 所示。
（1）求出系统的开环传递函数；
（2）求相角裕度；
（3）闭环系统对单位阶跃输入和斜坡输入的稳态误差分别是多少；
（4）画出系统的 Nyquist 图。

5-26 已知单位负反馈系统开环幅相曲线（$k=10$，$p=0$，$V=1$）如图 5-77 所示，试确定系统闭环稳定时 K 值的范围。

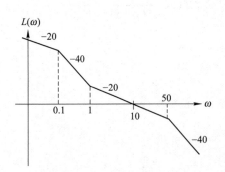

图 5-76 系统的波特图

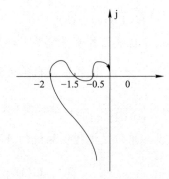

图 5-77 系统的开环幅相特性曲线

5-27 星际漫游车位置控制模型如图 5-78 所示，为使系统相角裕度取得最大值，试确定增益 K 的取值，并绘制其阶跃响应曲线，从频域法的角度讨论 K 对系统性能的影响。

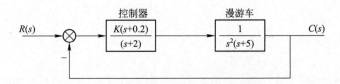

图 5-78 星际漫游车位置控制模型

5-28 某单位负反馈的二阶系统,当开环增益 $K=1$ 时,开环幅相特性如图 5-79 所示。

(1) 写出系统的开环传递函数;
(2) 要求在 $r(t)=\sin 4.848t$ 作用下,系统稳态输出幅值达到最大,试确定对应的开环增益 k;
(3) 当开环增益 $k=8$ 时,求系统的开环剪切频率 ω_c 和相角裕度 γ。

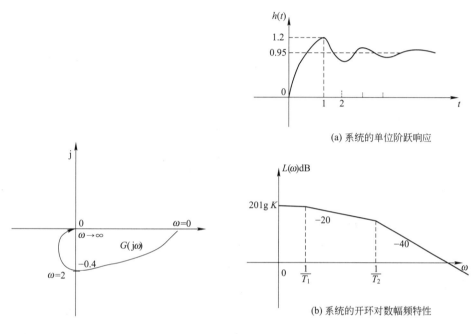

图 5-79 系统的开环幅相特性曲线　　　图 5-80 题 5-29 图

5-29 某单位负反馈的最小相位系统,其单位阶跃响应和开环对数幅频特性分别如图 5-80 所示,试确定系统的开环传递函数 $G(s)$。

5-30 已知某单位负反馈的最小相位系统,有开环极点 -40 和 -10,且系统开环幅相频率特性曲线如图 5-81 所示。

(1) 写出开环传递函数 $G(s)$ 的表达式;
(2) 作出对数幅频特性渐近线 $L(\omega)$,求系统开环剪切角频率;
(3) 能否调整开环增益 K 值,使系统在给定输入信号 $r(t)=I(t)+t \cdot I(t)$ 作用下稳态误差 $e_{ss} \leqslant 0.01$。

5-31 已知系统的开环传递函数 $G(s)=\dfrac{k(s+3)}{s(s-1)}$,已画出其奈奎斯特曲线如图 5-82 所示,曲线与负实轴相交于 $(-k, j0)$ 点,试讨论单位负反馈系统的闭环稳定性。

5-32 设单位反馈系统如图 5-83 所示,其中 $G_0(s)=\dfrac{1}{s(0.01s+1)}$, $K=25$, $T=0.1$,

(1) 绘制系统的开环对数频率特性曲线,并求相角裕度;
(2) 绘制系统的奈奎斯特曲线并判稳;
(3) 若要求 ω_c 不变,问 K 与 T 如何变化才能使系统的相角裕度提高到 $55°$。

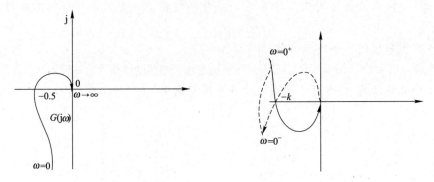

图 5-81 系统的开环幅相特性曲线　　图 5-82 系统的奈奎斯特曲线

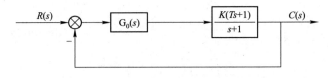

图 5-83 系统的结构图

第6章 控制系统的校正

前面几章介绍了分析控制系统的三种基本方法——时域法、根轨迹法和频率法。本章将着重讨论有关控制系统设计中的一个重要问题，即控制系统的校正。

根据受控对象及其技术要求设计自动控制系统，需要进行大量地分析计算，考虑的问题是多方面的。既要保证有良好的控制性能，又要照顾到工艺性、经济性，而使用寿命、体积和重量也不可忽视。设计工作既要有理论作指导，也要重视实践经验，往往还要配合许多局部和整体的模拟实验。本章只从控制的观点讨论自动控制系统的设计问题。主要考虑的是：如何使系统具有满意的动态性能，即如何满足稳定性、快速性和稳态精度的具体要求。

6.1 控制系统校正的概念

自动控制系统一般由控制器及被控制对象组成。被控制对象是指要求实现自动控制的机器、设备或生产过程；控制器则是指对被控对象起控制作用的装置总体，其中包括测量及信号转换装置、信号放大及功率放大装置和实现控制指令的执行机构等基本组成部分。有关系统的设计问题应该从整体来研究，不能割裂。

1. 受控对象

将受控对象和控制装置同时进行设计是比较合理的。这样能充分发挥控制的作用，往往能使受控对象获得特殊的、良好的技术性能，甚至能使复杂的受控对象得以改造而变得异常简单。然而，相当多的场合还是先给定受控对象，然后才进行系统设计。

但无论如何，对受控制对象要做充分的了解是不容置疑的。要详细了解对象的工作原理和特点，如哪些参量需要控制，哪些参量能够测量，可以通过哪几个机构进行调整，对象的工作环境和干扰如何等。还必须尽可能准确地掌握受控对象的动态数学模型，以及对象的性能要求，这些都是系统设计的主要依据。

2. 性能指标

为某种特殊用途而设计的每个控制系统都必须满足一定的性能指标。在前面的章节中，曾经讨论过控制系统的时域指标、频域指标及广义的误差积分性能指标。常用的时域指标包括：超调量 $\sigma\%$、调节时间 t_s、静态位置误差系数 K_P、静态速度误差系数 K_v、静态加速度误差系数 K_a。常用的频域指标包括：峰值频率 ω_r、频带 ω_b、剪切频率 ω_c、稳定裕度 γ 和 K_g。而误差积分性能指标主要是指误差平方积分 ISE、时间乘误差平方积分 ITSE、误差绝对值积分 IAE 和时间乘误差绝对值积分 ITAE。

在设计控制系统时，性能指标的确定是重要的一步。一般来说，在提出性能指标时应从生产的实际需求出发，实事求是，切忌盲目追求高指标。因为过高的性能指标不但是不必要的，有时甚至是不可能达到的，或者要付出大量的投资，或者导致系统过分复杂。一个具体的系统对指标的要求应有所侧重。如调速系统对平稳性和稳态精度要求严格，而随动系统则对快速性期望很高。

3. 系统校正

受控对象和控制装置的基本元部件都确定以后,可将系统组装起来。那么,这时的系统是否能够全面符合性能指标的要求呢?实践证明,一般不是很理想的。这就需要在系统联试之前进行认真地分析计算。假使性能不佳,满足不了性能指标的要求,就要在容许的范围内调整基本元件的某些特性和参数(最容易改变的是放大器的增益)。如果经过这样的调整仍然达不到性能指标的要求,就得在原系统的基础上采取另外一些措施,即对系统加以"校正"。所谓校正,就是给系统附加一些具有某种典型环节特性的电网络、模拟运算部件及测量装置等,靠这些环节的配置来有效地改善整个系统的性能,借以达到要求的指标。由此可见,要改善系统的性能,有两条途径:一条是调整参数,另一条就是增加校正环节。

校正元件按在系统中的联结方式,可分为串联校正、反馈校正、前置校正和干扰补偿四种。串联校正和反馈校正是在系统主反馈回路之内采用的校正方式,如图6-1所示。其中串联校正元件一般是接在误差测量点和放大器之间,串联于前向通道上;而反馈校正元件是设置在系统局部反馈回路(或称内反馈回路)的反馈通道上。

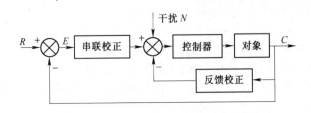

图 6-1 串联校正和反馈校正

前置校正又称前馈校正,是在系统主反馈回路之外采用的校正方式之一,如图6-2所示。

前置校正元件设置在给定值之后、主反馈作用点之前的前向通道上,相当于给定值信号$r(t)$在送入反馈系统之前,先进行滤波或整形。

干扰补偿是直接或间接测量干扰信号$n(t)$,并经变换后接入系统,形成一条附加的、对干扰的影响进行补偿的通道,如图6-3所示。

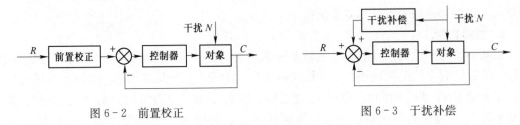

图 6-2 前置校正　　　　　　　图 6-3 干扰补偿

前置校正和干扰补偿可以单独用于开式控制系统,也可以作为反馈控制系统的附加校正而组成复合控制系统。

6.2 串联校正

在串联校正中,根据校正元件对系统性能的影响,又可分为超前校正、滞后校正和滞后超前校正。下面分别介绍。

6.2.1 超前校正

超前校正的基本原理是利用超前校正网络的相角超前特性去增大系统的相角裕度,以改善系统的暂态响应。

先从超前校正网络看起,有 RC 超前网络,如图 6-4 所示。其传递函数为

$$G(s)=\frac{E_0(s)}{E_1(s)}=\frac{R_2}{R_1+R_2}\frac{R_1Cs+1}{\frac{R_2}{R_1+R_2}R_1Cs+1} \quad (6-1)$$

令 $T=R_1C$,$\alpha=\dfrac{R_2}{R_1+R_2}(\alpha<1)$,则传递函数可写成

$$G(s)=\alpha\frac{Ts+1}{\alpha Ts+1} \quad (6-2)$$

由此可画出网络的对数频率特性如图 6-5(a)、(b)所示。由于 $\alpha<1$,故由一阶微分环节提供的转折频率 $\dfrac{1}{T}$,一定在由惯性环节提供的转折频率 $\dfrac{1}{\alpha T}$ 之前,反映在相频特性上就是具有正相移。这个正相移表明,网络在正弦信号作用下的稳态输出电压,在相位上超前于输入。这也就是所谓超前网络名称的由来。

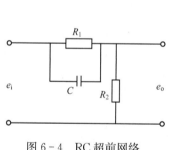

图 6-4 RC 超前网络

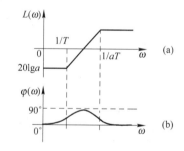

图 6-5 超前网络的对数频率特性

这种简单的超前网络若设置在系统的前向通路上(一般是串接于两级放大器之间),就构成了串联超前校正。关于超前校正的作用,可以通过例 6-1 加以说明。

[例 6-1] 设系统的开环传递函数为 $G(s)=\dfrac{400}{s^2(0.01s+1)}$,绘制系统的 Bode 图,并判断系统是否稳定。若加入串联校正环节 $G_c(s)=\dfrac{0.1s+1}{0.01s+1}$,重新绘制校正后系统的 Bode 图,并求系统的相角裕度和幅值裕度。

解: 应用 MATLAB 命令,绘制原系统的 Bode 图如图 6-6 所示。

```
num=[400];
den=[0.01 1 0 0];
bode(num,den);
grid;
```

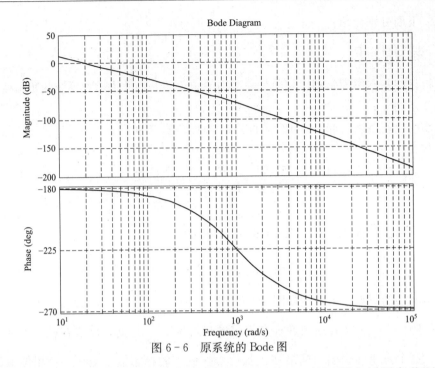

图 6-6 原系统的 Bode 图

由图 6-6 可知,剪切频率 ω_{c1} 附近的斜率为 -40dB/dec,并且所占的频率范围较宽,由第 5 章的分析可知,此系统的动态响应振荡强烈,平稳性很差。对照相频曲线可明显看出,在 $L(\omega)>0$ 范围内,$\varphi(\omega)$ 对 $-\pi$ 线负穿越一次,故系统不稳定。

若加入校正环节 $G_c(s)=\dfrac{0.1s+1}{0.01s+1}$,先用 MATLAB 命令绘制校正环节的 Bode 图如图 6-7 所示。

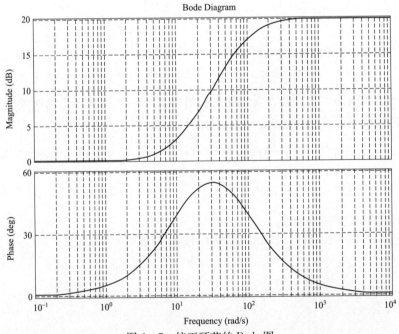

图 6-7 校正环节的 Bode 图

```
num=[0.1 1];
den=[0.01 1];
bode(num,den);
grid
```

由图 6-7 可知,加入的校正环节相频特性具有正相移,因此属于超前校正环节。将此超前校正环节加入到原系统中,可得校正后系统的 Bode 图,并与校正前系统的 Bode 图对比,所得的 Bode 图如图 6-8 所示。MATLAB 程序如下。

```
% 原系统的传递函数
num=[400];
den=[0.001 1 0 0];
bode(num,den);
hold;
% 校正环节的传递函数
numc=[0.1 1];
denc=[0.01 1];
% 校正后系统的传递函数
num1=conv(num,numc);
den1=conv(den,denc);
bode(num1,den1);
grid;
margin(num1,den1);
hold
```

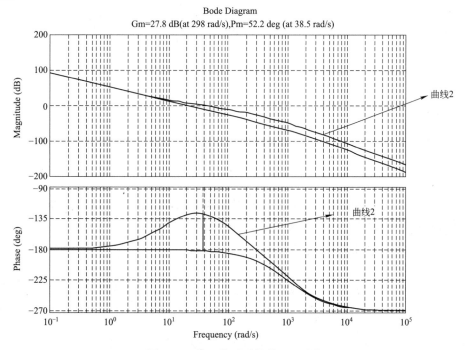

图 6-8 校正前后系统的 Bode 图

在图 6-8 中，曲线 2 表示加入串联超前校正后系统的对数频率特性。由于超前网络对数幅频特性在 $\frac{1}{T}$ 至 $\frac{1}{\alpha T}$ 之间具有正斜率，所以原系统中频段的斜率由 -40 dB/dec 变成 -20 dB/dec，增加了平稳性；还是由于这个正斜率，使系统的剪切频率增大，系统的频带有所展宽，对快速性亦有利，由于超前网络具有正相移，使剪切频率附近的相位明显上移，因而系统由原来的不稳定变为稳定，且具有较大的稳定裕度。

总的来说，给系统串入超前校正网络，可以有效地改善原系统的平稳性和稳定性，并对快速性也将产生有利的影响。但是超前校正很难使原系统的低频段特性得到改进。如果采取进一步提高开环增益的办法，使低频段上移，则系统的平稳性将有所下降；幅频过份上移，还会大大削弱系统抗高频干扰的能力，故超前校正对提高系统稳态精度的作用是很小的。

由例 6-1 可知，超前校正装置的主要作用是改变频率响应曲线的形状，产生足够大的相位超前角，以补偿原系统中的元件造成的过大的相角滞后。下面来分析对于一个超前校正环节，可产生的最大正相角是多少。

设超前校正环节的传递函数为 $G_c(s)=\dfrac{Ts+1}{\alpha Ts+1}$，则其对数频率特性图如图 6-9 所示。

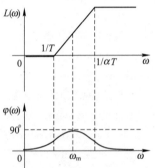

图 6-9 超前网络的对数频率特性

观察图 6-9 可以发现，最大相角 φ_m 所对应的 ω_m 是两个转折频率的几何中点。即

$$\lg \omega_m = \frac{1}{2}\left(\lg\frac{1}{T}+\lg\frac{1}{\alpha T}\right)$$

$$\omega_m = \frac{1}{\sqrt{\alpha}T} \tag{6-3}$$

另外由 $\varphi(\omega)=\arctan T\omega-\arctan \alpha T\omega$，通过求 $\dfrac{\mathrm{d}\varphi(\omega)}{\mathrm{d}\omega}=0$ 同样可得 $\omega_m=\dfrac{1}{\sqrt{\alpha}T}$，此时 $\varphi_m=\arctan T\omega_m-\arctan \alpha T\omega_m=\arctan\dfrac{1}{\sqrt{\alpha}}-\arctan\sqrt{\alpha}$，可得

$$\sin\varphi_m=\frac{1-\alpha}{1+\alpha},\quad \varphi_m=\arcsin\frac{1-\alpha}{1+\alpha} \tag{6-4}$$

此时对应幅频特性曲线上所对应的 dB 值为

$$L(\omega_m)=\frac{1}{2}\cdot 20\left[\lg\frac{1}{\alpha T}-\lg\frac{1}{T}\right]=10\lg\frac{1}{\alpha}=-10\lg\alpha \tag{6-5}$$

因此，假设系统的性能指标是以相位裕度、幅值裕度、静态速度误差系数等形式给出的。利用频率响应法设计超前校正装置的步骤描述如下。

① 假设有下列超前校正装置

$$G_c(s)=K_c\alpha\frac{Ts+1}{\alpha Ts+1}=K_c\frac{s+\dfrac{1}{T}}{s+\dfrac{1}{\alpha T}}\quad (0<\alpha<1)$$

定义 $K_c\alpha=K$，于是 $G_c(s)=K\dfrac{Ts+1}{\alpha Ts+1}$，校正后系统的开环传递函数为

$$G_c(s)G(s) = K\frac{Ts+1}{\alpha Ts+1}G(s) = \frac{Ts+1}{\alpha Ts+1}KG(s) = \frac{Ts+1}{\alpha Ts+1}G_1(s)$$

式中，$G_1(s) = KG(s)$。确定增益 K，使其满足给定静态误差常数的要求。

② 利用已经确定的增益 K，画出增益已经调整但尚未校正的系统 $G_1(j\omega)$ 的波特图，求相角裕度。

③ 确定需要对系统增加的相位超前角 φ，因为增加超前校正装置后，使剪切频率向右方移动，减小了相角裕度，所以在计算增加的相位超前角 φ 时要多增加 $5°\sim12°$ 角，以抵消剪切频率向右方移动所造成的相角裕度的减小，即 $\varphi_m = \varphi + 5°\sim12°$。

④ 利用方程 $\sin\varphi_m = \dfrac{1-\alpha}{1+\alpha}$ 确定衰减因子 α，且确定未校正系统 $G_1(j\omega)$ 的幅值等于 $-10\lg\alpha$ 处的频率，将其作为新的剪切频率 ω_c'，即 $\omega_c' = \omega_m = \dfrac{1}{\sqrt{\alpha}T}$，最大相角位移 φ_m 就发生在这个频率上，由此 T 也可确定。

⑤ 超前校正环节的两个转折频率确定如下。

超前校正环节的零点：$\omega = \dfrac{1}{T}$

超前校正环节的极点：$\omega = \dfrac{1}{\alpha T}$

⑥ 利用在第一步中确定的 K 值和第四步中确定的 α 值，再根据下式，计算常数 K_c。

$$K_c = \frac{K}{\alpha}$$

⑦ 检查幅值裕度，确认是否满足要求。如果不满足要求，通过改变校正装置的零-极点位置，重复上述涉及过程，直到获得满意的结果为止。

[例 6-2] 设系统的开环传递函数为 $G(s) = \dfrac{4}{s(s+2)}$，如果要使系统的静态速度误差系数 K_v 为 20 秒$^{-1}$，相角裕度不小于 $50°$，幅值裕度不小于 10 分贝，试设计一个系统校正装置。

解：设计的第一步是调整增益 K，以满足稳态性能指标。原系统的静态速度误差系数 $K_v = \lim\limits_{s\to 0}sG(s)$，要求的静态误差常数 K_v 为 20 秒$^{-1}$。采用超前校正装置

$$G_c(s) = K_c \cdot \alpha\frac{Ts+1}{\alpha Ts+1}$$

令 $K = K_c \cdot \alpha$，则校正后系统的开环传递函数 $G_1(s)$ 为

$$G_1(s) = G_c(s)G(s) = K \cdot \frac{Ts+1}{\alpha Ts+1} \cdot \frac{4}{s(s+2)} = \frac{4K}{s(s+2)} \cdot \frac{Ts+1}{\alpha Ts+1}$$

$$K_v = \lim_{s\to 0}sG(s) = \lim_{s\to 0}\frac{4K}{s(s+2)} \cdot \frac{Ts+1}{\alpha Ts+1} = 2K = 20$$

求得 $K = 10$。

设计的第二步是画出增益已经调整但尚未校正的系统的波特图，求其相角裕度和幅值裕度。

原系统的波特图及相角裕度和幅值裕度如图 6-10 所示，MATLAB 命令如下。

```
num=[40];
den=[1 2 0];
bode(num,den);
margin(num,den);
```

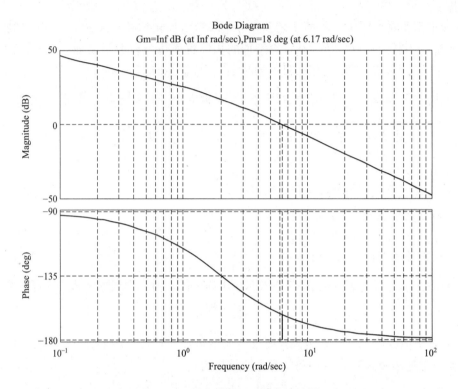

图 6-10 增益调整后系统的波特图

由图 6-10 可见，增益调整后原系统的相角裕度为 $18°$，幅值裕度为 $+\infty$ 分贝，相角裕度不满足要求。

按照题意，要求的相角裕度不低于 $50°$，因此需要补充 $32°$ 的相角，另外考虑到剪切频率右移造成的影响，可以假设需要的最大相角超前量 φ_m 近似等于 $38°$（其中 $6°$ 是为了补偿剪切频率右移产生的负相角）。即 $\varphi_m=38°$，由 $\sin\varphi_m=\dfrac{1-\alpha}{1+\alpha}$ 可得 $\alpha=0.24$。

计算 $-10\lg\alpha=-10\lg 0.24=-6.2$ 分贝，从图 6-10 中找到对应于 -6.2 分贝的频率为 $\omega=9$ 弧度/秒，因此将新的剪切频率 ω_c' 确定为 9 弧度/秒，即

$$\omega_c'=\frac{1}{\sqrt{\alpha}T}=9$$

则 $\dfrac{1}{T}=4.41$，$\dfrac{1}{\alpha T}=18.4$，由此超前校正装置确定为

$$G_c(s)=K_c\cdot\alpha\,\frac{0.227s+1}{0.054s+1}$$

式中

$$K_c = \frac{K}{\alpha} = \frac{10}{0.24} = 41.7$$

因此，校正装置的传递函数为 $G_c(s) = 41.7 \dfrac{s+4.41}{s+18.4}$，绘制校正后系统的波特图并验证相角裕度和幅值裕度是否满足要求。校正后系统的波特图如图 6-11 所示。

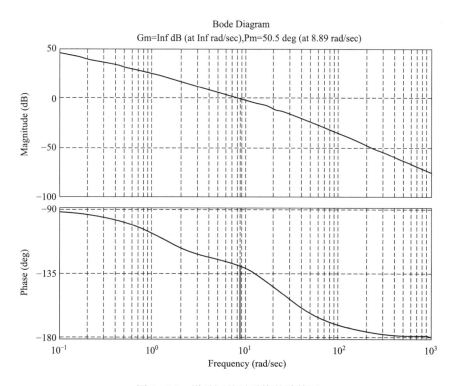

图 6-11 增益调整后系统的波特图

由图 6-11 可见，超前校正装置使剪切频率从 6.17 弧度/秒增加到 8.89 弧度/秒，相角裕度和幅值裕度分别等于 50.5°和+∞分贝，满足系统要求，设计完毕。

最后，验证已设计系统的瞬态响应特性，利用 MATLAB 求已校正系统和未校正系统的单位阶跃响应曲线和单位斜坡响应曲线。未校正系统和已校正系统的闭环传递函数分别为

$$\phi(s) = \frac{4}{s^2 + 2s + 4}, \quad \phi_1(s) = \frac{166.8s + 735.588}{s^3 + 20.4s^2 + 203.6s + 735.588}$$

MATLAB 程序如下。

```
%阶跃响应
num=[0 0 4];
den=[1 2 4];
num1=[0 0 166.8 735.588];
den1=[1 20.4 203.6 735.588];
t=0:0.02:6;
```

```
[C1,X1,t]=step(num,den,t);
[C2,X2,t]=step(num1,den1,t);
plot(t,C1,'r.',t,C2,'b-');
grid;
title('Unit-step Response of Compensate and Uncompensate systems');
xlabel('tsec');
ylabel('outputs');
text(0.4,1.31,'Uncompensated system');
text(2.55,1.15,'Compensated system');
```

校正前后系统的阶跃响应曲线如图6-12所示。

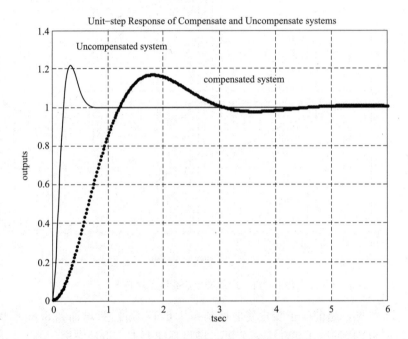

图6-12 校正前后系统的阶跃响应曲线

```
%斜坡响应
num1=[0 0 0 4];
den1=[1 2 4 0];
num1c=[0 0 0 166.8 735.588];
den1c=[1 20.4 203.6 735.588 0];
t=0:0.02:5;
[y1,z1,t]=step(num1,den1,t);
[y2,z2,t]=step(num1c,den1c,t);
plot(t,y1,'y-',t,y2,'g.',t,t,'k--');
grid;
title('Unit-Ramp Response of Compensate and Uncompensate systems');
xlabel('tsec');
ylabel('outputs');text(0.4,1.31,'Unit-Ramp');
```

text(2.5,3.7,'Compensated system');text(2.5,2.2,'Uncompensated system');

校正前后系统的阶跃响应曲线如图 6-13 所示。

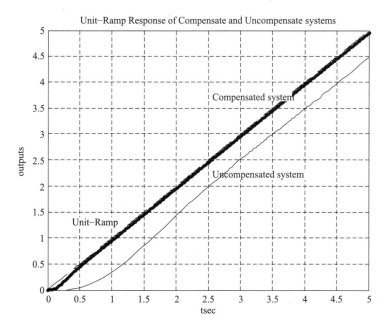

图 6-13 校正前后系统的斜坡响应曲线

由曲线可以看出，校正后系统的性能是令人满意的。

6.2.2 滞后校正

串联滞后校正的作用主要有两条：其一是提高系统低频响应的增益，减小系统的稳态误差，同时基本保证系统的暂态性能不变；其二是滞后校正装置的低通滤波器特性，将使系统高频响应的增益衰减，降低系统的剪切频率，提高系统的相角稳定裕度，以改善系统的稳定性和某些暂态性能。

RC 滞后网络如图 6-14 所示。
其传递函数为

$$G(s)=\frac{E_0(s)}{E_i(s)}=\frac{R_2Cs+1}{\frac{R_1+R_2}{R_2} \cdot R_2Cs+1} \tag{6-6}$$

令 $T=R_2C$，$\beta=\frac{R_1+R_2}{R_2}(\beta>1)$，则传递函数可写成

$$G(s)=\frac{Ts+1}{\beta Ts+1} \tag{6-7}$$

由此可画出网络的对数频率特性如图 6-15（a）、（b）所示。由于 $\beta>1$，传递函数分母一次项系数大于分子一次项系数，故对数幅频特性中将出现负斜率，对数相频特性中将出现负相移。负相移说明网络在正弦信号作用下的稳态输出电压，在相位上滞后于输入，故称滞后网络。

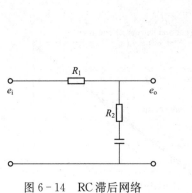

图 6-14 RC 滞后网络

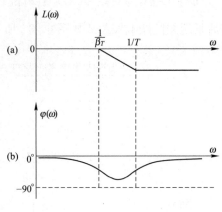

图 6-15 滞后网络的对数频率特性

关于滞后校正的作用，可以通过例 6-3 加以说明。

[**例 6-3**] 设系统的开环传递函数 $G(s)=\dfrac{5}{s(s+1)(0.5s+1)}$，绘制系统的波特图并判断系统的稳定性，若分别加入校正环节 $G_{c1}(s)=\dfrac{s+1}{0.1s+1}$ 及 $G_{c2}(s)=\dfrac{10s+1}{100s+1}$，比较加入校正环节前后系统性能的变化，并说明两个校正环节对系统性能的影响。

解： 应用 MATLAB 命令，绘制原系统的 Bode 图如图 6-16 所示。

```
num=[5];
den=[0.5 1.5 1 0];
bode(num,den);
grid;
```

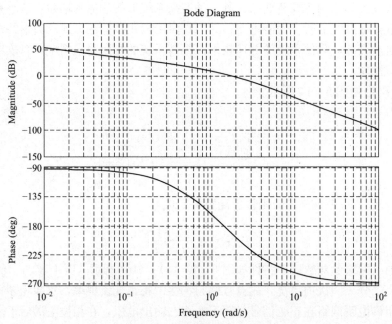

图 6-16 原系统的 Bode 图

由图 6-16 可见，$L(\omega)$ 曲线在剪切频率 ω_c 附近斜率为 -40 dB/dec，故系统动态响应的平稳性较差，再对照 $\varphi(\omega)$ 曲线可知，系统不稳定。

对原系统加入第一个校正环节 $G_{c1}(s) = \dfrac{s+1}{0.1s+1}$，由其传递函数可知，这是一个超前校正环节，应用 MATLAB 命令，绘制加入 $G_{c1}(s)$ 后系统的 Bode 图如图 6-17 所示。

```
num=[5];
den=[0.5 1.5 1 0];
numc1=[1 1];
denc1=[0.1 1];
num1=conv(num,numc1);
den1=conv(den,denc1);
bode(num1,den1);
grid;
margin(num1,den1);
```

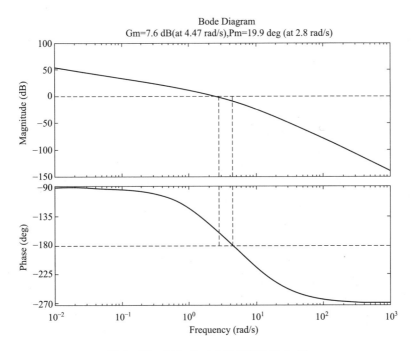

图 6-17　加入 $G_{c1}(s)$ 后系统的 Bode 图

由图 6-17 可见，加入超前校正环节 $G_{c1}(s) = \dfrac{s+1}{0.1s+1}$ 后，系统由不稳定变为稳定，但相角裕度不够，仅为 19.9 度。

对原系统加入第二个校正环节 $G_{c2}(s) = \dfrac{10s+1}{100s+1}$，由其传递函数可知，这是一个滞后校正环节，应用 MATLAB 命令，绘制加入 $G_{c2}(s)$ 后系统的 Bode 图如图 6-18 所示。

```
num=[5];
```

```
den=[0.5 1.5 1 0];
numc1=[1 1];
denc1=[0.1 1];
num1=conv(num,numc1);
den1=conv(den,denc1);
bode(num1,den1);
grid;
hold;
numc2=[10 1];
denc2=[100 1];
num2=conv(num,numc2);
den2=conv(den,denc2);
bode(num2,den2);
grid;
margin(num2,den2);
hold;
text(10,30,'超前校正');
text(10,-40,'滞后校正');
text(10,-180,'超前校正');
text(0.15,-220,'滞后校正');
```

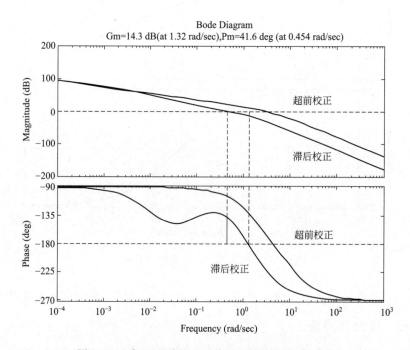

图 6-18 加入两种校正环节后系统的 Bode 图比较

由图 6-18 可见，由于滞后环节负斜率的作用，显著减小了系统的带宽，在新的剪切频率 ω_{c1} 附近具有 -20 dB/dec 的斜率，且具有 41.6° 的相角裕度，故滞后校正是以对快速性的限制换取了系统的稳定性。从相频曲线来看，滞后校正虽然带来负相移，但是处于频率较低的部分，对系统的稳定裕定不会有很大的影响；相反，由于剪切频率的降低，使得系统的稳定裕度得到较大的提高。因此，当系统对带宽要求较低，但对裕度要求较高时，可考虑采用串联滞后校正。同时，为了减小负相移对系统稳定性的影响，一般将校正环节的转折频率 $1/\beta T$ 及 $1/T$ 均设置在远离原系统的剪切频率 ω_c，且斜率为 -20 dB/dec 的低频段。

另外，串入滞后校正并没有改变原系统最低频段的特性，故对系统的稳定精度不起破坏作用。相反，往往还允许适当提高开环增益，以进一步改善系统的稳态性能。

由例 6-3 可知，滞后校正的主要作用是降低系统的剪切频率，从而使系统获得足够的相角裕度。

设滞后校正装置具有下列传递函数：

$$G_c(s) = K \frac{Ts+1}{\beta Ts+1} \quad (\beta > 1) \tag{6-8}$$

若 $K=1$ 时，由图 6-14 可知，低频时，滞后校正装置的幅值为 0 dB，高频时，其幅值为 $-20\lg\beta$，因此用频率响应法设计滞后校正装置的步骤如下。

① 若 $G_c(s) = K\frac{Ts+1}{\beta Ts+1}$，已校正系统的开环传递函数为

$$G_c(s)G(s) = K\frac{Ts+1}{\beta Ts+1}G(s) = \frac{Ts+1}{\beta Ts+1}KG(s) = \frac{Ts+1}{\beta Ts+1}G_1(s)$$

式中，$G_1(s) = KG(s)$。确定增益 K，使系统满足给定静态误差系数的要求。

② 如果经过增益调整后的未校正系统 $G_1(s)$ 不满足相角裕度和幅值裕度的要求，则应寻找一个频率点，在这一点上，开环传递函数的相角等于 $-180°$ 加要求的相角裕度。要求的相角裕度应等于指定的相角裕度加 $5°\sim12°$（以补偿滞后校正装置的相角滞后）。选择此频率作为新的剪切频率。

③ 确定使幅值曲线在新的剪切频率处下降到 0 分贝所必需的衰减量。该衰减量应等于 $-20\lg\beta$，从而可以确定 β 值。

④ 选择转折频率 $\omega = \frac{1}{T}$ 时，应低于新的剪切频率一倍频程到十倍频程，其目的是为了防止由滞后校正装置造成的相位滞后的有害影响。再由第③步得到的 β 值确定第二个转折频率 $\frac{1}{\beta T}$。

⑤ 校验其各项指标是否满足要求，否则重新选择 β 和 T 值。

［例 6-4］ 设系统的开环传递函数为 $G(s) = \frac{1}{s(s+1)(0.5s+1)}$，要求对该系统进行校正，使其静态速度误差系数 K_v 等于 5 秒$^{-1}$，相角裕度不小于 $40°$，并且幅值裕度不小于 10 分贝。

解： 先求原系统的静态速度误差系数 K_v 为

$$K_v = \lim_{s \to 0} sG(s) = \lim_{s \to 0} s \frac{1}{s(s+1)(0.5s+1)} = 1$$

显然不满足要求。

设采用的滞后校正装置的传递函数为

$$G_c(s) = K\frac{Ts+1}{\beta Ts+1}(\beta > 1)$$

定义

$$G_1(s) = KG(s) = K\frac{1}{s(s+1)(0.5s+1)}$$

第一步是调整增益 K，使系统满足要求的静态速度误差系数，即

$$K_v = \lim_{s \to 0} sG_c(s)G(s) = \lim_{s \to 0} s\frac{Ts+1}{\beta Ts+1}G_1(s) = \lim_{s \to 0} s\frac{K}{s(s+1)(0.5s+1)} = K$$

所以 $K=5$ 时，已校正系统满足静态速度误差系数。

画出函数 $G_1(\omega) = \dfrac{5}{j\omega(j\omega+1)(0.5j\omega+1)}$ 的 Bode 图如图 6-19 所示。

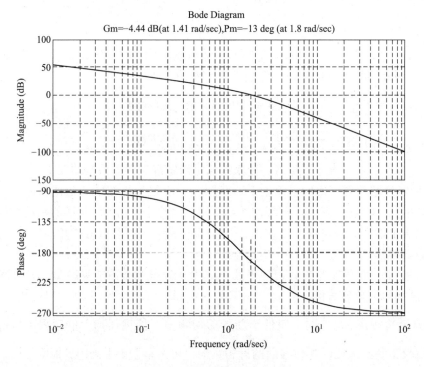

图 6-19 校正前系统的波特图

由图 6-19 可以看出，相角裕度等于 $-13°$，幅值裕度为 -4.44 分贝，这表明经过增益调整但未校正的系统是不稳定的。

加入滞后校正装置，改变波特图的相位曲线，规定的相角裕度为 $40°$，考虑滞后校正环节造成的相角裕度，需要在给定的相角裕度上增加约 $12°$，即需要的相角裕度为 $52°$，未校正系统对应 $-180°+52°=-128°$ 的频率值为 $\omega=0.46$ 弧度/秒，因此新的剪切频率应为 0.46 弧度/秒，$\omega=0.46$ 弧度/秒时，未校正系统的 dB 值为 $+19.5$ 分贝，因此

$$-20\lg\beta = -19.5 \quad \beta = 9.44$$

由新的剪切频率为 0.46 弧度/秒，为了避免滞后校正装置的时间常数过大，选择转折频率 $\omega = \dfrac{1}{T} = 0.1$ 弧度/秒，第二个转折频率 $\omega = \dfrac{1}{\beta T} = 0.01$ 弧度/秒，因此滞后校正装置的传递

函数为

$$G_c(s) = 5 \cdot \frac{10s+1}{100s+1}$$

即已校正系统的开环传递函数为

$$G_c(s)G(s) = \frac{5(10s+1)}{s(100s+1)(s+1)(0.5s+1)}$$

绘制已校正系统的波特图如图 6-20 所示。

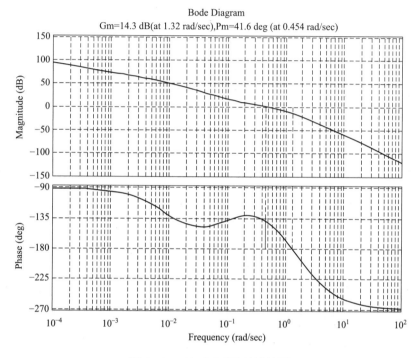

图 6-20 校正后系统的波特图

由图 6-20 可见,校正后系统的相角裕度为 $41.6°$,幅值裕度为 14.3 分贝,静态速度误差系数为 5 秒$^{-1}$,符合设计要求,设计完毕。

最后,对已校正系统的单位阶跃响应和单位斜坡响应分别进行检验,已校正系统和未校正系统的闭环传递函数分别为

$$\phi(s) = \frac{1}{0.5s^3 + 1.5s^2 + s + 1}, \quad \phi'(s) = \frac{50s+5}{50s^4 + 150.5s^3 + 101.5s^2 + 51s + 5}$$

MATLAB 程序如下。

```
% 阶跃响应
num=[0 0 0 1];
den=[0.5 1.5 1 1];
numc=[0 0 0 50 5];
denc=[50 150.5 101.5 51 5];
```

```
t=0:0.1:40;
[c1,x1,t]=step(num,den,t);
[c2,x2,t]=step(numc,denc,t);
plot(t,c1,'r',t,c2,'b');
grid;
title('Unit-step Response of Compensate and Uncompensate systems');
xlabel('tsec');
ylabel('outputs');
text(9,0.9,'Uncompensated system');
text(9,1.2,'Compensated system');
```

校正前后系统的阶跃响应曲线如图 6-21 所示。

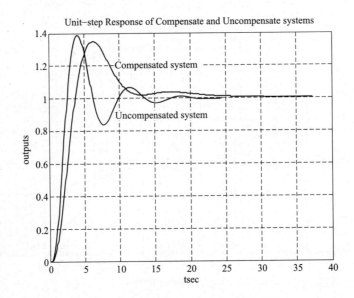

图 6-21 校正前后系统的阶跃响应曲线

```
%斜坡响应
num1=[0 0 0 0 1];
den1=[0.5 1.5 1 1 0];
num1c=[0 0 0 0 50 5];
den1c=[50 150.5 101.5 51 5 0];
t=0:0.1:20;
[y1,z1,t]=step(num1,den1,t);
[y2,z2,t]=step(num1c,den1c,t);
plot(t,y1,'r.',t,y2,'b-',t,t,'y--');
grid;
title('Unit-Ramp Response of Compensate and Uncompensate systems');
xlabel('tsec');
ylabel('outputs');
```

校正前后系统的斜坡响应曲线如图 6-22 所示。

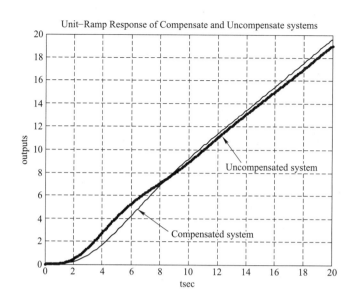

图 6-22 校正前后系统的斜坡响应曲线

由图 6-22 可以看出，设计出来的系统满足给定的性能指标，因而是令人满意的。值得注意的是，采用不同的方法，或者由不同的设计人员（即使采用相同的方法）设计出的校正装置，可能是完全不相同的。当然，任何一种设计得比较好的系统，它们的瞬态和稳态性能将是相似的。在多种可行方案中，应当根据经济条件，选择一种最佳方案。

6.2.3 滞后-超前校正

单纯采用超前校正或滞后校正均只能改善系统暂态或稳态一个方面的性能。若未校正系统不稳定，并且对校正后系统的稳态和暂态都有较高要求时，宜于采用串联滞后-超前校正装置。利用校正网络中的超前部分改善系统的暂态功能，而校正网络的滞后部分则可以提高系统的稳态精度。更具体地说，超前网络串入系统，可增加频宽，提高快速性，并且可使稳定裕度加大改善平稳性，但是由于有增益损失而不利于稳态精度。滞后校正则可提高平稳性和稳态精度，而降低了快速性。同时采用滞后和超前校正，将可全面提高系统的控制性能。

滞后-超前校正装置可用图 6-23 所示的网络实现。这一RC 滞后超前网络的传递函数为

$$G(s)=\frac{(\tau_1 s+1)(\tau_2 s+1)}{\tau_1\tau_2 s^2+(\tau_1+\tau_2+\tau_{12})s+1} \quad (6-9)$$

式中，$\tau_1=R_1C_1$，$\tau_2=R_2C_2$，$\tau_{12}=R_1C_2$。

若适当选择参数，使式（6-9）具有两个不相等的负实数极点，则式（6-9）可以改写为

$$G(s)=\frac{(\tau_1 s+1)(\tau_2 s+1)}{(T_1 s+1)(T_2 s+1)} \quad (6-10)$$

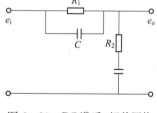

图 6-23 RC 滞后-超前网络

同样，通过参量的选择，可使

$$T_1>\tau_1>\tau_2>T_2$$

而且

$$\frac{T_1}{\tau_1}=\frac{\tau_2}{T_2}=\beta>1 \tag{6-11}$$

将式（6-11）的关系式代入式（6-10），则得到

$$G(s)=\frac{(\tau_1 s+1)(\tau_2 s+1)}{(\beta\tau_1 s+1)\left(\frac{\tau_2}{\beta}s+1\right)} \tag{6-12}$$

因此，滞后-超前网络的频率特性为

$$G(j\omega)=\frac{(j\omega\tau_1+1)(j\omega\tau_2+1)}{(j\omega\beta\tau_1+1)(j\omega\tau_2/\beta+1)} \tag{6-13}$$

相应的 Bode 图如图 6-24 所示。

由图 6-24 中可见，幅频特性始终为负值，而相频特性则有负有正。按频段来看，曲线的低频部位具有负斜率、负相移、转折频率为 $1/\beta\tau_1$ 和 $1/\tau_1$，起滞后校正作用；后一段具有正斜率、正相移、转折频率为 $1/\tau_2$ 和 β/τ_2，最大相角为

$$\sin\varphi_m=\frac{1-\frac{1}{\beta}}{1+\frac{1}{\beta}},$$

起超前校正作用。因此在设计滞后-超前校正网络时通常将其滞后校正部分放置在原系统的低频段，远离系统的剪切频率，通常为原系统剪切频率以下十倍频程处或更小，以使其负相移的作用对系统的影响最小。而将其超前校

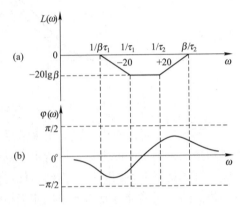

图 6-24 滞后-超前网络的对数频率特性

正部分放置在校正后系统的剪切频率的两侧，以最大限度地提升相角裕度。下面通过例 6-5 说明设计滞后-超前校正装置的详细步骤。

[**例 6-5**] 考虑一个单位反馈系统，其开环传递函数为

$$G(s)=\frac{K}{s(s+1)(s+2)}$$

现在期望静态速度误差系数为 10 秒$^{-1}$，相角裕度为 50°，幅值裕度大于或等于 10 分贝，试设计一个校正装置。

解：设加入校正环节的传递函数为 $G_c(s)$，此处由于原系统增益 K 可调整，则可取校正环节的增益为 1，根据静态速度误差系数的要求，可得

$$K_v=\lim_{s\to 0}sG_c(s)G(s)=\lim_{s\to 0}sG_c(s)\frac{K}{s(s+1)(s+2)}=\frac{K}{2}=10$$

因此 $K=20$。当 $K=20$ 时，画出未校正系统的波特图如图 6-25 所示。

由图 6-25 可见，未校正系统的相角裕度为 $-28°$，这表明未校正系统是不稳定的。

由于期望的相角裕度与未校正系统的相角裕度的差值为 $50°+28°=78°$，单独加入一个超前校正装置或滞后校正装置均难以实现，因此考虑加入一个滞后超前校正装置。

设计滞后-超前校正装置的下一步工作是选择新的剪切频率，考虑可以实现的相角提高，可以选择新的剪切频率为未校正系统的 $-180°$ 相位对应的频率，由图 6-25 中可以看出，

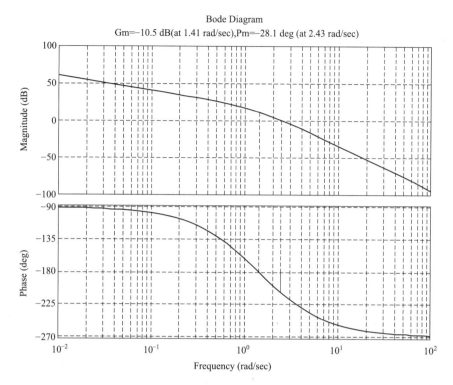

图 6-25 未校正系统的 Bode 图

$\omega=1.41$ 弧度/秒时，$\angle G(j\omega)=-180°$，因此选择新的剪切频率为 1.41 弧度/秒，这样在 $\omega=1.41$ 弧度/秒时，按题目要求，所需的相位超前角约为 $50°$，采用一个单一的滞后-超前校正装置是完全可以做到的。

一旦选择了新的剪切频率，就可以确定滞后-超前校正装置相位滞后部分的转折频率。选择转折频率 $\omega=\dfrac{1}{\tau_1}$ 在新的剪切频率以下十倍频程处，即 $\omega=0.141$ 弧度/秒处，此时 $\tau_1=7.09$。

由于在新的剪切频率处应增加 $50°$ 的正相角，再考虑滞后校正环节带来的相角滞后，可确定 $\varphi_m=56°$。

由式（6-4）可知，超前校正装置的最大相角 φ_m 为

$$\sin\varphi_m=\frac{1-\alpha}{1+\alpha} \quad \left(此处\ \alpha=\frac{1}{\beta}\right)$$

将 $\varphi_m=56°$ 代入上式可得

$$\sin\varphi_m=\frac{1-\dfrac{1}{\beta}}{1+\dfrac{1}{\beta}}=\sin 56°$$

则 $\beta=10.76$。因此滞后校正部分的传递函数为

$$\frac{7.09s+1}{76.9s+1}=\frac{\tau_1 s+1}{B\tau_1 s+1}$$

由于新的剪切频率为 $\omega=1.41$ 弧度/秒，由图 6-25 可知 $G(j1.41)$ 为 10.5 分贝。因此，如果在 $\omega=1.41$ 弧度/秒上。滞后-超前装置能够产生 -10.5 分贝的幅值，则新的剪切

频率就可以保证为 $\omega=1.41$ 弧度/秒。根据这一要求，可以画一条斜率为 20 分贝/十倍频程，且通过（-10.5 分贝，1.41 弧度/秒）点的直线，该直线与 0 分贝线及 $-20\lg\beta=-20.6$ 分贝线的交点即是超前校正部分对应的转折频率点。由图 6-25 可得，相角超前部分的转折频率为 $\omega=0.446$ 弧度/秒及 $\omega=4.72$ 弧度/秒，此时 $\tau_2=\dfrac{1}{0.446}=2.24$，$\tau_2=\dfrac{\tau_2}{B}=0.212$，即相角超前部分的传递函数为 $\dfrac{2.24s+1}{0.212s+1}=\dfrac{\tau_2 s+1}{\dfrac{\tau_2}{B}s+1}$，因此要求的滞后-超前校正装置的传递函数为

$$\frac{7.09s+1}{76.9s+1} \cdot \frac{2.24s+1}{0.212s+1}$$

则已校正系统的开环传递函数为

$$G_c(s)G(s)=\frac{20}{s(s+1)(s+2)} \cdot \frac{7.09s+1}{76.9s+1} \cdot \frac{2.24s+1}{0.212s+1}=\frac{10}{s(s+1)(0.5s+1)} \cdot \frac{7.09s+1}{76.9s+1} \cdot \frac{2.24s+1}{0.212s+1}$$

绘制已校正系统的 Bode 图如图 6-26 所示。

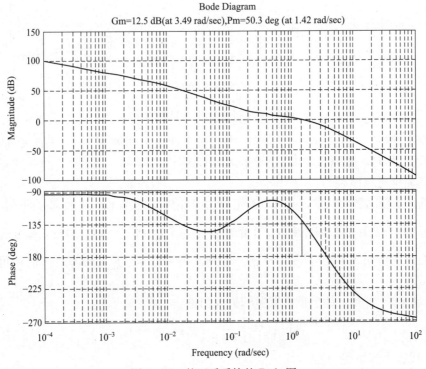

图 6-26 校正后系统的 Bode 图

由图 6-26 可知，已校正系统的相角裕度为 $50°$，幅值裕度为 12.5 分贝，静态速度误差系数为 10 秒$^{-1}$，所有要求均满足，设计完成。

由上例可知，滞后-超前校正是综合了滞后校正和超前校正的优点，能全面地提高系统的控制性能。

对于不同的系统、不同的性能要求，可常用一些无源和有源校正装置来实现。其中用运算放大器实现的有源网络，由于其克服了负载效应的影响等优越的性能，在实际中得到了越来越广泛的应用。

6.3 反馈校正

改善控制系统的性能，除了采用串联校正方案外，反馈校正也是被广泛采用的校正形式之一。常见的有被控量的速度、加速度反馈；执行机构的输出及其速度的反馈；复杂对象的中间变量反馈等。如图 6-27 所示。

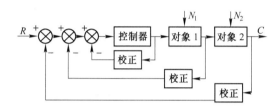

图 6-27 反馈校正的联结方式

在随动系统和调速系统中，转速、加速度、电枢电流等都可作为反馈信号，而具体的反馈元件实际上就是一些传感器，如测速发电机、压电加速度传感器、电流互感器等。

控制系统采用反馈校正后，除了能收到与串联校正同样的校正效果外，还能消除系统不可变部分中为反馈所包围的那部分的参数波动对系统控制性能的影响。基于这个特点，当所设计的控制系统随着工作条件的改变，其中一些参数可能变动的幅度较大，而且在系统中能够取出适当的反馈信号，从而有条件采用反馈校正时，在系统中采用反馈校是恰当的。从控制的观点来看，反馈校正能等效地改变被包围环节的动态结构和参数，甚至在一定条件下能完全取代被包围环节，从而可以大大减弱这部分环节由于特性参数变化及各种干扰给系统带来的不利影响。下面分别说明。

6.3.1 利用反馈校正改变局部结构和参数

1. 用比例反馈包围积分环节

当一积分环节被一比例环节所包围时，其结构如图 6-28 所示。这时系统的传递函数变为

$$G(s) = \frac{C(s)}{R(s)} = \frac{K_H/s}{1+KK_H/s} = \frac{1/K_H}{s/KK_H+1} \quad (6-14)$$

可见，反馈校正的结果是把原来的积分环节变成了惯性环节，这将降低系统的稳态精度（由 I 型系统变成了 0 型系统）。但有可能提高系统的稳定性（原纯积环节为临界稳定，现在变为稳定）。

2. 用比例反馈包围惯性环节

用比例反馈包围惯性环节的结构如图 6-29 所示。

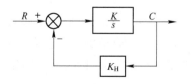 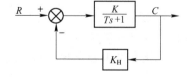

图 6-28 比例反馈包围积分环节   图 6-29 比例反馈包围惯性环节

反馈后系统的传递函数为

$$G(s)=\frac{C(s)}{R(s)}=\frac{\dfrac{K}{Ts+1}}{1+\dfrac{KK_H}{Ts+1}}=\frac{\dfrac{K}{1+KK_H}}{\dfrac{T}{1+KK_H}S+1} \qquad (6-15)$$

从传递函数可以看出，系统仍为一惯性环节，但时间常数变小了，系统的快速性变好。

3. 用微分反馈包围惯性环节

与上面有所不同的是，用微分环节代替了反馈回路的比例环节，其结构如图6-30所示。系统的传递函数为

$$G(s)=\frac{\dfrac{K}{Ts+1}}{1+\dfrac{KK_ts}{Ts+1}}=\frac{K}{(T+KK_t)s+1} \qquad (6-16)$$

结果也还是惯性环节。但时间常数变大了$[(T+KK_t)>T]$。反馈系数K_t越大，时间常数越大。

在工程实际中，可以利用上述办法，使原系统中各环节的时间常数拉开，从而改善系统的动态平稳性。

4. 用微分反馈包围二阶振荡环节

微分反馈包围二阶振荡环节的结构如图6-31所示。

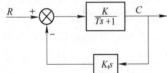
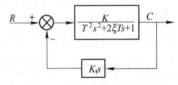

图6-30 微分反馈包围惯性环节　　图6-31 微分反馈包围二阶振荡环节

校正后系统的传递函数为

$$G(s)=\frac{K}{T^2s^2+(2\xi T+KK_t)s+1} \qquad (6-17)$$

结果仍为二阶振荡环节，但阻尼却比未校正前显著提高，从而有效地减弱了小阻尼环节的不利影响。

微分反馈是将被包围环节输出量经过微分后反馈至输入端。习惯上把输出量看成是位置信号，经过一次微分后，位置信号变成了速度信号，因此微分反馈又称为速度反馈。速度反馈在随动系统中使用得极为广泛，加入速度反馈后，可以在具有较高的快速性的同时，保证系统具有良好的平稳性。

实际中完全理想的微分环节实现起来很困难，往往用其他环节去近似，只要参数取得合适，效果还是比较好的。

6.3.2 利用反馈校正取代局部结构

反馈校正环节之所以能在控制性能上取代被包围的局部环节（即校正后的性能完全取决于反馈校正环节，而与被包围的环节无关），其原理是很简单的。设被包围的传递函数为$G_1(s)$，反馈校正环节的传递函数为$H_1(s)$，其结构如图6-32所示。则校正后系统传递函数为

$$G(s)=\frac{G_1(s)}{1+G_1(s)H_1(s)} \qquad (6-18)$$

其频率特性为

$$G(j\omega) = \frac{G_1(j\omega)}{1+G_1(j\omega)H_1(j\omega)} \quad (6-19)$$

在一定频率范围内，如能选择结构参数，使

$$|G_1(j\omega)H_1(j\omega)| \gg 1 \quad (6-20)$$

则式（6-19）可以近似表示为

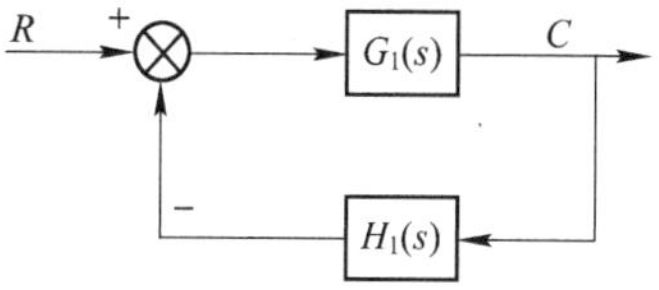

$$G(j\omega) \approx \frac{1}{H_1(j\omega)} \quad (6-21)$$

或写成

$$G(s) \approx \frac{1}{H_1(s)} \quad (6-22)$$

图 6-32 局部反馈回路

在这种情况下，系统的特性几乎与被包围环节 $G_1(s)$ 全然无关，只取决于反馈校正环节，即达了利用反馈校正取代局部环节的效果。

利用反馈效正的这种性质，可以抑制被包围部分 $G_1(s)$ 内部参数变化（包括非线性因素）和外部作用于 $G_1(s)$ 上的干扰（包括高频噪声）的影响，因而反馈校正在实际中得到了广泛的应用。

[**例 6-6**] 原系统如图 6-33 所示。其阻尼比 $\xi=0.1$，系统的超调较大，平稳性不好。现增加一速度反馈校正，如图 6-34 所示。试分析在什么条件下原系统的小阻尼特性能被反馈环节所取代。

解： 根据图 6-34，可画出校正后系统的根轨迹如图 6-35 所示。当回路的开环增益 $K \cdot K_t$ 足够大时，由根轨迹图可以看出，两个闭环极点一个趋向坐标原点，另一个则趋向于负无穷远，故系统动态过程的平稳性很好，原系统的小阻尼特性已被取代而不复存在。而消除原系统不良特性影响的条件就是：回路的开环增益 $K \cdot K_t$ 足够大。

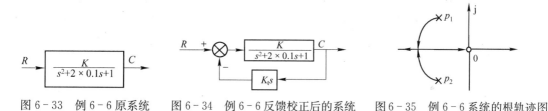

图 6-33 例 6-6 原系统　　图 6-34 例 6-6 反馈校正后的系统　　图 6-35 例 6-6 系统的根轨迹图

6.4 前置校正

前置校正装置位于系统的前端，和反馈回路的前向通道并联，或直接与回路串联，如图 6-36 所示。

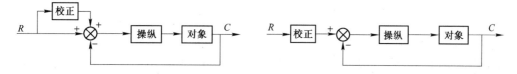

图 6-36 前置校正结构特征

在系统设计中采用附加前置校正,对解决稳定性与稳态精度、抗干扰与跟踪这两对矛盾有着特殊的可取之处。

6.4.1 稳定与精度

控制系统的稳定与精度在控制系统的设计中往往是相互矛盾的。例如为了提高系统的稳态精度,减小误差,一般采取的办法是增加反馈回路中前向通道串联的积分环节数目,并加大开环增益。但这样会使系统的稳定裕度下降,甚至变为结构不稳定。反之亦然,为提高稳定裕度而采用的措施,一般也都会影响到稳态精度。稳定与精度这对矛盾,靠在回路内部全面解决会给控制元件的选择和校正环节的配置带来很大困难。采用前置校正,为解决这对矛盾提供了有效的方法。即采用前置校正后,可以用较少的积分环节,以较小的开环增益,得到较高的稳态精度。换句说话,在保证稳定裕度的同时,获得了满意的稳态精度,较好地解决了稳定与精度这个一直困扰着设计者的矛盾。目前,在 O 型、Ⅰ 型的反馈系统中引入前置校正,以实现 Ⅱ 型、Ⅲ 型高阶无差,在控制工程实践中已得到了应用。

前置校正之所以能解决稳定与精度的矛盾,主要得益于下面的定理。

设控制系统的闭环传递函数为

$$\phi(s)=\frac{C(s)}{R(s)}=\frac{b_0 s^m+b_1 s^{m-1}+\cdots+b_j s^l+b_{j+1} s^{l-1}+\cdots+b_m}{s^n+a_1 s^{n-1}+\cdots+a_i s^l+a_{i+1} s^{l-1}+\cdots+a_n}(m\leqslant n) \quad (6-23)$$

则系统被控量 $C(t)$ 对给定输入 $r(t)$ 为 L 型无差的条件为:$\phi(s)$ 中分子、分母后 l 项构成的多项式恒等,即

$$b_{j+1} s^{l-1}+\cdots+b_m = a_{i+1} s^{l-1}+\cdots+a_n \quad (6-24)$$

或

$$\left.\begin{array}{c} b_{j+1}=a_{i+1} \\ \vdots \\ b_m=a_n \end{array}\right\} \quad (6-25)$$

证明:设系统的误差为

$$e(t)=r(t)-c(t)$$

则有

$$E(s)=R(s)-c(s)=R(s)-\phi(s)R(s)=[1-\phi(s)]R(s)$$

代入式(6-19)得

$$E(s)=\frac{s^n+\cdots+(a_i-b_j)s^l+(a_{i+1}-b_{j+1})s^{l-1}+\cdots+(a_n-b_m)}{s^n+\cdots+a_i s^l+a_{i+1} s^{l-1}+\cdots+a_n}R(s)$$

要求系统为 L 型,即指系统在给定输出 $r(t)=t^{L-1}$ 的作用下,稳态误差为零。若

$$r(t)=t^{L-1}$$

则

$$R(s)=\frac{(l-1)!}{s^l}$$

故系统在稳定的情况下,其稳态误差可由终值定理求得,即

$$e_{ss}=\lim_{s\to 0} sE(s)=\lim_{s\to 0} s\frac{s^n+\cdots+(a_i-b_j)s^l+(a_{i+1}-b_{j+1})s^{l-1}+\cdots+(a_n-b_m)}{s^n+\cdots+a_i s^l+a_{i+1} s^{l-1}+\cdots+a_n}\cdot\frac{(l-1)!}{s^l}$$

$$= \lim_{s \to 0} \left[\frac{s^{n+1}}{(s^n + \cdots + a_n)} \cdot \frac{(l-1)!}{s^l} + \cdots + \frac{(a_i - b_j)s^{l+1}}{(s^n + \cdots + a_n)} \cdot \frac{(l-1)!}{s^l} \right.$$
$$\left. + \frac{(a_{i+1} - b_{j+1})s^l}{(s^n + \cdots + a_n)} \cdot \frac{(l-1)!}{s^l} + \cdots + \frac{(a_n - b_m)s}{(s^n + \cdots + a_n)} \cdot \frac{(l-1)!}{s^l} \right]$$
$$= 0 + \cdots + 0 + \frac{(a_{i+1} - b_{j+1})}{a_n} (l-1)! + \cdots + \lim_{s \to 0} \frac{(a_n - b_m)(l-1)!}{a_n s^{l-1}}$$

令 $e_{ss}=0$，则上式中必须满足

$$a_{i+1} = b_{j+1}$$
$$\vdots$$
$$a_n = b_m$$

证毕。

这个定理启示系统设计工作者，尽管反馈回路不符合精度要求，但是如能在回路之外串联前置校正（只改变式（6-23）中的分子，分母即特征方程不变，故不影响稳定性），使系统从总体上满足上式，则仍可获得高精度的控制。

[**例 6-7**] 一小功率随动系统的动态结构如图 6-37 所示。试选择前置校正 $G_C(s)$，使系统被控量 $c(t)$ 对给定输入 $r(t)$ 具有Ⅱ型精度。

图 6-37 例 6-7 系统的动态结构图

解：原反馈回路前向通道有一个积分环节串联，故为Ⅰ型系统，不符合精度要求。其闭环传递函数

$$G_1(s) = \frac{5\sqrt{2}}{(0.05\sqrt{2}s+1)s + 5\sqrt{2}} = \frac{100}{s^2 + 2 \times 0.707 \times 10 s + 100}$$

比较二阶系统的标准形式传递函数

$$\phi(s) = \frac{\omega_n^2}{s^2 + 2\xi\omega_n s + \omega_n^2}$$

可知回路具有最佳阻尼比 $\xi = 0.707$，平稳性很好。

现在就是要在不破坏这个较好平稳性的基础上，设法提高系统的稳态精度，以满足题目的要求。这时可考虑在回路外串一前置校正环节 $G_C(s)$，则系统总的传递函数就成为

$$G(s) = G_c(s) \cdot G_1(s) = \frac{G_1(s)}{0.01s^2 + 2 \times 0.707 \times 0.1s + 1}$$

由式（6-25）知，系统要达到Ⅱ型精度，其传递函数必须保证分子、分母后两项系数对应相等。故校正环节的传递函数

$$G_c(s) = 2 \times 0.707 \times 0.1s + 1 = 0.14s + 1$$

这是一个一阶微分环节。根据具体系统的物理结构特点，可采用运算放大器、PD 校正器或机电元件、无源网络等来近似实现。

由此例清楚可见，校正部分在回路之外，和反馈回路的稳定性毫无关系（加前置校正后，特征方程并不改变）。本来是相互矛盾和牵连的两个问题——稳定与精度却被孤立分离

了，完全可以单独考虑。反馈回路的设计保证系统的稳定性；前置校正的配置着重于系统的精度。

需要指出的是，采用前置校正时，反馈回路常希望设计成过阻尼，即闭环幅频特性设有峰值。这样，在串入微分型前置校正后，系统总的幅频特性仍可无明显峰值，而频带却能稍有展宽，这对系统的稳定性及快速性都是有利的，否则将可能造成动态响应的过大超调。两种情况分别如图 6-38（a）、（b）所示。

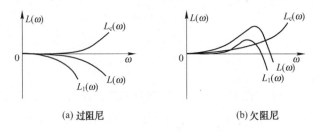

图 6-38　前置校正与反馈回路的匹配

6.4.2　抗扰与跟踪

系统的抗干扰能力与跟踪（复现）输入信号的能力往往也是相互牵连和矛盾的。系统若对输入信号能快速跟踪，则对干扰的抑制能力一般就显得较差。特别是对一些低频干扰，将严重地影响系统的动态性能。反之，如果系统对干扰不敏感，则反应迟钝，又将严重妨碍跟踪输入信号的能力。

如果采用前置校正，则抗扰与跟踪这两个问题可以分别考虑。反馈回路的设计主要保证抗扰能力，使其对主要干扰有较大的阻尼和抑止效果；而前置校正元件的配置着重改善总体系统的跟踪能力。因为前置校正处于回路之外，故提高系统的跟踪能力不会妨碍镇定干扰，有效地解决了抗扰与跟踪这一对矛盾。

干扰补偿校正的基本思路就是使干扰对输出无影响，第 3 章曾讨论过，本章不再赘述。

6.5　根轨迹法在系统校正中的应用

在前面几种校正中，基本上是以频率法（主要是 Bode 图）作为设计的基本方法的。但当系统的性能指标为时域参量时，用根轨迹法设计校正装置更为方便。

应用根轨迹法设计校正装置的基本思路是：认为经校正后的闭环控制系统具有一对主导共轭复数极点，系统的暂态响应主要由这一对主导极点的位置所决定。因此，通过把对系统性能指标的要求化为决定这一对期望主导极点位置的参数 ξ 和 ω_n。当调整未校正系统的增益不能满足性能指标的要求时，可以引入适当的校正装置，利用其零、极点改变原有系统轨迹的形状，使校正后系统的根轨迹通过期望主导极点，或使系统的实际主导与期望主导极点接近。

一般来讲，系统的性能指标与闭环极点位置之间的关系是比较复杂的，因为系统的响应不仅取决于闭环极点，而且还要受到闭环零点的影响。在工程实际中，通常总是先假设系统是无零点二阶振荡系统（因为其暂态响应与闭环极点的关系可通过 ξ 和 ω_n 这两个参数用解析式表达），即为有一对共轭主导极点的系统。这样，在选择期望主导极点时应留有余地，以抵消闭环非主导极点p对暂态响应的影响。一般地，若校正后闭环系统非主导极点比零点更靠近虚轴，则应在调节时间上留有余量，反之则应在超调量上留有余量。

6.5.1 串联超前校正

假设原系统对于所需要的增益值是不稳定的，或虽然稳定，但其暂态响应指标满足不了要求，则可考虑采用串联超前校正。用根轨迹法设计串联超前校正装置的一般步骤如下。

① 根据给定的性能指标求出相应的一对期望闭环主导极点。

② 绘制未校正系统的根轨迹图。如根轨迹不通过期望的闭环主导极点，则表明通过调整增益不能满足性能指标的要求，需加校正装置。

③ 如未校正系统的根轨迹位于期望闭环主导极点的右侧，则可引入串联超前校正，使根轨迹向左移动。加入校正装置后，应使期望闭环主导极点 s_d 位于根轨迹上，即由根轨迹方程的幅角条件，有下式成立

$$\arg G_c(s_d) + \arg G_0(s_d) = (2k+1)\pi \tag{6-26}$$

或

$$\arg G_c(s_d) = (2k+1)\pi - \arg G_c(s_d) \tag{6-27}$$

其中：$G_0(s)$ 为未校正系统的开环传递函数，$G_c(s)$ 为串联校正环节的传递函数。

由式（6-27）即可求出校正环节 $G_c(s)$ 在 s_d 处的幅角 $\arg G_c(s_d)$，但由 $\arg G_c(s_d)$ 所对应的 $G_c(s)$（或称校正环节的零、极点位置）不是唯一的，通常需要根据未校正系统的零、极点位置和校正装置易于实现等因素来具体确定 $G_c(s)$。

④ 校验。重新绘制加入校正装置后的根轨迹图，检验是否满足性能指标的要求。若还不能满足要求，则应重新确定校正装置的零、极点位置。

下面通过一个例子，说明这四个步骤是如何实现的。

[例 6-8] 设有一个 I 型系统，其原有部分的开环传递函数为

$$G_0(s) = \frac{K}{s(s+1)(s+4)}$$

要求校正后系统的性能指标 $\sigma\% \leqslant 20\%$，$t_S \leqslant 4$ s（2%误差带）。试设计串联校正装置。

解： ① 由给定的指标及相应的计算公式可解出对应于 $\sigma\% \leqslant 16\%$，$t_S \leqslant 4$ s 的阻尼比和无阻尼自然振荡频率为 $\xi=0.5$，$\omega_n=2$。相应的期望闭环主导极点为

$$s_d = -\xi\omega_n \pm j\omega_n\sqrt{1-\xi^2} = -1 \pm j1.73$$

② 绘制未校正系统的根轨迹如图 6-39 所示。

在图 6-39 中标出期望闭环主导极点 s_d。可见，s_d 不在根轨迹上。即不论如何调整开环增益 K，也不能使未校正系统的闭环极点位于 s_d 点以满足性能指标的要求。

③ 由图 6-39 可见，根轨迹位于期望闭环主导极点的右侧，可考虑引入串联超前校正。由式（6-27），超前校正网络的超前角为

$$\arg G_C(s_d) = (2k+1)\pi - \arg G_c(s_d) = (2k+1)\pi - (-120° - 90° - 30°) = 60°$$

$\arg G_0(s_d)$ 的计算可参见图 6-40。

从图 6-40 中还可以看出，开环极点之一位于期望闭环主导极点垂线下的负实轴上（$p=-1$），如令校正装置的零点置于靠近它的左面，如选 $z_c=-1.2$，则有利于确保 s_d 的主导作用（后面还将验证）。

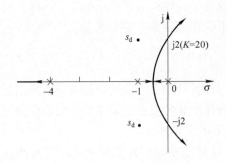
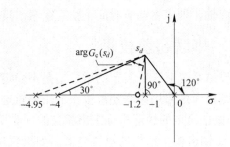

图 6-39 例 6-8 未校正系统的根轨迹　　　图 6-40 例 6-8 $\arg G_c(S_d)$ 和 $\arg G_0(s_d)$

根据串联超前校正传递函数的一般形式

$$G_c(s)=\frac{(s-z_c)}{(s-p_c)}$$

可有

$$\arg G_c(s)=\arg(s-z_c)-\arg(s-p_c)=60°$$

又由 $z_c=-1.2$，经作图可得

$$p_c=-4.95$$

至此可得超前校正网络的传递函数为

$$G_c(s)=\frac{s+1.2}{s+4.95}$$

④ 引入串联超前校正后，系统的开环传递函数变为

$$G_0(s)G_c(s)=\frac{K(s+1.2)}{s(s+1)(s+4)(s+4.95)}$$

其根轨迹如图 6-41 所示。

将 $s_d=-1-j1.73$ 代入新的根轨迹方程的幅值条件，可得 s_d 点对应的 K 值为

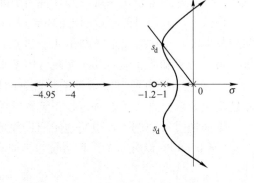

图 6-41 例 6-8 校正后系统的根轨迹

$$K=\frac{|-1+j1.73|\cdot|-1+j1.73+1|\cdot|-1+j1.73+4|\cdot|-1+j1.73+4.95|}{|-1+j1.73+1.2|}=29.65$$

即经校正后，系统的闭环传递函数为

$$\phi(s)=\frac{29.65(s+1.2)}{s(s+1)(s+4)(s+4.95)+29.65(s+1.2)}$$
$$=\frac{29.65(s+1.2)}{(s+1+j1.73)(s+1-j1.73)(s+1.35)(s+6.65)}$$

此时系统有 4 个闭环极点，分别为：$p_1=-1+j1.73$，$p_2=-1-j1.73$，$p_3=-1.35$，$p_4=-6.65$。其中，p_3 与闭环零点 $z_1=-1.2$ 构成一偶极子，对动态过程的影响可以忽略；p_4 与 p_1、p_2 的实部相差 6 倍以上，根据主导极点的概念，也可以忽略。由此可见，p_1、p_2 是主导极点，这与前面的假设是相吻合的。

现在应用 MATLAB，对校正前后系统的根轨迹进行比较，如图 6-42 所示。MATLAB 程序如下。

```
num1=[1];
```

```
den1=[1 5 4 0];
num2=[1 1.2];
denc=[1 4.95]
den2=conv(den1,denc);
[r1,k]=rlocus(num1,den1);
[r2,k]=rlocus(num2,den2);
plot(r1,'y');
hold;
plot(r2,'r');
v=[-10 10 -10 10];
grid;
axis(v);
```

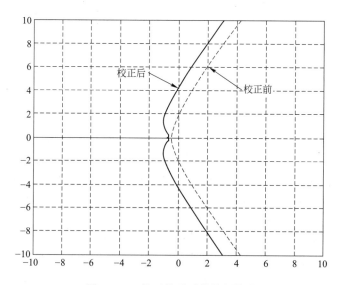

图 6-42 校正前后系统的根轨迹

此时对应主导极点 $s_d = -1-j1.73$，系统的闭环传递函数为

$$\phi(s) = \frac{29.65(s+1.2)}{(s+1+j1.73)(s+1-j1.73)(s+1.35)(s+6.65)}$$

系统的阶跃响应曲线绘制如图 6-43 所示。MATLAB 程序如下。

```
num=[29.65,29.65*1.2];
P1=[1 1+j*1.73];
P2=[1 1-j*1.73];  den1=conv(P1,P2);
P3=[1 1.35];
P4=[1 6.65];  den2=conv(P3,P4);
den=conv(den1,den2);
t=0:0.05:5;
step(num,den);
grid;
title('Unit-step Response of compensate systems');
```

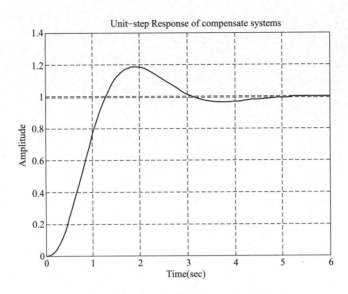

图 6-43 校正后系统的阶跃响应曲线

可见校正后系统的性能指标基本满足 $\sigma\% \leqslant 20\%$，$t_s \leqslant 4$ s（2%误差带）的要求。

6.5.2 串联滞后校正

串联滞后校正用于改善系统的稳态性能，而且还可以基本保持系统原来的暂态性能。当系统有较为满意的暂态响应，但稳态性能有待提高时，常采用串联滞后校正。

这里所说的稳态性能主要是指系统的稳态增益，亦即开环增益。串入

$$G_c(s) = \frac{Ts+1}{\beta Ts+1} = \frac{s+z_s}{s+p_c}$$

校正后，可使系统的开环增益（也是稳态增益）提高 $\dfrac{z_c}{p_c} = \beta$ 倍。其中 z_c 和 p_c 分别为校正环节的零、极点。

为了避免引入串联滞后校正装置对原系统暂态性能带来显著影响（根轨迹发生显著变化），同时又能较大幅度地提高系统的开环增益，通常把滞后校正装置的零、极点设置在 s 平面上靠近坐标原点处，并使它们之间的距离很近。

如图 6-44 所示，p_c 和 z_c 之间的距离很近，能使它们对主导极点 s_d 产生的影响相互抵消，即保证了加入串联滞后校正对原系统的暂态性能无大影响；p_c 和 z_c 都靠近坐标原点，它们的数值本身很小，可使 $\beta = \dfrac{z_c}{p_c}$ 较大，即可以较大地提高开环增益。一般要求：z_c 到 s_d 与 p_c 到 s_d 向量之间的夹角 $\lambda < 5°$（保证 p_c 与 z_c 之间的距离），z_c 到 s_d 向量与 ξ 线之间的夹角 $\rho < 10°$（保证 p_c 与 z_c 都靠近坐标原点）。

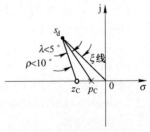

图 6-44 滞后校正网络的零、极点分布

[**例 6-9**] 系统如图 6-45 所示。设其原有部分的开环传

递函数

$$G_0(s) = \frac{K^*}{s(s+1)(s+4)}$$

要求设计串联校正 $G_c(s)$，以满足以下性能指标：$\sigma\% = 16\%$，$t_s = 10s$（2%误差带），$K \geq 5$。

解： ① 根据第 3 章的计算公式，由给定的性能指标可求出系统的阻尼比与无阻尼自然振荡频率分别应为 $\xi = 0.5$，$\omega_n = 0.8$，进而可得期望主导极点为

$$s_d = -\xi\omega_n \pm j\omega_n\sqrt{1-\xi^2} = -0.4 \pm j0.693$$

② 由 $G_0(s)$ 可绘制出未校正系统的根轨迹图如图 6-46 所示。

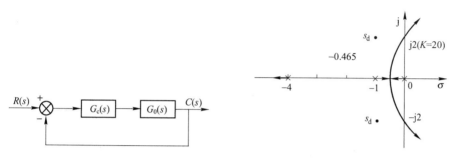

图 6-45 例 6-9 系统结构　　　　图 6-46 例 6-9 未校正系统的根轨迹

将 $s_d = -0.4 + j0.693$ 代入到根迹方程的幅角条件，有

$$\left(\arctan\frac{0.4}{0.693} + 90°\right) + \left(\arctan\frac{0.693}{0.6}\right) + \left(\arctan\frac{0.693}{3.6}\right) = 180°$$

可见，s_d 点在根轨迹上，即通过调整开环增益 K，可使暂态性能满足要求。s_d 点对应的 K 值（即满足暂态性能时的开环增益值）可由根迹方程的幅值条件求得

$$\left|\frac{K^*}{s(s+1)(s+4)}\right|_{s=s_d} = 1$$

$$K^* = |-0.4+j0.693| \cdot |-0.4+j0.693+1| \cdot |-0.4+j0.693+4|$$
$$= 0.8\sqrt{0.6^2+0.693^2} \cdot \sqrt{3.6^2+0.693^2}$$

$$K = K^*/4 = 0.672$$

即 s_d 点对应的开环增益（稳态增益）$K = 0.672$，小于要求的指标 $K \geq 5$。也就是说在满足暂态指标的前提下，稳态指标满足不了要求。

③ 为满足开环增益 K 的要求，又不影响暂态性能，可考虑加入串联滞后校正。要求滞后校正系数 $\beta \geq \frac{5}{0.672} = 7.44$，为留有余量，取 $\beta = 10$。

从 s_d 点引一直线，与 ξ 线的夹角 $\rho = 6°$（<10°），与负实轴的交点即为 z_c。从图中测得 $z_c = -0.1$，相应的

$$p_c = \frac{z_c}{\beta} = -0.01$$

见图 6-47。

由此可得校正环节的传递函数为

$$G_c(s) = \frac{s+0.1}{s+0.01}$$

校正后系统的开环传递函数为

$$G(s)=G_c(s)G_0(s)=\frac{K^*(s+0.1)}{s(s+1)(s+4)(s+0.01)}$$

④ 校验。校正后系统的根轨迹如图 6-48 所示。

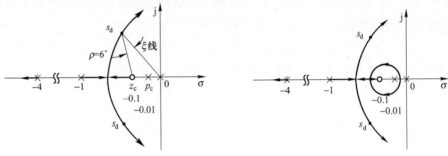

图 6-47 例 6-9 局部放大后的未校正系统的根轨迹

图 6-48 例 6-9 校正后的系统的根轨迹

s_d 点仍在根轨迹上。这是因为用幅角条件校验时，只是多了 $\arg(s_d-z_c)$ 和 $\arg(s_d-p_c)$ 项，而 $z_c \approx p_c$，所以 $\arg(s_d-z_c)-\arg(s_d-p_c) \approx 0$，仍然满足幅角条件。这说明增加串联滞后校正后，暂态性能可以基本保持不变。

s_d 点对应的 K^* 值为

$$K^*=\frac{0.8\sqrt{0.6^2+0.693^2} \cdot \sqrt{3.6^2+0.693^2} \cdot \sqrt{0.399^2+0.693^2}}{\sqrt{0.39^2+0.693^2}}=2.7$$

相应的开环增益为

$$K=K^*\frac{0.1}{4\times 0.01}=6.76$$

即 s_d 点对应的开环增益为 6.76，满足 $K \geqslant 5$ 的要求。或者说校正后，系统在满足暂态指标的同时，也满足稳态指标的要求。

当 $K=6.75$ 时，系统的另外两个闭环极点为：$|p_3|>4$，是非主导极点，对暂态性能的影响可忽略不计；p_4 与 z_c 构成偶极子，其影响也可忽略。因而 $s_d=-0.4\pm j0.693$ 是一对主导极点，符合前面的假设，前述分析是合理的。

现在应用 MATLAB，对校正前后系统的根轨迹进行比较，如图 6-49 所示。MATLAB 程序如下。

```
num1=[1];
den1=[1 5 4 0];
num2=[1 0.1];
denc=[1 0.01];
den2=conv(den1,denc);
[r1,k]=rlocus(num1,den1);
[r2,k]=rlocus(num2,den2);
plot(r1,'g');
hold;
plot(r2,'r');
```

```
v=[-1 1 -1 1];
axis(v);
grid;
```

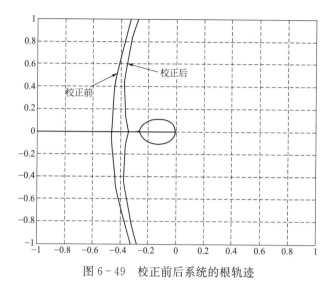

图 6-49 校正前后系统的根轨迹

可见，校正前后系统的根轨迹对应主导极点基本重合，但校正后显著提高了开环增益，改善了稳态精度。

本章小结

为了改善控制系统的性能，常需对系统进行校正。本章主要介绍了校正的基本原理和方法。

控制系统的校正从校正装置在系统中的位置上看，可分为串联校正、反馈校正和前置校正。

1. 串联校正根据其提供的相角又可分为超前校正、滞后校正和超前-滞后校正。当系统对所需要的增益值是不稳定的，或虽然稳定，但其暂态响应指标满足不了要求，则可考虑采用串联超前校正；而当系统有较为满意的暂态响应，但稳态性能有待提高时，常采用串联滞后校正。

2. 通过一些简单的例子，介绍了设计超前、滞后和滞后-超前装置的步骤。为了设计满足给定性能指标（以相角裕度和幅值裕度的形式给出）的校正装置，可以在波特图上以简单的方式直接进行，但是应当指出，并非每一个系统都可用超前-滞后校正装置进行校正，在某些情况下，可能需要采用具有复杂极点和零点的校正装置。

3. 反馈校正能等效地改变被包围环节的动态结构和参数，甚至在一定条件下能完全取代被包围环节，即除了能收到与串联类似的校正效果外，还能消除系统中某些不可变部分对整个系统控制性能的不利影响。

4. 前置校正主要是为了解决稳定与精度、抗干扰与跟踪这两对矛盾，使本来是相互矛盾和牵连的两个问题可以分开来单独考虑。反馈回路的设计保证系统的稳定性和抗干扰性，而前置校正的配置着重于系统的精度和跟踪能力。

习　题

基本题

6-1　试求图 6-50 所示的有源网络的频率特性并画出其对数幅频渐近曲线。说明在做串联校正时，它们各属于什么校正。

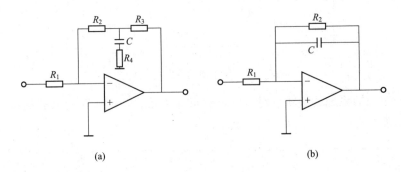

图 6-50　题 6-1 图

6-2　某单位反馈系统的开环传递函数为

$$G_O(s) = \frac{6}{s(s^2+4s+6)}$$

当串联校正装置的传递函数 $G_c(s)$ 如下所示时

(1) $G_c(s) = 1$　　(2) $G_c(s) = \dfrac{5(s+1)}{(s+5)}$　　(3) $G_c(s) = \dfrac{s+1}{5s+1}$

试画出校正后系统的 Bode 图并求系统的相角裕度 γ。

6-3　已知一单位反馈控制系统，原有的开环传递函数 $G_O(s)$ 和二种校正装置 $G_c(s)$ 的对数幅频渐近曲线如图 6-51 所示。要求：

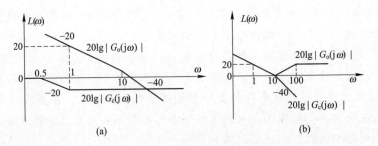

图 6-51　题 6-3 图

(1) 写出每种方案的开环传递函数；
(2) 试比较这二种校正方案的优缺点。

6-4 已知一单位反馈控制系统，原有的开环传递函数 $G_O(s)$ 和串联校正装置 $G_c(s)$ 的对数幅频渐近曲线如图 6-52 所示。要求：
(1) 在图中画出系统校正后的开环对数幅频渐近曲线；
(2) 写出系统开环传递函数表达式；
(3) 分析 $G_c(s)$ 对系统的作用。

6-5 三种串联校正装置的特性如图 6-53 所示，均为最小相位环节。若原控制系统为单位反馈系统，且开环传递函数为

$$G_O(s) = \frac{400}{s^2(0.01s+1)}$$

试问哪一种校正装置可使系统稳定性最好？

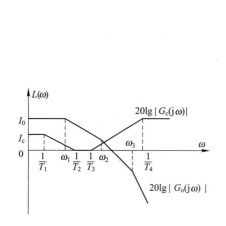

图 6-52 题 6-4 图　　图 6-53 题 6-5 图

6-6 设控制系统的开环传递函数为

$$G_O(s) = \frac{10}{s(0.5s+1)(0.1s+1)}$$

(1) 绘制系统的波特图，并求相角裕度 γ。
(2) 采用传递函数为

$$G_c(s) = \frac{0.23s+1}{0.023s+1}$$

的串联超前校正装置。试求校正后系统的相角裕度，并讨论校正后系统的性能有何改进。

6-7 单位反馈控制系统如图 6-54 所示。要求采用速度反馈校正，使系统具有临界阻尼（$\xi=1$）。试求校正环节的参数值，并比较校正前后系统的精度。

6-8 一单位反馈系统如图 6-55 所示，希望提供前馈控制来获得理想的传递函数 $\dfrac{C(s)}{R(s)}=1$（输出误差为零）。试确定前置校正装置 $G_c(s)$。

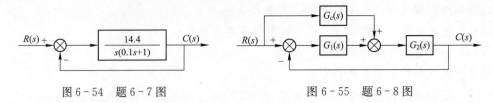

图 6-54 题 6-7 图　　　　　图 6-55 题 6-8 图

6-9 已知系统如图 6-56 所示。要求闭环回路过阻尼，即回路的阶跃过渡过程无超调（$\sigma\%=0$），并且整个系统具有二阶无差度。试确定 K 值及前置校正装置 $G_c(s)$。

6-10 原系统如图 6-57 所示。若采用前置校正消除系统跟踪等速输入信号时的稳态误差，试确定校正装置的传递函数。

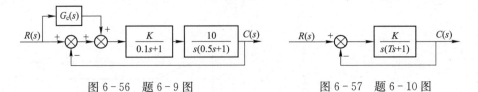

图 6-56 题 6-9 图　　　　　图 6-57 题 6-10 图

6-11 已知系统如图 6-58 所示。

(1) 试选择 $G_c(s)$，使干扰 $n(t)$ 对系统无影响；

(2) 试选择 K_2 使系统具有最佳阻尼比（$\xi=0.707$）。

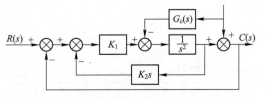

图 6-58 题 6-11 图

6-12 设单位反馈系统的开环传递函数为

$$G_O(s)=\dfrac{K_1}{s(s+1)(s+5)}$$

(1) 绘制系统的根轨迹图，并确定阻尼比 $\xi=0.3$ 时的 K_1 值；

(2) 采用传递函数

$$G_c(s)=\dfrac{10(10s+1)}{100s+1}$$

的串联滞后校正装置对系统进行校正。求同上阻尼比时的 K_1 值，比较系统校正前后的误差系数和调节时间。

提高题

6-13 系统结构图如图 6-59（a）所示，其中

$$G(s)=\dfrac{2(1+0.05s)}{s(0.01s+1)}$$

(1) 试设计一个串联补偿器 $G_c(s)$，使系统具有如图 6-59（b）所示的开环频率特性；

(2) 求补偿后在输入为 $R(s)=\dfrac{3}{s^2}$ 时，系统的稳定误差；

(3) 求相角裕度 γ；

(4) 画 Nygquist 曲线并判稳。

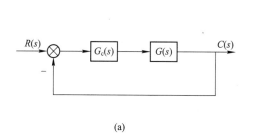
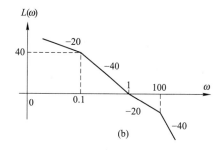

图 6-59

6-14 一单位反馈控制系统的开环传递函数

$$G_O(s)=\frac{200}{s(0.1s+1)}$$

试设计一个校正网络，使系统的相角裕度 γ 不小于 $45°$，剪切频率不低于 50 rad/s。

6-15 设单位反馈控制系统的开环传递函数

$$G_O(s)=\frac{126}{s\left(\dfrac{1}{10}s+1\right)\left(\dfrac{1}{60}s+1\right)}$$

要求设计串联校正装置，使系统满足

① 输入速度为 1 ard/s 时，稳态误差不大于 1/126 rad/s；

② 放大器增益不变；

③ 相角裕度不小于 $30°$，剪切频率大于 20 rad/s。

6-16 单位反馈系统的开环传递函数为

$$G_O(s)=\frac{4}{s(2s+1)}$$

设计一串联滞后网络，使系统的相角裕度 $\gamma \geqslant 40°$，并保持原有的开环增益。

6-17 设有一单位反馈系统，其开环传递函数为

$$G_O(s)=\frac{K_1}{s(s+3)(s+9)}$$

(1) 确定 K_1 值，使系统在阶跃输入信号作用下最大超调量为 20%；

(2) 在上述 K_1 值下，求出系统的调节时间和速度误差系数；

(3) 对系统进行串联校正，使其对阶跃响应的超调量为 15%，调节时间降低 2.5 倍，并使开环增益 $K \geqslant 20$。

6-18 设系统的方框图如图 6-60 所示，试采用串联超前校正，使系统满足下列要求

① 阻尼比 $\xi=0.7$；

② 调节时间 $t_s = 1.4\text{s}$；
③ 系统开环增益 $K=2$。

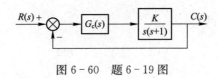

图 6-60　题 6-19 图

第7章 采样系统分析

近年来，随着脉冲和数字信号技术的发展，离散信号在控制系统中越来越多地出现，离散控制系统得到了广泛的应用，并成为现代控制系统的一种重要形式，由此使分析与研究离散系统成为必然。在前几章中主要研究的是连续系统，即控制系统中的所有信号都是时间变量的连续函数。如果控制系统中有一处或几处信号是间断的脉冲或数码，则该系统称为离散时间系统，简称离散系统。其中离散信号以脉冲序列形式出现的称为采样控制系统或脉冲控制系统，以数码形式出现的称为数字控制系统或计算机控制系统。

一般来说，采样控制系统中都含有通常称为采样器的专门开关装置，对来自传感器的连续信息在某些规定的时间瞬时上取值，获得系统的离散信息。如果是在有规律的间隔上，系统收到了离散信息，则这种采样称为周期采样；如果间隔时间不是确定的，而是随机的，则称为非周期采样。本章将主要研究周期采样控制系统，并且假定系统中的几个采样器是同步等周期的。

7.1 采样系统

采样控制最早出现于某些大惯性或具有较大滞后特性的对象控制中，其作用和意义下面举例进行说明。图7-1所示为炉温自动控制系统。

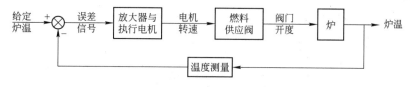

图7-1 连续炉温控制系统

其工作原理如下：由给定电位器确定给定炉温，当实际炉温偏离给定值时，产生的误差信号经放大推动电机转动，如实际炉温低于给定炉温，则电机转动驱动燃料供应阀门开大以使炉温升高；如实际炉温高于给定炉温，则电机转动使阀门开度减小以降低炉温，从而达到炉温自动控制的目的。

我们知道，炉温的上升具有一定的惯性，需要相当的时间，而阀门的开度则是很敏感的量，由此产生的结果是当炉温达到给定值时，阀门早已调过了头，导致炉温仍在不断上升，使电机又反过来旋转，反向调节阀门，这样反复调节阀门，造成炉温大幅度振荡，因此连续系统控制炉温很难取得良好的效果。

如果对上述系统作一点调整，即在误差信号和执行电机之间装一个开关S，则该系统就成了炉温采样控制系统，如图7-2所示。

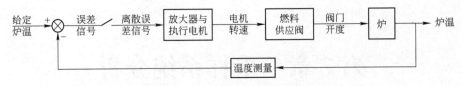

图 7-2 炉温采样控制系统

其中，开关 S 周期性接通及断开，两次接通的间隔为一个较长时间 T，而每次接通的持续时间 τ 则很短。当炉温出现偏差时，只在接通的 τ 时间内，误差信号才能通过 S 送至电机以调整阀门，而在 T 时间内，系统处于断开状态，等待炉温的变化，从而使炉温的变化及时反馈给系统，避免了炉温振荡情况的发生。

观察开关 S 前后的信号，如图 7-3 所示。

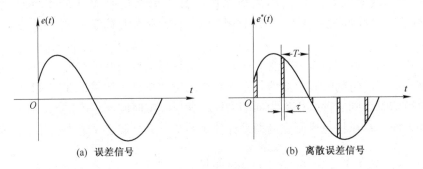

图 7-3 开关 S 两端的信号

图中，7-3（a）为 S 之前的信号，为连续的误差信号，始终随炉温的变化而变化，7-3（b）为 S 之后的信号，为离散误差信号，只在 S 闭合的时刻才有数值，在时间上属离散的信号，用 $e^*(t)$ 表示。可见在系统中既包含有连续信号，又包含有离散信号，该系统即为一采样控制系统。

典型的采样系统常包含离散量到连续量的变换及连续量到离散量的变换，图 7-4 为采样系统的典型结构图。

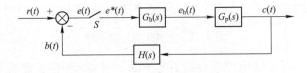

图 7-4 采样系统典型结构图

其中，$r(t)$ 为输入信号，S 为理想采样开关，其采样瞬时的脉冲幅值等于相应采样瞬时误差信号 $e(t)$ 的幅值，且采样持续时间 τ 趋于零；$G_h(s)$ 为保持器的传递函数，保持器是将采样后的离散信号 $e^*(t)$ 转换为连续信号 $e_h(t)$ 的设备，将在后续章节予以介绍；$G_p(s)$ 为被控对象的传递函数，$H(s)$ 为反馈元件的传递函数。

采样控制方式在现代工业控制中应用非常广泛，其在控制精度、控制速度及性价比方面都有明显的优越性，因此有必要对采样控制系统作一些分析和总结。

连续信号和离散信号在系统中同时出现需要有一个统一的理论以应用于两种不同类型的信息，最实用的方法即是 Z 变换。下面将首先介绍采样过程及采样定理，然后通过 Z 变换法及脉冲传递函数对采样系统进行数学描述，最后分析采样系统的性能。

7.2 采样过程与采样定理

7.2.1 采样过程

把连续信号转换为离散信号的装置称为采样器或采样转换器。采样器的采样过程简要描述如图 7-5 所示。

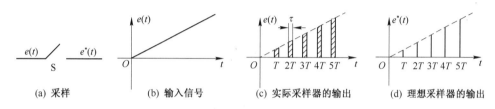

(a) 采样　　(b) 输入信号　　(c) 实际采样器的输出　　(d) 理想采样器的输出

图 7-5　采样过程的简要描述

输入信号 $e(t)$ 是一个连续信号，经采样器 S 后输出信号 $e^*(t)$ 成为离散的脉冲信号。在实际的采样器中这些脉冲宽度不为 0，而理想采样器脉冲宽度则趋于 0。为了分析的方便，当实际采样器的闭合时间 τ 非常小时常常近似将其视为理想采样器。

由图 7-5 可见，采样输出信号 $e^*(t)$ 为脉冲序列 $e\{nT\}$，$n=0,1,2\cdots$当将采样器 S 视为理想采样器时，$e^*(t)$ 可表示如下

$$e^*(t) = \sum_{n=0}^{\infty} e(nT)\delta(t-nT) \tag{7-1}$$

若记理想单位脉冲序列 $\delta_T(t)$ 为

$$\delta_T(t) = \sum_{n=0}^{\infty} \delta(t-nT) \tag{7-2}$$

则式（7-1）又可表示为

$$e^*(t) = e(t)\delta_T(t) \tag{7-3}$$

式（7-3）即为 $e^*(t)$ 与 $e(t)$ 之间的关系表达式。

为了分析采样过程，对式（7-1）表示的 $e^*(t)$ 作拉氏变换，得

$$E^*(s) = L[e^*(t)] = L\left[\sum_{n=0}^{\infty} e(nT)\delta(t-nT)\right]$$

根据拉氏变换的位移定理

$$L[\delta(t-nT)] = e^{-nTs}\int_0^{\infty} \delta(t)e^{-st}dt = e^{-nTs}$$

所以采样信号 $e^*(t)$ 的拉氏变换 $E^*(s)$ 为

$$E^*(s) = \sum_{n=0}^{\infty} e(nT)e^{-nTs} \tag{7-4}$$

由式（7-4）可见，只要已知了连续信号 $e(t)$ 采样后的脉冲序列 $e(nT)$ 的值，相应采样信号 $e^*(t)$ 的拉氏变换 $E^*(s)$ 即可求，$E^*(s)$ 均为 e^{Ts} 的有理函数。下面举例说明。

[例 7-1] 设采样器的输入信号为 $e(t)=1(t)$，求输出信号 $e^*(t)$ 的拉氏变换。

解： 因为 $e(t)=1(t)$，则 $e(nT)=1$，$n=0,1,2\cdots$。由式（7-4）可知

$$E^*(s) = \sum_{n=0}^{\infty} e(nT) e^{-nTs} = 1+e^{-Ts}+e^{-2Ts}+\cdots$$

这是一个等比级数，且公比为 e^{-Ts}，由等比级数的求和公式可得

$$E^*(s) = \frac{1}{1-e^{-Ts}} = \frac{e^{Ts}}{e^{Ts}-1} \quad (|e^{-Ts}|<1 \text{ 时})$$

[例 7-2] 设采样器的输入信号 $e(t)=\sin\omega t$，求输出信号 $e^*(t)$ 的拉氏变换。

解： $e(t)=\sin\omega t$，$e(nT)=\sin n\omega T$（$n=0,1$），由式（7-4）得

$$E^*(s) = \sum_{n=0}^{\infty} \sin n\omega t\, e^{-nsT}$$

由欧拉公式

$$\sin n\omega \tau = \frac{e^{jn\omega T}-e^{-jn\omega T}}{2j}$$

$$E^*(s) = \sum_{n=0}^{\infty} \frac{e^{-n(sT-j\omega\tau)}}{2j} - \sum_{n=0}^{\infty} \frac{e^{-n(sT+j\omega\tau)}}{2j} = \frac{1}{2j[1-e^{-(sT-j\omega\tau)}]} - \frac{1}{2j[1-e^{-n(sT+j\omega\tau)}]}$$

进一步化简可得

$$E^*(s) = \frac{e^{sT}\sin\omega T}{1+e^{2sT}-2e^{sT}\cos\omega T}$$

式（7-4）给出了 $E^*(s)$ 与 $e(nt)$ 即 $e^*(t)$ 之间的关系，下面进一步考察 $E^*(s)$ 与 $E(s)$ 之间的关系。

式（7-2）表明 $\delta_T(t)$ 是一个周期函数，故可以将其展开为傅氏级数如下。

$$\delta_T(t) = \sum_{n=-\infty}^{\infty} C_n e^{jn\omega_s t} \tag{7-5}$$

其中，$\omega_s = \dfrac{2\pi}{T}$ 为采样角频率，T 为采样周期，C_n 为傅氏系数，且

$$C_n = \frac{1}{T}\int_{-\frac{T}{2}}^{\frac{T}{2}} \delta_T(t) e^{jn\omega_s t} dt$$

由于在 $\left[-\dfrac{T}{2}, \dfrac{T}{2}\right]$ 之内，$\delta_T(t)$ 仅在 $t=0$ 有值，且 $e^{-jn\omega_s t}|_{t=0}=1$，所以

$$C_n = \frac{1}{T}\int_{-\frac{T}{2}}^{\frac{T}{2}} \delta_T(t) dt = \frac{1}{T} \tag{7-6}$$

将式（7-6）代入式（7-5）中得

$$\delta_T(t) = \frac{1}{T}\sum_{n=-\infty}^{\infty} e^{jn\omega_s t} \tag{7-7}$$

将式（7-7）进一步代入式（7-3）中得

$$e^*(t) = \frac{1}{T}\sum_{n=-\infty}^{\infty} e(t) e^{jn\omega_s t} \tag{7-8}$$

对该式取拉氏变换，且由拉氏变换的复数位移定理得

$$E^*(s) = \frac{1}{T}\sum_{n=-\infty}^{\infty} E(s+jn\omega_s) \qquad (7-9)$$

已知了 $E^*(s)$ 与 $e^*(t)$ 及 $E(s)$ 之间的关系，下面来看它的两个重要性质。

性质 1　采样信号拉氏变换 $E^*(s)$ 的周期性，即

$$E^*(s) = E^*(s+jk\omega_s) \qquad (7-10)$$

其中，ω_s 为采样角频率。

证明：由式（7-4）

$$E^*(s) = \sum_{n=0}^{\infty} e(nT)\,\mathrm{e}^{-nTs}$$

则

$$E^*(s+jk\omega_s) = \sum_{n=0}^{\infty} e(nT)\mathrm{e}^{-n(s+jk\omega_s)T} = \sum_{n=0}^{\infty} e(nT)\mathrm{e}^{-nsT}\mathrm{e}^{-jnk\omega_s T}$$

由于 ω_s 为采样角频率，T 为采样周期，所以 $\omega_s t = 2\pi$。又 $\mathrm{e}^{-jnk2\pi}=1$，所以

$$E^*(s+jk\omega_s) = \sum_{n=0}^{\infty} e(nT)\mathrm{e}^{-nsT} = E^*(s)$$

性质 2　若采样信号的拉氏变换 $E^*(s)$ 与连续信号的拉氏变换 $G(s)$ 相乘后再离散化，则 $E^*(s)$ 可以从离散信号中分离出来，即

$$[E^*(s)G(s)]^* = E^*(s)G^*(s) \qquad (7-11)$$

证明：由式（7-9）

$$E^*(s) = \frac{1}{T}\sum_{n=-\infty}^{\infty} E(s+jn\omega_s)$$

$$[E^*(s)G(s)]^* = \frac{1}{T}\sum_{n=-\infty}^{\infty} E^*(s+jn\omega_s)G(s+jn\omega_s)$$

由式（7-10）有

$$E^*(s+jn\omega_s) = E^*(s)$$

所以

$$[E^*(s)G(s)]^* = E^*(s)\cdot\frac{1}{T}\sum_{n=-\infty}^{\infty} G(s+jn\omega_s)$$

上式中

$$\frac{1}{T}\sum_{n=-\infty}^{\infty} G(s+jn\omega_s) = G^*(s)$$

所以

$$[E^*(s)G(s)]^* = E^*(s)G^*(s)$$

采样信号拉氏变换 $E^*(s)$ 的上述两条性质在分析采样系统时有着广泛的应用。

以上主要讨论了采样信号的拉氏变换，下面来看它在频域的特性。由于采样信号只是连续信号在采样瞬时的离散信息，它并不等于连续信号的全部信息，所以采样信号的频谱与对应连续信号相比也要发生变化。

由式（7-9）可知

$$E^*(s) = \frac{1}{T}\sum_{n=-\infty}^{\infty} E(s+jn\omega_s)$$

在上式中将 $s=j\omega$ 代入得

$$E^*(j\omega) = \frac{1}{T}\sum_{n=-\infty}^{\infty} E(j\omega+jn\omega_s) \tag{7-12}$$

其中，$|E(j\omega)|$ 为连续信号 $e(t)$ 的频谱，$|E^*(j\omega)|$ 为采样信号 $e^*(t)$ 的频谱。一般来说，连续信号 $e(t)$ 的频谱 $|E(j\omega)|$ 是单一的连续频谱，如图 7-6（a）所示，其中 ω_h 为连续频谱 $|E(j\omega)|$ 中的最高角频率；而采样信号 $e^*(t)$ 的频谱 $|E^*(j\omega)|$ 则是以采样角频率 ω_s 为周期的无穷多个频谱之和。$n=0$ 的频谱称为采样频谱的主分量，它与连续频谱 $|E(j\omega)|$ 形状一致，仅在幅值上变化了 $\frac{1}{T}$ 倍；其余频谱（$n=\pm1,\pm2,\cdots$）都是由于采样而引起的高频频谱，称为采样频谱的补分量。图 7-6（b）中所示为采样角频率 ω_s 大于两倍 ω_h 的情况。如果加大采样周期 T，采样角频率 ω_s 相应减小，当 $\omega_s<2\omega_h$ 时，采样频谱中的补分量相互重叠，致使输出信号发生畸变。

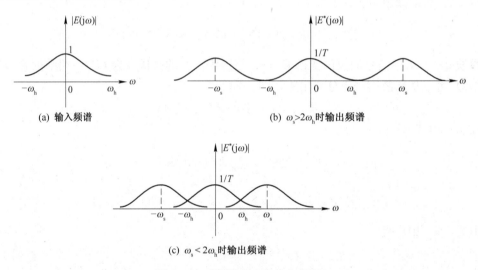

(a) 输入频谱

(b) $\omega_s>2\omega_h$ 时输出频谱

(c) $\omega_s<2\omega_h$ 时输出频谱

图 7-6 采样器输入及输出频谱

假定一个理想滤波器的频率特性如图 7-7（a）所示，显然如果 $\omega_s>2\omega_h$ 时，滤波器的输出信号 $\hat{e}(t)$ 可以不失真地复现采样前的连续信号 $e(t)$，如图 7-7（b）所示。但如果 $\omega_s<2\omega_h$，即使是这样的滤波器也不能完全复现输入信号。因此，一个输入信号要想被完全恢复，则对 ω_s 应有一定的要求，这一要求是香农最早发现的，在此基础上即形成了香农采样定理

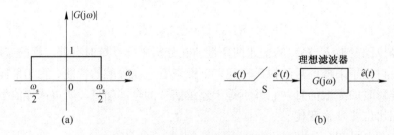

图 7-7 用一个理想滤波器恢复输入信号

7.2.2 采样定理

香农采样定理的内容如下:如果采样器的输入信号具有有限带宽,并且有直到 ω_h 的频率分量,则当且仅当采样角频率满足当 $\omega_s \geqslant 2\omega_h$ 时,信号 $e(t)$ 可以完全地从采样信号 $e^*(t)$ 中恢复过来。

香农采样定理是必须严格遵守的一条准则,它指明了从采样信号中不失真地复现原连续信号所必需的理论上的最小采样周期 T。

需要指出的是,香农定理只是给出了选择采样角频率的指导原则,在工程中常根据具体问题和实际条件通过实验方法确定采样角频率,一般情况总是尽量使采样角频率 ω_s 比信号频谱的最高频率 $2\omega_h$ 大很多。

7.3 信号保持

采样器的作用是从连续的信号中采样得到离散的信息,但在处理的过程中有时也需要相反的过程,即把离散的信号转换为连续信号,这一过程称为信号保持。用于信号保持的装置,称为保持器,保持器所要解决的问题即是各采样点之间的数值恢复问题。

由上一节已经知道,一个理想滤波器能够完全去除采样信号中的高频谐波成分,从而对输入到采样器的连续信号完成了很好的恢复,但这种滤波器在物理上是无法实现的,因此必须寻找其他的数据恢复方法来获得采样点之间的信号。一种常用的方法称为外推法,即用采样点数值外推求得采样点之间的数值,它引入的相位延迟通常较小,而这对于反馈控制系统来说是很重要的,因此外推法使用得很普遍,零阶保持器和一阶保持器就是使用外推法的例子。

我们知道,信号 $e(t)$ 在 $t=nT$ 及 $t=(n+1)T$ 之间的数值可以用一个级数来描述

$$e(t)=e(nT)+\dot{e}(nT)(t-nT)+\frac{\ddot{e}(nT)}{2!}(t-nT)^2+\cdots, \quad nT<t<(n+1)T \quad (7-13)$$

为了求得 $nT<t<(n+1)T$ 之间 $e(t)$ 的值,必须要求得 $\dot{e}(nT)$ 及 $\ddot{e}(nT)$ 等。通常来说,这些是无法精确求得的,但是这些导数可以从采样信号本身近似估算得到,由此使采用外推法成为可能。

数据恢复最简单的形式是保持采样信号的幅值从一个采样状态持续到下一个采样状态,即

$$e(t)=e(nT), \quad nT \leqslant t<(n+1)T \quad (7-14)$$

这样的保持器即称为零阶保持器,零阶保持器的输入输出信号如图 7-8 所示。

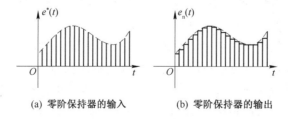

(a) 零阶保持器的输入　　(b) 零阶保持器的输出

图 7-8 零阶保持器的输入输出信号

由图 7-8 可以发现，对应于一理想单位脉冲 $\delta(t)$，其输出响应是幅值为 1、持续时间为 T 的矩形脉冲，如图 7-9 所示，其表达式为

$$g_0(t) = 1(t) - 1(t-T)$$

对应的拉氏变换为

$$G_0(s) = L[g_0(t)] = \frac{1}{s} - \frac{e^{-sT}}{s} = \frac{1}{s}(1 - e^{-sT}) \qquad (7-15)$$

该式即为零阶保持器的传递函数。

如果在式（7-15）中令 $s = j\omega$，则可得零阶保持器的频率响应为

$$G_0(j\omega) = \frac{1 - e^{-j\omega T}}{j\omega} = \frac{2}{\omega} \sin(\omega T/2) \cdot e^{-j\omega T/2}$$

由 $T = \dfrac{2\pi}{\omega_s}$，则上式又可写为

$$G_0(j\omega) = T \frac{\sin(\pi\omega/\omega_s)}{\pi(\omega/\omega_s)} e^{-j\pi(\omega/\omega_s)}$$

$G_0(j\omega)$ 的幅值由下式给出

$$|G_0(j\omega)| = T \left| \frac{\sin(\pi\omega/\omega_s)}{\pi(\omega/\omega_s)} \right| = \frac{2\pi}{\omega_s} \left| \frac{\sin(\pi\omega/\omega_s)}{\pi(\omega/\omega_s)} \right|$$

$G_0(j\omega)$ 的相位为

$$\arg G(j\omega) = -\frac{\pi\omega}{\omega_s} + \angle \frac{\sin(\pi\omega/\omega_s)}{\pi\omega/\omega_s}$$

其中

$$\angle \left[\frac{\sin(\pi\omega/\omega_s)}{\pi\omega/\omega_s} \right] = \begin{cases} 0, & 2n\omega_s \leqslant \omega < (2n+1)\omega_s \\ \pi, & (2n+1)\omega_s \leqslant \omega < 2(n+1)\omega_s \end{cases} \qquad (n = 0, 1, 2, \cdots)$$

其频率特性如图 7-10 所示。

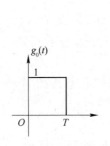

图 7-9 零阶保持器的单位脉冲响应

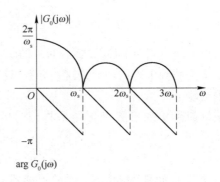

图 7-10 零阶保持器的频率特性

我们注意到，零阶保持器的频率特性和低通滤波器非常相像，但不是一个理想的低通滤波器，高频分量仍能通过一部分，所以零阶保持器的输出信号与原信号相比有一定的畸变，虽然这种畸变对输出的影响并不太大。另外，信号通过零阶保持器将产生滞后相移，且随 ω 的增加而加大，在 $\omega = \omega_s$ 处，相移达 $-180°$，这对闭环系统的稳定性将会产生不利的影响。

另外，零阶保持器可以用无源网络近似代替，我们把 $G_0(s)$ 扩展为 e^{sT} 的级数就可以看

到这一点。

$$G_0(s) = \frac{1}{s}[1-e^{sT}] = \frac{1}{s}\left[1-\frac{1}{e^{sT}}\right] = \frac{1}{s}\left[1-\frac{1}{1+sT+\cdots}\right] = \frac{T}{1+sT} \quad (7-16)$$

由此可知该传递函数可以用阻容网络来实现。

现在转回到 $e(t)$ 在 $t=nT$ 及 $t=(n+1)T$ 之间的数值恢复问题，零阶保持器是外推法的一种应用，但恢复信号时仍存在一定的误差，那么能不能找到比它更好的近似呢？答案是肯定的，但需要更多的级数项，当然这会使问题复杂化。

如果在式（7-13）中取前两项，则 $e(t)$ 可近似为

$$e(t) = e(nT) + \dot{e}(nT)(t-nT), \quad nT < t < (n+1)T \quad (7-17)$$

采用这种方式实现数据恢复的保持器称为一阶保持器，一阶导数 $\dot{e}(nT)$ 可以使用有限微分来近似，即

$$\dot{e}(nT) = \frac{1}{T}[e(nT) - [e(n-1)T]]$$

将上式代入式（7-17）中可得

$$e(t) = e(nT) + \frac{e(nT) - e[(n-1)T]}{T}, \quad (t-nT)nT \leqslant t < (n+1)T \quad (7-18)$$

这可以看作是一个斜坡函数，其输出如图 7-11 所示。

一阶保持器的理想单位脉冲响应如图 7-12 所示。

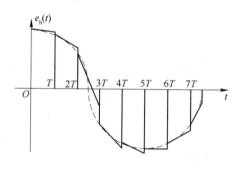

图 7-11 一阶保持器的输出特性

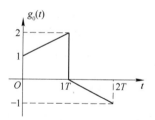

图 7-12 一阶保持器的
理想单位脉冲响应

由图可求得 $g_{01}(t)$ 的表达式，作拉氏变换可得一阶保持器的传递函数 $G_{01}(s)$ 为

$$G_{01}(s) = L[g_{01}(t)] = \frac{1+sT}{T}\left(\frac{1-e^{-sT}}{s}\right)^2 \quad (7-19)$$

其频率特性的分析留作读者思考。

由图 7-11 可以看出，一阶保持器比零阶保持器相比给出了更为精确的信号恢复，但它带来的相位滞后比零阶保持器有所增加，对系统稳定性更加不利。另外，实现起来结构上的复杂性也使它相对不具吸引力。

还有几种其他类型的保持电路，但是它们的表达式很复杂，高阶导数的近似带来的附加时间延迟也对系统稳定性产生负面的影响，由于这些原因，在信号恢复中零阶保持器的使用始终占据主导地位。

7.4　Z 变换理论

Z 变换同拉氏变换一样，是一种数学变换，它的引入有其深刻的理论背景。由前面分析可知，当给定系统中的信号为离散信号 $e^*(t)$ 时，其拉氏变换由式（7-4）可得，为

$$E^*(s) = \sum_{n=0}^{\infty} e(nT) e^{-nTs} \tag{7-20}$$

$E^*(s)$ 与 $e(nT)$ 直接相关，同时又含有如 e^{-nTs} 的部分，e^{-nTs} 使 $E^*(s)$ 成为 s 的超越函数，给研究采样系统增添了极大的复杂性，也使人们放弃了使用拉氏变换研究采样系统的想法，从而寻求新的途径，Z 变换由此应运而生。

7.4.1　Z 变换定义

在式（7-20）中作如下定义，将会使 $E^*(s)$ 的表达式大大简化，即

$$Z = e^{sT} \tag{7-21}$$

这里 s 是拉氏算子，T 是采样周期，将其代入式（7-20）中可得

$$E(z) = E^*(s) \Big|_{s=\frac{1}{T}\ln z} = \sum_{n=0}^{\infty} e(nT) z^{-n} \tag{7-22}$$

$E(z)$ 即为离散信号 $e^*(t)$ 的 Z 变换，常记为

$$E(z) = Z[e^*(t)] = Z[e(nT)] = \sum_{n=0}^{\infty} e(nT) z^{-n}$$

通常情况下，一个连续函数如果可求其拉氏变换，则其 Z 变换即可相应求得，如果拉氏变换在 S 域收敛，则其 Z 变换通常也在 Z 域收敛。

Z 变换又称采样拉氏变换，它的引入不仅极大地方便了对离散信号的分析，也给采样系统的分析带来了极大的便利，是研究采样系统的重要数学工具。

7.4.2　Z 变换方法

求离散信号 Z 变换的方法有很多，简便常用的有以下几种。

1. 级数求和法

级数求和法是由 Z 变换的定义而来的，将式（7-22）展开可得

$$E(z) = e(0) + e(T) z^{-1} + e(2T) z^{-2} + \cdots \tag{7-23}$$

注意符号 z 在这个等式中的作用便会感到很有趣，显然它表明了信号采集的时刻。例如，如果有

$$E(z) = 1 + 2z^{-1} + 2.1z^{-2} + 2.3z^{-3} + \cdots$$

那么就可以知道，$t=0$ 时，$e(t)=1$；$t=T$ 时，$e(t)=2$；$t=2T$ 时，$e(t)=2.1\cdots$，以此类推，因此可以用 z^{-n} 替代 e^{-nsT} 来表示 nT 的延迟时间。反过来，如果已知连续输入信号 $e(t)$ 或其输出采样信号 $e^*(t)$ 采样周期 T，则 $e(nT)$ 序列可求。由式（7-23），$E(z)$ 的级数展开式立即就可求得。通常，对于常用函数 Z 变换的级数形式，都可以写出其闭合形式。

［例 7-3］　求单位阶跃信号 $1(t)$ 的 Z 变换。

解：单位阶跃信号 $1(t)$ 采样后的离散信号为单位阶跃序列，在各个采样时刻上的采

样值均为 1，即
$$e(nT)=1(n=0, 1, 2, \cdots)$$

故由式（7-23）
$$E(z)=1+z^{-1}+z^{-2}+\cdots$$

若 $|z^{-1}|<1$，则该级数收敛，利用比级数求和公式，可得其闭合形式为
$$E(z)=\frac{1}{1-z^{-1}}=\frac{z}{z-1}$$

[例 7-4] 求指数函数 e^{-at}（$a>0$）的 Z 变换。

解： 指数函数采样后所得的脉冲序列如下所示。
$$e(nT)=e^{-anT} \quad (n=0, 1, \cdots)$$

代入式（7-23）中可得
$$E(z)=1+e^{-aT}z^{-1}+e^{-2aT}z^{-2}+e^{-3aT}z^{-3}+\cdots$$

若 $|e^{-aT}z^{-1}|<1$，该级数收敛，同样利用等比级数求和公式，其 Z 变换的闭合形式为
$$E(z)=\frac{1}{1-e^{-aT}z^{-1}}=\frac{z}{z-e^{-aT}}$$

2. 部分分式法

部分分式法是基于这样的思路得到的：如果已知连续函数的拉氏变换式 $E(s)$，通过部分分式法可以展开成一些简单函数的拉氏变换式之和，它们的时间函数 $e(t)$ 可求得，则 $e^*(t)$ 及 $E(z)$ 均可相应求得，所以可方便地求出 $E(s)$ 对应的 Z 变换 $E(z)$。

[例 7-5] 已知连续函数的拉氏变换为
$$E(s)=\frac{a}{s(s+a)}$$

试求相应的 Z 变换 $E(z)$。

解： 将 $E(s)$ 展开为部分分式如下。
$$E(s)=\frac{a}{s(s+a)}=\frac{1}{s}-\frac{1}{s+a}$$

对上式取拉氏反变换得
$$e(t)=1-e^{-at}$$

分别求两部分的 Z 变换，由例 7-3 及例 7-4 结果可知
$$Z[1(t)]=\frac{z}{z-1}, \quad Z[e^{-at}]=\frac{z}{z-e^{-aT}}$$

则
$$E(z)=\frac{z}{z-1}-\frac{z}{z-e^{-aT}}=\frac{z(1-e^{-aT})}{z^2-(1+e^{-aT})z+e^{-aT}}$$

[例 7-6] 求正弦函数 $e(t)=\sin\omega t$ 的 Z 变换

解： 对 $e(t)=\sin\omega t$ 取拉氏变换得
$$E(s)=\frac{\omega}{s^2+\omega^2}$$

展开为部分分式，即
$$E(s)=\frac{1}{2j}\left(\frac{1}{s-j\omega}-\frac{1}{s+j\omega}\right)$$

求拉氏反变换得

$$e(t)=\frac{1}{2j}(e^{j\omega t}-e^{-j\omega t})$$

分别求各部分的 Z 变换，得

$$Z[e^*(t)]=\frac{1}{2j}\left(\frac{1}{1-e^{j\omega T}z^{-1}}-\frac{1}{1-e^{-j\omega T}z^{-1}}\right)$$

化简后得

$$E(z)=\frac{z\sin \omega T}{z^2-2z\cos \omega T+1}$$

由例 7-5、例 7-6 可见，用部分分式法求 Z 变换的步骤如下：连续函数的拉氏变换式 $E(s)\xrightarrow{展开}E(s)$ 的部分分式 $\xrightarrow{拉氏反变换}$ 时间函数 $e(t)\xrightarrow{离散}e(nT)\xrightarrow{Z变换}E(z)$。为了简便起见，有时可以直接由 $E(s)$ 的部分分式通过查表的方法求得部分分式拉氏变换所对应的 Z 变换，最后求得 $E(s)$ 对应的 Z 变换。

常用时间函数的 Z 变换及拉氏变换对照表如表 7-1 所示。

表 7-1 Z 变换表

序号	$E(s)$	$e(t)$或$e(k)$	$E(z)$
1	1	$\delta(t)$	1
2	e^{-kTS}	$\delta(t-kT)$	z^{-k}
3	$\frac{1}{s}$	$1(t)$	$\frac{z}{z-1}$
4	$\frac{1}{s^2}$	t	$\frac{Tz}{(z-1)^2}$
5	$\frac{2}{s^3}$	t^2	$\frac{T^2z(z+1)}{(z-1)^3}$
6	$\frac{1}{1-e^{-TS}}$	$\sum_{k=0}^{\infty}\delta(t-KT)$	$\frac{z}{z-1}$
7	$\frac{1}{s+a}$	e^{-at}	$\frac{z}{z-e^{-aT}}$
8	$\frac{1}{(s+a)^2}$	$t\cdot e^{-at}$	$\frac{Tze^{-aT}}{(z-e^{-aT})^2}$
9	$\frac{a}{s(s+a)}$	$1-e^{-at}$	$\frac{(1-e^{-aT})z}{(z-1)(z-e^{-aT})}$
10	$\frac{\omega}{s^2+\omega^2}$	$\sin \omega t$	$\frac{z\cdot \sin \omega T}{z^2-2z\cos \omega T+1}$
11	$\frac{s}{s^2+\omega^2}$	$\cos \omega t$	$\frac{z(z-\cos \omega T)}{z^2-2z\cos \omega T+1}$
12	$\frac{\omega}{(s+a)^2+\omega^2}$	$e^{-at}\sin \omega t$	$\frac{z\cdot e^{-aT}\sin \omega T}{z^2-2ze^{-aT}\cos \omega T+e^{-2aT}}$
13	$\frac{s+a}{(s+a)^2+\omega^2}$	$e^{-at}\cos \omega t$	$\frac{z^2-z\cdot e^{-aT}\cos \omega T}{z^2-2ze^{-aT}\cos \omega T+e^{-2aT}}$
14		a^k	$\frac{z}{z-a}$
15		$a^k\cdot \cos k\pi$	$\frac{z}{z+a}$

如例 7-4 中，$E(s)=\dfrac{1}{s}-\dfrac{1}{s+a}$，由表 7-1 可知 $\dfrac{1}{s}$ 对应的 Z 变换为 $\dfrac{z}{z-1}$，$\dfrac{1}{s+a}$ 对应的 Z 变换为 $\dfrac{z}{z-\mathrm{e}^{-aT}}$，所以

$$E(z)=\frac{z}{z-1}-\frac{z}{z-\mathrm{e}^{aT}}=\frac{z(1-\mathrm{e}^{-aT})}{z^2-(1+\mathrm{e}^{aT})z+\mathrm{e}^{-aT}}$$

结果相同。

7.4.3 Z 变换性质

与拉氏变换类似，Z 变换中有一些基本定理，可以使 Z 变换运算变得简单和方便。

1. 线性定理

若已知 $e_1(t)$ 和 $e_2(t)$ 的 Z 变换分别为 $E_1(z)$ 和 $E_2(z)$，且 a_1 和 a_2 为常数，则有

$$Z[a_1e_1(t)\pm a_2e_2(t)]=a_1E_1(z)\pm a_2E_2(z) \tag{7-24}$$

2. 实数位移定理

实数位移定理又称为平移定理，实数位移的含义，是指整个采样序列在时间轴上左右平移若干采样周期，左移为超前，右移为延迟。定理如下。

若 $e(t)$ 的 Z 变换为 $E(z)$，则有

$$Z[e(t-kT)]=z^{-k}E(z) \tag{7-25}$$

及

$$Z[e(t+kT)]=z^k\left[E(z)-\sum_{n=0}^{k-1}e(nT)z^{-n}\right] \tag{7-26}$$

其中，k 为正整数。

按照移动的方式，式 (7-25) 称为滞后定理，式 (7-26) 称为超前定理。其中，算子 Z 有明确的物理意义，z^{-k} 表明采样信号迟后 k 个采样周期，z^k 表示采样信号超前 k 个采样周期。

实数位移定理在用 Z 变换求解差分方程时经常用到，它可将差分方程转化为 Z 域的代数方程，详见本节后面的内容。

[例 7-7] 试计算 $\mathrm{e}^{-a(t-T)}$ 的 Z 变换，其中 a 为常数。

解： 由实数位移定理

$$Z[\mathrm{e}^{-a(t-T)}]=z^{-1}\cdot z[\mathrm{e}^{-at}]=z^{-1}\cdot\frac{z}{z-\mathrm{e}^{-aT}}=\frac{1}{z-\mathrm{e}^{-aT}}$$

[例 7-8] 已知 $e(t)=t-T$，求 $E(z)$。

解： $Z[e(t)]=Z[t-T]=z^{-1}\cdot Z[t]=z^{-1}\cdot\dfrac{Tz}{(z-1)^2}=\dfrac{T}{(z-1)^2}$

3. 复数位移定理

若已知 $e(t)$ 的 Z 变换为 $E(z)$，则有

$$Z[e(t)\cdot\mathrm{e}^{\mp at}]=E(z\cdot\mathrm{e}^{\pm aT}) \tag{7-27}$$

其中，a 为常数。

复数位移定理的含义是：函数 $e^*(t)$ 乘以指数序列 $\mathrm{e}^{\mp anT}$ 的 Z 变换，就等于在 $E(z)$ 中，以 $z\mathrm{e}^{\pm aT}$ 取代原算子 z。

[**例 7-9**] 已知 $e(t)=t \cdot a^{-at}$，求 $E(z)$。

解：由式（7-27）
$$Z[e(t)]=Z[t \cdot e^{-at}]=E[z \cdot e^{aT}]$$

令 $e_1(t)=t$，则
$$E_1(z)=Z[e_1(t)]=\frac{Tz}{(z-1)^2}$$

所以
$$Z[e(t)]=\frac{T \cdot z \cdot e^{aT}}{(z \cdot e^{aT}_{-1})^2}=\frac{Tze^{-aT}}{(z-e^{-aT})^2}$$

4. 初值定理

已知 $e(t)$ 的 Z 变换为 $E(z)$，且有极限 $\lim\limits_{z \to \infty} E(z)$ 存在，则
$$\lim_{t \to 0}[e^*(t)]=\lim_{z \to \infty} E(z) \tag{7-28}$$

5. 终值定理

若 $e(t)$ 的 Z 变换为 $E(z)$，且函数序列 $e(nT)$ 为有限值（$n=0,1,2,\cdots$）且极限 $\lim\limits_{n \to \infty} e(nT)$ 存在，则函数序列的终值可由下式求得
$$\lim_{n \to \infty} e(nT)=\lim_{z \to 1}(z-1)E(z) \tag{7-29}$$

终值定理在采样系统中的应用与 S 域的相同，都用于求取系统的稳态误差。

[**例 7-10**] 设 Z 变换函数为
$$E(z)=\frac{0.792z^2}{(z-1)(z^2-0.416z+0.208)}$$
试利用终值定理确定 $e(nT)$ 的终值。

解：由式（7-29）
$$\lim_{n \to \infty} e(nT)=\lim_{z \to 1}(z-1) \cdot E(z)=\lim_{z \to 1}\frac{0.792z^2}{z^2-0.416z+0.208}=1$$

6. 卷积定理

设 $x(nT)$ 和 $y(nT)$ 为两个离散信号，其 Z 变换分别为 $X(z)$、$Y(z)$，其离散卷积 $g(nT)=x(nT)*y(nT)=\sum\limits_{k=0}^{\infty}x(kT)y[(n-K)T]$，则有：
$$G(z)=X(Z) \cdot Y(z) \tag{7-30}$$

卷积定理的意义在于：将两个采样函数卷积的 Z 变换等价于函数 Z 变换的乘积，给分析系统提供了极大的方便。

7.4.4 Z 反变换

由离散信号的时域值求出 Z 域值，称为 Z 变换；而已知 Z 域函数，为了获得时域响应，需要得到 Z 域函数的 Z 反变换。

所谓 Z 反变换，是已知 Z 变换表达式 $E(z)$，求相应离散序列 $e(nT)$ 的过程，记为 $e(nT)=Z^{-1}[E(z)]$。

需要强调的是，由 Z 反变换可得到离散信号在 $t=0,T,2T,\cdots$ 等离散时刻的信息，但它并没有给出这些时刻之间的信息。

对于基本的函数可以直接查表求其Z反变换，对于复杂的函数，获得Z反变换需使用其他方法，主要有以下几种。

1. 部分分式法

和拉氏变换相似，把Z变换函数式展开成部分分式，并且对每一个分式分别作反变换。考虑到在对每一个分式作反变换时通常要借助Z变换表，而Z变换表中所有Z变换函数$E(z)$在其分子上普遍都有因子Z，所以应将$E(z)/z$展开为部分分式，然后将所得结果的每一项都乘以Z，即得$E(z)$的部分分式展开式。

假设函数$E(z)$可表示如下。

$$E(z)=\frac{N(z)}{D(z)}=\frac{N(z)}{(z-e^{-a_1 T})(z-e^{-a_2 T})(\cdots)(z-e^{a_m T})} \tag{7-31}$$

把$\frac{E(z)}{z}$按部分分式展开

$$\frac{E(z)}{z}=\frac{k_1}{z-e^{-a_1 T}}+\frac{k_2}{z-e^{-a_2 T}}+\cdots \tag{7-32}$$

这里，$k_1, k_2, \cdots$这些系数的获得方法和拉氏变换的相同。

则Z反变换可以一部分一部分地得到

$$Z^{-1}[E(z)]=Z^{-1}\left[\frac{k_1 z}{z-e^{-a_1 T}}\right]+\cdots+Z^{-1}\left[\frac{k_m z}{z-e^{-a_m T}}\right]$$

或

$$e(nT)=k_1 e^{-a_1 nT}+\cdots+k_m e^{-a_m nT} \tag{7-33}$$

[例 7-11] 设$E(z)=\dfrac{z}{(z-1)(z-e^{-T})}$，求其Z反变换。

解：按部分分式法，展开$\dfrac{E(z)}{z}$如下。

$$\frac{E(z)}{z}=\frac{K_1}{z-1}+\frac{K_2}{z-e^{-T}}$$

其中

$$K_1=\lim_{z\to 1}\left(\frac{z-1}{z}\right)E(z)=\frac{1}{1-e^{-T}}$$

$$K_2=\lim_{z\to e^{-T}}\left(\frac{z-e^{-T}}{z}\right)E(z)=-\frac{1}{1-e^{-T}}$$

代入得

$$E(z)=\frac{1}{1-e^{-T}}\left[\frac{z}{z-1}-\frac{z}{z-e^{-T}}\right]$$

查Z变换表，其反变换为

$$e(nT)=\frac{1}{1-e^{-T}}[1-e^{-nT}]$$

当$E(z)$具有重极点时，系数的获得方法与拉氏变换相似。

2. 幂级数法

幂级数法又称为长除法，通过对Z变换函数$E(z)$作综合除法，可以得$E(z)$的幂级数展开式

$$E(z)=e_0+e_1 z^{-1}+e_2 z^{-2}+\cdots \tag{7-34}$$

而由Z变换定义，由式（7-34）可直接求得$e^*(t)$的脉冲序列表达式

$$e^*(t)=e_0\delta(t)+e_1\delta(t-T)+e_2\delta(t-2T)+\cdots \tag{7-35}$$

[例 7-12] 设 $E(z)=\dfrac{z^2-2z-1}{z^2+3z-3}$，试用幂级数法求 $E(z)$ 的 Z 反变换。

解：

$$E(z)=\frac{z^2+2z-1}{z^2+3z-3}$$

利用长除法可得

$$E(z)=1-z^{-1}+5z^{-2}-18z^{-3}+\cdots$$

故其反变换为

$$e^*(t)=\delta(t)-\delta(t-T)+5\delta(t-2T)-18(t-3T)+\cdots$$

3. 反演积分法

由式 (7-22)

$$E(z)=\sum_{n=0}^{\infty}e(nT)z^{-n}=e(0)+e(T)z^{-1}+e(2T)z^{-2}+\cdots \tag{7-36}$$

如果已知 $e(nT)$，$n=0,1,2,\cdots$，则其 Z 反变换相应可得

$$e^*(t)=e(0)\delta(t)+e(T)\delta(t-T)+e(2T)\delta(t-2T)+\cdots$$

为了求得 $e(nT)$，我们采用积分方式，因为在求积分值时需用到柯西留数定理，故也称留数法。

为了推导 $e(nT)$，用 z^{n-1} 乘以式 (7-36) 两端得

$$E(z)z^{n-1}=e(0)z^{n-1}+e(T)z^{n-2}+\cdots+e(nT)z^{-1}+\cdots \tag{7-37}$$

设 Γ 为 z 平面上包含 $E(z)z^{n-1}$ 全部极点的封闭曲线，且设沿 Γ 反时针方向对式 (7-37) 两端同时积分，

$$\oint_{\Gamma} E(z)z^{n-1}\mathrm{d}z=\oint_{\Gamma} e(0)z^{n-1}\mathrm{d}z+\oint_{\Gamma} e(T)z^{n-2}\mathrm{d}z+\cdots \tag{7-38}$$

由复变函数论可知，对于围绕原点的积分闭路 Γ，有如下关系式

$$\oint_{\Gamma} z^{k-n-1}\mathrm{d}z=\begin{cases}0, & k\neq n \\ 2\pi\mathrm{j}, & k=n\end{cases}$$

故在式 (7-38) 右端中，除 $\oint_{\Gamma} e(nT)z^{-1}\mathrm{d}z=e(nT)\cdot 2\pi\mathrm{j}$ 外，其余各项均为零，由此得到反演积分公式

$$e(nT)=\frac{1}{2\pi\mathrm{j}}\oint_{\Gamma} E(z)\cdot z^{n-1}\mathrm{d}z \tag{7-39}$$

根据柯西留数定理：设函数 $E(z)z^{n-1}$ 除有限个极点 $z_1,z_2,\cdots,z_k$ 外，在域 G 上是解析的，如果有闭合路径 Γ 包含了这些极点，则有

$$e(nT)=\frac{1}{2\pi\mathrm{j}}\oint_{\Gamma} E(z)z^{n-1}\mathrm{d}z=\sum_{i=1}^{k}\mathrm{Re}\,s[E(z)z^{n-1}]_{z\to z_i} \tag{7-40}$$

其中，$\mathrm{Re}\,s[E(z)z^{n-1}]_{z\to z_i}$ 表示函数 $E(z)\cdot z^{n-1}$ 在极点 z_i 处的留数。其计算方法如下：若 $z_i(i=1,2,\cdots,k)$ 为单极点，则

$$\mathrm{Re}\,s[E(z)z^{n-1}]_{z\to z_i}=\lim_{z\to z_i}[(z-z_i)E(z)z^{n-1}] \tag{7-41}$$

若 $E(z)\cdot z^{n-1}$ 有 n 阶重极点 z_i，则

$$\mathrm{Re}\,s[E(z)z^{n-1}]_{z\to z_i}=\frac{1}{(n-1)!}\lim_{z\to z_i}\frac{\mathrm{d}^{n-1}[(z-z_i)^n E(z)z^{n-1}]}{\mathrm{d}z^{n-1}} \tag{7-42}$$

[**例 7-13**] 求 $E(z)=\dfrac{z}{(z+1)(z+2)}$ 的 Z 反变换。

解：采用留数法，此处 $E(z)$ 有两个单极点分别为 $z_1=-1$，$z_2=-2$，且

$$\operatorname{Re} s[E(z)z^{n-1}]_{z\to z_1}=\lim_{z\to -1}[(z+1)E(z)\cdot z^{n-1}]=\lim_{z\to -1}\frac{z^n}{z+2}=(-1)^n$$

$$\operatorname{Re} s[E(z)z^{n-1}]_{z\to z_2}=\lim_{z\to -2}[(z+2)E(z)\cdot z^{n-1}]=\lim_{z\to -2}\frac{z^n}{z+1}=-(-2)^n$$

由式（7-40）　　$e(nT)=\sum_{i=1}^{2}\operatorname{Re} s[E(z)z^{n-1}]_{z\to z_i}=(-1)^n-(-2)^n$

则 $e(0)=0$，$e(T)=1$，$e(2T)=-3$，以此类推，故其 Z 反变换为

$$e^*(t)=\delta(t-T)-3\delta(t-2T)+\cdots$$

7.4.5 用 Z 变换法求解差分方程

Z 变换法除了用来分析离散信号外，更重要的一个用途是求解离散系统的差分方程及脉冲传递函数。

和连续系统类似，线性离散系统的数学模型有差分方程、脉冲传递函数和离散状态空间表达式三种。脉冲传递函数在下节介绍，现在着重看一下差分方程及用 Z 变换法求解差分方程。

正如前几章所讲的，描述连续系统可以采用微分方程的形式，其中包含连续自变量的函数及其导数；对于离散系统不存在微分，而是用离散自变量的函数及前后采样的时刻离散信号之间的关系来刻画离散控制系统的行为，由此建立起来的方程称为差分方程，它是描述离散系统的基本形式。

离散系统分为多种，我们所讨论的主要是线性定常离散系统，该系统输入输出的变换关系是线性的，即满足叠加定理，且输入输出关系不随时间改变，描述线性定常离散系统的方程即线性常系数差分方程。

1. 线性常系数差分方程

对于一个单输入量单输出量的线性离散系统，设输入脉冲序列用 $r(kT)$ 表示，输出脉冲序列用 $c(kT)$ 表示，且为了简便一般均写为 $r(k)$ 表示或 $c(k)$。显然，kT 时刻的输出 $y(k)$ 除了与此时的输入 $r(k)$ 有关外，还与过去采样时刻的输入 $r(k-1)$，$r(k-2)$，⋯有关，也与此时刻之前的输出 $c(k-1)$，$c(k-2)$ 有关，用方程描述为

$$c(k)+a_1c(k-1)+a_2c(k-2)+\cdots+a_nc(k-n)=b_0r(k)+b_1r(k-1)+\cdots+b_mr(k-m)$$

上式又可表示为

$$c(k)=-\sum_{i=1}^{n}a_ic(k-i)+\sum_{j=0}^{m}b_jr(k-j) \qquad (7-43)$$

式中，a_i，b_j 均为常系数，$m\leqslant n$，式（7-43）称为 n 阶线性常系数差分方程，它在数学上代表一个线性定常离散系统。

常系数线性差分方程的求解方法有经典法、迭代法和 Z 变换法，与微分方程的经典解法类似，差分方程的经典解法也要求出齐次方程的通解和非齐次方程的一个特解，非常不便。迭代法非常适合在计算机上求解，已知差分方程并且给定输入序列和输出序列的初值，则可以利用递推关系在计算机上一步一步地算出输出序列，下面介绍采用 Z 变换法求解差

分方程。

2. 用 Z 变换法求解差分方程

用 Z 变换法解差分方程的实质和用拉氏变换解微分方程类似,对差分方程两端取 Z 变换,并利用 Z 变换的实数位移定理,得到以 Z 为变量的代数方程,然后对代数方程的解 $C(z)$ 取 Z 反变换,求得输出序列 $c(k)$。

[例 7-14] 试用 Z 变换法解下列二阶差分方程

$$c(k+2)+3c(k+1)+2c(k)=0$$

设初始条件: $c(0)=0, \quad c(1)=1$

解:对差分方程的每一项进行 Z 变换,根据实数位移定理

$$Z[c(k+2)]=z^2 c(k)-z^2 c(0)-zc(1)=z^2 C(z)-z$$
$$Z[3c(k+1)]=3zC(z)-3c(0)=3zC(z)$$
$$Z[2c(k)]=2C(z)$$

于是差分方程转换为 Z 的代数方程

$$(z^2+3z+z)C(z)=z$$

$$C(z)=\frac{z}{z^2+3z+2}=\frac{z}{z+1}-\frac{z}{z+2}$$

查 Z 变换表,求出 Z 反变换

$$c^*(t)=\sum_{n=0}^{\infty}[(-1)^n-(-2)^n]\delta(t-nT)$$

即

$$c(k)=(-1)^k-(-2)^k, \quad k=0,1,2,\cdots$$

7.5 脉冲传递函数

在前一节中已经介绍了离散系统的数学模型有三种形式,脉冲传递函数即是其中的一种。如果说差分方程对应于连续系统的微分方程,那么脉冲传递函数则对应于连续系统的传递函数,它是对离散系统的数学描述,直接反映了离散系统的特征。

7.5.1 脉冲传递函数的定义

由前可知,连续系统的传递函数定义为在零初始条件下,输出量的拉氏变换与输入量的拉氏变换之比,对于离散系统,脉冲传递函数的定义与连续系统的传递函数定义类似。

以图 7-13 为例,如果系统的初始条件为零,输入信号为 $r(t)$,采样后 $r^*(t)$ 的 Z 变换函数为 $R(z)$,系统连续部分的输出为 $c(t)$,采样后 $c^*(t)$ 的 Z 变换函数为 $C(z)$,则线性定常离散系统的脉冲传递函数定义为系统输入采样信号的 Z 变换与输出采样信号的 Z 变换之比,记作

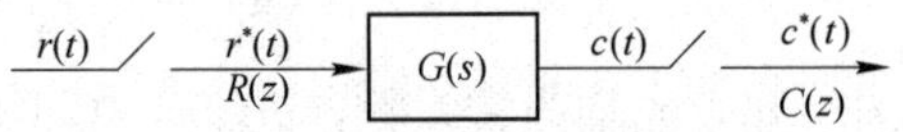

图 7-13 开环采样系统

$$G(z)=\frac{C(z)}{R(z)} \tag{7-44}$$

此外,零初始条件是指 $t<0$ 时,输入脉冲序列各采样值 $r(-T), r(-2T), \cdots$ 及输

出脉冲序列各采样值 $c(-T), c(-2T), \cdots$ 均为零。

由式（7-44）可知，如果已知系统的脉冲传递函数 $G(z)$ 及输入信号的 Z 变换 $R(z)$，那么输出的采样信号为

$$c^*(t) = Z^{-1}[C(z)] = Z^{-1}[G(z)R(z)] \tag{7-45}$$

可见与连续系统类似，求解 $C^*(t)$ 的关键是求出系统的脉冲传递函数。

对于大多数实际系统来说，其输出信号往往是连续信号 $c(t)$ 而不是采样信号 $c^*(t)$，如图 7-14 所示，此时

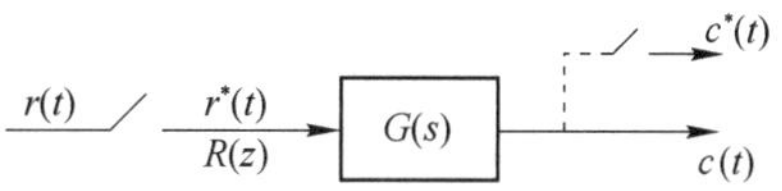

图 7-14 实际开环采样系统

$$C(s) = R^*(s) \cdot G(s)$$

这里 $R^*(s)$ 是 $R(s)$ 的离散变换式，由式（7-9）可得

$$R^*(s) = \frac{1}{T} \sum_{n=-\infty}^{\infty} R(s+jn\omega_s)$$

要想求图 7-14 所示系统的脉冲传递函数 $G(z) = \dfrac{C(z)}{R(z)}$，必须要求出 $C^*(s)$，同样由式（7-9）可得

$$C^*(s) = \frac{1}{T} \sum_{n=-\infty}^{\infty} C(s+jn\omega_s) = \frac{1}{T} \sum_{n=-\infty}^{\infty} R^*(s+jn\omega_s) \cdot G(s+jn\omega_s)$$

由采样信号拉氏变换的周期性

$$R^*(s+jn\omega_s) = R^*(s)$$

所以

$$C^*(s) = R^*(s) \cdot \frac{1}{T} \sum_{n=-\infty}^{\infty} G(s+jn\omega_s)$$

既然

$$G^*(s) = \frac{1}{T} \sum_{n=-\infty}^{\infty} G(s+jn\omega_s)$$

$$C^*(s) = R^*(s) \cdot G^*(s)$$

现在作 Z 变换，即在等式两端代入 $s = \dfrac{1}{T} l_n z$ 得

$$C(z) = R(z) \cdot G(z)$$

所以 $G(z) = \dfrac{C(z)}{R(z)}$

可使用这个结果来求图 7-14 所示实际系统的脉冲传递函数。实际上常在输出端虚设一个采样开关，如图 7-14 中虚线所示，它与输入采样开关同步工作，并且具有相同的采样周期，以此来求得系统的脉冲传递函数，从而求得 $c^*(t)$。如果系统实际输出 $c(t)$ 比较平滑且采样频率较高，则可用 $c^*(t)$ 近似描述 $c(t)$。但必须注意的是，此时所得到的只是输出信号 $c(t)$ 的采样离散值 $c^*(t)$，而不是 $c(t)$。

7.5.2 脉冲传递函数的物理意义

对于如图 7-14 所示的线性定常离散系统，当输入信号为单位脉冲函数 $\delta(t)$ 时，其输

出即为系统的单位脉冲响应 $g(t)$，如果输入信号为 $\delta(t-a)$，则输出信号则为 $g(t-a)$。

现在考虑当输入信号为一脉冲序列时，即

$$r^*(t)=r(0)\delta(t)+r(T)\delta(t-T)+r(2T)\delta(t-2T)+\cdots$$

则 $0\leqslant t<T$ 时，只有 $r(0)$ 脉冲起作用，因此在这段时间内

$$c(t)=r(0)g(t) \quad (0\leqslant t<T)$$

将 $t=0$ 代入上式得

$$c(0)=r(0)g(0)$$

当 $T\leqslant t<2T$ 时，只有 $r(0)$ 及 $r(T)$ 起作用，此时

$$c(t)=r(0)g(t)+r(T)g(t-T) \quad (T\leqslant t<2t)$$

将 $t=T$ 代入得

$$c(T)=r(0)g(T)+r(T)g(0)$$

同理当 $2T\leqslant t<3T$ 时，

$$c(2T)=r(0)g(2T)+r(T)g(T)+r(2T)g(0)$$

以此类推，当 $kT\leqslant t<(K+1)T$ 时，

$$c(kT)=\sum_{n=0}^{K}r(nT)g[(k-n)T]$$

由于 $t<0$ 时，$g(t)=0$，故 $n>k$ 时，$g[(k-n)T]=0$。所以

$$c(kT)=\sum_{n=0}^{\infty}r(nT)g[(k-n)T]$$

可见

$$c(kT)=g(kT)*x(kT)$$

由 Z 变换的卷积和性质，可得

$$C(z)=G(z)\cdot R(z)$$

$$G(z)=\frac{C(z)}{R(z)}=\sum_{n=0}^{\infty}g(nT)z^{-n} \tag{7-46}$$

由此可见，$G(z)$ 是系统单位脉冲响应离散信号 $g^*(t)$ 的 Z 变换，即

$$G(z)=Z[g^*(t)] \tag{7-47}$$

脉冲传递函数由此得名。

了解了脉冲传递函数的物理意义，下面来考察它和系统差分方程之间的关系。如果说描述线性定常离散系统的差分方程如式 (7-43) 所示。

$$c(kT)=-\sum_{i=1}^{n}a_ic[(k-i)T]+\sum_{j=0}^{m}b_jr[(k-j)T]$$

则在零初始条件下，对上式进行 Z 变换，并依照 Z 变换的实数位移定理，可得

$$C(z)=-\sum_{i=1}^{n}a_iC(z)z^{-i}+\sum_{j=0}^{m}b_jR(z)z^{-j}$$

整理得

$$G(z) = \frac{C(z)}{R(z)} = \frac{\sum_{j=0}^{m} b_j z^{-j}}{1 + \sum_{i=1}^{n} a_i z^{-i}} \quad (7-48)$$

这就是系统脉冲传递函数与差分方程的关系。其中

$$D(z) = 1 + \sum_{i=1}^{n} a_i z^{-i} = 0$$

称为脉冲传递函数的特征方程。

7.5.3 脉冲传递函数的求法

求脉冲传递函数可以根据定义进行，但更简便的方法是通过其对应的传递函数 $G(s)$ 求取。

如果已知连续系统或元件的传递函数 $G(s)$，由式（7-47），

$$G(z) = Z[g^*(t)]$$

又 $g(t) = L^{-1}[G(s)]$，取其离散值得 $g^*(t)$，则 $G(z)$ 可求。

为了简便起见，也可直接从 Z 变换表中查得 $G(s)$ 对应的 Z 变换 $G(z)$。如果 $G(z)$ 为阶次较高的有理分式函数，在 Z 变换表中找不到相应的 $G(z)$，则可将 $G(s)$ 展开成部分分式，查各部分分式对应的 Z 变换，从而求得 $G(z)$。

为了书写方便，这一过程常表示为

$$G(z) = Z[G(s)]$$

但注意 $G(z)$ 实际对应的是 $g^*(t)$ 的 Z 变换。

[例 7-15] 设某环节的差分方程为

$$c(nT) = r[(n-K)T]$$

试求其脉冲传递函数 $G(z)$。

解： 对差分方程取 Z 变换，并由实数位移定理得

$$C(z) = z^{-K} R(z)$$

所以

$$G(z) = \frac{C(z)}{R(z)} = z^{-K}$$

当 $K=1$ 时，$G(z) = z^{-1}$，在离散系统中其物理意义是代表一个延迟环节，它把输入序列右移一个采样周期后再输出。

[例 7-16] 设图 7-14 所示开环系统中

$$G(s) = \frac{a}{s(s+a)}$$

试求相应的脉冲传递函数 $G(z)$。

解： 按照由 $G(s)$ 求 $G(z)$ 的方法，先把 $G(s)$ 分解为部分分式

$$G(s) = \frac{1}{s} - \frac{1}{s+a}$$

则

$$G(z) = Z[G(s)] = Z\left[\frac{1}{s}\right] - Z\left[\frac{1}{s+a}\right] = \frac{z}{z-1} - \frac{z}{z-e^{-aT}} = \frac{Z(1-e^{-aT})}{(z-1)(z-e^{-aT})}$$

7.5.4 开环系统脉冲传递函数

1. 有串联环节时的开环系统脉冲传递函数

如果开环离散系统由两个或两个以上的串联环节组成,则其脉冲传递函数的求法必须考虑以下两种情况。

(1) 串联环节之间有采样开关

如图 7-15 所示,在两个串联连续环节 $G_1(s)$ 和 $G_2(s)$ 之间,有理想采样开关隔开。

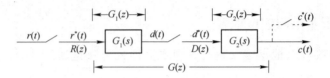

图 7-15 串联环节之间有采样开关的开环离散系统

由脉冲传递函数定义有

$$D(z) = R(z) \cdot G_1(z)$$
$$C(z) = D(z) \cdot G_2(z)$$

所以

$$C(z) = R(z) \cdot G_1(z) G_2(z)$$

即开环系统脉冲传递函数

$$G(z) = G_1(z) G_2(z) \qquad (7-49)$$

上式表明,有理想采样开关隔开的两个线性环节串联时的脉冲传递函数,等于这两个环节各自的脉冲传递函数之积,该结论可推广到 n 个环节串联的情况。

(2) 串联环节之间无采样开关

如图 7-16 所示,在两个串联连续环节 $G_1(s)$ 和 $G_2(s)$ 之间,无理想采样开关。

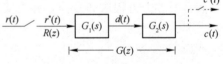

图 7-16 串联环节之间无采样开关的开环采样系统

由图可见

$$D(s) = R^*(s) \cdot G_1(s)$$
$$C(s) = D(s) \cdot G_2(s)$$
$$C(s) = R^*(s) \cdot G_1(s) G_2(s)$$

对 $C(s)$ 取离散化,并由采样拉氏变换的性质

$$C^*(s) = R^*(z) \cdot [G_1 G_2(s)]^*$$

取 Z 变换,得

$$C(z) = R(z) \cdot G_1 G_2(z)$$

即

$$G(z) = G_1 G_2(z) \qquad (7-50)$$

上式表明,没有理想采样开关隔开的两个线性连续环节串联时的脉冲传递函数,等于这两个环节传递函数乘积后的相应 Z 变换,该结论同样可推广到类似的 n 个环节串联时的情况。

通常情况下,$G_1(z) \cdot G_2(z) \neq G_1 G_2(z)$,因此考察有串联环节开环系统的脉冲传递函数时，必须区别其串联环节间有无采样开关。

[**例 7-17**] 设开环离散系统分别如图 7-15、图 7-16 所示，其中 $G_1(s)=\dfrac{1}{s}$，$G_2(s)=\dfrac{a}{s+a}$，试分别求其开环系统的脉冲传递函数。

解：对图 7-15 所示系统

$$G(z)=G_1(z)\cdot G_2(z)=Z[G_1(s)]\cdot Z[G_2(s)]=\frac{z}{z-1}\cdot\frac{az}{z-e^{-aT}}=\frac{az^2}{(z-1)(z-e^{aT})}$$

对图 7-16 所示系统

$$G(z)=G_1G_2(z)=z[G_1(s)\cdot G_2(s)]=Z\left[\frac{1}{s}\cdot\frac{a}{s+a}\right]=Z\left[\frac{1}{s}-\frac{1}{s+a}\right]$$

$$=Z\left[\frac{1}{s}\right]-Z\left[\frac{1}{s+a}\right]=\frac{z}{z-1}-\frac{z}{z-e^{-aT}}=\frac{z(1-e^{-aT})}{(z-1)(z-e^{-aT})}$$

显然

$$G_1G_2(z)\neq G_1(z)G_2(z)$$

2. 有零阶保持器时的开环系统脉冲传递函数

如果开环离散系统中包含零阶保持器和连续环节串联的结构，如图 7-17 所示。

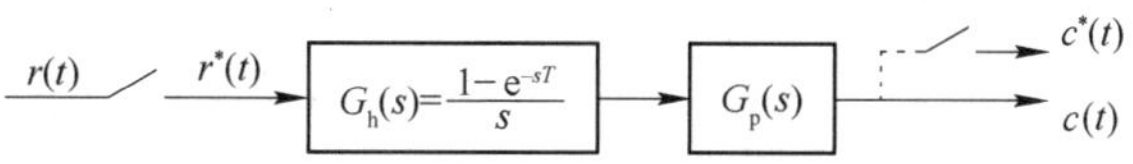

图 7-17 有零阶保持器的开环离散系统

图 7-17 中 $G_h(s)$ 为零阶保持器的传递函数，$G_p(s)$ 为连续部分的传递函数，两环节之间无同步采样开关相隔。由于 $G_h(s)$ 不是 s 的有理分式，所以通常的由 $G(s)$ 求 $G(z)$ 的方法无法使用，应作一些变换。变换的方法如图 7-18 所示。

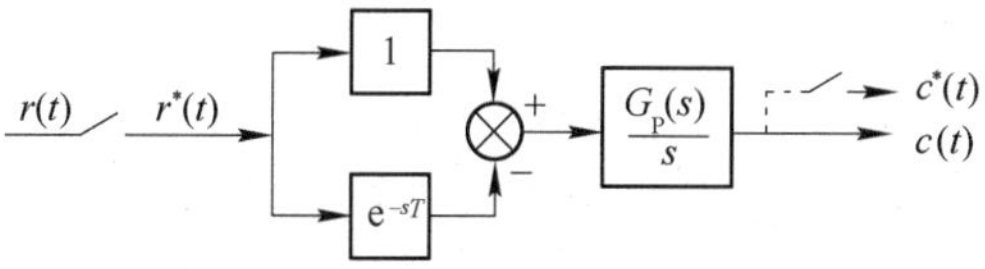

图 7-18 有零阶保持器的开环离散系统等效图

由图 7-18 中可以看出，图 7-17 和图 7-18 是等效的。在图 7-18 中，$c^*(t)$ 为两个分量之和。$c_1^*(t)$ 是 $r^*(t)$ 由 $\dfrac{G_p(s)}{s}$ 环节所产生的响应分量，$c_2^*(t)$ 是 $r^*(t)$ 经 $-e^{-sT}\cdot\dfrac{G_p(s)}{s}$ 环节所产生的响应分量，且由图可知设

$$G_0(s)=\frac{G_p(s)}{s}$$

$$C_1(s)=R^*(s)G_0(s)$$

由采样信号拉氏变换的性质

$$C_1{}^*(s)=R^*(s)G_0{}^*(s)$$

取 Z 变换得

$$C_1(z)=R(z)\cdot G_0(z)$$

又

$$C_2(s)=-R^*(s)\cdot e^{-sT}G_0(s)$$
$$C_2{}^*(s)=-R^*(s)[e^{-sT}G_0(s)]^*$$

其中，e^{-sT} 可视为延迟一个采样周期的延迟环节，由拉氏变换的位移定理及 Z 变换的实数位移定理

$$Z[e^{-sT}G_0(s)]=z^{-1}G_0(z)$$

所以

$$C_2(z)=-R(z)\cdot G_0(z)\cdot z^{-1}$$
$$C(z)=C_1(z)+C_2(z)=(1-z^{-1})G_0(z)R(z)$$

则相应的系统脉冲传递函数为

$$G(z)=(1-z^{-1})G_0(z)=(1-z^{-1})Z\left[\frac{G_p(s)}{s}\right] \tag{7-51}$$

[例 7-18] 设如图 7-17 所示离散系统，其中 $G_p(s)=\dfrac{a}{s(s+a)}$，求系统的脉冲传递函数 $G(z)$。

解：
$$Z\left[\frac{G_p(s)}{s}\right]=Z\left[\frac{a}{(s+a)s^2}\right]=Z\left[\frac{1}{s^2}-\frac{1}{a}\left(\frac{1}{s}-\frac{1}{s+a}\right)\right]$$
$$=Z\left[\frac{1}{s^2}\right]-\frac{1}{a}Z\left[\frac{1}{s}\right]+\frac{1}{a}Z\left[\frac{1}{s+a}\right]$$
$$=\frac{Tz}{(z-1)^2}-\frac{1}{a}\left(\frac{z}{z-1}-\frac{z}{z-e^{-aT}}\right)$$
$$=\frac{\frac{1}{a}z[(e^{-aT}+aT-1)z+(1-aTe^{-aT}-e^{-aT})]}{(z-1)^2(z-e^{-aT})}$$

由式 (7-51)

$$G(z)=(1-z^{-1})Z\left[\frac{G_p(s)}{s}\right]=\frac{\frac{1}{a}[(e^{-aT}+aT-1)z+(1-aTe^{-aT}-e^{-aT})]}{(z-1)(z-e^{-aT})}$$

比较该例与例 7-16 的结果可以发现，加入零阶保持器不会影响脉冲传递函数的分母。

7.5.5 闭环系统冲传递函数

由于在闭环系统中采样器的位置有多种放置方式，因此闭环离散系统没有唯一的结构图形成。图 7-19 是一种比较常见的误差采样闭环离散系统结构图。

由图 7-19 可见，连续输出信号和误差信号拉氏变换的关系为

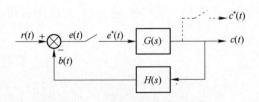

图 7-19 误差采样闭环离散系统

$$C(s) = G(s) \cdot E^*(s)$$

又

$$E(s) = R(s) - H(s)C(s)$$

因此有

$$E(s) = R(s) - H(s)G(s)E^*(s)$$

于是，误差采样信号 $e^*(t)$ 的拉氏变换

$$E^*(s) = R^*(s) - HG^*(s)E^*(s)$$

整理得

$$E^*(s) = \frac{R^*(s)}{1+HG^*(s)} \quad (7\text{-}52)$$

由于

$$C^*(s) = [G(s)E^*(s)]^* = G^*(s)E^*(s) = \frac{G^*(s)}{1+HG^*(s)}R^*(s) \quad (7\text{-}53)$$

所以对式（7-52）及式（7-53）取 Z 变换，可得

$$E(z) = \frac{1}{1+HG(z)}R(z) \quad (7\text{-}54)$$

$$C(z) = \frac{G(z)}{1+HG(z)}R(z) \quad (7\text{-}55)$$

根据式（7-54），定义

$$\phi_e(z) = \frac{E(z)}{R(z)} = \frac{1}{1+HG(z)} \quad (7\text{-}56)$$

为闭环离散系统对于输入量的误差脉冲传递函数。

根据式（7-55），定义

$$\phi(z) = \frac{C(z)}{R(z)} = \frac{G(z)}{1+HG(z)} \quad (7\text{-}57)$$

为闭环离散系统对于输入量的脉冲传递函数。

式（7-56）、式（7-57）是研究闭环离散系统时经常用到的两个闭环脉冲传递函数。与连续系统相类似，令 $\phi(z)$ 或 $\phi_e(z)$ 的分母多项式为零，便可得到闭环离散系统的特征方程

$$D(z) = 1 + GH(z) = 0 \quad (7\text{-}58)$$

通过以上方法，可以推导出采样器处于不同位置的其他闭环系统的脉冲传递函数。

[**例 7-19**] 设闭环离散系统结构图如图 7-20 所示，试证输出采样信号的 Z 变换函数为

$$C(z) = \frac{RG(z)}{1+GH(z)}$$

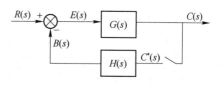

图 7-20 闭环离散系统

解：由图可见

$$C(s) = E(s) \cdot G(s)$$
$$E(s) = R(s) - H(s) \cdot C^*(s)$$

所以

$$C(s) = [R(s) - H(s) \cdot C^*(s)] \cdot G(s) = RG(s) - HG(s)C^*(s)$$

对其作脉冲变换得

$$C^*(s) = RG^*(s) - HG^*(s)C^*(s)$$

作 Z 变换并整理得

$$C(z) = \frac{RG(z)}{1+HG(z)}$$

由上式可见，本题中解不出 $C(z)/R(z)$，因此无法得到系统的脉冲传递函数，而只能得到输出采样信号的 Z 变换 $C(z)$，从而求得 $c^*(t)$，这在采样系统中是很普遍的。

[**例 7 - 20**] 考虑图 7 - 21 所示的多环系统，求系统的输出 $C(z)$ 的表达式。

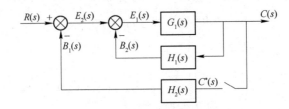

图 7 - 21 多环采样数据系统

解：由图可见

$$C(s) = E_1(s) \cdot G_1(s)$$
$$E_1(s) = E_2(s) - C(s) \cdot H_1(s)$$

整理得

$$C(s) = \frac{E_2(s)G_1(s)}{1+H_1(s)G_1(s)}$$

又 $E_2(s) = R(s) - H_2(s)C^*(s)$，代入得

$$C(s) = \frac{R(s)G_1(s) - H_2(s)G_1(s)C^*(s)}{1+H_1(s)G_1(s)}$$

对其取脉冲变换得

$$C^*(s) = \frac{RG_1^*(s) - H_2G_1^*(s)C^*s}{1+H_1G_1^*(s)}$$

求 Z 变换并整理得

$$C(z) = \frac{RG_1(z)}{1+H_1G_1(z)+H_2G_1(z)}$$

典型闭环离散系统及输出 Z 变换 $C(z)$ 可参考表 7 - 2。

表 7 - 2 给出典型闭环离散系统及输出 Z 变换函数

序号	系统结构图	$c(z)$ 计算式
1	$R(s) \to \otimes \to G(s) \to C(s)$，反馈 $H(s)$	$\dfrac{G(z)R(z)}{1+GH(z)}$
2	$R(s) \to \otimes \to G_1(s) \to G_2(s) \to C(s)$，反馈 $H(s)$	$\dfrac{RG_1(z)G_2(z)}{1+G_2HG_1(z)}$

续表

序号	系统结构图	$c(z)$ 计算式
3	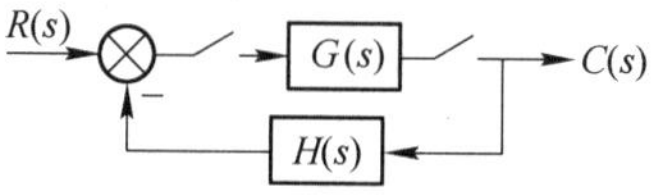 (图：R(s)→⊗→开关→G(s)→C(s)，反馈H(s))	$\dfrac{G(z)R(z)}{1+G(z)H(z)}$
4	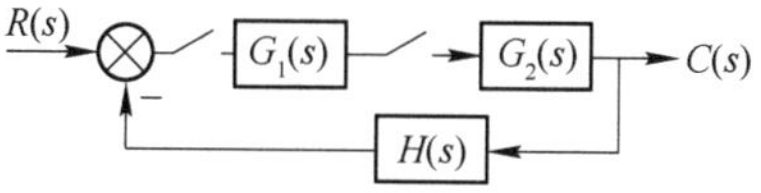 (图：R(s)→⊗→开关→G₁(s)→开关→G₂(s)→C(s)，反馈H(s))	$\dfrac{G_1(z)G_2(z)R(z)}{1+G_1(z)G_2H(z)}$
5	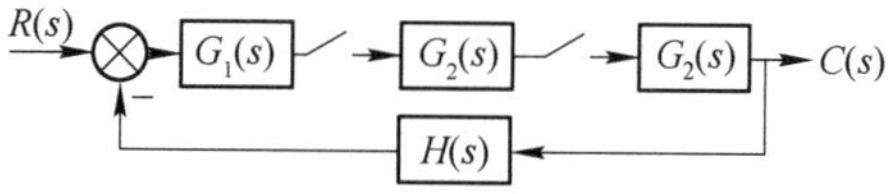 (图：R(s)→⊗→G₁(s)→开关→G₂(s)→开关→G₂(s)→C(s)，反馈H(s))	$\dfrac{RG_1(z)G_2(z)G_3(z)}{1+G_2(z)G_1G_3H(z)}$
6	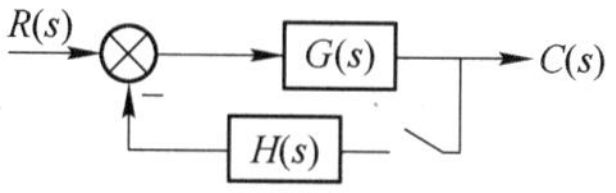 (图：R(s)→⊗→G(s)→开关→C(s)，反馈H(s))	$\dfrac{RG(z)}{1+HG(z)}$
7	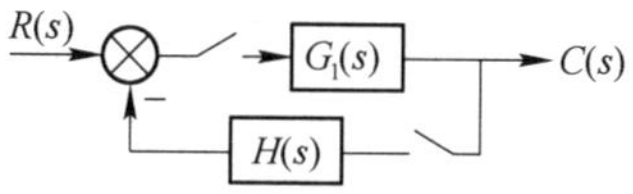 (图：R(s)→⊗→开关→G₁(s)→C(s)，反馈H(s))	$\dfrac{R(z)G(z)}{1+G(z)H(z)}$

7.6 采样系统性能分析

和连续控制系统一样，离散控制系统的性能分析也包括三个方面：稳定性、稳态性能和动态响应。下面将从这三个方面对采样系统的性能进行分析，并进一步讨论根轨迹法及频率法在 Z 域的应用。

7.6.1 稳定性分析

1. 离散系统稳定的充要条件

首先看一下对于离散系统，是如何定义稳定的。

离散系统的稳定性定义如下：若离散系统在有界输入序列的作用下，其输出序列也是有界的，则称该离散系统是稳定的。

众所周知，在线性定常连续系统中，系统在时域稳定的充要条件是指：系统齐次微分方程的解是收敛的，或者系统特征方程的根均具有负实部。对线性定常离散系统来说，从时域中的数学模型即线性定常差分方程，同样可以求得其稳定的充要条件。

设线性定常差分方程如式（7-43）所示，即

$$c(k) = -\sum_{i=1}^{n} a_i c(k-i) + \sum_{j=0}^{m} b_j r(k-j)$$

其齐次差分方程为

$$c(k)+\sum_{i=1}^{n}a_ic(k-i)=0$$

设通解为 Aa^k,代入齐次方程得

$$Aa^k+a_1Aa^{k-1}+a_2Aa^{k-2}+\cdots+a_nAa^{k-n}=0$$

或

$$Aa^k(a^0+a_1a^{-1}+a_2a^{-2}+\cdots+a_na^{-n})=0$$

因为 $Aa^k\neq 0$,故必有

$$a^0+a_1a^{-1}+a_2a^{-2}+\cdots+a_na^{-r}=0$$

以 a^n 乘以上式,得差分方程的特征方程如下。

$$a^n+a_1a^{n-1}+a_2a^{n-2}+\cdots+a_n=0 \tag{7-59}$$

不失一般性,设特征方程(7-59)有各不相同的特征根 a_1,a_2,a_n,则差分方程(7-43)的通解为

$$c(k)=A_1a_1^k+A_2a_2^k+\cdots+A_na_n^k=\sum_{i=1}^{n}A_ia_i^k \quad (k=0,1,2\cdots)$$

式中,系数 A_i 可由给定的 n 个初始条件决定。

当特征方程(7-59)的根 $|a_i|<1$,$i=1,2,\cdots,n$,必有 $\lim c(k)=0$,故系统稳定的充要条件是:当且仅当差分方程(7-43)所有特征根的模 $|a_i|<1$,$i=1,2,\cdots,n$ 相应的线性定常离散系统是稳定的。

已知了离散系统在时域中稳定的充要条件,下面来看一下其在 Z 域中稳定的充要条件。

由脉冲传递函数和差分方程的关系,对于式(7-43)所示的系统,其脉冲传递函数为

$$G(z)=\frac{C(z)}{R(z)}=\frac{\sum_{j=0}^{m}b_jz^{-j}}{1+\sum_{i=1}^{n}a_iz^{-i}}$$

其特征方程为

$$1+\sum_{i=1}^{n}a_iz^{-i}=0$$

两端乘以 z^n 得

$$z^n+a_1z^{n-1}+a_2z^{-2}+\cdots+a_n=0$$

上式与系统的差分方程对应的特征方程式(7-59)形式完全相同,即同一系统的差分方程与脉冲传递函数具有相同的特征方程。

因此,由线性定常离散系统在时域稳定的充要条件可得到其在 Z 域稳定的充要条件为:当脉冲传递函数的特征方程的所有特征根 z_i 的模 $|z_i|<1$,$i=1,2,\cdots,n$,即均处于 Z 平面的单位圆内时,该系统是稳定的。

2. 采样系统的稳定性判据

已知线性定常离散系统在时域和 Z 域稳定的充要条件,则可以通过求出系统特征方程的根从而判断系统是否稳定,但是当离散系数阶数较高时,直接求解差分方程或 Z 特征方程根总是不方便的,因此和连续系统类似,在对离散系统进行稳定性判断时也引入了稳定判据以供使用。

(1) 朱利稳定判据

朱利判据是直接在 Z 域内应用的稳定性判据，类似于连续系统中的赫尔维茨判据。它是根据离散系统闭环特征方程 $D(z)=0$ 的系数，判别其根是否严格位于 Z 平面的单位圆内，从而判断该离散系统是否稳定。

设离散系统 n 阶闭环特征方程可以写为

$$D(z)=a_0+a_1z+a_2z^2+\cdots+a_nz^n=0 \quad (a_n>0)$$

行	列					
1	a_0	a_1	a_2		a_{n-1}	a_n
2	a_0	a_{n-1}	a_{n-2}		a_1	a_0
3	b_0	b_1	b_2		b_{n-1}	
4	b_{n-1}	b_{n-2}	b_{n-3}		b_1	b_0
5	c_0	c_1	c_2	c_{n-2}		
6	c_{n-2}	c_{n-3}	c_{n-4}	c_1	c_0	
⋮	⋮					
$m-2$	p_0	p_1	p_2	p_3		
$m-1$	p_3	p_2	p_1	p_0		
m	q_0	q_1	q_2			

可见第一行是从 a_0 到 a_n 的原有系数组成，第二行则是由同样的系数按相反的顺序构成，1、2 行构成一个行对，3、4 行构成一个行对，注意到下一个行对系数的序号总比上一个行对小 1，当一行中只有 3 个数值时，矩阵就结束了。

不同的系数可按下式估算出

$$b_i=\begin{vmatrix} a_0 & a_{n-i} \\ a_n & a_i \end{vmatrix}, \quad i=0,1,\cdots,n-1$$

$$c_i=\begin{vmatrix} b_0 & b_{n-1-i} \\ b_{n-1} & b_i \end{vmatrix}, \quad i=0,1,\cdots,n-2$$

$$d_i=\begin{vmatrix} c_0 & c_{n-2-i} \\ c_{n-2} & c_i \end{vmatrix}, \quad i=0,1,\cdots,n-3$$

$$\vdots$$

$$p_i=\begin{vmatrix} p_0 & p_{3-i} \\ p_3 & p_i \end{vmatrix}, \quad i=0,1,2$$

朱利稳定判据的条件是

$$D(1)>0, \quad (-1)^n D(-1)>0$$

且 $|a_0|<a_n$，$|b_0|>|b_{n-1}|$，$|c_0|>|c_{n-2}|$，$|d_0|>|d_{n-3}|\cdots|q_0|>|q_2|$

只有当上述诸条件均满足时，离散系统才是稳定的，否则系统不稳定。

[**例 7-21**] 已知系统的特征方程如下
$$D(z)=z^3+2z^2+1.9z+0.8$$
试用朱利判据判断系统的稳定性。

解：在确定矩阵前，先检查 $D(1)$ 和 $D(-1)$
$$D(1)=1+2+1.9+0.8=5.7, \quad D(1)>0$$
$$D(-1)=-1+2-1.9+0.8=-0.1, \quad (-1)^n D(1)>0$$
可见，满足前 2 个条件，现在构造矩阵如下。

行	列			
1	0.8	1.9	2.0	1.0
2	1.0	2.0	1.9	0.8
3	−0.36	−0.48	−0.3	

其中
$$|a_0|<|a_3|, \quad 0.8<1.0$$
$$|b_0|>|b_2|, \quad |-0.36|>|-0.3|$$
满足约束条件，系统稳定。

朱利判据可以给出系统是否有特征根处于单位圆外的判断，但却不能给出有多少个特征根位于单位圆外，在这一点，它不如劳斯-赫尔维茨判据，虽说朱利判据使用起来更简便。

(2) 劳斯稳定判据

为了使用劳斯判据，需要在和 S 域类似的域上进行判断，通过使用 ω 变换（双线性变换），最终可以把 Z 域单位圆内的部分映射到 ω 域的左半平面，从而使用劳斯判据判稳成为可能。如果令
$$z=\frac{\omega+1}{\omega-1} \quad \text{或} \quad z=\frac{1+\omega}{1-\omega} \tag{7-60}$$

则有
$$\omega=\frac{z+1}{z+1} \quad \text{或} \quad \omega=\frac{z-1}{z+1} \tag{7-61}$$

上两式表明，复变量 z 与 ω 互为线性变换，故 ω 变换又称为双线性变换。令复变量
$$z=x+jy, \quad \omega=u+jv$$

代入式 (7-61) 得
$$u+jv=\frac{(x^2+y^2)-1}{(x-1)^2+y^2}-j\frac{2y}{(x-1)^2+y^2}$$

显然
$$u=\frac{(x^2+y^2)-1}{(x-1)^2+y^2}$$

由于上式中分母始终为正，因此 $u=0$ 等价于 $x^2+y^2=1$；$u<0$ 等价于 $x^2+y^2<1$；$u>0$ 等价于 $x^2+y^2>1$。可见，经过变换，Z 域单位圆映射为 ω 域的虚轴，Z 域单位圆内映射为 ω 域左半平面，Z 域单位圆外映射为 ω 域右半平面，如图 7-22 所示。

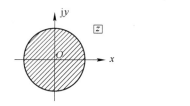

图 7-22 Z 域到 ω 域的映射

由 ω 变换可知，通过从 Z 域到 ω 域的变换，线性定常离散系统 Z 域的特征方程 $D(z)$ 转换为 ω 域特征方程 $D(\omega)$，则 Z 域的稳定条件即所有特征根均处于单位圆内转换为 ω 域的稳定条件即特征方程的根严格位于左半平面，而该条件正是 S 平面上应用劳斯稳定判据的条件，所以根据 ω 域的特征方程系数直接应用劳斯判据即可以判断离散系统的稳定性，同时还能给出特征根处于单位圆外的个数。

[**例 7-22**] 设离散系统 Z 域的特征方程为 $D(z)=z^3+2z^2+1.9z+0.8$，使用双线性变换，并用劳斯判据确定稳定性。

解：对 $D(z)$ 作双线性变换，即将 $z=\dfrac{\omega+1}{\omega-1}$ 代入 $D(z)$ 中得

$$D(z)=\left(\dfrac{\omega+1}{\omega-1}\right)^3+2\left(\dfrac{\omega+1}{\omega-1}\right)^2+1.9\left(\dfrac{\omega+1}{\omega-1}\right)+0.8=0$$

化简后，得 ω 域特征方程为

$$5.7\omega^3+0.7\omega^2+1.5\omega+0.1=0$$

则构造成劳斯表如下。

ω^3	5.7	1.5
ω^2	0.7	0.1
ω^1	0.69	0
ω^0	0.1	

由劳斯表第一列系数可以看出，没有符号变化，表明系统是稳定的，如果在第一列中有符号变化，则变化的数目和 ω 域上处于右半平面的极点个数相同，也和 z 域上单位圆外特征根的个数相同。

[**例 7-23**] 已知系统结构如图 7-23 所示，采样周期 $T=0.1$ 秒，试求系统稳定时 k 的取值范围。

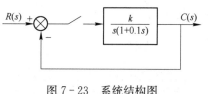

图 7-23 系统结构图

解：由于

$$G(s)=\dfrac{k}{s(1+0.1s)}=k\left[\dfrac{1}{s}-\dfrac{1}{s+10}\right]$$

相应的 Z 变换可查表求得为

$$G(z)=k\left[\dfrac{z}{z-1}-\dfrac{z}{z-e^{-10T}}\right]$$

又 $T=0.1$ 秒，$e^{-10T}=0.368$，所以

$$G(z)=\dfrac{0.632kz}{z^2-1.68z+0.368}$$

由于单位反馈系统的闭环传递函数为

则特征方程为
$$D(z)=z^2+(0.632k-1.368)z+0.368=0$$

作双线性变换，将 $z=\dfrac{\omega+1}{\omega-1}$ 带入上式化简后得
$$0.632k\omega^2+1.264\omega+(2.736-0.632k)=0$$

则劳斯表为

ω^2	$0.632k$	$2.736-0.632k$
ω^1	1.264	0
ω^0	$2.736-0.632k$	0

由劳斯表，系统稳定时，k 值应满足
$$k>0 \quad 且 \quad 2.736-0.632k>0$$

即 $0<k<4.33$，故系统稳定的 k 值范围是 $0<k<4.33$。

从上面的分析可知，对于 $G(s)=\dfrac{k}{s(1+0.1s)}$ 的单位反馈连续系统来说，只要 $k>0$，系统总是稳定的，而由上例的结论来看，加入采样开关，当 k 超过一定值时，将使系统变得不稳定，因此采样周期一定时，加大开环增益会使离散系统的稳定性变差。

另外，当开环增益一定时，如果加大采样周期，则会使系统的信息丢失增加，也可能使系统变得不稳定。

如上例中，取 $T=0.2$，则 $e^{-2}=0.135$
$$G(z)=\dfrac{0.865kz}{z^2-1.135z+0.135}$$

作双线性变换后的特征方程为
$$0.865k\omega^2+1.73\omega+2.27-0.865k=0$$

则劳斯表为

ω^2	$0.865k$	$2.27-0.865k$
ω^1	1.73	0
ω^0	$2.27-0.865k$	

系统稳定的 k 值范围是 $0<k<2.6$。可见，增大采样周期，k 值的稳定范围缩小了。

7.6.2 稳态误差分析

离散系统的稳态性能是用稳态误差来表征的。与连续系统类似，离散系统稳态误差和系统本身及输入信号都有关系，在系统特性中起主要作用的是系统的型别及开环增益。稳态误差既可用级数的方法求取，也可用终值定理求取。应用终值定理，方法简便，所以较常使用。

下面以单位反馈误差采样系统为例介绍利用终值定理求系统的稳态误差。

设闭环系统如图 7-24 所示。其中，$G(s)$ 为连续部分的传递函数，$e(t)$ 为系统连续误差信号，$e^*(t)$ 为系统采样误差信号，由 7.5 节中闭环系统误差脉冲传递函数的定义，按式（7-56）可知

$$\phi_e(z) = \frac{E(z)}{R(z)} = \frac{1}{1+G(z)}$$

图 7-24 单位反馈误差采样系统

如果 $\phi_e(z)$ 极点全部严格位于 Z 平面上的单位圆内，即系统稳定，则应用 Z 变换的终值定理即可求出采样瞬时的终值误差。

$$e(\infty) = \lim_{t \to \infty} e^*(t) = \lim_{z \to 1}(1-z^{-1})E(z) = \lim_{z \to 1}\frac{(z-1)R(z)}{z[1+G(z)]} \qquad (7-62)$$

由于离散系统没有唯一的典型结构图形式，所以误差脉冲传递函数也给不出一般的计算公式，因此在利用 Z 变换终值定理求稳态误差时，必须按实际系统求出 $\phi_e(z)$，然后求出 $e(\infty)$。

利用 Z 变换终值定理求取采样系统的稳态误差是一种基本方法，和连续系统类似，人们依然在寻求通过定义误差系数来简化稳态误差的计算过程。

对于一个采样系统，其静态误差系数定义如下。

$$K_p = \lim_{z \to 1}[1+G(z)] \qquad (7-63)$$

称 K_p 为静态位置误差系数。

$$K_v = \lim_{z \to 1}(z-1)G(z) \qquad (7-64)$$

称 K_v 为静态速度误差系数。

$$K_a = \lim_{z \to 1}(z-1)^2 G(z) \qquad (7-65)$$

称 K_a 为静态加速度误差系数。

应用静态误差系数，对于图 7-25 所示的单位反馈误差采样系统，可求出不同输入信号下稳态误差的值。如果

$$r(t) = 1(t), R(z) = \frac{z}{z-1}$$

则

$$e(\infty) = \lim_{z \to 1}\frac{(z-1)R(z)}{z[1+G(z)]} = \lim_{z \to 1}\frac{1}{1+G(z)} = \frac{1}{K_p} \qquad (7-66)$$

如果

$$r(t) = t, \quad R(z) = \frac{Tz}{(z-1)^2}$$

则

$$e(\infty) = \lim_{z \to 1}\frac{(z-1)R(z)}{z[1+G(z)]} = \lim_{z \to 1}\frac{T}{(z-1)G(z)} = \frac{T}{K_v} \qquad (7-67)$$

如果

$$r(t) = \frac{t^2}{2}, \quad R(z) = \frac{T^2 z(z+1)}{2(z-1)^3}$$

则

$$e(\infty) = \lim_{z \to 1}\frac{(z-1)R(z)}{z[1+G(z)]} = \lim_{z \to 1}\frac{T^2(z+1)}{2(z-1)^2[1+G(z)]} = \frac{T^2}{K_a} \qquad (7-68)$$

由此可见，应用静态误差系数，根据系统结构和输入信号，可以方便地表示出采样系统的稳态误差。

为了简化求误差系数的过程，和连续系统类似，需要考察静态误差系数和系统型别的关

系。对于采样系统，按照开环极点在 $z=1$ 的个数我们定义系统的型别，如果 $G(z)$ 在 $z=1$ 有 0，1，2，…个极点，则系统的型别分别是 0 型、Ⅰ型、Ⅱ型…。下面就来分析系统型别与静态误差系数的关系。

由式（7-63），$K_p=\lim_{z\to 1}[1+G(z)]$ 可知，若 $G(z)$ 在 $z=1$ 的极点个数为 0，则 K_p 为有限值，若 $G(z)$ 在 $z=1$ 时的极点个数大于或等于 1，则 $K_p=\infty$，可见对 0 型及Ⅰ型系统，$K_p\neq\infty$，对于Ⅱ型及以上系统，$K_p=\infty$。

同理，由式（7-64），$K_v=\lim_{z\to 1}(z-1)G(z)$ 可知，若 $G(z)$ 在 $z=1$ 的极点个数为 0，则 $K_v=0$；若 $G(z)$ 在 $z=1$ 的极点个数为 1，K_p 为有限值，若 $G(z)$ 在 $z=1$ 的极点个数大于或等于 2，$K_p=\infty$。可见对 0 型及Ⅰ型系统，$K_v\neq\infty$，对于Ⅱ型及以上系统，$K_v=\infty$。

以次类推，对于 0 型、Ⅰ型、Ⅱ型系统，$K_a\neq\infty$，对于Ⅲ型及以上系统，$K_a=\infty$。

对于图 7-24 所示的单位反馈误差采样系统，考察不同型别的系统的静态误差系数及用静态误差系数表示稳态误差，可得到表 7-3。

表 7-3 单位反馈误差采样系统的误差系数和稳态误差

$z=1$ 的开环极点个数	系统型别	静态误差系数 K_p K_v K_a	稳态误差 $e(\infty)$ $1(t)$ t $\dfrac{t^2}{2}$
0	0 型	F 0 0	$\dfrac{1}{K_p}$ ∞ ∞
1	Ⅰ型	∞ F 0	0 $\dfrac{T}{K_v}$ ∞
2	Ⅱ型	∞ ∞ F	0 0 $\dfrac{T^2}{K_a}$
3	Ⅲ型	∞ ∞ ∞	0 0 0

（注：F 表示为有限值且不为 0）

[**例 7-24**] 采样系统结构如图 7-25 所示，采样周期 $T=0.2$ 秒，输入信号 $r(t)=1+t+\dfrac{1}{2}t^2$，试计算系统的稳态误差。

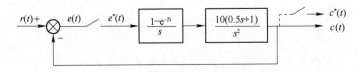

图 7-25 采样系统结构图

解： 由图 7-25 可知，该系统为单位反馈误差采样系统，且连续环节中包含有零阶保持器，在求其稳态误差时，可利用表 7-3 中的结果。

为了求得 $e(\infty)$，需分三步进行

(1) 求 $G(z)$。

系统中有零阶保持器，由式（7-51）

$$G(z)=\dfrac{z-1}{z}\cdot Z\left[\dfrac{10(0.5s+1)}{s^3}\right]=\dfrac{z-1}{z}Z\left[\dfrac{10}{s^3}+\dfrac{5}{s^2}\right]$$

查 Z 变换表可得

$$G(z) = \frac{z-1}{z}\left[\frac{5T^2 z(z+1)}{(z-1)^3} + \frac{5Tz}{(z-1)^2}\right]$$

将采样周期 $T=0.2$ 秒代入并化简得

$$G(z) = \frac{1.2z - 0.8}{(z-1)^2}$$

(2) 判别系统的闭环稳定性

由式 (7-58) 闭环特征方程为

$$D(z) = 1 + G(z) = 0$$

展开得

$$(z-1)^2 + 1.2z + 0.8 = 0$$

即

$$z^2 - 0.8z + 0.2 = 0$$

进行 ω 变换,将 $z = \dfrac{\omega+1}{\omega-1}$ 代入上式并整理得

$$0.4\omega^2 - 1.6\omega + 2 = 0$$

列劳斯表

ω^2	0.4	2
ω^1	1.6	0
ω^0	2	

可见闭环系统稳定

(3) 求 $e(\infty)$

先求静态误差系数。

$$G(z) = \frac{1.2z - 0.8}{(z-1)^2}$$

可见系统为 II 型系统,所以

$$K_p = \infty, \quad K_v = \infty, \quad K_a = \lim_{z \to 1}(z-1)^2 G(z) = 0.4$$

由表 7-3 可知,对于 $r(t) = 1 + t + \dfrac{1}{2}t^2$ 作用下的稳态误差为

$$e(\infty) = \frac{1}{K_p} + \frac{T}{K_v} + \frac{T^2}{K_a} = 0 + 0 + \frac{0.04}{0.4} = 0.1$$

7.6.3 动态性能分析

前面已经讲述了采样系统稳定的充要条件及稳态误差的计算,但工程上不仅要求系统是稳定的,而且还希望它具有良好的动态品质。通常,如果已知采样控制系统的数学模型(差分方程、脉冲传递函数等),通过递推计算及 Z 变换法,不难求出典型输入作用下的系统输出信号的脉冲序列 $c^*(t)$,从而可能很方便地分析系统的动态性能。

[**例 7-25**] 设有零阶保持器的采样系统如图 7-26 所示,其中 $r(t) = 1(t)$,$T = 1(s)$,$k = 1$。试分析该系统的动态性能。

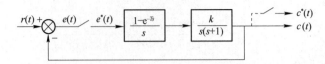

图 7-26 采样系统结构图

解： 先求开环脉冲传递函数 $G(z)$。由图中可以看出，连续环节包含有零阶保持器，则由式（7-51）

$$G(z) = \frac{z-1}{z} \cdot Z\left[\frac{1}{s^2(s+1)}\right] = \frac{z-1}{z} Z\left[\frac{1}{s^2} - \frac{1}{s} + \frac{1}{s+1}\right]$$

查 Z 变换表并化简得

$$G(z) = \frac{0.368z + 0.264}{(z-1)(z-0.368)}$$

再求闭环脉冲传递函数

$$\phi(z) = \frac{G(z)}{1+G(z)} = \frac{0.368z + 0.264}{z^2 - z + 0.632}$$

将 $R(z) = z/z-1$ 代入，求出单位阶跃序列响应的 Z 变换

$$C(z) = \phi(z)R(z) = \frac{0.368z^{-1} + 0.264z^{-2}}{1 - 2z^{-1} + 1.632z^{-2} - 0.632z^{-3}}$$

利用长除法，将 $C(z)$ 展成无穷幂级数

$C(z) = 0.368z^{-1} + z^{-2} + 1.4z^{-3} + 1.4z^{-4} + 1.147z^{-5} + 0.895z^{-6} + 0.802z^{-7} + 0.868z^{-8} + \cdots$

由 Z 变换定义，输出序列 $c(nT)$ 为

$$C(0) = 0 \quad C(T) = 0.368 \quad C(2T) = 1$$
$$C(3T) = 1.4 \quad C(4T) = 1 \quad C(5T) = 1.147$$
$$C(6T) = 0.895 \quad C(7T) = 0.802 \cdots$$

根据 $C(nT)$ 的值，可以绘出单位阶跃响应 $c^*(t)$，如图 7-27 所示。

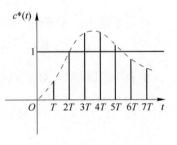

图 7-27 单位阶跃响应曲线

由图求得系统的近似性能指标为：上升时间 $t_r = 2$ s，峰值时间 $t_p = 4$ s，调节时间 $t_s = 12$ s，超调量 $\sigma\% = 40\%$。

由上例可见，通过求解系统输出信号的脉冲序列 $c^*(t)$，可以定量地分析系统的动态性能，但有时需要对系统动态性能作定性的分析，此时就需要考察采样系统的闭环极点在 Z 平面上的分布与系统动态性能的关系。

设闭环脉冲传递函数

$$\phi(z) = \frac{M(z)}{D(z)} = \frac{b_0 z^m + b_1 z^{m-1} + \cdots + b_m}{a_0 z^n + a_1 z^{n-1} + \cdots + a_n}$$

$$= \frac{b_0 \prod_{j=1}^{m}(z-z_j)}{a_0 \prod_{i=1}^{m}(z-p_i)} \quad (m \leqslant n)$$

式中，$z_j(j=1,2,\cdots,m)$ 表示 $\phi(z)$ 的零点，$p_i(i=1,2,\cdots,n)$ 表示 $\phi(z)$ 的极点，它们既可以是实数，也可以是共轭复数。如果离散系统稳定，则所有闭环极点应严格位于 Z 平面上的单位圆内，即 $|p_i|<1(i=1,2,\cdots,n)$，为了便于讨论，假定 $\phi(z)$ 无重极点，且系统的输入为单位阶跃信号。此时

$$r(t)=1(t), \quad R(z)=\frac{z}{z-1}$$

系统输出的 Z 变换为

$$C(z)=\phi(z)R(z)=\frac{M(z)}{D(z)}\cdot\frac{z}{z-1}$$

将 $\frac{C(z)}{z}$ 展开成部分分式，则有

$$\frac{C(z)}{z}=\frac{M(1)}{D(1)}\cdot\frac{1}{z-1}+\sum_{i=1}^{n}\frac{C_i}{z-p_i}$$

式中 C_i 为 $C(z)$ 在各极点处的留数，其值可由下式确定

$$C_i=\frac{M(p_i)}{(p_i-1)\dot{D}(p_i)}, \quad \dot{D}(p_i)=\frac{\mathrm{d}D(z)}{\mathrm{d}z}\bigg|_{z=p_i}$$

于是

$$C(z)=\frac{M(1)}{D(1)}\frac{z}{z-1}+\sum_{i=1}^{n}\frac{C_i z}{z-p_i}$$

对于上式取 Z 反变换，可得系统的输出脉冲序列为

$$C(k)=\frac{M(1)}{D(1)}1(t)+\sum_{i=1}^{n}C_i(p_i)^k \qquad (7-69)$$

其中，等式左边第一项为输出脉冲序列的稳态分量，第二项为暂态分量，根据 p_i 在 Z 平面上分布的不同，其对应的动态性能也不相同，下面分几种情况进行讨论。

1. 闭环极点为实轴上的单极点

如果 p_i 位于实轴上，则其对应的瞬态分量为

$$c_i(k)=c_i p_i^k \qquad (7-70)$$

因此，当 p_i 位于 Z 平面上不同位置时，其对应的脉冲响应序列也不相同。

① $p_i>1$，$c(k)$ 为发散脉冲序列。
② $p_i=1$，$c(k)$ 为等幅脉冲序列。
③ $0<p_i<1$，$c(k)$ 为单调衰减正脉冲序列，且 p_i 越接近 0，衰减越快。
④ $-1<p_i<0$，$c(k)$ 是交替变化符号的衰减脉冲序列。
⑤ $p_i=-1$ 时，$c(k)$ 是交替变化符号的等幅脉冲序列。
⑥ $p_i>1$ 时，$c(k)$ 是交替变化符号的发散脉冲序列。

p_i 在 z 平面的位置与相应脉冲响应序列关系如图 7-28 所示。

2. 闭环极点为共轭复数极点

设 p_i 和 $\bar{p}_i$ 为一对共轭复数极点，其表达式为

$$p_i,\bar{p}_i=|p_i|\mathrm{e}^{\pm\mathrm{j}\theta_i}$$

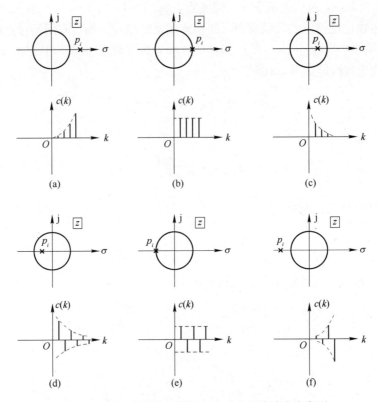

图 7-28 p_i 为实轴上单极点反对应的脉冲响应序列

其中，θ_i 为共轭复极点 p_i 的相角，从 Z 平面上的正实轴算起，逆时针为正。由式（7-70）可知，一对共轭复数所对应的瞬态分量为

$$c_{ii}(k) = c_i p_i^k + \bar{c}_i \bar{p}_i^k \tag{7-71}$$

由复变函数理论，共轭复数极点所对应的留数 c_i 及 $\bar{c}_i$ 也是共轭复数对。设 $c_i, \bar{c}_i = |c_i| e^{\pm j\phi_i}$

则

$$c_{i,i}(k) = |c_i||p_i|^k e^{j(k\theta_i+\phi_i)} + |c_i||p_i|^k e^{-j(k\theta_i+\phi_i)} = 2|c_i||p_i|^k \cos(k\theta_i+\phi_i) \tag{7-72}$$

由式（7-72）可见，一对共轭复数极点所对应的瞬态分量 $c_{ii}(k)$ 按振荡规律变化，其振荡的角频率与 θ_i 有关，θ_i 越大，振荡的角频率也就越高。

当 p_i 处于不同位置时，其对应的脉冲响应序列如下。

① $|p_i|>1$，$c(k)$ 为发散振荡脉冲序列。
② $|p_i|=1$，$c(k)$ 为等幅振荡脉冲序列。
③ $|p_i|<1$，$c(k)$ 为衰减振荡脉冲序列。

其对应关系示于图 7-29。

综合所述，采样系统暂态响应的基本特性取决于极点在 Z 平面上的分布，极点越靠近原点，暂态响应衰减得越快；极点的幅角越趋于零，暂态响应振荡的频率就越低，因此为使系统具有较为满意的暂态性能，其闭环极点最好分布在单位圆的右半部，且尽量靠近原点。

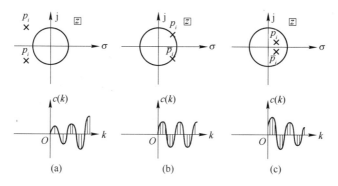

图 7-29 p_i 为共扼复极点所对应的脉冲响应序列

7.6.4 根轨迹法在采样系统中的应用

采样系统的极轨迹法和连续系统类似，同样是研究当系统的某一个参数变化时闭环极点变化的轨迹。

在采样系统中，其根轨迹是从下列特征方程出发的

$$D(z)=1+G(z)=0$$

或

$$G(z)=-1 \tag{7-73}$$

$D(z)$ 为闭环采样系统的特征方程，$G(z)$ 为系统的等效开环脉冲传递函数，其一般表示形式为

$$G(z)=\frac{k_g \prod_{j=1}^{m}(z-z_{oj})}{\prod_{i=1}^{n}(z-p_{oi})}$$

式中：k_g 为开环根轨迹增益；z_{oj} 为系统的开环零点；p_{oi} 为系统的开环极点。故采样系统的根轨迹方程为

$$\frac{k_g \prod_{j=1}^{m}(z-z_{oj})}{\prod_{i=1}^{n}(z-p_{oi})}=-1 \tag{7-74}$$

由于采样系统的根轨迹方程与连续系统的根迹方程形式上完全类似，所依据的幅值条件和幅角条件也完全一致，因此连续系统根轨迹的绘图规则和方法可以不加改变地应用于采样系统，它们之间的差别只在于：连续系统的开环传递函数 $G(s)$ 为 s 的有理公式函数，而采样系统的开环脉冲传递函数 $G(z)$ 为 z 的有理公式函数，因而根轨迹与系统特性之间的关系有所差异。例如，在连续系统中临界稳定点是根轨迹与虚轴的交点，而在采样系统中则是根轨迹与单位圆的交点。

[例 7-26] 考虑一个二阶系统，其开环脉冲传递函数如下。

$$G(z)=\frac{ke^{-T}(1-e^{-T})z}{(z-e^{-T})(1-e^{-2T})}$$

分别绘出采样周期 $T=1$ s 及 $T=0.1$ s 时参数 k 变化时系统的根轨迹，并判断系统稳定时 k 的范围。

解：（1）当采样周期 $T=1$ s 时

$$G(z)=\frac{0.233kz}{(z-0.368)(1-0.135)}$$

应用根轨迹的绘制方法，可以求得：
① 根轨迹起点为 $z=0.368$ 及 $z=0.135$，终点为 $z=0$ 及 $z=\infty$；
② 有两条根轨迹分支且根轨迹对称于实轴；
③ 渐近线角度为 π。
④ 实轴上 $z=0.368\sim 0.135$ 及 $z=0\sim -\infty$ 为根轨迹部分。
⑤ 分离点由下式确定。

$$\frac{1}{d-0.368}+\frac{1}{d-0.315}=\frac{1}{d}$$

解得 $d=\pm 0.223$。
⑥ 和单位圆的交点。根据幅值条件

$$\left|\frac{0.233kz}{(z-0.368)(z-0.135)}\right|_{z=-1}=1$$

解得 $k=6.66$。

也可以应用双线性变换，由劳斯判据求得 k 的稳定范围为 $0<k<6.66$，由以上绘出根轨迹图如图 7-30（a）所示。

（2）采样同期 $T=0.1$ 秒

$$G(z)=\frac{0.086kz}{(z-0.905)(z-0.819)}$$

① 根轨迹起点为 $z=0.905$ 及 $z=0.819$，终点为 $z=0$ 及 $z=\infty$。
② 有两条根轨迹分支且根轨迹对称于实轴。
③ 渐近线角度为 π。
④ 实轴上 $z=0.905\sim 0.819$ 及 $z=0\sim -\infty$ 为根轨迹部分。
⑤ 分离点为 $d=\pm 0.86$。
⑥ 与单位圆的交点 $k=40$。

故系统稳定时 k 的范围是 $0<k<40$。由以上给出根轨迹图如图 7-30（b）所示。

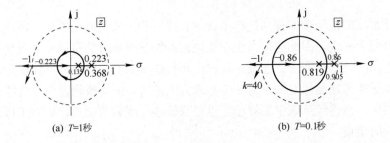

图 7-30 根轨迹图

由图中同样可以发现，系统的稳定性不仅与 k 有关，也与采样周期 T 有关，在相同的 k

值时，采样周期 T 越小，系统越容易稳定。

7.6.5　频率法在采样系统中的应用

频率法对于连续系统而言是很重要的分析方法，对于采样系统其同样重要，但是当人们试图直接在 Z 域应用频率法时却发现并不方便，相反使用双线性变换到 ω 域后应用频率法的方法却发展起来。在前面已经介绍过，双线性变换将 Z 域的单位圆之内和之外分别映射到 ω 域的左、右半平面，因此采样系统的实际频率特性是通过 ω 变换把 Z 平面的脉冲传递函数 $G(z)$ 变换为 ω 平面的有理公式 $G(\omega)$，并令 $\omega=j\omega_\omega$ 来得到，即

$$G(j\omega_\omega)=G(\omega)|_{\omega=j\omega_\omega}$$

其中 ω_ω 为虚频率。

虚频率 ω_ω 与实际频率 ω 的关系如下。

$$\omega\Big|_{\omega=j\omega_\omega}=\frac{z-1}{z+1}\Big|_{z=e^{j\omega T}}$$

即

$$j\omega_\omega=\frac{e^{j\omega T}-1}{e^{j\omega T}+1}=j\tan(\omega T/2)$$

或

$$\omega_\omega=\tan(\omega T/2) \tag{7-75}$$

既然 $T=2\pi/\omega_s$，则 $\omega_\omega=\tan(\pi\omega/\omega_s)$，所以对应关系如下

$$\omega=0 \qquad \omega_\omega=0$$

$$\omega=\frac{\omega_s}{2} \qquad \omega_\omega=\infty$$

$$\omega=-\frac{\omega_s}{2} \qquad \omega_\omega=-\infty$$

可见，当 ω 从 $-\frac{\omega_s}{2}$ 到 $\frac{\omega_s}{2}$ 在 S 域变化时，ω 域上相应的频率由 $-\infty$ 变化到 ∞。这是由于从 S 域到 Z 域的映射中 $-\frac{\omega_s}{2}\sim\frac{\omega_s}{2}$ 的主要带映射为单位圆内及单位圆内的虚轴，次要带也和主要带一样映射到 Z 域相同的区域，因此只要考虑 $-\frac{\omega_s}{2}<\omega<\frac{\omega_s}{2}$ 的范围就足够。

这样由闭环采样系统的特征方程

$$1+G(z)=0$$

经 ω 变换并令 $\omega=j\omega_\omega$，可得

$$1+G(j\omega_\omega)=0$$

它与连续系统中的奈奎斯特判据所依据的表达式

$$1+G(j\omega)=0$$

是一致的，因此在连续系统中讨论的频率响应分析法就可以用来分析采样系统的特性。

1. 波特图

波特图是按频率变化以 log 标注幅值及相移的图形，用 $\omega=j\omega_\omega$ 代替频率变化，使用连续

系统中的方法即可绘制波特图。

[例 7-27] 考虑脉冲传递函数

$$G(z) = \frac{k(z+1)}{(z-2)(z-3)}$$

把 $G(z)$ 经双线性变换后绘制波特图。

解： 将 $z = \dfrac{1+\omega}{1-\omega}$ 代入，$G(z)$ 变为

$$G(\omega) = \frac{k(1-\omega)}{(3\omega-1)(2\omega-1)}$$

写出幅频和相频函数如下

$$20\lg|G(j\omega_\omega)| = 20\lg k + 20\lg\sqrt{1+\omega_\omega^2} - 20\lg\sqrt{1+9\omega_\omega^2} - 20\lg\sqrt{1+4\omega_\omega^2}$$

$$\arg G(j\omega_\omega) = -\arctan\omega_\omega + \arctan 3\omega_\omega + \arctan 2\omega_\omega$$

3 个转折频率为 $1, \dfrac{1}{3}, \dfrac{1}{2}$，波特图如图 7-31 所示，虚线为精确图形，最大误差发生在转折频率处。

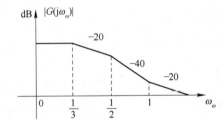 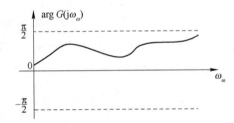

图 7-31 ω 域上的波特图

2. Nyquist 图

同样可以用连续系统的绘制方法绘制 ω 域上的 Nyquist 图形。

[例 7-28] 考虑开环传递函数 $G(z) = \dfrac{kz}{(z-1)(z-0.5)}$，对于单位反馈控制系统绘制其 Nyquist 图，并求系统稳定的 k 值范围。

解： 由双线性变换得

$$G(\omega) = \frac{k(1-\omega)(1+\omega)}{\omega(1+3\omega)}$$

$$|G(j\omega_\omega)| = \frac{k(1+\omega_\omega^2)}{\omega_\omega\sqrt{9\omega_\omega^2+1}}$$

$$\arg G(j\omega_\omega) = -\frac{\pi}{2} - \arctan 3\omega_\omega$$

其 Nyquist 图绘制如图 7-32 所示。

由图可见，当 $k > 3$ 时，Nyquist 图将包围 $(-1, 0)$ 点，系统将变为不稳。为了验证这一结果，对特征方程

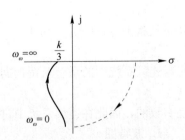

图 7-32 ω 域的 Nyquist 图

$$D(z)=(z-1)(z-0.5)+kz=0$$

应用双线性变换得

$$D(\omega)=(3-k)\omega^2+\omega+k=0$$

应用劳斯判据同样可以得到以下结论:系统稳定的 k 值范围是 $0<k<3$。

本节主要介绍了采样系统的性能分析,对于采样系统,还有一种常用的方法是状态空间分析法,有关内容请查阅相关文献。

7.7 用 MATLAB 分析采样控制系统

应用 MATLAB 命令可以方便地进行采样系统的分析,主要包括模型的转换、时域分析、根轨迹分析及频域分析。

7.7.1 模型的转换

在 MATLAB 中,c2dm 函数和 d2cm 函数可以实现系统的模型变换。[numd, dend] = c2dm (num, den, t_s, 'method') 用于将传递函数为 $G(s)=\dfrac{\mathrm{num}(s)}{\mathrm{den}(s)}$ 的连续系统转换为脉冲传递函数为 $G(z)=\dfrac{\mathrm{numd}(z)}{\mathrm{dend}(z)}$ 的离散系统,采样周期为 t_s,method 可采用 "zoh" 零阶保持器、"foh" 一阶保持器等方式,缺省为零阶保持器。[numc, denc]=d2cm(num, den, t_s, 'method') 用于将脉冲传递函数为 $G(z)=\dfrac{\mathrm{num}(z)}{\mathrm{den}(z)}$ 的离散系统转换为传递函数为 $G(s)=\dfrac{\mathrm{numc}(s)}{\mathrm{denc}(s)}$ 的连续系统,method 缺省为零阶保持器。

[例 7 - 29] 如图 7 - 33 所示的开环系统,取采样周期 $T=1$ s,用 MATLAB 求其相应的脉冲传递函数 $G(z)$。

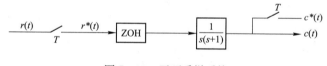

图 7 - 33 开环采样系统

解:按照与例 7 - 17 相似的解法,可得

$$G(z)=\dfrac{0.367\,8z+0.264\,4}{z^2-1.368\,0z+0.368\,0}$$

用 MATLAB 进行求解的程序如下。

```
num=[1];
den=[1 1 0];
T=1;
[numd,dend]=c2dm(num,den,T,'zoh');
printsys(numd,dend,'z');
```

```
num/den=

  0.36788z+0.26424
  ----------------------
  z^2-1.3679z+0.36788
```

和连续系统类似,也可采用 Z 域的零极点方式表示系统的传递函数,如例 7 - 30 所示。

[例 7 - 30] 设离散系统的传递函数为

$$G(z) = \frac{(z-0.25)(z+0.25)}{(z-0.1)(z^2-1.2z+0.4)}$$

用零极点方式表示系统。

解: MATLAB 程序如下。

```
zerod=[0.25;-0.25];
poled=[0.1;0.6+0.2*i;0.6-0.2*i];
gain=1;
[numd,dend]=zp2tf(zerod,poled,gain);
printsys(numd,dend,'z');
num/den=
         z^2-0.0625
  ---------------------------
  z^3-1.3 z^2+0.52z-0.04
```

7.7.2 时域分析

在 MATLAB 中,dstep 函数、dimpulse 函数和 dlsim 函数可以用来仿真离散系统的时间响应。其中 dstep 函数用于生成单位阶跃响应,dimpluse 函数用于生成单位脉冲响应,dlsim 函数用于生成任意指定输入的的响应。这些函数与用于连续系统仿真的响应函数没有本质差别,它们的输出为 $y(kT)$,而且具有阶梯函数的形式。

[例 7 - 31] 若离散系统的传递函数为 $G(z) = \dfrac{0.367\,8z+0.264\,4}{z^2-z+0.632\,2}$,求其单位阶跃响应。

解: MATLAB 程序如下。

```
numd=[0.3678  0.2644];
dend=[1-1 0.6322];
dstep(numd,dend);
  grid;
```

系统阶跃响应如图 7 - 34 所示。

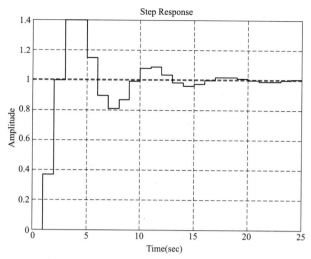

图 7-34 例 7-31 中系统的阶跃响应

也可用如下程序。

```
numd=[0.3678  0.2644];
dend=[1-1 0.6322];
n=50;                        %用户指定的采样点数(可选)
[y,x]=dstep(numd,dend,n);    %y 为输出响应,x 为状态响应
Ts=0.1;
td=[0:Ts:n*Ts-Ts];
stairs(td,y/Ts);             %绘制阶梯图
title('采样周期 T=0.1秒');
xlabel('时间(秒)');
ylabel('大小');
grid;
```

系统阶跃响应如图 7-35 所示。

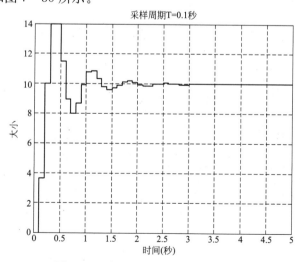

图 7-35 例 7-30 中系统的阶跃响应

7.7.3 根轨迹分析

与连续系统完全一样，rlocus 函数可以直接用于绘制离散系统的根轨迹，rlocfind 函数可以用来计算与指定特征根对应的增益 k。不同之处是在离散系统的根轨迹分析中，Z 平面上的稳定区域为单位圆的内部，故临界 k 值为根轨迹与单位圆的交点。

[例 7-32] 离散系统的传递函数为 $G(z)=\dfrac{(z-0.25)(z+0.25)}{(z-0.1)(z^2-1.2z+0.4)}$，绘制系统的根轨迹图。

解：MATLAB 程序如下。

```
zerod=[0.25;-0.25];
poled=[0.1;0.6+0.2*i;0.6-0.2*i];
gain=1;
[numd,dend]=zp2tf(zerod,poled,gain);
rlocus(numd,dend);
v=[-1.2  1.2  -1.2  1.2];
axis(v);
grid;
[k,poles]=rlocfind(numd,dend);
Select a point in the graphics window
selected_point=

  -0.4009+0.4137i
```

绘制系统根轨迹如图 7-36 所示。

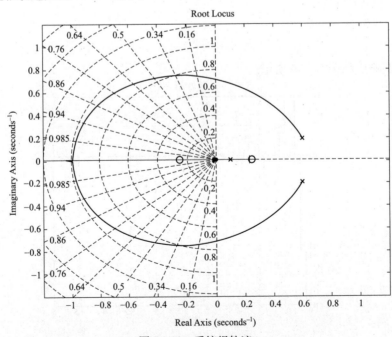

图 7-36 系统根轨迹

7.7.4 频域分析

离散系统的波特图绘制命令为 dbode，如例 7-33 所示。

[例 7-33] 考虑某一系统的开环传递函数 $G(s)=\dfrac{s+0.1}{s^3+0.2s^2+4s+0.3}$，试比较连续系统与离散系统的波特图。

解：MATLAB 程序如下。

```
num=[1 0.1];
den=[1 0.2 4 0.3];
w=logspace(-1,1,1000);
[m,f]=bode(num,den,w);
Ts=1;
[numd,dend]=c2dm(num,den,Ts);
[md,fd]=dbode(numd,dend,Ts,w);
plot(w,m,'r'w,md,'b-');
xlabel('rad/s');
ylabel('振幅大小');
title('连续与离散(虚线)系统波特图的比较');
```

连续系统与离散系统的波特图如图 7-37 所示。

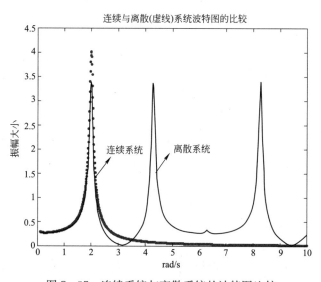

图 7-37 连续系统与离散系统的波特图比较

由图 7-37 可见，dbode 函数只计算从频率 1 到频率 π/Ts 的离散时间系统的频域响应，而且其频谱波形以 $2\pi/Ts$ 重复出现。如果增加采样频率，则会使离散时间系统波特图更加接近于连续时间系统波特图的波形。

离散系统的奈奎斯特图的绘制命令为 dnyquist，如例 7-34 所示。

[例 7-34] 考虑某一系统的开环传递函数 $G(s)=\dfrac{10(s^2+0.1s+2)}{(s^2+0.4s+1)(s+10)}$，试比较连续

系统与离散系统的奈奎斯特曲线。

解：MATLAB 程序如下。

```
num=10*[1 0.1 2];
den=conv([1 0.4 1],[1 10]);
subplot(2,1,1);
nyquist(num,den);
title('(a)连续系统奈奎斯特图');
Ts=0.1;
subplot(2,1,2);
[numd,dend]=c2dm(num,den,Ts);
dnyquist(numd,dend,Ts);
title('(b)采样周期为0.1秒得离散系统奈奎斯特曲线');
```

连续系统与离散系统的奈奎斯特曲线如图 7-38 所示。

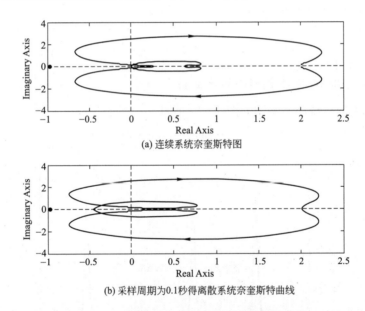

(a) 连续系统奈奎斯特图

(b) 采样周期为0.1秒得离散系统奈奎斯特曲线

图 7-38　连续系统与离散系统的奈奎斯特曲线

本 章 小 结

本章主要讨论了在现代控制系统中经常出现的采样控制系统。采样器用来把连续信号转换为离散数据，假定采样器是周期的，即数据以固定间隔被接收，而且周期脉冲的宽度被忽略掉，可以观察到采样过程在采样信号中加入了高频成分，在这些信号送入连续环节之前，这些不可取的成分必须被滤除掉，这就是为什么采用数据保持设备的必要性，最简单的设备是零阶保持器。

1. 采样过程的存在使系统的分析由 S 域转至 Z 域成为必要，假设给定 Z 域的一个脉冲传递函数。可以通过部分分式法、长除法、反演积分法求其暂态响应。为了更好地理解系统的稳态性能，类似地定义了采样系统的静态误差系数及稳态误差。

2. 对采样系统稳定性的判断可以使用朱利判据和劳斯判据进行，前者可直接在 Z 域使用，而后者需要使用双线性变换变换到 ω 域进行。

3. 在对采样系统的性能分析中，主要讨论了闭环极点对系统暂态性能的影响及根轨迹法和频率响应法在采样系统中的应用，其中根轨迹法可以直接应用于 Z 域，而频率响应法则应通过双线性变换到 ω 域进行。

4. 应用 MATLAB 命令可以方便地进行采样系统的分析，主要包括模型的转换、时域分析、根轨迹分析及频域分析。

习　题

基本题

7-1 试确定下列函数的 $E^*(s)$ 的闭合形式及 $E(z)$。
(1) $e(t)=te^{-at}$ 　　　　　　　　(2) $e(t)=\cos\omega t$

7-2 求下列拉氏变换式的 Z 变换 $E(Z)$。
(1) $E(s)=\dfrac{1}{(s+a)(s+b)}$ 　　(2) $E(s)=\dfrac{1}{s(s+1)^2}$

7-3 求下列函数的 Z 反变换。
(1) $E(z)=\dfrac{z^3+5z+1}{z(z-1)(z-0.2)}$ 　　(2) $E(z)=\dfrac{z}{(z-1)^2(z-2)}$

7-4 用长除法，部分分式法和留数法求 $E(z)=\dfrac{10z}{(z-1)(z-2)}$ 的 Z 反变换。

7-5 输入信号 $r(t)$ 及系统结构如图 7-39 所示。
(1) 求 $\{r_n\}$ 及 $\{c_n\}$ 的 Z 变换。
(2) 求脉冲序列 $\{c_n\}$ 当 $n=0,1,2,3,4$ 时的数值。
(3) 用初值定理和终值定理求 c_0 及 c_∞。

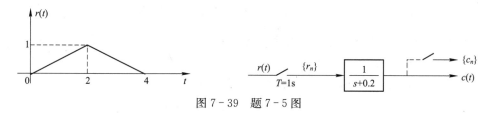

图 7-39　题 7-5 图

7-6 用 Z 变换法求解下列差分方程
(1) $c(k+2)-6c(k+1)+8c(k)=r(k)$，$r(t)=1(t)$，起始条件 $c(0)=0$，$c(1)=0$；
(2) $c(k+2)+6c(k+1)+5c(k)=2r(k+1)+r(k)$，$r(t)=1(t)$，起始条件 $c(0)=0$，

$c(1)=0$。

7-7 试求图 7-40 所示闭环采样系统的输出 Z 变换 $C(Z)$，假定所有的采样器是同步工作的。

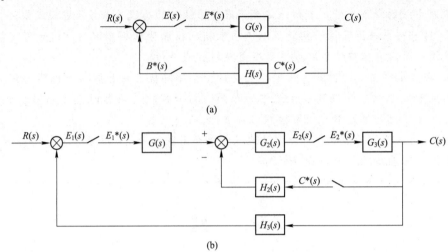

图 7-40 题 7-7 图

7-8 采样系统如图 7-41 所示。
(1) 设 $T=1$ s，$K=1$，$a=2$，求系统的单位阶跃响应。
(2) 设 $T=1$ s，$a=1$，求使系统稳定的临界 K 值。

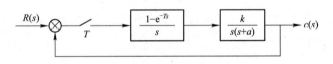

图 7-41 题 7-8

7-9 采样系统图 7-42 所示，其中 $T=1$ s，$a=2$，应用劳斯判据求使系统稳定的临界 K 值。

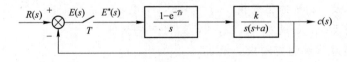

图 7-42 题 7-9 图

7-10 已知采样系统如图 7-43 所示，其中 ZOH 为零价保持器，$T=0.25$ 秒
(1) 求使系统稳定的 K 值范围。
(2) 当 $r(t)=2+t$ 时，欲使稳态误差小于 0.1，试求 K 值。

图 7-43 题 7-10 图

7-11　对于图7-44给出的系统绘出其Z域根轨迹并确定使系统临界稳定的增益K值。

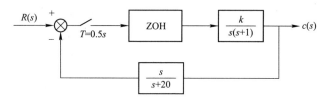

图7-44　题7-11图

7-12　图7-45所示为闭环采样系统，其中G_0为零价保持器，想要获得输出脉冲幅值为一个衰诚振荡响应，对K有什么要求，假定

$$G_0G_1(z) = \frac{K(z+0.71)}{(z-1)(z-0.37)}, \quad T=1 \text{ s}$$

图7-45　题7-12图

7-13　求图7-46所示系统的开环频率特性（波特图）

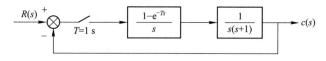

图7-46　题7-13图

部分习题参考答案

2-1 (1) $F(s)=\dfrac{\omega}{(s+a)^2+\omega^2}$

(2) $F(s)=\dfrac{1}{(s+3)^2}$

(3) $F(s)=\dfrac{\omega\cos\theta+s\sin\theta}{s^2+\omega^2}$

2-2 $F(s)=\dfrac{6s^2+23s+10}{s^3+7s^2+10s}$

2-3 (1) $f(t)=\dfrac{5}{2}t^2\mathrm{e}^{-t}+\mathrm{e}^{-t}$

(2) $f(t)=\dfrac{1}{\omega^2}(1-\cos\omega t)$

(3) $f(t)=-\dfrac{25}{9}+\dfrac{10}{3}t+\dfrac{5}{2}\mathrm{e}^{-t}+\dfrac{5}{18}\mathrm{e}^{-3t}$

(4) $f(t)=\dfrac{1}{2}-\dfrac{\sqrt{2}}{2}\mathrm{e}^{-t}\sin\left(t+\dfrac{\pi}{4}\right)$

2-4 (1) $\dfrac{C(s)}{R(s)}=\dfrac{1}{s^3+2s^2+5s+6}$

(2) $\dfrac{C(s)}{R(s)}=\dfrac{3s+1}{s^4+10s^2+s+5}$

2-5 $G(s)=\dfrac{C(s)}{R(s)}=\dfrac{10}{s+10}$

2-6 $\dfrac{U(s)}{R(s)}=\dfrac{R_2+R_1R_2cs}{R_1+R_2+R_1R_2cs}$

2-7 (a) $\dfrac{U_c(s)}{U_r(s)}=-\dfrac{R_2}{R_1(R_2cs+1)}$ —阶惯性

(b) $\dfrac{U_c(s)}{U_r(s)}=-\dfrac{R_2R_3cs+R_3+R_2}{R_1}$ —阶微分

2-8 $G=\dfrac{1-G_1+G_1H_1}{G_1}$

2-9 $\dfrac{C(s)}{R(s)}=1+G_2+G_1G_2$

2-10 $\dfrac{C_1(s)}{R_1(s)}=\dfrac{G_1}{1-G_1G_2G_3G_4}$, $\dfrac{C_1(s)}{R_2(s)}=\dfrac{-G_1G_3G_4}{1-G_1G_2G_3G_4}$, $\dfrac{C_2(s)}{R_1(s)}=\dfrac{-G_1G_2G_3}{1-G_1G_2G_3G_4}$

$\dfrac{C_2(s)}{R_2(s)}=\dfrac{G_3}{1-G_1G_2G_3G_4}$

2-11 (a) $\dfrac{C(s)}{R(s)}=\dfrac{G_2(G_1+G_4)}{1+G_1G_2G_3}$, (b) $\dfrac{C(s)}{R(s)}=\dfrac{G_1G_2G_3}{1+G_2G_3G_4+G_1G_2G_5}$

部分习题参考答案

2-12 $\dfrac{C(s)}{R(s)} = \dfrac{G_1 G_2}{1+G_1 G_2}$, $\dfrac{C(s)}{N(s)} = \dfrac{G_3 - G_1 G_2 G_4}{1+G_1 G_2}$

2-13 $\dfrac{C(s)}{R(s)} = \dfrac{G_1(G_2 G_3 + G_4)}{1 + H_1 G_1 G_2 + G_2 G_3 H_2 + G_4 H_2 + G_1 G_2 G_3 + G_1 G_4}$

2-14 $c(t) = 1 - 4e^{-t} + 2e^{-2t}$

2-15 $\dfrac{C(s)}{R(s)} = \dfrac{G_1 G_2 - G_1 G_2 G_4 G_5}{1 - G_4 G_5 + G_2 G_5 + G_1 G_2 H - G_1 G_2 G_4 G_5 H}$

$\dfrac{C(s)}{N(s)} = \dfrac{G_2 + G_3 - G_2 G_4 G_5 - G_3 G_4 G_5}{1 - G_4 G_5 + G_2 G_5 + G_1 G_2 H - G_1 G_2 G_4 G_5 H}$

$\dfrac{E(s)}{R(s)} = \dfrac{1 - G_4 G_5 + G_2 G_5}{1 - G_4 G_5 + G_2 G_5 + G_1 G_2 H - G_1 G_2 G_4 G_5 H}$

$\dfrac{E(s)}{N(s)} = \dfrac{-H G_2 - H G_3 + G_2 G_4 G_5 H + G_3 G_4 G_5 H}{1 - G_4 G_5 + G_2 G_5 + G_1 G_2 H - G_1 G_2 G_4 G_5 H}$

2-16 $\dfrac{U_o(s)}{U_i(s)} = \dfrac{R_1 R_2 c^2 s^2 + 2 R_2 c s}{1 + R_1 c s + 2 R_2 c s + R_1 R_2 c^2 s^2}$

2-17 $\dfrac{C(s)}{R(s)} = \dfrac{k_1 k_2}{T_1 T_2 s^2 + (T_1 + T_2 + k_2 k_3 T_1)s + 1 + k_1 k_2 + k_2 k_3}$

2-18 $\dfrac{C(s)}{R(s)} = \dfrac{(10K_1 + 5K_2 - 100 K_1 K_2)s^2 + (15 - 100 K_1 - 100 K_2)s - 100}{(10 K_1 + 5 K_2 - 150 K_1 K_2 + 1)s^2 + (15 - 150 K_1 - 150 K_2)s - 150}$

2-19 $\dfrac{Y(s)}{R(s)} = \dfrac{G_1 G_2 G_3}{1 + G_2 H_2 + G_2 G_3 H_3 + G_1 G_2 G_3 + G_1 G_2 H_1}$

2-20 $\dfrac{Y(s)}{R(s)} = \dfrac{G_3 H_1 + G_1 G_2 G_3}{1 + G_2 H_2 + G_1 G_2 G_3}$, $\dfrac{E(s)}{R(s)} = \dfrac{1 + G_2 H_2 - H_1 G_3}{1 + G_2 H_2 + G_1 G_2 G_3}$

$\dfrac{Y(s)}{N(s)} = \dfrac{G_3}{1 + G_2 H_2 + G_1 G_2 G_3}$, $\dfrac{E(s)}{N(s)} = \dfrac{-G_3}{1 + G_2 H_2 + G_1 G_2 G_3}$

3-1 (1) $t_1 = 4.6$ (2) $t_1 = 3.2$

3-2 $t_s = 6s(\Delta = 5\%)$, $t_s = 8s(\Delta = 2\%)$

3-3 $h(t) = -\dfrac{4}{3}e^{-t} + \dfrac{1}{3}e^{-4t} + 1(t)$

3-4 $t_r = 0.55$ s, $t_p = 0.79$ s, $t_s = 1$ s, $\sigma\% = 9.48\%$

3-5 (a) $t_s = 6$ s, $\sigma\% = 61\%$, (b) $t_s = 1.9$ s, $\sigma\% = 16.3\%$

3-6 $k_1 = 1.44$, $k_t = 0.31$, $t_s = 0.8$, 无超调。

3-7 $G(s) = \dfrac{1\,130}{s(s+24)}$

3-8 $K = 2$, $a = \dfrac{3}{4}$

3-9 (1) $k_h = 0.116$
(2) $\xi' = 0.5$, $\sigma = 16.3\%$, $t_s = 1.9$ s, $\xi = 0.316$, $\sigma = 35\%$, $t_s = 3$ s
(3) 加入 $1 + k_h s$ 后系统的超调量降低,快速性较好。

3-10 (1) 稳定 (2) 不稳定 (3) 不稳定 (4) 稳定

3-11 (1) $k > \dfrac{20}{3}$ (2) 不存在

3-13 $K = 666.25$, $s = \pm 4.1j$

3-16　$e_{ss} = \dfrac{-R_N}{k_1}$

3-17　$k_i = \dfrac{1}{k}$

3-18　$e_{ss} = 2.5\ ℃$。

3-19　$k \geqslant \dfrac{2}{\varepsilon_0},\ T < \tau$

3-20　(1) $k_2 = 1$ 系统是 0 型系统　(2) 若系统为 I 型，$k_2 = 1 - \dfrac{1}{k_1}$

3-21　$K_0 = \dfrac{1}{k},\ \tau = T_1 + T_2$

3-22　$e_{ss} = e_{ssr} + e_{ssn} = 0$

3-23　(1) $\beta > 0$ 则系统稳定　(2) $\beta\uparrow$，$t_s\downarrow$，$\sigma\%\downarrow$　(3) $\beta\uparrow$，$e_{ss}\uparrow$

3-24　(1) $\sigma\% = 20.5\%$，$t_s = 0.667$，$e_{ss} = 4$　(2) $G_N(s) = -\dfrac{s+5}{8}$　(3) $c(\infty) = 3.2$

3-25　(1) 阴影如图所示

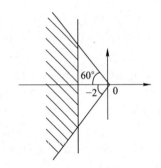

　　　(2) $0 < T < \dfrac{1}{4}$，$KT \leqslant 1$　(3) $e_{ss} = \dfrac{1}{K}$　(4) $K_c = \dfrac{1}{K}$

3-26　无合适 K 值

3-27　(a) 当 1 内反馈为 0，外反馈 2 为负　(b) 内反馈为正，外反馈为负　(c) 1, 2 均为 0

3-28　(1) $G_{re}(s) = \dfrac{E(s)}{R(s)} = \dfrac{s(s+5)(s+1)}{s(s+5)(s+1) + K(s+9)}$

　　　$G_{ne}(s) = \dfrac{E(s)}{N(s)} = \dfrac{K(s+9)(s+5) \cdot s}{s(s+5)(s+1) + K(s+9)}$，$e_{ss} = \dfrac{5}{9K}$

　　　(2) $Y(s) = \dfrac{K(s+9)}{s(s+5)(s+1) + K(s+9)} \cdot \dfrac{1}{s^2} + \dfrac{-K(s+9)s(s+5)}{s(s+5)(s+1) + K(s+9)} \cdot \dfrac{0.1}{s}$

　　　(3) $K = 5$ 可计算，$K = 15$ 不可

　　　(4) $e_{ss} = \dfrac{1}{9}$

3-29　$K = 10$，$V = 1$，$T = 1$

3-30　(1) $K_c = 20$

　　　(2) $G_c(s) = \dfrac{\tau s + 1}{s}$ 或 $G_c(s) = \dfrac{\tau s^2 + 2\xi\tau s + 1}{s^2}$ 并且需考虑稳定性的要求

(3) $G_c(s)=\dfrac{\tau s+1}{s}$ 或 $G_c(s)=\dfrac{\tau s^2+2\xi\tau s+1}{s^2}$ 并且需考虑稳定性的要求。

4-2 渐近线与实轴交点：$\sigma_a=-\dfrac{9}{5}$，渐近线方向：$\varphi_a=\left\{\dfrac{(2k+1)\pi}{5}\right.$，分离点 $d=-0.4$

起始角：$\theta_{p_1}=52.2°$ $\theta_{p_2}=-52.2°$，与虚轴交点：$\omega=\pm j$，对应此时 $k^*=60$

4-3 由根轨迹图可见，无论 K 为任何正值，系统根轨迹均在虚轴右侧，所以系统不稳定。

4-4 $\sigma_a=-\dfrac{2}{3}$，$\varphi_a=\pm\dfrac{\pi}{3}$，$\pi$，$\theta_{p_1}=-45°$，$\omega=\pm j\sqrt{2}$，$k=4$

4-5 $\sigma_a=-2$，$\varphi_a=\pm 45°$，$\pm 135°$，$d_1=-0.4$，$d_2=-4.1$

与虚轴交点 $\omega=\pm\sqrt{\dfrac{10}{8}}$。$k>\dfrac{365}{16}$ 时系统不稳定

4-6 $\sigma_a=-\dfrac{11}{3}$，$\varphi_a=\pm 60°$，$180°$，$d=-0.5$

与虚轴交点 $\omega=\pm\sqrt{10}$，$k=11$，$k>11$ 时系统不稳定

4-7 不满足相角条件，不是系统的特征根。

4-11 无超调的 K 值范围 $(23.3,\infty)$ 及 $(0,0.682)$

4-12 (1) $\sigma_a=-1$，$\varphi_a=\pm\dfrac{\pi}{2}$，$d=-0.5$

(2) $\omega_n=1.36$ $k^*=2.4$，$s_d=-0.68\pm 1.18j$，$s_3=-2.64$

近似可做闭环主导极点，也可由图中求得。

4-13 $G'(s)=\dfrac{\dfrac{1}{T}(s^2+10s+26)}{s^2(s+10)}$

4-14 $G(s)=\dfrac{a}{s(2s+1)^2}$，$d=-\dfrac{1}{6}$，$\omega=\pm\dfrac{1}{2}$，$\alpha=1$

4-15 $\sigma_a=-3$，$\varphi_a=\dfrac{2k\pi}{2-1}=0$，$d_1=1+\sqrt{3}$，$d_2=1-\sqrt{3}$

产生纯虚根的 $k^*=2$ $\omega=\pm\sqrt{2}j$

重根的 $k_1^*=7.46(d=1+\sqrt{3})$，$k_2^*=0.54(d=1-\sqrt{3})$

4-17 (1) $K_h=0.5$ $G_k(s)=\dfrac{\dfrac{1}{2}k(s+2)}{s(s+1)}$，$d_1=-0.584$，$d_2=-3.414$

(2) $s_{1,2}=-3\pm j$，$\xi=\dfrac{3}{\sqrt{10}}$

(3) $G_k'(s)=\dfrac{k_h s}{s^2+s+1}$，$d=\pm 1$，取 $d=-1$，$K_h=1$

(4) $K_h=0$ 时，$t_s=6$ s，$\sigma\%=16.3\%$

$K_h=0.5$，$t_s=4$，$\sigma\%=2.8\%$

$K_h=4$ 时，$\xi=2.5$ 过阻尼，无超调，$t_s=14.28$ s。

4-20 (1) $\sigma_a=-\dfrac{2}{3}$，$\varphi_a=\pm\dfrac{2}{3}\pi$，无论 K 为何值，系统均不稳定。

(2) $\sigma_a = -\frac{1}{2}$, $\varphi_a = \pm\frac{\pi}{2}$, K 大于 0, 系统稳定。

4-21 (1) $d = 2 \pm \sqrt{14}$, 与虚轴交点: $\omega = \sqrt{10}$, $K = 1$

(2) 以 $(-2, 0)$ 为圆心, 半径为 $\sqrt{14}$ 的圆。

(3) 根轨迹与虚轴交点为 $\omega = \sqrt{10}$, $K = 1$, 所以当 $0 < K < 1$ 时, 系统稳定。

4-22 (1) $f(s) = s^3 + 6s^2 + (5+K)s + Ka$

(2) 三条根轨迹重合, 特征根为 -2, 此时 $K = 7$。

(3) 系统无论 K 为何值均稳定

(4) $0 < a < 1$ 取 $a = 0.5$, $\sigma_a = -2.75$, $d = -3$

4-23 (1) $K = 3$, $\beta = \frac{1}{3}$, 此时三重根 $s = -1$, 三条根轨迹重合

(2) $\beta = 1$, $\sigma_a = -1$, $K > 0$ 系统稳定

(3) $\beta = 4$, $\sigma_a = \frac{1}{2}$, 任何时候都不稳定

(4) $\beta < a$

4-24 (1) $K = 4$, $K_h = 0.5$

(2) 以 $(-2, 4)$ 为圆心, 半径为 2 的圆

(3) $K = 4$, $G_k(s) = \frac{4K_h s}{s^2+4}$, 以 $(0, 0)$ 为圆心, 半径为 2 的圆

4-25 (2) $K > 4$ 时系统稳定 (3) $s = -1$, $K = 9$, $K > 9$ 根实部均小于 -1

4-26 (1) $K_g < 3$ 时系统稳定, 系统无超调时 K_g 的范围 $0 < K_g < 1$

(2) $a = 3 + \sqrt{6}$

4-27 (2) 不能 (3) 不能 (4) 不能 (5) 有可能。

4-28 (1) 不能 (2) $k_p = 3$, $k_d = 2$

5-3 (1) $c(t) = 0.905 \sin(t + 24.8°)$ (2) $c(t) = 1.79\cos(2t - 55.3°)$

(3) $c(t) = 0.905 \sin(t + 24.8°) - 1.79\cos(2t - 55.3°)$

5-5 $G(j\omega) = \dfrac{36}{(j\omega+4)(j\omega+9)}$

5-10 $\omega_c = \sqrt{10}$, $\gamma = 14.8°$, $\omega_g = 2\sqrt{5}$, $A(\omega_g) = 5/12$, $k_g = 8$ dB

5-12 $\omega_c = 10$, $\gamma = 4.8°$

5-13 (a) $\dfrac{10}{0.1s+1}$ (b) $\dfrac{0.1s}{0.02s+1}$ (c) $\dfrac{50}{s(0.01s+1)}$ (d) $\dfrac{40}{(s+1)(0.1s+1)\left(\frac{1}{300}s+1\right)}$

5-14 (a) $\dfrac{100}{\left(\frac{1}{\omega_1}s+1\right)\left(\frac{1}{\omega_2}s+1\right)}$ (b) $\dfrac{k\left(\frac{1}{\omega_1}s+1\right)}{s^2\left(\frac{1}{\omega_2}s+1\right)}$, $k = \sqrt{\dfrac{\omega_c^4}{1+\left(\frac{\omega_c}{\omega_1}\right)^2}} \approx \omega_1\omega_c$

(c) $\dfrac{\frac{1}{\omega_1}s}{\left(\frac{1}{\omega_2}s+1\right)\left(\frac{1}{\omega_3}s+1\right)}$

5-18 $\omega_c = 169$, $\gamma = 45°$, $\omega_g \approx 600$ $K_g = 16$ dB

5-19 (a) 稳定 (b) 不稳定 (c) 稳定 (d) 不稳定 (e) 稳定 (f) 不稳定 (g) 稳定 (h) 不稳定

5-22 (1) $k = 1.1$, $K = 0.55$

5-25 (1) 系统的开环传递函数为 $G(s) = \dfrac{100(s+1)}{s(10s+1)\left(\dfrac{1}{50}s+1\right)}$

(2) $\omega_c = 10$, $\gamma = 73.5°$ (3) $r(t) = 1(t)$, $e_{ss} = 0$; $r(t) = t$, $e_{ss} = 0.01$

5-26 系统稳定的 K 值范围是 $0 < K < 5$ 及 $6.7 < K < 20$

5-27 $K = 5$, $\gamma = 48.5°$

5-28 (1) $G_k(s) = \dfrac{4}{s^2+5s+4}$ (2) $K = 8$ (3) $\omega_c = 24$, $\gamma = 12°$

5-29 $G(s) = \dfrac{19}{(4.16s+1)(0.42s+1)}$

5-30 (1) $G(s) = \dfrac{25}{s(0.1s+1)(0.025s+1)}$, (2) $\omega_c = 13.8$, $\gamma = 16.8°$

(3) $e_{ss} \leq 0.01$, 则开环增益大于 100, 系统不稳定。

5-31 当 $k > 1$ 时, 系统闭环稳定, $k \leq 1$ 时, 系统不稳定

5-32 (1) $\omega_c = 5$, $\gamma = 35°$, (3) $T = 0.21$, $K = 17.6$

6-1 (a) 超前校正 (b) 滞后校正

6-2 (1) $\omega_c = 0.94$, $\gamma = 53.7°$, $\omega_g = \sqrt{6} = 2.45$, $k_g = 12$ dB

(2) $\omega_c = 1.5$, $\gamma = 71.6°$, $\omega_g = 4.32$ $k_g = 13.2$ dB

(3) $\omega_c = 0.444$, $\gamma = 31.2°$, $\omega_g = 1.73$, $k_g = 19.6$ dB

6-7 开环增益下降, 系统对于斜坡输入的稳定误差增加

6-8 $G_c = \dfrac{1}{G_2}$

6-9 $G_c(s) = \dfrac{s}{10k}$, $K = 0.045$

6-10 $G_c(s) = \dfrac{s+K}{K}$

6-11 $G_c = s^2 + K_1 K_2 s$, $K_2 = \sqrt{\dfrac{2}{K_1}}$

6-13 (1) $G_c(s) = \dfrac{5(s+1)}{(10s+1)(0.05s+1)}$ (2) $e_{ss} = 0.3$ (3) $\omega_c = 1$, $\gamma = 51°$

7-1 (1) $E(z) = \dfrac{Tze^{-aT}}{(z-e^{-aT})^2}$ (2) $E(z) = \dfrac{z(z-\cos\omega T)}{z^2+1-2z\cos\omega T}$

7-2 (1) $E(z) = \dfrac{z}{a-b}\left[\dfrac{e^{-bT}-e^{-aT}}{(z-e^{-bT})(z-e^{-aT})}\right]$

(2) $E(z) = \dfrac{z[e^{-2t}+(T-Tz-z-1)e^{-T}+z]}{(z-1)(z-e^{-t})^2}$

7-3 (1) $e^*(t) = \delta(t) + 1.2\delta(t-T) + 6.24\delta(t-2T) + \cdots$

(2) $e(k)=-\dfrac{1}{T}k-1+2^k$，$(k=0,1,2,3,\cdots)$

7-4　$e^*(t)=10\delta(t-T)+30\delta(t-2T)+70\delta(t-3T)+\cdots$
　　　或 $e(k)=10(-1+2^k)$　$k=0,1,2,\cdots$

7-5　(1) $R(z)=\dfrac{(z+1)^2}{2z^3}$　$c(z)=\dfrac{(z+1)^2}{2z^2(z-\mathrm{e}^{-0.2})}$

　　　(2) $c(0)=0$，$c(1)=0.5$，$c(2)=1.41$，$c(3)=1.655$，$c(4)=1.3575$

　　　(3) $c_0=0$，$c_\infty=0$

7-6　(1) $c(k)=\dfrac{1}{3}-\dfrac{1}{2}\cdot 2^k+\dfrac{1}{6}\cdot 4^k$

　　　(2) $c(k)=\dfrac{1}{4}+\dfrac{1}{8}\cdot\cos k\pi-\dfrac{3}{8}\cdot 5^k\cos k\pi$

7-7　(1) $C(z)=\dfrac{R(z)G(z)}{1+H(z)G(z)}$

　　　(2) $C(z)=\dfrac{G_1G_2(z)G_3(z)K(z)}{1+G_1G_2(z)H_3G_3(z)+H_2G_2(z)G_3(z)}$

7-8　(1) 略

　　　(2) $-1<K<\dfrac{1+\mathrm{e}^{-T}}{1-\mathrm{e}^{-T}}$

7-9　$K=5.8$

7-10　(1) $0<K<2.47$

　　　　(2) 不存在

7-11　$K=87.5$

参 考 文 献

[1] 胡寿松. 自动控制原理. 4版. 北京：国防工业出版社，2001.
[2] 吴麒. 自动控制原理. 2版. 北京：清华大学出版社，2006.
[3] 李友善. 自动控制原理. 3版. 北京：国防工业出版社，2005.
[4] 蒋大明. 自动控制原理. 北京：中国铁道出版社，1998.
[5] 孙虎章. 自动控制原理. 北京：中央广播电视大学出版社，1994.
[6] 黄家英. 自动控制原理. 南京：东南大学出版社，1991.
[7] 翁思义，杨平. 自动控制原理. 北京：中国电力出版社，2001.
[8] 戴忠达. 自动控制理论基础. 北京：清华大学出版社，1991.
[9] 张汉全，肖建，汪晓宁. 自动控制理论新编教程. 成都：西南交通大学出版社，2000.
[10] 韩曾晋. 现代控制理论和应用. 北京：北京出版社，1987.
[11] 顾树生，王建辉. 自动控制原理. 北京：冶金工业出版社，2001.
[12] 谢绪恺. 现代控制理论. 沈阳：辽宁人民出版社，1980.
[13] ANAND D K, ZMOOD R B. Introduction to control system. 3rd ed. 北京：世界图书出版公司，2000.
[14] KATSUHIKO O. 现代控制工程. 卢伯英，于海勋，译. 北京：电子工业出版社，2000.
[15] DORF R C, BISHOP R H. 现代控制系统. 谢红卫，译. 北京：高等教育出版社，2001.
[16] 李宜达. 控制系统设计与仿真. 北京：清华大学出版社，2004.